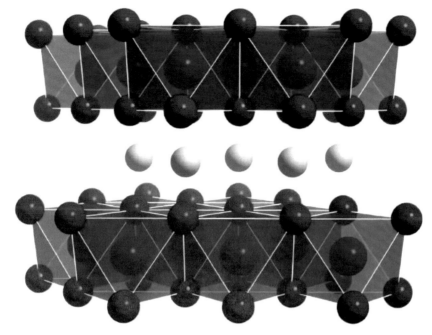

图 2-7　层状钴酸锂晶体结构（白球锂离子，红球氧离子，蓝球钴离子）

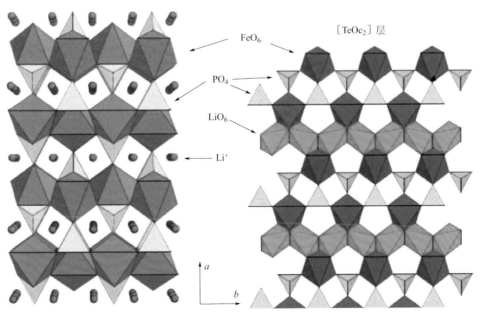

图 2-8　磷酸铁锂结构示意图

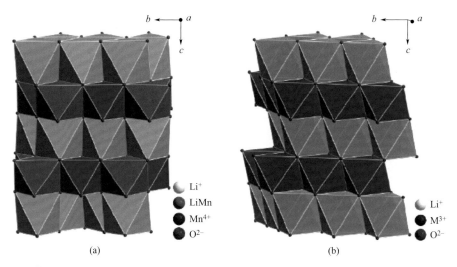

图 2-15 Li_2MnO_3（a）和 $LiMO_2$（M＝Co、Ni、Mn）（b）的层状结构示意图

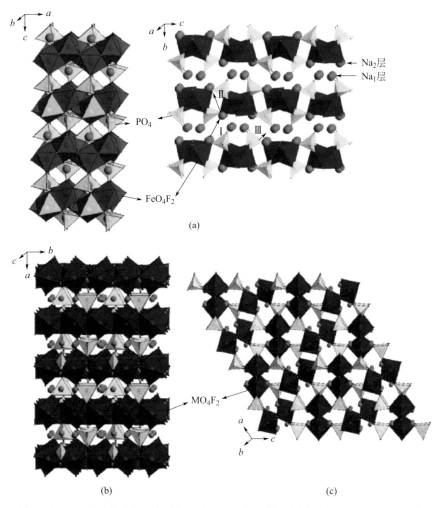

图 2-17 A_2MPO_4F（A＝Li、Na；M＝Co、Ni、Fe、Mn）材料的三种不同结构

锂离子电池
安全与质量管控

Safety and Quality Control
of Lithium Ion Battery

李文涛 编著

化学工业出版社

·北京·

内容简介

本书主要介绍了锂离子电池安全与质量管控相关的概念、标准、法律法规，并介绍了锂离子电池安全对策建议。具体包括锂离子电池的发展历程、应用概况和发展趋势，工作原理、关键构成材料、常见种类及优缺点，锂离子电池国内外的主要标准和对比解读，主要法律法规及政策，锂离子电池的性能和安全的检测方式方法、回收梯次利用技术，以及锂离子电池安全事故的处理措施等。

本书可供锂离子电池相关企业、高校、科研院所及检测机构的人员参考使用。

图书在版编目（CIP）数据

锂离子电池安全与质量管控 / 李文涛编著 . 一北京：化学工业出版社，2022.7

ISBN 978-7-122-41191-4

Ⅰ.①锂… Ⅱ.①李… Ⅲ.①锂离子电池-安全性②锂离子电池-质量控制 Ⅳ.①TM912

中国版本图书馆 CIP 数据核字（2022）第 059575 号

责任编辑：仇志刚　韩霄翠
文字编辑：王文莉
责任校对：边　涛
装帧设计：史利平

出版发行：化学工业出版社
（北京市东城区青年湖南街 13 号　邮政编码 100011）
印　　装：北京虎彩文化传播有限公司
787mm×1092mm　1/16　印张 16½　彩插 1　字数 367 千字
2022 年 8 月北京第 1 版第 1 次印刷

购书咨询：010-64518888
售后服务：010-64518899
网　　址：http://www.cip.com.cn

凡购买本书，如有缺损质量问题，本社销售中心负责调换。

定　　价：128.00 元　　　　　　版权所有　违者必究

《锂离子电池安全与质量管控》

编写人员名单

李文涛	肖海清	王宏伟
白 虹	陶自强	付艳玲
马金钰	李 焘	宗艺晶
李文雅	郭兴洲	赵卫哲
夏德富	操 卫	

中国提出碳达峰、碳中和的宏伟目标，是全球应对气候变化的里程碑事件，将对绿色低碳发展产生深远影响。实现碳达峰、碳中和的关键任务是实施可再生能源替代行动、大幅提升新能源在能源结构中的比重、构建以新能源为主体的新型电力系统。2020年11月2日，国务院办公厅印发了《新能源汽车产业发展规划（2021—2035年）》，提出了到2025年新能源汽车新车销售量达到汽车新车销售总量的20%左右的发展愿景。预计到2025年我国新能源汽车年销量有望达到550万辆，届时新能源汽车保有量将超过2000万辆。而锂离子等新型电池作为推动新能源产业发展的压舱石，是支撑新能源在电力、交通、工业、通信、建筑、军事等领域广泛应用的重要基础，也是实现碳达峰、碳中和目标的关键支撑之一。

近几年，锂离子电池消费市场爆发，有力地带动了锂离子电池整个市场的增长。在动力电池方面，据数据统计，2020年全国新能源汽车保有量达492万辆，再创历史新高；同年，我国电动自行车年销量超过3000万辆，社会保有量接近3亿辆。但是，随着新能源汽车的发展，带来了动力电池的回收利用问题，并且动力锂离子电池的安全性问题一直是制约其进一步大规模应用的短板因素。

所以，本书以锂离子电池的安全与质量管控作为切入点，分别介绍了锂离子电池的发展历程、应用概况和发展趋势，工作原理和常见种类及优缺点，国内外主要标准和对比解读，主要法律法规及政策，性能和安全的检测方法、回收梯次利用技术，安全事故的处理措施等。本书可供锂离子电池企业、科研院所、检测机构的人员参考。

本书的编撰工作得到了国家市场监督管理总局的大力支持，在此致以诚挚的谢意。

书中有不妥之处，热诚希望广大读者批评、指正。

编著者
2021年12月

第1章

绪论

第2章

锂离子电池基本概念及分类

第 3 章 **116**

锂离子电池主要标准及性能参数

第 4 章   162

锂离子电池主要法律法规及政策

第 5 章   182

锂离子电池的检测

锂离子电池回收利用

锂离子电池安全对策和建议

第**1**章 绪论

电能为我们的日常生活提供了重要的能量供应和保障，我们的日常生活越来越离不开电能，特别是可以方便携带、不需要电线连接电网的供电装置，而电池（化学电源）的发明使得我们不依赖电线获得电能成为可能。电池是一种能量转换装置，放电时，化学能转变为电能；充电时，电能转换为化学能储存起来。原电池（或一次性电池）的反应通常是不可逆的，二次电池（或蓄电池）的反应是可逆的，可反复多次充放电。最早在 1859 年，普兰特（R. G. Plante）发明了铅酸电池（使用铅电极和硫酸电解液）；1868 年，法国人勒克朗谢（G. Leclanche）制成锌锰干电池，经过 100 多年的发展，国际社会已经形成了完整的电池科技与工业体系。电池技术的进步，不仅使得电话、电脑、相机等电子设备越来越轻巧并方便携带，而且能够帮助机器人、无人机、人造卫星等设备更加有效地工作。在诸多类型的二次电池中，锂离子电池（lithium-ion battery，LIB）具有能量密度高、循环寿命长、环境友好等优点，在人们日常生活中得到广泛应用。

1.1　锂离子电池的发展历程

1.1.1　锂原电池

在锂离子电池被商业化前，比较成熟的二次电池主要包括铅酸电池、镍镉电池和镍氢电池。这三种电池的共同点是均采用水系电解液。基于水系电解液的电池具有安全、稳定、价格低等诸多优点，但水在高电压下易分解的特性也导致了基于水系电解液的电池工作电压较低，通常不超过 2V，能量密度也不够理想。研究和开发具有更高工作电压和更高能量密度的二次电池一直是科学界和产业界关注的热点和追求的目标。

锂（Li）是目前人类已知密度最小、还原性极强、电极电位最负（标准电极电位

—3.045V）的金属元素，这些特征使得锂元素具有很高的能量密度，其理论比容量达到 3860mAh/g。由于电极电位低，锂原子失去一个电子，变成非常稳定的锂离子，因此锂金属单质的制备非常困难。直到 1855 年，科学家们才通过电解氯化锂的方法制备了大块的金属锂。20 世纪 70 年代的石油危机迫使人们去寻找新的替代能源，同时军事、航空、医药等领域也对电池提出了新的要求。当时的电池已不能满足高能量密度电源的需要。锂电池体系理论上能获得最大的能量密度，因此它顺理成章地进入了电池设计者的视野。与其他碱金属相比较，锂金属在室温下与水反应速度相对比较慢，所以要让锂金属应用在电池体系中，"非水电解质"的引入是关键的一步。

1958 年加利福尼亚大学 W. Harris 的博士论文题目是环状酯中的电化学（electrochemistry in cyclic esters），主要研究碳酸丙烯酯（PC）与其电解液，提出采用有机电解质作为锂金属原电池的电解质的设想。1962 年，在波士顿召开的电化学学会秋季会议上，来自美国军方的 Chilton Jr. 和 Cook 提出"锂非水电解质体系"的设想，把活泼金属锂引入到电池的设计中，锂电池的雏形由此诞生。为了寻找高能量、长寿命的卫星能源，Chilton 与 Cook 着手新概念二次电池的设计。他们设计的新型电池使用锂金属作负极，Ag、Cu、Ni 等金属的卤化物作正极，低熔点金属盐 LiCl-AlCl$_3$ 溶解在碳酸丙烯酯（PC）中作为电解液。虽然该电池存在的诸多问题使它仅停留在概念上，未能实现商品化，但 Chilton 与 Cook 的工作开启了锂电池研究的序幕。

"锂非水电解质体系"得到大多数电池设计者的认可，但多年摸索仍不能令 Ag、Cu、Ni 等金属的卤化物的电化学性能达到要求。于是在寻找可用的正极材料时，欧洲、美国和日本的研究者沿着两条路径摸索前进：一是转向具有层状结构、后来被称作"嵌入化合物"（intercalation compound，IC）的电极材料；二是转向以二氧化锰为代表的过渡金属氧化物。前者令"嵌入化合物"进入锂电池设计者的视野，为锂二次电池研发奠定了坚实的基础；后者直接导致日本三洋公司取得锂原电池商业制造的巨大成功，锂电池终于从概念变成了商品。

1970 年，日本松下电器公司与美国军方几乎同时独立合成出新型正极材料——碳氟化物。松下电器成功制备了分子表达式为 $(CF_x)_n$（$0.5 \leqslant x \leqslant 1$）的结晶碳氟化物，将它作为锂原电池正极，第一次将"嵌入化合物"引入到锂电池中。美国军方研究人员设计了 $(C_xF)_n$（$x=3.5\sim7.5$）无机锂盐＋有机溶剂 Li（金属）的电化学体系，拟用于太空探索，美国军方已经充分吸收了嵌入化合物的最新研究成果，明确使用这个术语来表达碳氟化物，而日本研究者并没有说明这一点。当时，对碳氟化物嵌入机理的认识是模糊的，后来，美国学者惠廷厄姆（Whittingham）注意到电池实际电压与理论计算的差别，确认碳氟化合物就是 IC，人们这才对碳氟化物的嵌入机理有了更深入的认识。1973 年，氟化碳锂原电池在松下电器实现量产，首次装置在渔船上。氟化碳锂原电池的商业化是锂电池发展史上具有里程碑意义的事件。

1975 年，日本的三洋公司在过渡金属氧化物电极材料方向取得突破，Li/MnO$_2$ 开发成功，并将其应用在 CS-8176L 型计算器上。1977 年，有关该体系设计思路与电池性能的文章一连两期登载在日文杂志《电气化学与工业物理化学》上。1978 年，锂二氧化锰电池实现量产，三洋第一代锂电池进入市场。1976 年，锂碘原电池出现。接着，许多用于医药领域的专用锂电池也不断被发明出来，其中锂银钒氧化物（Li/$Ag_2V_4O_{11}$）电池占据了植入式心脏设备用电池的大部分市场份额。$Li/Ag_2V_4O_{11}$ 体系是锂电池专用领域的一大突破，二元体系（如 $Ag_2V_4O_{11}$ 两种氧化物体系）对提升电池容量的作用受到重视，这种电池由复合金属氧化物组成，放电时由于两种离子被还原，正极的储锂容量达到 300mAh/g。银的加入不但使电池体系的导电性大大增强，而且提高了容量利用率。目前，仍在使用的锂电池一次体系包括 $Li-I_2$ 电池、$Li-SOCl_2$ 电池、$Li-FeS_2$ 电池等。

锂电池具有高容量、低自放电率和倍率性能好等优点，在手表、电子计算器、内置医疗器械等众多领域得到广泛应用，在军事上的地位更是极为重要。

1.1.2 锂金属二次电池

锂原电池的成功激发了科学家们对二次电池的进一步研究。除埃克森（Exxon）等几家公司继续氟化碳的理论问题研究外，学术界的目光主要集中在"如何使该电池反应变得可逆"这个问题上。在 1965 年，吕多夫（W. Rüdorff）发现 TiS_2 能够储存锂离子，之后，法国科学家鲁克塞尔（J. Rouxel）和德国科学家施罗德（R. Schroeder）探索了锂离子在层状硫化物 MS_2（M 为过渡金属）中的可逆嵌入/脱出行为。与石墨结构相类似，层状硫化物的层与层之间通过弱范德华力结合在一起，离子容易插入。20 世纪 60 年代末，有两个研究团队开始了"电化学嵌入反应"的研究。一个是贝尔实验室的布罗德黑德（Broadhead）等人。他们将碘或硫嵌入到二元硫化物（如 NbS_2）的层间结构时发现，在放电深度低的情况下，反应具有良好的可逆性。另一个是斯坦福大学的阿曼德（Armand）等人。他们发现一系列富电子的分子与离子可以嵌入到层状二硫化物的层间结构中，例如二硫化钽（TaS_2）。除此以外，他们还研究了碱金属嵌入石墨晶格中的反应，并指出石墨嵌碱金属的混合导体能够用在二次电池中。

20 世纪 60 年代，学术界对"嵌入化合物"理解还是模糊不清的，知道它与硫（或氧）族化合物有关，知道它具有电化学活性，知道它在电化学反应中的可逆性良好等。真正有关嵌入机理及其潜在应用的详细说明要到 1972 年，在以"离子在固体中快速迁移"为论题的学术会议上，斯蒂尔（Steel）与阿曼德等学者的报告奠定了"电化学嵌入"概念的理论基础。所谓"嵌入"，它描述的是"外来微粒可逆地插入薄片层宿主晶格结构而宿主结构保持不变"的过程。简单地说，"嵌入"有两个互动的"要素"，一是"宿主"，例如层状化合物，它能够提供"空间"让微粒进入；二是"外来的微粒"，它们必须能够符合一定要求，使得在"嵌入"与"脱嵌"的过程中，"宿主"的晶格结构保持不变。

随着嵌入化合物化学研究的深入，在该类化合物中寻找具有应用价值的电极材料的目标逐渐清晰起来。研究在 1970—1980 年间取得长足进展，直接促成第一块商品化锂金属二次电池的诞生。众多无机物与碱金属的反应显示出很好的可逆性，这些后来被确定为具有层状结构的化合物的发现，对锂二次电池的发展起到极为关键的作用。事实上，嵌入化合物化学、固体材料化学、固体离子学的发展，为锂二次电池正极材料的选择带来解决方案，从而使锂二次电池的研发迈出了决定性的一步。

1972年惠廷厄姆从斯坦福大学加入埃克森公司。他在研究中发现碱金属离子在 TiS_2 中嵌入/脱出时，其电压在2.0V以上，而且会带来显著的能量变化，因此他意识到用 TiS_2 作为正极的锂电池会有高能量密度。为此，埃克森公司在1973年申请了 Li-TiS_2 电池的专利，并以此制作了高达45Wh的电池，准备量产。但是开发小组在随后的测试中遇到了一些困难，充电过程中，由于金属锂电极表面凹凸不平，电沉积速率的差异造成不均匀沉积，导致树枝状锂晶体在负极生成。当枝晶生长到一定程度就会折断，产生"死锂"，造成锂的不可逆，使电池充放电实际容量降低。锂枝晶也有可能刺穿隔膜，将正极与负极连接起来，使电池产生内短路。短路生成大量的热会令电池着火甚至发生爆炸。

为了让电池更加安全，惠廷厄姆团队在锂中加入铝，形成锂铝合金，用以取代金属锂电极，提高了安全性，但是在那时锂铝合金不适用于大规模生产。1976年，惠廷厄姆宣布了自己的发明，埃克森公司为一家瑞士钟表商进行扣式电池的小规模生产。但是在20世纪80年代初，石油价格显著下降，于是相关研究工作被停了下来，惠廷厄姆的技术被授权给了世界不同地区的三家公司。其中，加拿大 Moli Energy 公司曾将 Li-MoS_2 电池进行产业化，但是由于几起电池起火爆炸事件，逐渐停止了相关研究和开发。

1.1.3　锂离子电池的诞生

为了避免使用金属锂负极，阿曼德和斯蒂尔在1980年提出了利用不同材料具有不同嵌脱锂电位来组成摇椅式电池（rocking chair battery，RCB）的概念。实际上该原理最早在1938年就被吕多夫提出，他发现硫酸氢根离子可以在两个石墨电极之间反复脱出/嵌入。同一年，斯克罗萨蒂（B. Scrosati）马上按上述原理制作了一款电池，它以嵌锂的二氧化钨（Li_xWO_2）为负极，TiS_2 为正极，但其输出电压较低，只有2V。"摇椅式电池"是一种电池的设计概念，其创新之处在于：它用嵌入化合物代替了锂金属，电池两极都由嵌入化合物充当。这样，两边都有"空间"让锂离子嵌入，在充放电循环过程中，锂离子在正负电极来回"嵌入"与"脱嵌"，就像摇椅一样"摇摆"，因此得名。

RCB令电池设计思路豁然开朗，但是要让概念实现，必须解决三个问题：一是找到合适的嵌锂正极材料；二是找到适用的嵌锂负极材料；三是找到可以在负极表面形成稳定界面的电解液。合适的正负极材料并不好找，传统的嵌入化合物都不符合要求，这是因为：锂的电极电势极低，用另一种嵌入化合物代替金属锂，其电极电势一定会上升。要在正负极间形成一定电压降，并为了补偿负极电压升高造成的电压损失，正极材料电压都要足够高；另外，无论是锂合金还是嵌锂化合物，负极材料的电压都要足够低。最后，这些正负极材料还要与匹配的电解质溶剂产生稳定的界面。

1979年，牛津大学的古德纳夫（J. Goodenough）发明了锂离子电池鼻祖级正极材料钴酸锂（$LiCoO_2$）。与硫化物相似，$LiCoO_2$ 也具有层状结构，嵌入锂离子的氧化钴（CoO_2）可以产生约 4V 的电压，比容量高达 140mAh/g。最为关键的是，古德纳夫的工作使人们认识到，电池并不需要保持在充电状态下才能生产，相反，它们可以在制造出来之后再充电。该思路对之后的锂离子电池开发和应用具有重要的指导意义。1983年，古德纳夫在牛津大学的博士后助手撒克里（M. Thackeray）发明了尖晶石结构锰酸锂（$LiMn_2O_4$）正极材料，古德纳夫认为尖晶石结构存在三维离子通道，有望提高充放电速度。到 1996 年，日本电报电话公司（NTT）首次揭露 A_yMPO_4（A 为碱金属，M 为 Co、Fe 两者之组合）的橄榄石结构锂电池正极材料。之后的 1997 年，已到美国得克萨斯大学奥斯汀分校的古德纳夫和他的同事报道了 $LiFePO_4$ 可逆嵌入/脱出锂的特性。美国与日本不约而同地发表橄榄石结构材料的论文，使其受到极大的重视，并引起广泛的研究和迅速的发展。与先前的过渡金属氧化物正极材料（如 $LiMn_2O_4$ 和 $LiCoO_2$）相比，$LiFePO_4$ 的结构非常稳定，充放电时体积变化很小，具有非常突出的循环性能和安全性能，原材料来源更广泛，价格更低廉，而且环境友好，高温性能优异。

真正要让锂离子电池商业化，还必须找到合适的负极材料。早在 20 世纪中期，人们就发现石墨的层间可以插入离子，格拉尔德（D. Guerard）和埃罗尔德（A. Herold）在 1975 年研究了锂离子在石墨中的嵌入行为。1976 年，贝森哈德（J. O. Besenhard）等人通过电化学方法使石墨嵌锂，但是由于锂离子与电解液溶剂之间具有很强的结合力（即溶剂化作用），导致锂离子和溶剂会同时嵌入石墨层间，这使得进入的溶剂发生还原分解，同时对石墨的结构造成不可逆破坏。对此，巴苏（S. Basu）用 KCl 和 LiCl 熔融盐作为电解质，而雅扎米（R. Yazami）等采用固体电解质分别在 1980 年和 1983 年实现了锂离子在石墨中的可逆嵌脱反应。为了使锂离子能在常温有机电解质溶液中进行可逆嵌脱，吉野彰（A. Yoshino）1981 年开始研究聚乙炔负极材料，在 1983 年成功研制了以 $LiCoO_2$ 为正极，聚乙炔为负极的锂离子电池，但是聚乙炔的稳定性差，容量低。在研究中，吉野彰发现，控制石油焦炭的结晶度可以为锂离子提供稳定的可以反复插入的材料晶格，而且该材料相对于 Li^+/Li 表现出足够低的电位（约 0.5V），同时能够容纳大量的锂离子。随后在 1985 年，他以气相生长的碳纤维为负极，以 $LiCoO_2$ 为正极，制作了第一个现代锂离子电池的原型。这种电池不仅能够提供较高的电压（3.7V），而且因为 $LiCoO_2$ 和碳纤维在空气中都很稳定，还具备生产过程无需特殊环境的优势。1986 年，吉野彰进一步对该电池进行了安全测试，证明了锂离子电池的安全性。最终，索尼公司在 1991 年将这种电池进行了商业化，并命名为 Li-ion battery，即锂离子电池（LIB）。从此，锂离子电池开始应用于照相机、摄像机和随身听，随后又迅速占领了手机、笔记本等移动电子设备市场。通过对电解液进行改进，天然石墨、人造石墨等负极材料也得以在锂离子电池中成功应用。

在电解质研究方面，1958 年哈里斯（W. S. Harris）在导师托拜厄斯（C. C. Tobias）指导下，系统研究了不同金属在环状碳酸酯电解液中的电镀行为，发现碳酸丙烯酯可能在碱金属电镀中有潜在应用。这一发现不断为学术界接受并证实，直到今天碳酸酯溶剂仍是锂离子电池电解液的重要组成部分。20 世纪 80 年代初期，电极材料与非水电解质界面研究取得突破性进展。1983 年，Peled 等人提出"固体电解质界面膜"（solid electrolyte interphase，SEI）模型。1985年，它的存在被扫描电镜照片所证实。"电极与电解质之间的界面性质是影响锂电池可逆性与循环寿命关键因素"的论断为研究所证实。研究表明，电极表面发生的电化学反应是薄膜形成的原因，这层薄膜的性质（电极与电解质之间的界面性质）直接影响到锂电池的可逆性与循环寿命。SEI的发现以及它对锂电池可逆性与循环寿命的深刻蕴含对锂二次电池的开发非常关键。

正是因为了解到界面对于电池的重要性，20世纪80年代中，研究人员开始针对"界面"进行一系列的"改造"。第一种方法是寻找新电解液，试图以此来改变电极与电解质界面特性。所用的电解液包括：①碳酸乙烯酯（EC）、碳酸丙烯酯（PC）等碳酸类溶液；②醚类，像1,3-二氧戊环醚或3-甲基四氢呋喃（3-MeTHF）等。第二种方法是加入各种添加剂与净化剂，希望通过用电解液溶解锂枝晶来解决问题。第三种方法是利用各种机械加工手段，通过改变电极表面物理性质来抑制锂枝晶的生长。经过科学家们不断的探索和发现，以$LiPF_6$和混合碳酸酯溶液在无水环境下构成的电解液体系大规模应用于商品化的锂离子电池。

回顾锂离子电池诞生的历史，我们可以发现，锂离子电池的发明是众多科学家经过数十年不断探索研究的结果，这项重要的发明源于基础研究的积累和多学科的互相结合。锂离子电池的发明也不是一蹴而就的，从一次次失败中不断提高认识，经历了电池体系的变革、新电极材料的合成、材料结构的设计等科学问题的认识不断加深，工程技术和工艺的不断改进，最终实现了锂离子电池的商品化。锂离子电池的出现产生了深远的影响，使得计算机、电话等电子设备更加轻便而且易于携带，使得电动汽车能有更好的续航能力，也给风能、太阳能等可再生能源的储存提供了更多的选择。在锂离子电池诞生过程中，惠廷厄姆发现锂离子的嵌脱过程带来能量变化，因此锂离子电池可用于储能；古德纳夫提出将锂储存在正极，锂离子电池可以方便地制造出来以后再进行充电使用；吉野彰则在石墨负极的可逆嵌锂/脱锂和第一款锂离子电池商品化方面做出了重要的贡献。这三位科学家因为在锂离子电池的发明过程中做出的开创性工作和重大发现而荣获2019年度诺贝尔化学奖。

1.2 锂离子电池的应用概况

目前，比较常见而且应用较多的电池有：碱性锌锰电池、铅酸电池、银锌电池、镍镉/镍氢电池、锂原电池、锂离子电池等。与其他电池相比较，锂离子电池具有比能量高、工作温度范围宽、工作电压高、工作电压平稳、储存寿命长、环境友好等诸多优点，且已经渗透到日常生活、工业生产、服务、军事国防、航空航天等各个领域。

1.2.1 锂离子电池在消费电子产品中的应用

锂离子电池在消费类电子产品中应用最早，一直以来，消费类锂离子电池在锂离子电池产业中占有重要地位。1991年，世界上第一部用锂离子电池的移动电话上市后，激发了世界各国开发锂离子电池技术及其大规模应用的热情。锂离子电池具有高性能、重量轻、使用寿命长、无记忆效应的特性，逐渐取代镍镉和镍氢电池，成为便携式设备的首选充电电池。以手机、便携式计算机、录像机、照相机、掌上电脑、MP3/MP4、游戏机等为代表的消费类电子产品绝大部分都使用锂离子电池。

随着智能手机处理器性能持续增强、摄像功能增强、屏幕分辨率提升、显示尺寸变大、射频频段扩张等硬件功能升级，以及软件资源持续丰富，用户对手机续航时间的要求逐渐提高。手机厂商想了很多办法来改善手机电池的续航能力，比如，在电池设计上，采用内置软包电池，或使用异形电池以尽可能地利用手机的空间，或者进一步优化电池体系，提升电池的工作电压和能量密度。近年来，电池技术进步相对缓慢，芯片、屏幕厂商通过软件和硬件方式寻求低功耗方案；手机厂商和设计平台厂商通过提升充电的速度和便捷性减少用户充电时间。目前，主流手机厂商已快速推动快充技术的应用，无线充电、异形电池也有望进一步普及。智能手机在欧盟、美国、日本、韩国、中国等经济体的市场渗透率相对较高，增长缓慢，在印度、南美、非洲等新兴经济体的市场渗透率还不高，还有较大的增长空间。

传统笔记本电脑、平板电脑等主要用铁壳的圆柱形电池（18650电池居多），18650锂离子电池直径为18mm，限制了机身的厚度。随着技术的发展，平板电脑、二合一笔记本、超极本等轻薄化产品主要采用锂聚合物电池、软包电池等外形弹性较大的锂离子电池作为电源，也有采用异形电池作为电源，在提高笔记本电脑的续航能力的同时，可以让电脑变得更加轻薄，易于携带。与手机市场类似，笔记本电脑、照相机、掌上电脑等消费电子产品未来在一些新兴市场还将保持较高的增长，将进一步提升对锂离子电池的需求。

近年来，蓝牙耳机、可穿戴设备、智能音箱等新兴消费类电子产品领域的兴起，带动了锂离子电池的需求进一步增长。蓝牙耳机体积小，易于携带和使用，在现代快节奏的工作和生活中，已成为人们重要的手机配件。近几年，我国蓝牙耳机市场也呈现明显的快速增长趋势。数据显示，2014—2018年期间，年均复合增长率为51.8%，2018年中国蓝牙耳机行业产值达到525亿元，同比增长44.23%。2020年我国蓝牙耳机产品产值将达749亿元。随着产品性能和技术的不断提升和人们生活方式的变化，很多智能化电子设备得以应用和普及，其中智能可穿戴设备逐渐成为大众消费中重要的人机交互设备。数据显示，2019年全年中国可穿戴设备市场出货量9924万台，同比增长37.1%。随着物联网技术的发展以及电子科技的进步，电子产品的智能化趋势愈加凸显，人机交互的运用逐渐成熟，把家庭安全、娱乐、饮食、健康等结合为有机整体的智能家居生活将逐步实现。面对中国庞大的消费群体以及中产阶级人数的持续增加，我国智能音箱市场潜力巨大。数据显示，2019年全年出货量达到4589万台，同比增长高达109.7%。

值得注意的是，尽管消费电子产品不断增长，对锂离子电池的需求也在增加，但是由于锂离子电池在其他领域特别是电动汽车、电动工具、储能等领域的大规模应用，消费类电子产品所用的锂离子电池在锂离子电池总装机量的占比是逐渐下降的。2011—2013 年，锂离子电池的装机总量从 2663.58 万千瓦时增长到 5150.04 万千瓦时，消费类电子产品市场锂离子电池的占比从 80.06% 下降到 62.77%。到了 2019 年，我国锂离子电池总出货量达到了 131.6GWh，同比增长 15.4%，其中，消费型电池出货量 46.3GWh，同比增长超过 20%，占锂离子电池总出货量为 35.2%。

1.2.2 动力电池

在锂离子电池诞生不久，国内外许多机构就开始了锂离子电池在电动车方面的应用研究。1995 年，日本索尼能源技术公司（Sony Energytec Corp）与日产汽车公司（Nissan Motor Co.，Ltd）联合研制成功用锂离子电池组驱动的电动车，该车在 1996 年北京第一届国际电动车展览会上展示。加拿大兰星先进技术公司（Blue Star Advanced Technology Corp.）也在开发电动车用的锂离子电池。1997 年完成了 20Ah 电池，1998 年完成 50Ah 电池。在 20 世纪 90 年代，法国 Saft 公司在研制电动车用大容量锂离子蓄电池方面取得了很大进展，该公司致力于 $LiNiO_2$ 及 $LiNi_xM_yO_2$ 材料的开发，使电池的比能量与价格最佳化，最开始时设计 100Ah 的方形电池，后来又设计 44Ah 容量的圆柱形电池。德国瓦尔塔电池公司（Varta Batterie AG）在 1997 年制成了使用尖晶石 $LiMn_2O_4$ 正极材料的锂离子电池，容量达到 60Ah。我国的天津电源研究所于 1992 年立项并研究锂离子蓄电池，1996 年后着手大容量锂离子蓄电池的探索，主要目的是用于电动车、航天与军事通信等。

随着全球能源危机和环境污染问题日益突出，节能、环保有关行业的发展被高度重视，发展新能源汽车已经在全球范围内形成共识。一些主要经济体纷纷制定了相应的发展规划，通过采取加大科研投入、给予补贴、减免税费、加强配套基础设施建设、甚至明确燃油车退出时间表等政策加强对新能源汽车产业的支持，培育新能源汽车市场，并推动新能源汽车产业的发展。德国于 2016 年推出新车购置补贴、减免税款、扩大公共充电桩数量、鼓励公务用车电动化等举措推动新能源汽车发展。美国推行了购车补贴、税收减免、零排放计划、基础设施与优先路权等支持政策。值得注意的是，2021 年新任美国总统拜登及其团队明确表示，电动汽车是应对气候变化、为美国人创造良好就业机会的好方法，拜登支持恢复对电动汽车的激励措施，希望创造一个强劲的电动汽车市场。有多个国家公布了禁售燃油车的日程表，表明了发展新能源汽车产业、解决环保问题的决心。挪威的 4 个主要政党一致同意从 2025 年起禁售燃油汽车；荷兰劳工党提案要求从 2025 年开始禁售传统的汽油车和柴油车；德国将于 2030 年起禁售燃油车；法国与英国则将从 2040 年起开始禁售燃油车。在世界汽车电动化的大浪潮下，国内外主流汽车企业纷纷加大新能源汽车的研发和布局。以特斯拉（Tesla）、蔚来、小鹏汽车等为代表的全球造车新势力加速了新能源汽车的布局，而奥迪、奔驰、宝马、福特、通用、丰田、本田等传统汽车厂商也都以实际行动加速在新能源汽车产业的布局，在世界各地建设电池工厂和构建新能源汽车产业链。中国自主品牌传统车企也制定了新能源汽车的发展规划。在海内外车企的积极规划和共同推进下，新能源汽车产业快速发展，技术不断进步，产销量迅速增加。全球新能源汽车销售量从2011年的5.1万辆增长至2018年的216万辆，7年时间销量增长42倍，复合年均增长率接近80％。

随着电池成本下降、推动性价比逐步提高、消费者习惯改变、配套设施普及等因素影响不断深入，全球新能源车需求仍将持续高增长。动力电池是新能源汽车的心脏，是新能源车产业链条上附加值最高的环节。伴随全球新能源汽车产业驶入高速发展轨道，动力电池也迎来了前所未有的增长浪潮。全球动力电池产业正呈现中日韩三足鼎立的格局。中国、日本、韩国都有自己完整的动力电池产业链，其中，中国产业链最为完善，日本产业链技术最为先进但较为封闭，韩国产业链比较全球化。2019年我国锂离子电池总出货量达到了131.6GWh，其中，动力锂电池出货量为71GWh，占锂离子电池出货量的53.95％。

锂离子电池的性能跟正极材料的关系非常密切，在动力电池领域，常用的锂离子电池正极材料有钴酸锂、三元材料（镍钴锰、镍钴铝等）、磷酸铁锂、锰酸锂等。

钴酸锂等正极材料的发明加快了锂离子电池的发展，推动了人类生活方式的改变，钴酸锂的技术很成熟，性能稳定，在消费电子产品中大量使用，但由于钴酸锂成本太高，而且钴是比较稀缺的战略性金属，因此在动力电池领域应用较少。目前常见的应用于动力电池的正极材料是在钴酸锂基础上发展起来的三元材料，其通式为 $LiNi_{1-x-y}Co_xM_yO_2$（M 为 Mn、Al 等过渡金属元素），主要有镍钴锰（NCM）和镍钴铝（NCA）两种技术路线。以镍钴锰三元正极材料为例，Ni、Co 和 Mn 之间存在协同效应，可形成三相共熔体系，3 种元素对材料电化学性能的作用也不一样：Co 元素主要稳定三元材料层状结构，提高材料的电子导电性、改善电池循环性能；Mn 元素可以降低成本，改善材料的结构稳定性和安全性；Ni 元素可提高材料容量，但 Ni 的含量过高将会与 Li^+ 产生混排效应，易使得循环性能和倍率性能恶化，高镍材料的 pH 值过高，会影响实际使用。不同配比的 Ni、Co、Mn 元素可以获得不同性能的三元材料，其综合性能优于任何单一材料的锂离子电池，是目前用得最多的锂离子电池正极材料之一。随着技术进步、高能量密度需求、钴的价格带来的降本需求，三元材料的高镍、低钴化的趋势越来越明显，众多电池企业开始布局高镍三元电池，高镍三元材料的占比逐步提升。自 2017 年开始，国内三元材料逐步由 NCM523 向 NCM622 转变，2018 年后，甚至出现进军 NCM811 的高镍材料的趋势，三元材料的市场规模不断提升，2019 年，三元锂离子动力电池装机量为 38.75GWh，占我国动力电池装机总量的 62.13％。从目前的三元材料技术来看，通过降低电芯中非活性物质的比重来提高电池的能量密度的方法，已经接近了技术的极限。高镍三元材料的技术壁垒较高，产品性能、一致性等仍需进一步提高。尽管三元动力电池单体电芯具有工作电压高，充放电电压平稳，比能量、比功率、比容量高，高低温性能良好，循环性能好等诸多优点。然而，$Li(NiCoMn)O_2$ 材料晶体结构相对不稳定，200℃左右温度时，在电解液的作用下，其层状结构容易发生坍塌，同时释放出氧气，使电解液中的溶剂发生强烈氧化，容易引起电池的热失控。当电池发生热失控时，其释放出的氧气亦会加快电池的燃烧，存在着一定的安全隐患。

锰酸锂动力电池主要是由锰酸锂（$LiMn_2O_4$）正极材料和石墨负极材料所组成，锰酸锂的结构类似于尖晶石，具有耐过充电、比功率大等优点。而且正极材料易于制备，资源丰富，成本低，环境友好，安全性好。富锂锰基正极材料虽具有高放电比容量的优势，但面临着结构复杂问题，其充放电机理还有一定争议，其首次放电效率、倍率性能、高温性能、全电池性能、长期循环性能和充放电过程中放电电压平台衰减面的问题有待解决。如果锂电池进行深度的充放电，材料会出现晶格畸变，电池容量会迅速降低。在高温工况下使用锰酸锂正极材料的锂电池，电池容量的变化会更加迅速。近年来，为解决锰酸锂容量变化的问题，采用一种具有层状结构特点的三价锰氧化物，其理论容量和实际容量都有大幅度提升，但在充放电过程中仍存在结构稳定性不足的问题，循环性能不佳。近年来，经过对锰酸锂进行表面修饰以及掺杂改进，锰酸锂性能改进方面已取得较大的进展。

磷酸铁锂（$LiFePO_4$）是常用的锂离子电池正极材料之一，该材料具有橄榄石结构，理论比容量为170mA/g，电压平台为3.7V。在中国动力电池市场上，磷酸铁锂电池一度占据了80%左右的份额。随着三元材料动力电池的不断扩张，磷酸铁锂份额也会逐步降低。但是磷酸铁锂动力电池仍然在新能源汽车上广泛使用，特别是电动客车上，应用较多。随着动力电池市场的扩大，日渐成熟的磷酸铁锂动力市场也将呈现一个持续的正增长态势。磷酸铁锂正极材料具有以下优点：磷酸铁锂材料的安全性能是目前所有正极材料中最好的；充电容量稳定性及储能性能好；环保性好，生产过程较为清洁、无毒；价格优势大，采用磷酸、锂、铁等原材料，成本价格便宜。同时磷酸铁锂也存在一些缺点，比如导电性差、振实密度较低、一致性差、低温性能差等。磷酸铁锂在能量密度、一致性和温度适应性上存在问题，在实际应用中最主要的问题是稳定性问题。关于磷酸铁锂生产的一致性问题，从生产环节的小试到中试、中试到生产线建设的过程中缺乏系统设计，以及原材料状态控制和工艺控制等，这些都是影响磷酸铁锂生产一致性的原因。新能源客车比轿车等家用乘用车更加注重安全问题，而续驶里程等性能问题可以通过目的地充电桩等来平衡和弥补，磷酸铁锂电池为目前最适合新能源客车的电池选择。传统磷酸铁锂动力电池包含三层结构：电芯、模组和电池包，由于电芯和模组的支撑固定结构件要占据很大一部分空间，因此电池包的综合空间利用率不高。近几年，电池工程师采用刀片式电池技术（cell to pack，CTP）对电池包的结构进行重塑，由电芯直接成包，省去模组和结构件，大大提高了电池包的空间利用率。这种封装方式的好处是：提高了动力电池包的空间利用率以及能量密度，体积比能量密度比传统磷酸铁电池提升50%，质量比能量密度可达到180Wh/kg；相较方形铝壳电芯方案，刀片电池保证了电芯具有足够大的散热面积，可将内部的热量快速传导至外部，降低内部温度；由于电池更长，更远的极耳距离减小了内部短路的风险和热量的产生，更薄的厚度也进一步降低了穿刺过程中的热量累积，提升了电池包的强度和安全性。

1.2.3 在储能领域的应用

储能技术是电网运行过程中"采电-发电-输电-配电-用电-储电"六大环节的重要组

成部分，能够有效地实现需求侧管理，削峰填谷，平滑负荷，有效地利用电力设备，降低供电成本，促进可再生能源的应用。早在 2005 年，我国就开始重视储能技术的发展，根据储能产业的战略布局出台了《可再生能源发展指导目录》，主要针对储能电池和地下热能储存系统等储能技术进行了归列。到 2010 年储能行业发展迅猛，储能技术首次被写进法案，出台的《可再生能源法修正案》对"电网企业应发展和应用智能电网、储能技术"制定了明确的储能相关政策，为储能技术推向市场化打下了良好的基础。2012 年储能技术被列入国务院"十二五"战略发展计划，出台了《节能与新能源汽车产业发展规划（2012—2020）年》《电力需求侧管理城市综合试点工作中央财政奖励资金管理暂行办法》和《可再生能源发展"十二五"规划》等系列措施，使得储能技术的发展迈进了新的台阶。"十三五"规划期以来，储能技术逐渐向轨道交通和智能电网等方向倾斜，国家先后出台了《中共中央国务院关于进一步深化电力体制改革的若干意见》《关于促进智能电网发展的指导意见》和《关于促进储能技术与产业发展的指导意见》等政策，实现了储能结构的转变，使得储能技术逐步向商业化的方向发展，旨在带来更大的经济效益，实现能源互联网的进一步发展。进入到"十四五"时期，随着《关于促进储能技术与产业发展的指导意见》的进一步修订，储能技术从初步进入商业化模式已经转变为大规模生产模式，使得储能技术结合锂电池、超级电容和光伏电池等载体在轨道交通、智能电网以及军工企业中得到广泛的应用。2020 年初，国家能源局印发《关于加强储能标准化工作的实施方案》，旨在推进储能技术的标准化生产，使得新兴储能技术能够得到标准化应用。教育部、国家发改委、国家能源局联合印发的《储能技术专业学科发展行动计划（2020—2024 年）》鼓励发展储能新技术，解决储能技术中的瓶颈问题，进一步推动我国能源产业和储能技术的高质量快速发展。

目前，大容量储能技术主要有机械储能（抽水蓄能、飞轮储能、压缩空气储能等）、电磁储能和电化学储能等。其中，电化学储能包括铅酸电池、镍氢电池、镍镉电池、锂离子电池、钠硫电池以及液流电池等电池储能，具有响应时间短、能量密度大、维护成本低、灵活方便等优点，成为目前大容量储能技术的发展方向。受全球新能源发电、电动汽车及新兴储能产业的大力推动，多类型储能技术于近年来取得长足进步。除了早已商业化应用的抽水蓄能及洞穴式压缩空气储能技术，以锂离子电池为首的电池储能技术已具商业应用潜力。电池储能技术利用电能和化学能之间的转换实现电能的存储和输出，不仅具有快速响应和双向调节的技术特点，还具有环境适应性强、小型分散配置且建设周期短的技术优点，颠覆了源网荷的传统概念，打破了电力发输配用各环节同时完成的固有属性，可在电力系统电源侧、电网侧、用户侧承担不同的角色，发挥不同的作用。

锂电池由于能量密度高、使用寿命长的性能在储能环节得到广泛的应用，锂电池通常作为轨道交通、光伏发电、智慧电源、备用电源以及军工供电的储能容器，与储能技术密切联系。目前市场常用的锂电池主要分为磷酸铁锂、钛酸锂和三元体系等类型。锂电池结合储能技术，现阶段主要应用于电动汽车的储能，在光伏储能、便携式设备和不间断应急储能电源中也有应用。由财政部、国家科学技术部和国家电网公司共同启动的国家风光储输示范项目一期工程位于河北省张北县，其中 4 套储能系统为磷酸铁锂电池系统，储能能量达到 63MWh，总投资约 33 亿元。在国外，锂离子电池已经比较广泛地用于储能系统。2011 年 10 月，AES 储能公司全球最大的 32MW 锂离子电池储能系统在美国西弗吉尼亚州投入运营，匹配 98MW 的风电项目。该项目是风电和电池储能结合应用的完美案例，该风电场安装了 61 台 GE 生产的 1.6MW 风电机组，总装机容量 97.6MW，储能锂离子电池由 A123 公司提供，总容量为 32MW。该风电储能项目每年将为美国西弗吉尼亚州稳定供应 26 万兆瓦时的零排放可再生能源绿色电力。AES 储能公司目前在全球拥有 72MW 已建及在建的储能项目，计划开发的储能项目总计达 500MW，比较有代表性的项目包括在纽约已建成的 8MW 项目以及在智利的 12MW 项目，所用的储能电池皆为锂离子电池。可见，锂离子电池储能系统在技术上已经可行，作为示范装置，成本也是人们可以接受的。某 2MW×4h 磷酸铁锂电池储能系统示范项目应用于大规模集中式储能系统技术领域，主要用于平滑风光功率输出、跟踪计划发电和削峰填谷等，系统以 500kW/1.33MWh 为单元系统进行集成，配备锂离子电池堆储能系统、双向变流器系统和就地检测系统等。该储能系统通过双向变流器与电网连接，实现削峰填谷和系统调频等功能，通过电池管理系统、就地控制系统、站控层通信连接实现数据互通、电池控制和系统检测等，通过本地及远程监控实时监控各电池柜总电压、电流、荷电状态和电池单体温度等，实现磷酸铁锂储能电池健康运行。

锂离子电池储能技术在风电和光电储能方面已经得到广泛应用，在智能电网技术领域的应用尚处于示范应用和小规模应用阶段。在发电环节，锂离子电池储能系统的容量配置是结合运行方式和应用目标进行计算的。根据目前的示范工程，平滑风电瞬间功率波动的锂离子电池储能系统容量一般为风电的 20%～30%，按计划保持小时级稳定功率输出的锂离子电池储能系统容量一般为风电的 60%～70%。在输电环节，输电侧的锂离子电池储能系统用作调频调峰电站，容量为 1 兆瓦至几十兆瓦，存储时间为 15 分钟到几小时。在变电环节，锂离子储能系统一般用于减少电网供电峰谷差，变电侧的储能系统一般以削峰填谷模式运行，容量较大，功率至少为兆瓦级，存储时间一般为 4～8h。

截至 2018 年底，全球电池储能技术装机规模 6058.9MW，其中，中国装机规模 1033.7MW。2019 年中国锂离子电池出货量达到 131.6GWh，其中储能用锂离子电池出货量达到了 3.8GWh，占锂离子出货量的 2.89%。预计到 2022 年底将达到 10GWh，到 2023 年底将达到 20GWh。随着电化学储能的逐步推广，锂电池储能占据着电化学储能市场 75% 的规模，在储能领域锂电池将会在市场上占据着越来越大的比重。

1.2.4 在航空领域的应用

随着锂离子电池技术和工艺的不断进步，锂离子电池的性能大幅提升，应用范围也在不断扩展，从民用消费领域逐渐扩展到了航空航天领域，特别是大容量高功率锂离子电池在航空领域拥有更广阔的应用前景。航空领域民用飞机的电源系统主要包括主电源、辅助电源、应急电源和二次电源等。随着锂离子电池技术成熟和性能提高，高性能大容量锂离子电池既能够满足新一代多电民用飞机的电源需求，同时也减轻了飞机的重量，促使各民机制造商逐步将其用于飞机应急照明、驾驶舱语音记录仪、飞行数据记录仪、记录仪独立电源、备用或应急电源、主电源和辅助动力装置电源等机载系统。

波音公司在使用先进的大容量高功率锂离子电池方面较为领先，在其新研的 B787 型飞机上采用了由法国泰雷兹公司生产的锂离子电池作为主电池及辅助动力装置电池，成为全球首款在飞机安全关键系统中采用锂离子电池技术的民用运输类飞机。虽然 B787 飞机于 2011 年 8 月 26 日获得了 FAA 的型号合格证，但是投入商业运行之后一架日航的该型飞机于 2013 年 1 月 7 日在美国波士顿机场发生了辅助动力装置电池起火事故，9 天后的 1 月 16 日，另外一架全日空的该型飞机又在飞行过程中发生了主电池故障，并紧急降落。事后检查发现两架飞机上均发生了电池短路造成的热失控现象，导致壳体严重损毁，B787 飞机因此停飞长达 4 个多月。虽然发生电池短路的根本原因尚未确定，但波音公司还是改进了其锂离子电池系统的设计，确保 B787 飞机得以重返蓝天。

空客公司在 A380 飞机上的应急照明设备中使用了锂离子电池，并且原本计划采用由法国电池制造商 Saft 公司提供的锂离子电池作为其 A350 型飞机的启动和备用电源，但由于波音 B787 飞机锂离子电池起火事故尚无法确定产生安全问题的根本原因，公众及航空公司对于锂离子电池的安全性加重了怀疑。空客公司经过评估，重新采用了已获得充分验证并广泛使用的镍镉电池。空客公司在 A350 型飞机上舍弃锂离子电池虽然增加了飞机的重量，但是有效降低了安全风险，保证了项目的顺利开展。空客公司同时也表示将与 Saft 公司继续开展技术合作，借鉴波音 B787 飞机电池事故调查结果，研究锂离子电池在航空领域应用的成熟度。相信不久的将来，A350 型飞机也将会采用先进的锂离子电池技术。

波音公司和空客公司在其飞机上使用大容量高功率锂离子电池的经验表明：随着锂离子电池技术的发展，能量密度逐渐增大，电池容量逐渐增加，电池体积和重量也在增加，其散热性和稳定性变差，更易发生热失控现象，安全问题更为突出，已成为制约大容量高功率锂离子电池在航空领域应用发展的最大瓶颈。锂离子电池若要在民航客机领域推广应用，系统安全性需进一步提高，不仅要从电池设计、生产等源头入手，还要加大电池安全监测、系统预警及火灾防控方面的研究。

随着传统石化燃料的日渐稀缺，以及环境保护法规的日渐严苛，电动飞机逐渐走入了人们的视野。近年来的主要技术发展如下：1957 年，世界上第一架银锌电池驱动的电动模型飞机就已经试飞成功。2007 年 12 月 23 日，法国成功试飞世界首架由电力驱动的轻型飞机 Electra，该飞机采用轻型锂聚合物提供能量，为首架以电池为动力的机翼固定型传统飞机。2008 年 12 月 9 日，美国电动飞机公司研发的 Electra Flyer-C 进行了首次试飞，该飞机以锂电池供电，能够以 112km/h 的速度安静地飞行 1.5～2h，最高时速达 144km/h。2010 年 12 月，由法国研制成功的双引擎飞机 Cricri 创下了 261km/h 的飞行速度记录，刷新了之前电动飞机的最高纪录。2012 年 7 月，美国全电动飞机 Long-ESA 试飞成功，并以平飞状态 326km/h 的速度打破此前电动飞机的飞行纪录，成为当时最快的全电动飞机。2015 年，美国国家航空航天局（NASA）规划了相关电动飞机的发展，指出了电动飞机发展的一个方向。在以锂离子电池为动力的全电飞机方面，2015 年，空客公司研制的 E-Fan 飞机在英吉利海峡首飞，飞机搭载两台电动机作为动力装置，最高速度可达 220km/h，续航时间较短，约为 1h。2016 年，NASA 进行了 X-57 全电飞机的研究，采用全电推进，由尖端的分布式电力推进系统提供 100% 电力。2017 年底，罗罗公司、空客公司和西门子公司合作，开发可搭乘 100 人的 E-FanX 电动飞机。2019 年 12 月 10 日，世界上第一架全电动商用飞机从加拿大温哥华起飞，完成了首次试飞。

2012 年，我国以杨凤田院士为首的研究团队开始了锐翔双座飞机 RX1E 的研究，并于 2016 年开始研究锐翔增程型飞机 RX1E-A；2019 年 4 月，中国民航局颁发了 RX1E-A 飞机的生产许可证，准许商业化运营。装配锂离子电池的 RX1E-A 飞机具有噪声小、操作简易、运行成本低和对环境没有直接的污染等优势，最大起飞质量有 600kg，电池容量达 28kWh，续航时间可达 120min。截至 2019 年 4 月 22 日，RX1E-A 飞机的累计飞行时间已达 576h38min，安全无事故起飞降落达 607 架次。2019 年 10 月 29 日，我国第一架自主研制的 4 座电动飞机 RX4E 飞机首飞成功。该飞机采用的锂离子电池，比能量超过 300Wh/kg，电池装机总容量达 70kW。

随着环保局势的日益恶化，全球航空业的零排放目标越来越成为业界讨论的一个话题。全电飞机是电动飞机发展的最终目标。全电飞机的实现，可节省能源的消耗、减少温室气体的排放、降低飞机的使用成本并降低飞机的噪声等，对全球环境保护、经济发展有极大的促进作用。尽管近年来纯电动飞机出现了突破性进展，但不可否认，目前纯电动载人飞机仍处于起步阶段，技术水平仍有进一步提升的空间。目前，锂离子电池的比能量已经超过 300Wh/kg，可在小型飞机上使用，但在大型飞机上只有部分电力系统有所使用，还没有大型全电飞机投入运营。安全问题是锂离子电池在航空领域发展的一大主要障碍，从根本上找到应对锂离子电池安全问题的方法，将会极大地促进锂离子电池在航空领域的发展。虽然国内外已经有多架全电飞机投入使用，但面对复杂多变的空中环境，对锂离子电池性能和安全来说依旧是一个严峻的挑战。

1.2.5 在军事方面的应用

在国防军事领域，锂离子电池的应用范围涵盖了陆（单兵系统、陆军战车、军用通信设备）、海（舰艇、潜艇、水下机器人）、空（无人机）、天（卫星、飞船）等诸多兵种。锂离子电池技术已经不仅仅是一项单纯的产业技术，更成为现代和未来军事装备不可缺少的重要能源供应技术。

军用电池是武器装备和电子信息装备的重要组成部分，它为武器装备和电子信息装备提供能量保障，既是基础又是核心，其性能好坏、质量优劣在很大程度上决定了武器装备和信息装备的性能水平与作战能力。它的技术进步与发展，对武器装备和电子信息装备的发展具有重大影响。海陆空尤其是陆军地面作战使用的便携式武器需要高比能量和高低温性能优良、质量轻、小型化、后勤供应简便、成本低的二次电池；军事通信和航天应用的锂离子电池也趋向高安全可靠性、超长的循环寿命、高比能量和轻量化，因此，环境适应性好、高比能、高安全性和小型轻量化的锂离子电池的研究是国内外研究热点和未来发展方向。

1997年5月，美国国防部开始着手军队转型，目的是在2030年前，打造一支在未来的各种军事行动中占据主导地位的、信息化的战略反应部队。其中陆军的装备部分就是"未来作战系统"（FCS），在FCS计划中，最核心的是网络中心战的思想，即：整个战场形成一个纵横贯通的信息化网络，而每个指挥平台、每个侦察平台、每个作战平台以及每个后勤保障平台都将成为一个信息化节点，使部队具有强大的联通能力、战场态势感知能力和协同作战能力。另外，根据未来作战的特点，要为部队配备各种新型武器装备。经过两次伊拉克战争和阿富汗战争的检验，信息化陆军部队的优势已显露无遗。目前各国均在迅速跟进，对本国军队实施改造。在改造过程中，锂离子电池也在其中扮演重要的角色。首先，在未来的战场中，上至各级指挥所，下至每个单兵，作为信息网络的一个节点，都要使用各类的信息设备，因此电源就是必不可少的装备之一，而电源的能量密度将成为影响部队作战能力的重要因素。锂离子电池是当今质量能量密度和体积能量密度最高的蓄电池，加之锂离子电池具有使用可靠、可快速充电等特点，所以各国都把锂离子电池作为未来单兵通信设备电源的首选。其次，在FCS计划中，将要对陆军战车升级换代，其中很重要的一项就是多种陆军战车的动力驱动部分将使用油电混合驱动，车辆的电动源将采用锂离子动力电池或燃料电池。使用这种驱动方式的好处是：①在必要时刻，可以油电同时驱动，提高战车的机动性。②在单独使用电驱动时，车辆发出的声音和热辐射均较低。在需要时，可以利用电驱动"静默""隐身"行驶相当长的距离，这样，可以加强侦察车辆的隐蔽性，实现战斗车辆打击的突然性，提高战车在战场上的生存能力。③可将电动机安装在车辆的每个轮子上，而不必像汽（柴）油发动机靠一根主轴来传动，这样可以提高车辆的机动性和复杂道路上的通过能力。④降低油耗，减轻后勤供应负担。这些新一代战车将为配备FCS的旅级战斗队提供主要的火力，并将成为跨越式网络的关键节点。因此，锂离子动力电池完全可能成为混合动力陆军战车的主电源。

在美陆军FCS计划中，将采取有人作战平台和无人作战平台联合行动的作战方式，因此除开发地面战车以外，还将研制作战机器人。目前已开发出执行排弹任务的机器人，而锂离子电池则是这些机器人性价比最高的动力源。美国"陆地勇士"单兵作战系统中，每个士兵配备两块锂离子电池，可使用12h，使用"睡眠"模式时能够工作30h以上。在作战时，还将利用车辆的动力系统和作为备份的一次电池，这种混合使用的装备体制，较好地适应了其军事行动的需要。在伊拉克战争中，美国军方使用新研制的BB-2590型锂离子电池代替BB-390镉镍电池，受到官兵的高度评价，认为其使用效果惊人，每块电池都工作了大约34.5h，为它们花的钱和时间都物有所值。

英国"未来步兵士兵技术"（FIST）计划也将锂离子电池作为单兵作战系统中补给能源。德国Idz计划的单兵电台使用锂离子电池作为电源，其他北约国家也将单兵电源列为其单兵作战系统发展计划之中（法国FELIN计划、意大利SF计划、荷兰SMP计划等），预计最终仍将选择锂离子电池。未来作战系统中的地面车辆、目前已开发和正在开发的油电混合驱动军用车辆也仍将选择锂离子电池作为动力源。另据报道，法国Saft公司与英国BAE系统公司签订了200万美元的合同，其主要内容是为其混合电驱动未来战斗系统有人地面车（FCSMGV）设计并提供锂离子电池模块。同时，法国Saft公司还将为非瞄准线火炮（NLOS-C）变型车提供VL-V锂离子电池技术。此外，美陆军要求BAE系统公司和通用动力公司共同研制和生产一系列具有可运输性、可部署性、杀伤性和生存力的有人地面车辆。英国最近公开了耗资560万美元研制的新一代拆弹机器人的原型机"卡弗"，其电源可采用锂离子电池组。

国外主要军事强国在潜艇用锂离子动力电池领域已经取得突破性进展。对于军用的水下航行的设备（比如潜艇），在水下航行时间越长，在水面时间越短，其隐蔽性就越强。锂离子电池的质量比容量是铅酸电池的3～4倍，体积比容量是铅酸电池的2倍，大电流放电时间是铅酸电池的数倍，而充电时间可以是铅酸电池的几分之一甚至十几分之一，循环寿命是铅酸电池的3～5倍。按理论推测，用锂离子电池作为常规潜艇的动力源，水下一次航程至少可以提高1倍以上，水面充电时间也可大大缩短，其隐蔽性将大幅度提高。而在发起攻击后，由于大电流放电时间的延长，可以大幅度延长高速逃逸的里程，提高逃逸航速亦是可能的，这将大大提高潜艇的机动性，增加潜艇的生存能力。另外锂离子电池是完全密封的，在工作过程中不会释放各种气体，减少了潜艇在水下航行的危险性。同时，锂离子电池在正常工作时，基本上是免维护的，可以大大降低维护成本。由于锂离子电池具有上述优点，已引起各国海军的重视。

目前军事发达国家已将锂离子电池应用于微型潜艇和水下航行器（UUV），同时正在开发适用于中远程潜艇的锂离子动力电池。比如：美国Rayovac公司和Covalent公司都在开发用于水下无人探测装置的锂离子蓄电池技术。这种电池的循环寿命比使用锂金属负极电池长得多。Rayovac公司与海军签订了合同，正在开发大容量锂离子电池的负极材料，随后将开发容量为20Ah的单体电池。美国国防授权委员会在2003年批准了一系列计划，为先进蛙人输送系统（ASDS）研制一种新型电池，以改善这种迷你潜艇的性能。授权委员会规定，在ASDS的2380万美元的采购基金中，1200万美元用来购买锂离子电池以替换银-锌电池。ASDS是一种能运载特种作战部队执行远距秘密使命的迷你潜艇。它能减少蛙人暴露于冷水中的时间，减轻队员身体上和精神上的疲劳程度。锂离子电池的使用将改善这种迷你潜艇的自持力和声学特征。其ASDS开发工作负责人表示："和传统电池技术相比，新出现的锂离子电池技术有望使电池寿命较以前提高20～40倍，而运行费用将会降低，这种技术使扩展ASDS所能执行任务的种类成为可能。"2003年9月，Saft美国公司及亚德尼公司分别与美国海上系统司令部签署合同，为ASDS研发锂离子电池。2002年11月，美国波音公司向美国海军交付第一套AN/BLQ-11"远期水雷侦察系统"（LMRS），该系统中的自主式无人水下航行器（AUV）搜索范围为35平方海里（1平方海里＝3.429904平方千米），由锂离子电池作为动力源。美国海军计划采购12套LMRS。美海军正在试验一种叫"海底滑行者"的无人水下侦察监视潜航器，其动力源也为锂离子电池，该潜航器可自主航行6个月，航程为5000km，最大下潜深度为5000m，用于探测水雷和水面目标。

英国 BAE 公司研制的多用途无人潜航器（UUV）"泰利斯曼"（Tailsman）于 2005 年 8 月下水，动力源使用锂离子电池，可工作 24h，用来探雷和一次性灭雷。

德国为了应对本国潜艇需求较少的状况，着力通过潜艇出口保持潜艇设计、建造能力，从而维持相关的科研机构、队伍稳定。2009 年，澳大利亚公布了总价值 400 亿澳币 SEA1000 潜艇项目，为与法国"短鳍梭鱼"级常规动力潜艇、日本"苍龙"级常规动力潜艇竞争，德国以 214 型常规动力潜艇为基础，提交了 216 型常规动力潜艇方案参与竞争。2011 年 9 月在德国基尔市举办的国际潜艇学术会议上，蒂森克虏伯公司在介绍 216 型潜艇推进系统设计方案中，明确提出将采用锂离子电池取代铅酸电池。虽然德国 216 型常规动力潜艇于 2016 年 4 月竞标澳大利亚潜艇失利（法国"短鳍梭鱼"级常规动力潜艇赢得合同），但德国仍于 2018 年开始建造 216 型常规动力潜艇，并在 2021 年交付德国海军。动力系统上，216 型常规动力潜艇装备质子交换膜燃料电池 AIP 系统，并采用锂离子电池取代了传统的铅酸电池，大幅提高了水下续航及加速能力，可持续 28d 隐蔽航行，提高了潜艇生存能力。其中艇上装载的锂离子电池改善了充电参数，扩大了储能容量，使用寿命长达 10 年，有效降低了潜艇动力系统维护成本和工作量。

法国在潜艇锂离子电池动力系统上开展了近 20 年的研究工作，在 1999 年法国著名锂离子电池供应商 Saft 公司开始研制潜艇用锂离子电池，2003 年完成锂离子电池上艇可行性研究，2004 年完成样机研制并进行了电池海上使用试验。2008 年 Saft 公司和法国海军集团公司（原 DCNS 集团）签署协议，法国海军正式开展潜艇锂离子动力系统研制工作。与德国相比，法国在锂离子电池上艇应用工作相对滞后，但研制进展很快。Saft 公司基于 VL45E 锂电池技术研制潜艇锂离子电池动力系统，并于 2008 年后相继完成了电池模型构建与定性、安全性试验、专用物理模型、电池模型与组件之间耦合试验等研究工作。性能上，VL45E 电池阳极为石墨制，阴极为一氧化镍制，使用的电解池为碳酸溶液与锂六氟磷酸盐的混合物。VL45E 高容量电池可反复充电超过 4000 次，电池单元高 222mm，宽 54mm，重约 1.1kg，比能量为 160Wh/kg。基于 VL45E 电池单元，法国设计出 M0、M1 两型艇载锂离子电池模块，其中 M0 电池模块由 40 个电池组成，提供 141Wh/kg 的能量；M1 模块也由 40 个电池组成，提供 180Wh/kg 的能量。法国海军集团评估，Saft 公司研制的锂离子电池动力系统在潜艇作战中能承受约 320g 的水雷爆炸冲击力，在实测中该电池组已成功承受了 30～150g 水雷爆炸冲击，且没有受损。在应用于潜艇时，电池模块将被平行连接形成 108 组电池组以满足潜艇所需的电压水平。在 2014 年的欧洲海军展中，法国海军首度公开了"短鳍梭鱼"级常规潜艇，该艇以法国新一代攻击型核潜艇"梭鱼"级为基础，将核动力推进系统替换成柴-电推进系统。依照 2014 年欧洲海军展展出的资料，法国潜艇锂离子电池动力系统已完成研发，并可应用于"短鳍梭鱼"级潜艇。

在潜艇锂离子电池动力系统研制上，日本汤潜公司（YAUSA）和英耐时（ENAX）公司早在 20 世纪 90 年代开展了相关研制工作，其中汤潜公司生产的锰酸锂动力电池已装备无人潜航器，并于 1999 年 10 月完成了水下试验。随后日本海上自卫队以汤潜蓄电池有限公司生产的机动车锂离子电池为基础，开展潜艇锂离子二次电池（可重复充电）研究并试制样品。测试表明锂离子电池蓄电量为传统铅蓄电池的 2 倍，重复充电次数为传统铅蓄电池 1.5 倍以上，安全性与充电效率亦优于铅蓄电池。2014 年 10 月日本宣布将在"苍龙"级潜艇 11 号艇、12 号艇（SS-511 和 SS-512）上采用锂离子电池取代铅酸电池。2 艘潜艇分别于 2015 年、2016 年开工建造，日本苍龙级"凰龙"号是首艘配备锂离子电池的潜艇，于 2018 年 10 月下水，采用日本汤潜公司的锂离子电池取代了传统的铅酸以及 AIP 系统，成为日本首艘、同时也是世界首艘采用锂离子电池作为主动力的潜艇，可实现蓄电容量将增至 2 倍左右，续航力翻倍。2019 年 11 月 6 日，"苍龙"级潜艇的 12 号舰"登龙"的潜艇下水，同样采用锂离子电池作为动力。日本海上自卫队称通过采用锂离子电池，将使"苍龙"级常规动力潜艇续航能力增加 45%，并提高潜艇水下高速航行能力，此外同体积锂离子电池的重量是铅酸电池的 1/5，加大了艇上空间的利用效率。由小泽和典领导的日本 ENAX 公司，专门设立了潜艇用锂离子动力电池生产研发机构。日本已成功实现 2 艘潜艇换装锂电池。日本接下来的新一代潜艇，将搭载与"凰龙"号和"登龙"号同样的锂电池。据报道日准备用锂离子动力电池装备电动常规潜艇。

俄罗斯潜艇锂离子动力系统由红宝石设计局研制，2012 年俄海军宣布将在"拉达"级潜艇 2 号艇"喀琅施塔得"号上采用锂离子电池，并进行锂离子电池动力系统使用测试工作。该艇于 2005 年建造，于 2019 年服役。此外 2017 年 7 月，俄罗斯完成第 5 代常规潜艇"卡琳娜"级初步设计工作，该艇动力系统也将采用锂离子电池和俄罗斯新研发的重整制氢 AIP 系统。

韩国通过与外国军工机构合作建造"张保皋"级（德国 209 型潜艇）和"孙元一"级（德国 214 型潜艇）潜艇，逐渐掌握了潜艇建造、设计相关技术。2007 年韩国正式开展本国自主设计的 KSS-3 型潜艇研制工作，并于 2014 年完成潜艇设计。随后韩国计划建造 9 艘 KSS-3 型潜艇，其中首艘已于 2016 年开工建造，并于 2020 年服役。为提升潜艇动力性能，韩国还计划从 4 号艇开始采用锂离子电池动力系统，潜艇锂离子电池动力系统研制工作由韩国三星集团负责。

1995 年 8 月，德国蒂森克虏伯公司就与德国 GAIA 锂离子电池技术公司签订了研发用于有人驾驶船舶的大型锂离子电池技术合同。该合同分 2 个阶段实施。第 1 阶段工作主要由 GAIA 公司实施，研制电池模块样品。第 2 阶段工作由蒂森克虏伯公司与 GAIA 公司共同实施，基于第 1 阶段成果研制艇载锂离子电池动力系统及测试。2010 年 9 月~2012 年 5 月，蒂森克虏伯公司在双体船"行星太阳"号上测试大型锂离子电池动力系统，"行星太阳"号通过该动力系统成功完成了环球航行，此次试验是世界首次在有人驾驶船舶上采用锂离子电池动力系统驱动航行，证明了蒂森克虏伯公司锂离子电池动力系统长航时使用具有较好的安全性和可靠性，具备了上艇使用条件。目前，机载、车载和舰载通信设备所用的电源或 UPS，一般多采用铅酸电池，若改用锂离子电池将大大减轻设备质量，延长通信时间。

目前锂离子电池在航空领域主要应用于无人小/微型侦察机。20 世纪 90 年代，美国国防部高级计划局（DARPR）决定研究小/微型无人机，用来执行战场侦察，至 2000 年左右，几种小型无人侦察机开始试飞，并在阿富汗战争和伊拉克战争中投入使用，经两次战争的检验，反映很好，其中最为有名的是航空环境（Aero Vironment）

公司研制的"龙眼"（dragon eye）无人机，使用锂离子电池作为动力源，以76km/h速度飞行时，可飞行60min，具有全自动、可返回和手持发射等特点。据报道，美海军陆战队计划为每个连队配备"龙眼"小型无人侦察机。继小型无人侦察机成功以后，又有微型无人侦察机试飞成功，如：Aero Vironment公司推出的"黄蜂"无人机。美军方发言人宣布，"黄蜂"已具备实战能力。另外，还有一些微型无人机正在开发，如：桑德斯公司开发的"微星"（microstar）无人机。这些微型无人机均使用锂离子电池作为动力源。

部队在野外宿营时，要靠发电机来供电，但发电机的声音、辐射热将降低其隐蔽性，若采用锂离子电池做成的电源为指挥所、战地医院供电，则可以提高隐蔽性。用碳纤维做成的电热被服可以大大减轻被服的质量，还具有传统被服不可比拟的保温性能，据了解，荷兰、瑞典等高纬度国家计划为其军队配备电热被服。美军还计划在军服上安装特制空调，用以改善官兵在热带地区的作战条件。如果配以锂离子电池，将大大降低被服的质量和体积。

能源供应是现代化军队后勤工作的重头戏之一，其重要性可以与弹药、服装食品、重要军事设备零配件供应等并驾齐驱，如何减少军队在战争时期和和平时期的能源供应负担始终是各国军方研究的课题。而太阳能、风能的利用则是途径之一。目前，许多军营尤其是一些供电困难的偏远哨所已装备了太阳能、风能发电装置，相当一批在海岛驻防的部队也已安装了这类发电装置。但是，由于目前这些装置的蓄电池部分大多采用铅酸电池，对当地的环境和生态还是有很大的影响的。锂离子电池是绿色电池，用它来代替铅酸电池将会大大有利于当地的环境保护。太阳能、风能发电装置不仅可应用于军营等固定设施，各国军方已经在考虑将便携式太阳能发电装置应用于武器装备。如：①Indra公司与西班牙国防部签订了840万欧元的合同，研制一种背包式卫星终端系统（北约将其命名为Manpack），该系统由太阳能极板和电池组构成系统的电源；②美军与全球太阳（Global Solar）公司签订50万美元的合同，向美军提供太阳能电池，作为柴油发电机的辅助电源，为野战时的电台、计算机及其他装备供电，2003年6月美军在夏威夷附近海域举行了代号为"强天使"（strong angel）的海上搜救演习，使用了这种电源；③由美军资助，康纳卡（Konarka）公司正在研发纳米吸光染料，并最终应用于服装，使得发电成为军用服装的一个辅助功能，这种服装与声控操作系统的可穿戴型计算机，头盔显示系统构成"陆地勇士"的计算机通信系统。在上述几项新装备中，蓄电池都是必不可少的，而锂离子电池在体积、重量和容量方面的优势预示，在与军用太阳能装置联用方面，锂离子电池是最佳选择，在今后将会有大量应用实例出现。

锂离子电池在国防中应用还有探测气球用电源、教练鱼雷电源、教练巡航水雷电源等。现代战争主要是高科技条件下的战争，军事装备的高科技化水平是一个国家国防实力的重要标志。海陆空军的各种装备尤其是陆军地面作战使用的便携式武器将需要高比能量和高低温性能优良、轻量化、小型化、后勤供应简便、成本低的二次电池；军事通信和航天应用的锂离子电池也趋向高安全可靠性、超长的循环寿命、高比能量和轻量化。因此，环境适应性好、高比能、高安全性和小型轻量化的锂离子电池的研究是目前国内外研究热点和未来发展方向。

1.2.6　在航天方面的应用

在航天事业中，蓄电池同太阳能电池联合组成供电电源。应用于航天领域的蓄电池必须可靠性高，低温工作性能好，循环寿命长，能量密度高，体积和质量小，从而降低发射成本。从目前锂离子电池具有的性能特性看（如自放电率小、无记忆效应、比能量大、循环寿命长、低温性能好等），这个电源将比原用 Cd-Ni 电池或 Zn/Ag_2O 电池组成的联合供电电源要优越得多。特别是从小型化、轻量化角度看，这些特性对航天器件是相当重要的。因为航天器件的质量指标，往往不是按千克计算的，而是按克计算的。而且 Zn/Ag_2O 电池有限的循环和湿储存寿命，必须每 12～18 个月更换一次，而锂离子电池的寿命则较之长十几倍。与其他二次电池相比，锂离子电池有它自身的特点，特别是它具有高的比能量及高的单电池电压，使其在航天领域的应用有一定的优势。因此，国外一些大公司和政府军事部门纷纷投巨资对航天用锂离子电池进行研究和开发，并取得了一定的成效。

为了研发用于航天器和军事等方面的高比能量及长寿命锂离子电池，NASA 自 1998 年便与 DOD 建立了合作关系，并取得了一些成果：开发出优越的电极材料和电解液，改善了电池的低温性能和循环寿命；优化电池设计，得到高比能量电池；开发出不同尺寸和满足不同要求的电池；研制出电池的均衡电路控制器。美国 Eagle Picher 公司是氢镍电池的主要生产商，其产品在航天领域得到广泛的应用。该公司同时研发了多种不同尺寸的锂离子电池，其中容量为 35Ah 的 SLC-16002 型锂离子电池的比能量从 1999 年的 100Wh/kg 增加到 2000 年的 150Wh/kg，这种电池在 50%DOD 下的循环寿命达到 4500 次，在 25%DOD 下的循环寿命达到 15000 次。该公司研制的容量为 100Ah 的 86211 型锂离子电池，以 C/5 倍率充放电时，经过 940 次循环后，电池容量是初始容量的 75%；以 C/2 倍率充放电时，经过 800 次循环后电池容量是初始容量的 75%。此外，还对该型号锂离子电池进行了 LEO 模拟实验，在 C/2、40%DOD 时，循环寿命可达 6000 次，70%DOD 时，循环寿命可达 1800 次。

美国另一家电池公司 Yardney 公司主要生产军用和航天用锂离子电池，他们为 MSP03（火星勘测计划）研制的电池能量密度可达 120Wh/kg；低温性能较好，在 −20℃，放电倍率 C/5 时，放电容量是室温时放电容量的 65%；可大倍率放电，室温下 1C 倍率放电容量是低倍率放电时的 85%，在 −20℃时，以 C/2 放电时，得到相似的结果；循环寿命较长，室温时 1000 次循环以后电池容量仍为初始容量的 80%；储存寿命较长，电池在 0℃、25℃、−20℃分别放置 10 个月，电池容量保持率均超过 95%；脉冲性能良好，在不同充电状态和温度下，电池体系在 2～3C 脉冲时表现出优越的性能，电池体系电压下降小于 3V。

法国著名的从事锂离子电池研制的 Saft 电池公司早在 1996 年便开始了航天用锂离子电池的研究和开发，已研制成功大容量锂离子电池，用于混合型动力汽车和航天领域。Saft 公司研制的 18650 型锂离子电池模拟 GEO 做循环性能测试，2%DOD 经过 1350 次循环能量损失仅为 4%；模拟 LEO 做循环性能测试，20%DOD 经过 40000 次循环电池能量损失仅为 11％。他们研制出 40Ah 航天用锂离子电池，并在放电深度 60％～85％和放电深度 10％～40％范围内分别模拟地球同步轨道卫星和低地球轨道卫星做充放电循环寿命实验。一个由 6 只单体电池组成的电池组模型可循环 1300 次以上，相当于 GEO 循环 15 年，放电能量损失只有 2.5％；模拟 LEO 做 20％DOD 循环性能测试，经 27000 次循环能量损失 10％，经 40000 次循环电池能量损失为 18％。Saft 公司在实验过程中发现，温度对电池的使用寿命影响较大。Saft-MP 系列锂离子电池工作温度范围较宽，充电温度 -20～60℃，放电温度 -50～60℃；最高能以 2C 倍率连续放电，放电容量为额定容量的 96％；同时电池在室温下能通过 4C 脉冲放电；室温下储存一年，电池容量仍可达初始容量的 80％。Saft 最新研制的 MP176065 型锂离子电池性能最佳，能量密度可达 165Wh/kg。

日本国家空间开发局（NASDA）研制的 10Ah 锂离子电池模拟 LEO 作循环寿命实验，40％循环 15000 次后电池容量保持率为 80％；100Ah 锂离子电池模拟 GEO 作循环寿命实验，80％DOD 循环 900 次后电池容量保持率为 80％。日本航天开发局（JAXA，即之前的 NASDA）对由 100 个 100Ah 的电池组成的电池组进行性能评估，电池组能量密度超过 100Wh/kg，15℃时模拟 GEO 做循环性能实验，已经完成 18 个阴影期，相当于 9 年的 GEO 运行时间，即使在 70％DOD 时，放电终止电压也在 3.4V 附近，单体电池之间的压差不超过 48mV。此外，他们对 0.6～100Ah 电池模拟 LEO 和 GEO 做循环性能测试，一些电池显示出优越的性能，LEO 循环寿命超过 29000 次，GEO 循环寿命超过 1700 次，电池放电终止电压仍在 3.0V 以上。

AEA 电源公司 2001 年首次在 PROBA 小卫星上使用锂离子电池，该公司为欧洲航空局（简称欧空局）提供工作温度范围 -40～+70℃锂离子电池；2003 年发射的 Mars Express 通过对电池单体的不同并串连接，满足航空器的供电需求；2004 年发射的 Rosetta 采用锂离子电池供电；英国领导的 Beagle 2 lander 计划将使用 AEA 公司提供的锂离子电池。此外，欧空局正在执行 ExoMars 计划，计划在 2011 年发射一个采用锂离子电池为储能电源的火星着陆器，探索火星上是否存在着生命。

大量实验证明，锂离子电池完全能满足航天要求，在 GEO/LEO 轨道上使用更具有优势。锂离子电池自诞生以来，电池的能量密度提了近 2 倍，与此同时锂离子电池技术还在不断地更新与发展，对于航天用锂离子电池而言，既是机遇又是挑战。因为卫星电源需要高的可靠性，而一种新技术的引入，或是一种新材料、新工艺在电池上的应用都有很大的风险。所以，大多数卫星还是倾向于使用那些成熟的技术。应用于航天领域的电源在卫星发射时需承受近 10g 的重力加速度，还要在高真空环境下持续工作，这就要求电池结构有较高的密封性及机械强度；此外，卫星电源需在不同环境温度下工作，通过使用含有功能添加剂的电解液来改善电池的高、低温性能，保证锂离子电池顺利完成空间任务。此外，锂离子电池组在充放电时需要电路均衡系统，因为锂离子电池对过充和过放都很敏感，安装均衡电路就是为了防止由于电池的充电状态不平衡，从而导致电池的过充或过放，但是，这样电路会更复杂而且电池模块也会增大。对锂离子电池厂家而言，重要的是研制出一种新的可靠性较高、不需要均衡电路且更经济的锂离子电池。

国际上，锂离子电池在空间电源领域的应用已进入工程化应用阶段。目前已经有十几颗航天器采用了锂离子电池作为储能电源。锂离子电池在航天领域的发展势头非常强劲。

以下为收集到的部分资料。

① 2000 年 11 月 16 日发射的 STRV-1d 航天器首次采用了锂离子电池，该航天器采用的锂离子电池的比能量为 100Wh/kg。

② 2001 年 10 月 22 日发射升空的 PROBA 航天器上再次采用了锂离子电池作为其储能电源。采用的是 6 节 9Ah 锂离子电池组。

③ 2003 年欧空局（ESA）发射的 ROSETTA 平台项目也采用了锂离子电池组，电池组的能量为 1070Wh。ROSETTA 平台的着陆器也采用了锂离子电池作为储能电源。

④ 2003 年欧空局在 2003 年发射的火星快车项目的储能电源也采用了锂离子电池，电池组的能量为 1554Wh，电池组的质量为 13.5kg，比能量为 115Wh/kg。火星着陆器——猎犬 2 也采用了锂离子电池。此外，NASA 2003 年发射的勇气号和机遇号火星探测器也采用了锂离子电池。欧空局计划还有 18 颗航天器采用锂离子电池作为储能电源。

国外对航天用锂离子电池的研究起步较早，较多研究成果已见报道，并已成功应用于航天领域，最近几年，国内一些研究单位也开始了应用于航天领域的大容量锂离子电池的研制，并取得了一定的成果。随着对航天用锂离子电池研究的不断深入，电池的比能量、可靠性和循环寿命等性能的不断提高，锂离子电池在航天领域必将有广阔的应用前景。

1.2.7 锂离子电池在其他领域的应用

经过几十年的发展，锂离子电池技术不断进步，其应用也不断扩展，除在消费电子、电动汽车、储能、航空航天、军事等领域得到广泛应用之外，在电动工具、电动自行车、通信、玩具等众多领域也迅速得到推广，锂离子电池的市场份额和规模越来越大。

电动自行车最开始出现的时候，主要应用铅酸电池作为动力源。2002 年 4 月在第 12 届上海国际自行车展览会上首次出现锂离子电池电动自行车，在 2002 年第 13 届东京国际自行车展览会上，日本雅马哈和松下都展出了锂离子电池的电动自行车，开启了电动自行车行业用锂离子电池替代铅酸电池的历史进程。随着能源的日益紧缺和节能环保的理念日益深入人心，我国政府十分重视电动交通工具的研究与应用。电动自行车以其经济、便捷等特点，发展十分迅猛，成为普通老百姓出行首选的个人交通工具。随着国家对环境保护的进一步重视，2011 年九部委出重拳联合整治铅酸蓄电池，为锂离子电池在电动自行车上的广泛应用提供了良好的机遇。据环保部门 2012 年 12 月公布的数据，铅酸蓄电池企业从整治前的 1700 余家，锐减至约 400 家。发展更环保、比能量更高、循环寿命更长的锂离子电池，符合节能环保的大趋势。国内多数知名电池生产企业，均大力开展电动自行车用锂离子电池的研究与生产，星恒、力神、比克等企业已实现量产并广泛应用于电动自行车，天能、超威等铅酸电池龙头企业纷纷加大锂电池的技术研发，扩大生产规模。各行业协会、标委会也做了大量的工作。全国电动自行车分标委承担了工业和信息化部下达的电动自行车用锂离子电池综合标准化工作任务，起草了工作方案，制定了多个与电动自行车用锂离子电池相关的产品标准（如 QB/T 4428—2012《电动自行车用锂离子电池产品　规格尺寸》）。中国自行车协会协同中国电池工业协会成立了动力锂离子电池（电动自行车）技术协作与推广应用委员会，大力推动锂离子电池在电动自行车上的应用。中国化学与物理电源行业协会与天津市自行车电动车行业协会立足天津，开展了天津地方标准 DB12/T 246—2012《电动自行车用锂离子蓄电池组和充电器通用技术条件》的修订工作，现已发布实施。主管部门、行业协会、生产企业和标准化组织，都在努力推动锂离子电池在电动自行车上的应用。我国电动自行车是完全拥有自主知识产权的产品，受到了普通老百姓的欢迎。锂离子电池在电动自行车产品上的应用，使得电动自行车骑行更轻便、外观更时尚，符合城市消费者的需求。据统计，2011—2013 年，全球电动自行车市场销量分别为 2980 万辆、3030 万辆和3350 万辆，其中锂电版电动自行车分别为 197 万辆、396 万辆和 640 万辆，市场占比分别为 6.61％、13.07％、19.10％。事实表明，大众对锂电池电动自行车的需求呈快速上升趋势。电动自行车市场使用电源的变化趋势也影响到了同样使用铅酸电池的电动三轮车和低速电动汽车市场，这两大市场开始有越来越多的产品尝试使用锂离子电池。

电动工具是指用手握持操作，以小功率电动机或电磁铁作为动力，通过传动结构来驱动作业工作头的工具。按照动力类型分类，可以分为传统电力式（有绳）和充电式（无绳）两类。长期以来，电动工具市场上占据绝对垄断地位的是镍镉电池，锂离子电池、镍氢电池、铅酸电池等用量均不大。2010 年之前，有绳电动工具由于生产工艺和技术成熟、成本低廉等特点一直占据市场的主导地位，而无绳电动工具的市场虽起步相对较晚，但随着下游对小型化、便捷化的需求，并且电池成本逐渐降低，使得无绳电动工具的发展越来越快，从 2011 年占整个电动工具产量的 30％ 左右到 2018 年的接近50％，发展十分迅速。从全球及中国的总产量来看，下游整体需求量增速逐渐趋于稳定，锂电池在电动工具中的应用在 5 年之内还是有较好的增幅。主要原因有两点：一是电动工具小型化、便捷化的发展趋势；二是锂电池在电动工具上使用从 3 串发展到 6～10 串，单个产品使用数量的增加，也会带来较大的增量，而且部分电动工具还配有备用电池。

除了市场需求的推动，电动工具锂电化在政策方面也得到了政府层面的支持。2017年 1 月，欧盟发布新规，无线电动工具中使用的镍镉电池，将在欧盟全面退市；2017年 11 月，根据我国工业和信息化部下达的行业标准编制计划，中国发起电动工具用锂离子电池和电池组规范征求意见。2018 年全球电动工具锂电池需求量 12.9GWh，锂电池替代率已经达到 95％ 以上，目前处于存量替代阶段。随着技术的不断进步，动力型锂离子电池的高功率性能、安全可靠性有了很大的提高，已能基本满足便携式电动工具对电池的要求。特别是磷酸铁锂电池的成功开发，大大提高了锂离子电池的本质安全，是目前电动工具上最有应用前景的电池。要使电池在电动工具上更安全、简单、可靠地得到应用，离不开锂离子电池制造及组合技术的进步，同时也离不开充电及保护电路的技术进步。电池制造商、充电器及保护电路制造商、电动工具制造商之间的互动和配合，必将对可充电式电动工具的发展产生积极的推动作用。

移动基站主要分为宏站和微站，其中宏站主要是满足 2G 和 3G 移动通信的需要，使用的电源基本上都是铅酸电池，锂离子电池价格的快速下降刺激了应用，但总体占比仍不高（以 2013 年中国市场为例，在 200 多万座宏站中，使用锂离子电池的不足 1%）；微站主要是满足 4G 移动通信发展需要的，主要建在楼宇间和人群密集处，狭小的空间使得能量密度最高的锂离子电池几乎成了唯一选择，2013 年仅中国 4G 微站市场的需求量就超过了 50 万千瓦时。

随着 5G 移动通信和大数据等技术的快速发展，新业务、新设备、新产品层出不穷，作为通信网络正常运行的最后一道防线，后备电源特别是电池技术发挥着越来越重要的作用。通信领域采用的电池不仅包括传统的铅酸蓄电池，还有多种锂离子电池。锂离子电池由于其高功率密度以及高温特性好等优点，比传统铅酸电池更适合与基带处理单元、IT 设备等就近摆放，甚至可进一步分散放在 IT 设备内部。

目前锂电池主要应用于各类容量较小或者较轻便携带方便的场景，但已逐步从便携式产品市场向后备式电源和储能系统领域延伸。在通信用后备式电源领域，随着接入网的发展和通信机柜的小型化，国内外多个通信设备制造商已推出一系列机架式通信用后备式锂离子电池组，各大运营商也已开始正式投入使用。移动基站未来的增量主要来自 5G 网络的搭建。据悉，5G 基站将为目前 4G 基站数量的 2~4 倍以上。据各运营商 2018 年年报数据推测，仅中国就至少有 1438 万个基站需要被新建或改造。传统 4G 基站单站功耗 780~930W，而 5G 基站单站功耗 2700W 左右。另外，由于 5G 基站需要高密度布置，楼顶等位置承重有限，结合来看，传统铅蓄电池在能量密度方面有明显短板。在 5G 储能电池参与调峰降成本的情况下，充放电次数将大大增加，磷酸铁锂电池低全周期成本的优势将得以发挥。未来 5 年预计基站锂电池需求将显著增长。

在视频设备方面，有电视台在对数字采编设备选型的同时，对市场上各种类型的电池作过一些技术测试。例如，在拍摄电视剧时，采用了一台松下摄像机，每天的开机时间高达 12~13h，选用了国产的锂离子电池（100Wh/kg）。准备每天使用 6 块电池，实际每天只使用了 3~4 块，电池容量之大，令这些走南闯北的摄像人员非常吃惊。3 个月时间剧组辗转了多个外景地，气温从北方的 −10℃ 到珠海的 30℃，电池工作情况稳定，充分显示了锂离子电池的各项优点。

至于锂离子电池在电网储能中的应用，目前总体还处于初级的试验阶段，类似"国家电网张北风光储输出示范项目"这样的大规模储能电站每年的新建数量不多，锂离子电池用量并不大。倒是处于用户端的家庭储能市场呈现出蓬勃的发展势头。家庭储能在全球的应用集中于两个地区：一是非洲等电力网络不健全的地区用于生活基本用电保障，二是发达国家的屋顶光伏电力自给以及平抑峰谷电价差。目前家庭储能正处于锂电池替代的过程中，预计需求量将以每年 5%~10% 的速度增长。以日本、德国、美国为代表的西方国家于 20 世纪末期纷纷推出"百万太阳能屋顶计划"，强力推广分布式光伏发电（即太阳能发电），大力发展新能源电力。在 21 世纪前 10 年间，这些计划大都顺利完成。2011 年之前，分散安装在居民住宅屋顶的太阳能电池白天所发电力基本上都是按政府指定的高价卖给电网，用电时再从电网低价购电。2011 年日本"3·11"大地震之后，为分布式光伏发电配套储能电池、打造"微电网"以保证用电安全的想法逐渐占据主流，家庭储能市场开始兴起。到 2013 年底，日本家庭储能市场上锂离子电池用量已经达到 30 万千瓦时左右，储能产品单价也从 2011 年底的 100 万日元/kWh 以上快速降到了 2013 年底的 20 万日元/kWh 以下。

充电宝市场是一个隐形的巨大的锂电池需求市场。2012—2016 年充电宝出货量年均增长 50%，市场逐步趋于饱和，增幅放缓。但是 2017 共享充电宝的兴起为这个行业带来了新的契机。市场迅速升温，资本的狂热程度堪比共享单车。目前一二线城市已经高密度扩张，未来将进一步向三线城市扩展。同时，5G 时代的到来，将会加快手机电量的消耗，对手机续航问题是一个新的挑战，这也为共享充电宝带来新的发展机遇。据统计 2018 年全球充电宝出货量约为 11.76 亿部，预计 2023 年将有可能达到 16 亿部。相应的锂电池需求量，将从 2018 年的 42GWh 增长到 2023 年的 56GWh。其他智能可穿戴设备，以及扫地机器人等智能家居也需要应用到锂电池。这一部分的市场需求虽然基数小，但是增幅很快。初步预计，2023 年全球其他智能消费类设备锂电池的需求量为 7.1GWh。

锂电矿灯蓄电池部分，目前有两种形式：一种是单体蓄电池；另一种是几个容量相等的个体串联而成。对于后者，电池的一致性要求较高，否则，单个容量下降将会直接影响到整个产品的循环寿命。在山西焦煤集团公司杜儿坪矿试用的锂电矿灯，全部是单体蓄电池。锂电矿灯的第一次下井使用，便以轻巧、易携而受到矿工的喜爱。以 8Ah 灯为例，工作电压 2.2～4.25V，额定电压 3.6V，点灯时间 13～14h，正常使用可达 600 次循环。从一个月的试用情况来看，8Ah 灯点灯时间 15～16h 后，电池电压仍保持在 3.55V 以上，仍在工作范围内。照度：点灯开始≥1600lx，点灯 15h 后≥1300lx。蓄电池部分的重量只有 430g，是铅酸蓄电池的 1/4 左右。

现阶段高功率的软包装锂离子电池的应用已经十分的广泛，如电动手工具、遥控飞机及电动玩具车等；其他特殊用途方面，如电极枪、机器人及电动卷线器等。除了一般的 3C 产品的应用外，软包装锂离子电池已跨入高功率应用的市场，而这个市场，并没有哪一国的技术领先问题，几乎是亚洲几国的电池厂齐头并进，因此可预期的是，在不久的将来，高功率软包装锂电池将是战国时代，且商机无限。中型遥控飞机用 2000mAh 的三串电池组，在电流 36A 条件下连续放电，前两分钟仍维持 10.6V 的电压，这符合快速遥控飞机的大电流下电压的基本要求，另外研究使用超级电容器，电池组在加上超级电容器之后，可以延长 50% 的飞行时间，其原因主要是超级电容器在电池组激活时可以分担瞬间大电流，这对电池大电流放电有明显的降温作用，因此延长了电池组的放电时间及使用寿命。4 串 3000mAh 电池组使用于电动工具，取代了 18650 型号的锂离子 2 并 4 串电池组，这种取代有三大优点：第一是质量减轻了；第二是组装上比较容易；第三是仅有串联提高了电池组的稳定度及寿命。上述实验结果显示，用电池组来打 20 螺丝钉，充饱电的状态下，每次可钉 350 支，同时在寿命方面，循环次数增加了 1 倍以上。小型遥控飞机和大电流 60mAh 电池，此 60mAh 电池以 10C 功率放电，前五分钟仍可维持 3.45V 以上的电压，且质量仅有 1.6g，这是高功率小型锂离子软包装电池最佳应用范例。机器人应用电源范例，采用 4 串 2000mAh 电池组，替代了 Ni-MH 的 12 串电池组，时间操作上可超过 20% 的机器人动作时间，同时经实验证明，循环次数提高了 2~3 倍。自动钓鱼线的电池电源，采用 4000mAh、2 并 4 串、115Wh 的设计，这是中型高功率铝箔软包装锂离子电池的应用范例，因为是中型的关系，除了严谨的保护板及平衡器的设计之外，电池需加塑料保护壳，同时为了要防水，又再设计了气密的外壳以及露在外的显示器，成为钓鱼线电源组的第二代产品。电击枪电源设计，采用 1000mAh 的电池 2 串作为电源供应，经过电路板的设计，可将电压提高至瞬间 10000V，电流为 10mA 左右，此时电池组的供应约为 10C 功率，这是高功率高电压应用产品的范例。

在近期服役的典型无人深潜器中，大部分采用锂离子电池作为动力能源。显然，锂离子电池已显现出向水下无人深潜器应用的发展趋势。锂离子电池作为水下动力能源，其高能量密度减轻了电池组的质量，提高了深潜器的有效载荷能力；尺寸形状任意与充放电过程中无气体产生的属性，可为深潜器设计带来更多的方便；长寿命和免维护，可降低运行成本。随着制造设备、生产工艺以及材料科学的发展，锂离子电池的能量密度和安全性能还将得到大幅提升。正在研发的正极富锂锰（$LiNi_{0.5}Mn_{1.5}O_4$）和负极碳硅材料、石墨烯复合材料、新型阻燃电解液和离子液体、氟代碳酸酯等功能添加剂，以及陶瓷隔膜和无机隔膜等新型材料的出现，有望使困扰锂离子电池应用到大型载人深潜器上的安全性问题得到解决。

持续提升的新能源技术吸引了设计工程师的眼光，在最近研制的中小型载人深潜器动力能源的选择方向上，锂离子电池脱颖而出。2008 年伍兹-霍尔海洋研究所公布了新"阿尔文"号载人深潜器的改造计划，改造的四个关键技术之一是用锂离子电池替代原有的铅酸电池作动力。2012 年，中船重工集团 702 所也公布了 2018 年开建的"作业型"4500m 载人深潜器，采用聚合物锂离子电池作动力。随着应用技术的不断提升，将会有越来越多的锂离子电池应用到水下深潜器上，发挥其独特的优势和作用。

近年来，人们开始研究将锂离子电池应用于船舶推进系统，其在安全性、经济性尤其是环境保护方面的优势日益显著，获得了越来越多的关注。船舶电力推进系统排放低、噪声低，比较适用于内河、湖泊以及旅游风景区的水域。在当前大力倡导使用绿色环保能源的今天，电力推进可以在不降低船舶性能的情况下实现环保，提高乘客的舒适性。随着电池技术尤其是锂离子电池的快速发展，其在船舶上的应用将更加广泛，发展前景广阔。随着绿色生态观念的深入发展和国际海事组织（IMO）对环保要求的日益严苛，"绿色船舶"和"绿色航运"已成为未来造船业和航运业发展的主旋律。

传统的船舶排放污染严重，船舶使用的油料一般含有较高的硫，对空气污染严重，尤其是在港口城市影响更大。我国自 2010 年以来，开始逐步推广 LNG 船舶来减少排放，但由于 LNG 和船舶用油的价差不断缩小，且改造成本偏高，LNG 船舶发展缓慢，目前我国仅有百余艘 LNG 船，占比仅为 0.1%。据测算，柴油船舶、LNG 船舶与电动船百公里的综合使用成本分别为 4620 元、4440 元和 3272 元，电动船已经具备较好的经济效益，性价比优势明显。

近年来，电动船舶已有了广泛的实践应用。2018 年 8 月 22 日，由中船重工第七一二所为新疆天池景区打造的 4 艘基于纯锂离子电池动力的新能源船成功试航。全船能源均来自锂离子电池动力模块，续航时间长达 4h。该船具有低噪声、零排放、无污染、操作灵活等特点。2019 年 1 月 18 日，由广船国际有限公司建造的 2000t 级新能源纯电动散货船"河豚"号交付，开创了 2000t 级船舶采用电池作为船舶动的先河。2019 年 3 月 4 日，日本首艘搭载锂离子电池的混合动力货船"Utashima"号在东京都内亮相。"Utashima"号长约 76m、宽约 12m，499t 载重，该货船设有 2828 个由 24 个东芝产锂离子电池构成的电池组，相当于 2700 辆普通混合动力车（HV）的电池容量，单靠电池可最多航行约 6h。而当使用柴油发动机航行时，将同时为电池充电。

电池技术的发展促进了应用领域的扩大，而应用领域的扩大又要求锂离子电池具有更高的性能、更高的安全性。可以说更安全、更高容量、更长寿命、更高倍率将永远是锂电人技术追求的目标。

1.3 锂离子电池的发展趋势

1.3.1 锂离子动力电池的发展概况

电动汽车是世界上各主要发达国家重点支持和发展的热点领域，动力电池是电动汽车的心脏，是新能源能否可持续发展的关键所在。锂离子动力电池是目前实现产业化的动力电池产品中能量密度最高的电化学体系，具有较长的循环寿命，安全性不断提高。同时，锂离子电池已处于自动化大规模生产制造阶段，成本不断下降，在未来相当长的一段时间内，仍是最适用的新能源汽车的动力电池。随着产业结构的调整，材料技术和制造技术的进步，回收利用体系的完善，锂离子动力电池产品在比能量、安全性及循环寿命方面的性能将不断提高，更加强有力地支撑新能源汽车产业的发展。

日本和韩国是锂离子动力电池的主要生产地国，研发和制造实力雄厚。在 2016 年全球动力电池产品出货量方面，日本的松下电池排名第 1 位，约为 7.2GWh，韩国的 LG 和三星 SDI 分别排在第 5 位和第 9 位，出货量分别约为 2.5GWh 和 1.1GWh，前 10 名中的其他位次则均由中国企业占据。随着中国新能源汽车及动力电池产业的快速发展，日、韩锂离子动力电池在全球的市场份额在逐年下降，但日本却一直占据着锂离子动力电池高端市场的主导地位，其锂离子动力电池技术也是整个动力电池行业的风向标。

日本早于 2009 年就研究制定了动力电池技术路线图，并随着产业的调整和技术的发展，进行多次修订，最终形成了《NEDO（日本新能源与产业技术综合开发机构）二次电池技术研发路线图 2013》，该路线图以能量密度、比功率、成本、寿命为指标，明确了动力电池技术发展方向。路线图指明，到 2020 年，高能量密度型动力电池比能量达到 250Wh/kg，比功率达到 1500W/kg，成本约为 2 万日元/kWh（约人民币 1.2 元/Wh），日历寿命 10~15 年，循环寿命 1000~1500 次；高比功率型动力电池比能量达200Wh/kg，比功率达 2500W/kg，成本约为 2 万日元/kWh（约人民币 1.2 元/Wh），日历寿命 10～15 年，循环寿命 4000～6000 次。目前，除丰田保留镍氢电池以外，日本主要车企及动力电池企业均选择锂离子动力电池，且多选择高镍三元正极材料技术路线以实现高能量密度的目标。松下生产的镍钴铝 NCA18650 动力电池，单体比能量达到 250Wh/kg，其与特斯拉联合开发的新型 21700 动力电池已实现量产，并用于 TeslaModel 3 电动汽车。据特斯拉公布的数据显示，21700 动力电池单体比能量达到了 300Wh/kg，与原 18650 动力电池相比，单体比能量提升了 20％以上，单体容量提升了 35％，系统成本降低 10％左右。

韩国动力电池产业较日本起步晚，但由于其在基础研发、原材料、生产装备及电池产业化技术等方面的投入巨大，进展迅速，建立了相对完整的锂离子动力电池产业链，且产业集中度较高。LG 化学和三星 SDI 为韩国最主要的动力电池企业，主要推行国际化发展战略和低成本战略，均在中、美、日、韩等国家建有生产基地，并与多个跨国整车企业建立了稳定的供货关系。目前，LG 化学主要生产软包装三元材料动力电池，正极材料以镍钴锰 NCM 为主，负极材料以石墨和混合硬炭为主，单体比能量达到了 240～250Wh/kg。三星 SDI 主要生产方形和圆柱形三元材料动力电池，采用 NMC622 正极材料和石墨负极材料，方形动力电池单体比能量达到了 220Wh/kg，圆柱形 18650 动力电池单体比能量达到了 250Wh/kg。

在国内新能源汽车产业的带动下，我国锂离子动力电池产业规模急剧扩大，已形成了包括关键原材料、动力电池、系统集成、示范应用、回收利用、生产装备、基础研发等在内的完善的锂离子动力电池产业链体系，整体产业规模达到世界领先。2016 年我国锂离子动力电池出货量达到 30.5GWh，在全球锂离子动力电池销售排行榜中，我国动力电池企业占据 7 个位次，比亚迪和宁德时代分别以 7.1GWh 和 6.8GWh 的销量排名第 2 位和第 3 位，与第 1 位松下只有很小的差距。在总的锂离子动力电池出货量中，磷酸铁锂电池占比超过 60％，三元材料动力电池占比为 34％。磷酸铁锂动力电池在客车领域占据主导地位，三元材料动力电池在乘用车领域占据主导地位。随着国内新能源汽车补贴政策对续驶里程要求的提高和节能与新能源技术路线图中对动力电池高比能的规划，企业迅速布局和加大对高比能量锂离子动力电池的研发和生产投入。在 2017 年的动力电池市场中，三元材料动力电池增长趋势明显，2017 年上半年，三元材料电池占比提高至 60.5％，磷酸铁锂电池占比约为 38.08％。综合考虑国内原材料来源、价格等因素，未来较长一段时间，三元材料动力电池和磷酸铁锂动力电池 2 种技术路线将共存发展，但市场向三元材料动力电池转化的趋势明显。2016 年，中国汽车工程学会在工信部指导下，发布了《节能与新能源汽车技术路线图》，其中，锂离子动力电池 2020 年的技术目标：纯电动车（EV）用锂离子动力电池，单体比能量达到 350Wh/kg，系统比能量达到 250Wh/kg，单体成本为 0.6 元/kWh，系统成本为 1.0 元/kWh，单体寿命 4000 次/10 年，系统寿命 3000 次/10 年；插电式混合动力车（PHEV）用锂离子动力电池，单体比能量达到 200Wh/kg，系统比能量达到 120Wh/kg，单体充电比功率达到 1500W/kg，系统充电比功率达到 900W/kg，单体成本为 1.0 元/kWh，系统成本为 1.5 元/kWh，系统寿命 3000 次/10 年。为实现锂离子动力电池的高比能、高比功率、高安全和长循环寿命，国内动力电池企业多选择高镍正极材料，石墨或硅碳负极材料，高电压/高安全电解液、有机和/或无机涂层的聚乙烯隔膜等材料，通过电极结构优化设计、电池结构优化设计、生产工艺优化设计和轻量化设计等技术手段。

目前，国内软包装磷酸铁锂动力电池单体比能量已提升至 160Wh/kg，系统比能量达到 125Wh/kg，在常温条件下，1C 充放电循环 3000 次后，仍具有 80% 的容量保持率。18650 圆柱形三元材料动力电池单体比能量提升至 260Wh/kg，系统比能量达到 180Wh/kg，单体循环寿命达到 1000 次，系统循环寿命达到 800 次，容量保持率均在 80% 以上。方形三元材料动力电池单体比能量超过 230Wh/kg，能量密度超过 560Wh/L，在室温条件下，1C 充放电循环寿命超过 2000 次，容量保持率仍在 80% 以上。混合动力车（HEV）用锂离子动力电池主要为三元材料动力电池，单体比能量达到 160Wh/kg，比功率达到 1800W/kg，在常温条件下，1C 充放电循环寿命从 3000 次/5 年大幅提升到 5000 次/8 年，实现了 4C 快充功能。

总体上，中国已成为全球锂电池发展最活跃的地区。从产量上来看，2017 年，中国锂离子电池产量约为 88.7GWh，同比增长 29.3%，其中动力电池产量 44.5GWh，超过 3C 产品成为最大的消费端，动力电池消费量占总产量的 50%。基于新能源汽车需求增长、旧电池更新、锂电替代铅酸以及海外市场扩大等因素，动力电池正在成为中国锂离子电池产业最大的驱动引擎，市场重心将进一步向动力应用转移，国内动力锂离子电池生产企业迎来了难得的发展机遇。

1.3.2 全固态锂离子动力电池

锂离子电池在能量密度、功率密度和使用寿命等方面展现出的优势，使其成为新能源汽车首选的动力电池。然而，现有锂离子动力电池技术还存在一系列尚未解决的难题，其中最为突出的是锂离子电池使用过程中因滥用（如高温、短路、振动、撞击、过充放等）而引起的安全性问题。亟须开发高安全性新型锂离子动力电池。

全固态锂离子电池由正极、负极和固体电解质组成。固体电解质为非易燃、非易挥发成分，传导锂离子的同时可阻止电子传输，可消除电池冒烟、起火等安全隐患，是电动汽车和规模化储能的理想化学电源，近年来受到国内外研究者的广泛关注与重视。不像传统的锂离子电池，采用全固态锂离子电池在制备工艺中并不会存在多余的电解质，因此更为稳定，也不会由于电池的过量充电、损坏或过度使用而导致危险。新一代的全固态电池在形状上可塑性更强，大大提升了造型设计的灵活性，并且易于与产品需求相匹配，可有效优化产品性能。锂离子电池采用固体电解质可抑制锂枝晶的生长，此外还可有效避免液态电解质漏液的缺陷，安全性大幅提升。全固态锂离子电池可被制成更薄、能量密度更高、体积更小的高能电池。固体电解质具备良好的成膜性、稳定性、柔韧性、低成本等。总体而言，全固态锂离子电池，采用不挥发、力学性能优异、高锂离子电导率的固体电解质，具有安全性高、能量密度高、工作温度范围广的显著优点。

最早在 2012 年 9 月丰田的环境技术说明会上，丰田展示了一款全固态锂离子电池。该试制品电池以负极、正极及正负极之间的固体电解质为 1 个单元，共有 7 个单元布置于层压薄膜中作为一个整体。每一个单元的电压约为 4V，整体电压可达 28V。近年来丰田公司对固体电解质材料进行了进一步改良，采用了硫化物类的 $Li_{10}GeP_2S_{12}$，此次改进加入了锗（Ge），使其结晶形状更为规整，锂离子可呈直线状排列。此类含锗的新型固体电解质材料，可将锂离子的电导率提升至 $10^{-2}S/cm$。日本新能源产业技术综合开发机构已于 2018 年内宣称，日本国内部分企业及学术机构将在未来 5 年内联合研发车用全固态锂离子电池，力争早日实现大规模投产。该项目预计总投资 100 亿日元（约合 5.8 亿元人民币），包括丰田、本田、日产、松下等 23 家汽车、电池和材料企业，以及京都大学、日本理化学研究所等 15 家学术机构将共同参与研究，预计到 2022 年可全面掌握相关技术。与此同时，德国宝马宣布与美国电池公司 Solid Power 联合研发下一代全固态锂离子电池汽车，目标于 2026 年正式进行推广。差不多同一时期，雷诺/日产/三菱联盟表示，预计于 2025 年推出使用全固态锂离子电池的电动车。

近 10 年来，我国也逐渐开展了对全固态锂离子电池的研发。早在 2010 年 12 月底，河北某新能源企业即在 863 火炬计划锂离子动力电池产业化项目的支持下，研发了从 10～500Ah 系列的大动力全固态锂离子电池产品。其中该 500Ah 的电池产品已在大连某客车公司生产的电动客车进行试用，取得了一定的成果。此类单体电池的循环寿命可达 2000 次。宁德时代、比亚迪、比克电池等国内知名企业及科研单位均开展了对固态锂电池的技术探索。宁德时代在聚合物和硫化物基固态电池方向分别开展了相关的研发工作，并取得了初步进展；中天科技集团与中科院青岛能源所签约开发高性能全固态锂电池；中科院宁波材料所目前已在全固态锂电池结构设计及界面调控方面取得重要进展。国内在固态锂电池领域的技术水平与国外仍存在差距，但国内相关电池企业及科研单位对全固态锂离子电池产业的研发投产力度及项目推进速度则是处于世界前列的。

作为全固态锂离子电池的核心组成部分——锂离子固体电解质材料，是实现其高性能的核心材料，也是影响其实用化的瓶颈之一。固体电解质的发展历史已经超过一百年，被研究的固体电解质材料有几百种，而固体电解质只有在室温或不太高的温度下电导率大于 $10^{-3}S/cm$ 时才有可能应用于电化学电源体系，而绝大多数材料的电导率值要比该值低几个数量级，这就使具有实际应用价值的固体电解质材料很少。

全固态锂离子电池主要分为聚合物全固态电池和无机全固态电池。聚合物全固态电池的电解质由聚合物和碱金属盐组成，与传统的液态锂离子电池相比，固态聚合物电池避免了电解质的泄漏，具有安全性能高、重量轻、容量大等优点。然而，聚合物全固态电池的高分子固体电解质容易形成结晶、力学性能相对较差，仍会引起电池断路或短路，从而使电池失效。相比液态锂离子电池，聚合物全固态电池虽然在安全性上有一定程度的提高，仍无法满足动力电池的使用要求。无机全固态电池采用无机物作为固体电解质，其具有锂离子电导率高（可达 $10^{-2}S/cm$）、热稳定好、安全性能极高、电化学窗口宽等优点。相对于聚合物固体电解质，无机固体电解质能够在更宽的温度范围内保持化学稳定性，因此无机全固态电池具有更高的安全特性。无机全固态电池将成为未来锂离子动力电池的发展趋势。

随着固态锂离子电池技术的基础研究取得较大进展，其产业化开发也日益成为热点。对于大容量无机全固态锂电池的研究，国外近些年在不断加大投入，取得了一定的进展，电池性能也大幅提高。国内主要集中在大容量无机全固态锂电池用正极材料、固体电解质材料以及电极/电解质界面改性开展研究工作，对无机固态电池的研究成果大部分集中在实验室阶段。研究人员采用具有自主知识产权的无机硫化物固体电解质、表面改性的 $LiCoO_2$ 基正极材料，利用冷压成型法研制了容量为 8Ah 的无机全固态锂电池，其室温界面阻抗降低到了 $8m\Omega \cdot m^2$。在固体电解质制备研究中，通过对固体电解质进行掺杂改性，有效提高了电解质材料的离子导电性及稳定性。对正极材料表面进行修饰，减小电极/电解质界面接触电阻，进一步提高了全固态电池电性能。全固态电池作为动力电池的关键在于其大规模生产技术。目前实验阶段优化改进关键材料及规模化制备技术日益成熟，固态电池设计制造与封装、系统集成和工程化等技术也在快速发展。随着全固态电池研发力度加强，技术难题不断被攻克，全固态电池研制正在向大容量电池单体发展，其大规模生产技术将成为可能。

中国科学院 2013 年设立固态先导计划，该项目已于 2018 年通过验收，标志着固态电池有望在近年内产业化。在固态电池的车用领域方面，以丰田、现代等为代表的车企则投入了大量人力物力，且目前在该领域处于领先地位。固态电池的产业化进程与电芯制备工艺、制备环境有关。在制备工艺方面，固体电解质膜柔韧性不佳，以叠片为主的固态电池组装难以实现；在制造装备方面，与传统锂离子电池的制备相比，生产固态电池需定制涂布、封装设备，需严格控制制备环境，对外围环境（干燥间）要求较高。上述限制条件对传统电池厂转型、升级不利，设备升级改造提高了固态电池产业化准入门槛。

全固态锂离子电池的发展主要依赖于固体电解质材料的发展，经历了缓慢的发展时期后，如今迎来了快速发展的黄金时期。目前最具潜力的固体电解质材料有聚合物、硫化物和氧化物。前 2 种材料的体型电池以及基于氧化物的薄膜电池已经进入商业化应用阶段。随着无机固体电解质材料的性能逐渐提升，规模化制备技术攻关同步开展，以及电池单体的产业化技术不断突破，全固态锂电池性能的科学与技术问题正在逐步得到解决。通过进一步开展大容量全固态锂离子电池技术攻关，全固态锂离子电池将成为未来车用动力系统的发展趋势。

然而全固态锂离子电池要想实现产业化还有诸多问题，例如全固态电池中电极/电解质固/固界面一直存在比较严重的问题，包括界面阻抗大、界面稳定性不良、界面应力变化等，直接影响电池的性能。针对全固态锂离子电池的这些问题，研究者们也做了大量的研究，虽然存在诸多问题，但总体来说，全固态电池的发展前景是非常光明的，在未来替代现有锂离子电池成为主流储能电源也是大势所趋。

1.3.3　锂硫电池

锂硫电池是采用硫或硫复合物为正极，锂或含锂材料为负极，以硫-硫键的断裂/生成来实现电能与化学能相互转换的一类电池体系（原理见图 1-1）。由于活性物质具有质轻、多电子反应等特性，理论比容量和理论比能量分别达到 1675mAh/g 和 2600Wh/kg，这比传统的锂离子电池的能量密度高出 7 倍左右。此外，单质硫储存量丰富，价格低廉，环境友好。锂硫电池极有潜力成为新一代高能量密度电化学储能体系。

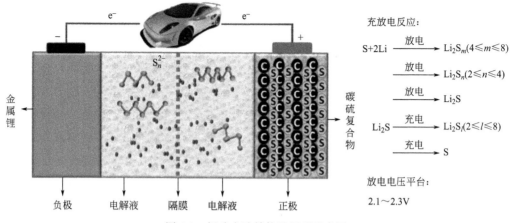

图 1-1 锂硫电池结构及原理示意图

锂硫电池在放电过程中，锂离子从电池负极扩散到正极，并和正极材料进行反应，与此同时，不断移动的电子通过外围电路传递电能。在充电过程中，锂离子和电子又回到负极并将电能转化成化学能。整个电池反应以及各步反应过程如下所示。

放电过程

$$S_8 + 16Li \longrightarrow 8Li_2S$$

正极还原反应及得电子

$$S_8 + 2e^- \longrightarrow S_8{}^{2-}$$
$$3S_8{}^{2-} + 2e^- \longrightarrow 4S_6{}^{2-}$$
$$2S_6{}^{2-} + 2e^- \longrightarrow 3S_4{}^{2-}$$
$$S_4{}^{2-} + 4Li^+ + 2e^- \longrightarrow 2Li_2S_2$$
$$Li_2S_2 + 2Li^+ + 2e^- \longrightarrow 2Li_2S$$

正极氧化还原及失电子

$$2Li \longrightarrow 2e^- + 2Li^+$$

锂硫电池的放电曲线中通常有两个明显的峰值：第一个峰位于 $2.4 \sim 2.1V$，为单质 S_8 转化成可溶性的高价态多硫离子 $S_n{}^{2-}$（$4 < n < 8$，n 为正整数）时的电压；第二个峰位于 $2.1 \sim 1.5V$，为多硫离子 $S_n{}^{2-}$（$4 < n < 8$，n 为正整数）转化成低价态的多硫化合物 Li_2S_2 和 Li_2S 时的电压。电池充电曲线中通常只有一个峰值，为单质 S_8 生成时的电压。基于硫的反应机理，锂硫电池放电可分为四个具体的过程：第一步单质 S_8 向 Li_2S_8 转变的固/液两相还原过程；第二步 Li_2S_8 向短链 Li_2S_n（$4 < n < 8$，且 n 为整数）转变的液/液单相还原过程；第三步 Li_2S_n（$4 < n < 8$，且 n 为整数）向 Li_2S_2 或者 Li_2S 转变的液/固两相还原过程；第四步 Li_2S_2 向 Li_2S 转变的固/固单相还原过程。在实际电池反应过程中受到电解质、隔膜的类别、多硫化合物穿梭以及外界环境的影响，并不严格按照上述步骤进行。

在锂硫电池走向实际应用过程中，存在以下问题：①放电过程中间产物聚硫化锂易溶于电解液，电池容量衰减快，循环稳定性差；②S 和硫化锂都是绝缘体，导电性差；

③充放电过程中正负极材料体积收缩和膨胀易导致电池损坏；④聚硫化锂在正、负极之间的穿梭效应，降低充电库仑效率；⑤金属锂电极充放电过程中易形成枝晶与"死锂"，体积变化大，SEI膜反复形成-破裂，消耗电解液，导致电池失效。研究的关键是确保使用 Li_2S 作为正极的电池的长期可靠性以及提高 Li_2S 的利用率，并且负极材料需要与正极材料相匹配：Li_2S 可匹配石墨或硅（Si）的混合材料；S_8 匹配金属 Li 或其合金。研究的主要内容包括：①通过材料复合抑制穿梭效应，并减小电极膨胀：如硫/碳复合（包括碳纤维管、石墨烯等材料）、硫/聚合物复合、硫/金属氧化物复合等；②适于锂硫电池的电解质的研发；③通过溅射、表面包覆、合金化、钝化等方法对锂金属负极进行保护。

中科院金属研究所将有机硫聚合物填充到碳纳米管中，制备出有机硫化物/碳纳米管复合材料，限制了多硫化物溶解，同时利用碳-硫键的化学固硫作用，协同抑制了穿梭效应，但电导率较低，降低了硫的利用率和倍率性能。J. Jiang 等利用薄层镍基氢氧化物包裹硫，进行物理保护，还可与锂反应生成有高离子透过性的保护层，电池的库仑效率接近 100%。韩国汉阳大学使用高度可逆的双模硫正极和锂化 Si/SiO_x 纳米球负极，电池 500 次循环后，比容量仍达 750mAh/g。Q. Fan 等将三元设计理念引入硫电极材料的构建中，将 S_8 簇的纳米尺寸效应、氧化物纳米片的强吸附作用和碳管的高导电性有机结合在一起，0.1C 和 1C 比容量分别达到 1350mAh/g 和 900mAh/g，1C 循环 500 次以上容量损失率每次约 0.009%。文献发现超薄二氧化锰纳米片表面的化学活性可以固定硫正极。大阪府立大学将 LiI 作为锂离子导电剂，以 Li_2S-LiI 为正极、Li-In 合金为负极，制作全固态锂离子电池，Li_2S 的利用率从 30% 提高到近 100%，2C 快速充电 2000 次循环未出现容量衰减。美国橡树岭国家实验室使用处理石油后的副产品，合成了富含硫的新物质，作为阴极同金属锂阳极制作的固态电池，60℃高温下 300 次循环比容量可维持在 1200mAh/g。美国得克萨斯州大学 J. Goodenough 研究室制成一种玻璃固体电解质，在 25℃下 Li^+ 或者 Na^+ 传导率超过 10^{-2}S/cm，用其制成的电池可在几分钟内充满电，-20℃ 的低温下能正常工作，1200 次循环无容量衰减，Li^+ 传导率为 2.5×10^{-2}S/cm。Braga 等用这种电解质试制了一款 Li-S 电池，放电容量约为正极硫容量的 10 倍，15000 次循环后容量仍不断增加，没出现锂枝晶。Braga 等认为电池中的 S 本来就不起到正极的作用，Li 从正极中的导电助剂碳材料上析出。

目前，以单质硫为正极活性物质的锂硫电池采用醚类电解液。醚类溶剂的闪点低，在电池的生产和应用中易引发安全问题。硫的还原产物多硫化物易溶解于醚类电解液，引起穿梭效应，降低电池的循环寿命和库仑效率。以硫化物为正极活性物质的锂硫电池采用碳酸酯电解液，虽然避免了穿梭效应，但有机溶剂碳酸酯仍是引发电池热失控的主要原因之一。此外，金属锂负极活泼，几乎可以与所有的有机溶剂反应，消耗电解液，降低电池的循环寿命。

以固体电解质取代有机电解液的全固态锂硫电池是解决电池循环稳定性和安全性的有效途径之一。目前，大量的工作集中在开发具有更高离子电导率的固体电解质。以单质硫为正极活性物质、采用固体电解质的全固态锂硫电池，只在 2.0V 附近出现一个放电平台；而采用醚类电解液时，则出现两个放电平台，分别在 2.3V 和 2.1V 附近，分

别对应 S_8 分子被电化学还原为 S_8^{2-}、S_6^{2-} 和 S_4^{2-} 等可溶性多硫化物，以及生成难溶性的 Li_2S_2 和 Li_2S。这些实验现象表明，在全固态电池中，单质硫的电化学还原历程不同于液相，似乎没有经历形成多硫化物这一过程。同时，全固态锂硫电池不存在高温胀气和电解液腐蚀、泄漏等安全隐患，具有更高的热稳定性，安全性得到提高。并且，碳硫复合物、有机硫化物和无机硫化物的比容量一般大于 700mAh/g，远高于目前已有的锂离子电池商品三元正极材料（如 NCM 和 NCA）。采用优化设计的硫正极和具有高离子电导率的固体电解质，有望获得高比能量全固态锂硫电池。

然而，全固态锂硫电池尚存在以下问题：①全部由固态物质组成的硫正极中的离子和电子传导。单质硫或硫化物的电化学还原和氧化伴随高达约 70% 的体积膨胀和收缩，造成电极活性物质与固体电解质、导电剂的物理接触失效，以至于锂离子和电子的传输受阻。为解决这一问题，需研究和开发电极活性材料、固体电解质和导电剂的复合工艺及电极制备技术。②固体电解质仍是决定电池电化学性能的关键因素之一，需研究和开发高离子电导率、化学稳定且与正负极兼容的固体电解质及其成膜技术。③固态电池中的电化学反应发生在由"硫或硫化物（固）/导电剂（固）/固体电解质（固）"构成的三相界（tri-phase-boundary）。三相界的性质决定电池的电化学性能和循环稳定性。因此，需要研究影响各界面（"硫或硫化物/固体电解质"界面、"锂或锂基合金/固体电解质"界面）稳定性的关键因素及其调控机制。④固体电解质的密度较有机电解液的大，采用固体电解质有可能在一定程度上消减锂硫电池高比能量的优势。如 $Li_7La_3Zr_2O_7$（LLZO）的密度约 $5g/cm^3$、$Li_{1+x}Al_xTi_{2x}(PO_4)_3$（LATP）约 $3g/cm^3$、$Li_{10}GeP_2S_{12}$（LGPS）约 $2g/cm^3$，聚氧乙烯（PEO）络合双三氟甲基磺酸亚胺锂（LiTFSI）聚合物 $[(PEO)_{18}LiTFSI]$ 的密度相对较小，约 $1.2g/cm^3$。

固态锂硫电池面临的主要技术挑战包括：高离子电导率和高稳定性的固体电解质的设计和合成、高反应活性的"固/固/固"三相反应界构建、高电化学活性的超厚硫正极的设计及制备、超薄固体电解质隔膜的制备等。这里需要指出的是，硫的密度为 $2.07g/cm^3$，而锂的过渡金属氧化物，如钴酸锂和三元正极材料的密度一般为 $4\sim5g/cm^3$，因此，相同厚度的电极中硫或硫化物的单位面积担载量一般仅为钴酸锂和三元正极材料的 50%，一定程度地消减了固态锂硫电池质量比能量的优势，也使得固态锂硫电池的体积比能量的优势不明显。

在固态锂硫电池中，单质硫、无机硫化物和有机硫化物 3 种正极材料中，单质硫具有最高的比容量和放电电压；无机硫化物的电子和离子电导率均高于单质硫和有机硫化物，且以无机硫化物为活性物质的极片的制备方法多样。硫化物固体电解质是目前具有最高室温离子电导率的固体电解质，可达 10^{-2}S/cm，且密度明显小于氧化物固体电解质；聚合物固体电解质柔韧、质轻，容易获得更薄的电解质隔膜，且易于大规模生产，但室温离子电导率 $10^{-7}\sim10^{-6}$S/cm，有待提高。金属锂是质量最轻、电极电势最负的金属，通过界面修饰稳定的固体电解质界面层可以提高锂与固体电解质的界面稳定性，仍是固态电池首选的负极。

为实现高安全性和高比能量全固态锂硫电池的实用化，硫正极的结构设计与制备、电极活性材料与固体电解质复合工艺的设计优化、具有自支撑结构的正负电极的制备、致密固体电解质薄膜的制备工艺、提高金属锂循环稳定性等，也应成为全固态锂硫电池研究的重点。总之，任何单一的技术进步均不能促成全固态锂硫电池的实际应用，需以上几种技术的共同突破。

锂硫电池的研究已经历经了几十年，并且在近10年间取得了众多成果，但离实际应用还有不小距离。锂硫电池充放电过程生成的中间产物——多硫化物（Li_2S_n，$4 \leqslant n \leqslant 8$），对于电池的关键组成部分，如硫基正极、锂基负极和电解液都有着深刻的影响。首先，无论是"荷电态"的单质硫还是"放电态"的硫化锂，都是电子绝缘体。同时反应过程中，正负极材料的体积变化巨大，极易导致电极结构的破坏。另外，中间产物高阶态多硫化物中间物种（Li_2S_n，$4 \leqslant n \leqslant 8$）易溶解在电解质中，能够显著腐蚀金属锂负极，导致穿梭效应，从而使电池出现容量衰减快、库仑效率低、循环寿命短等问题。而且，单质硫转变为 Li_2S 过程中伴随着复杂的多相态化学反应和电化学反应，不同形态的中间产物具有显著不同的热力学和电极过程动力学行为，且反应机理仍尚未明确。最后硫正极必须和金属 Li 配对使用才能体现锂硫电池高能量密度的优势，但实际的锂硫电池中，锂基负极的充放电效率低、循环性能差，同时存在着严重的安全隐患。

近年来，锂硫电池得到了研究人员的无比重视，从材料设计到新的机理提出与分析方法都有了飞跃的进步与发展。针对多硫化物穿梭效应、活性物质体积膨胀等难题，研究人员突破最早的非极性碳材料物理限域的策略，发展了一系列通过极性界面或路易斯酸碱相互作用的化学吸附多硫化锂新途径，相应地使用人工 SEI、纳米尺度钝化层等手段来实现更稳定、更安全的锂金属负极，电解液和隔膜的改性在一定程度上缓解了多硫化物的溶出和穿梭效应。

目前，研究人员正在努力尝试探索新的改性方向：对正负极间隔膜的处理和改进；通过包覆、镀膜等方法对电极和隔膜进行改性和保护等。随着研究的不断深入和工艺的改进，锂硫电池的性能逐步提高。基于其广阔的市场需求和发展空间，锂硫二次电池将成为该领域未来的重要研究方向。

首先，锂硫电池作为较有希望被大规模生产的下一代锂金属电池，只有硫负载量达到 $7mg/cm^2$ 以上才有被运用到实际生活中的经济价值，所以在不牺牲电池性能的前提下，尽可能地提高硫负载量是研究者在注重性能的同时，必须考虑到的问题之一；其次，相对于商业化的锂离子电池工艺，纳米材料合成工艺复杂、生产成本过大、难以产业化，机械研磨、固相合成等手段得到的纳米材料形貌不均一，这些都是亟须解决的问题；最后，锂硫电池作为高容量、高能量密度的大型储能器件，其中负极锂金属、有机电解液、正极硫单质这些部件都是极其易燃易爆的，如何设计新型更安全稳定的锂硫电池也是未来必然的一个发展方向。

1.3.4 锂空气电池

锂空气电池的概念最早是由 Lockheed 研究人员于 1976 年提出的。它是以金属锂为负极，空气（或氧气）作正极，碱性水溶液作电解液组成的一种金属空气电池。此种电池锂负极会在水性电解液中发生剧烈的反应。1996 年，Abraham 和 Jiang 提出了聚合物电解质/有机电解液体系的锂空气电池，以金属锂为负极，复合碳电极作正极，胶体作电解质，酞菁钴作催化剂制成，解决了锂负极与水反应的困扰。锂空气电池是以 Li 作负极、O_2 为正极的电池，在水溶液体系中放电产物为 LiOH，有机体系中放电产物为 Li_2O 或 Li_2O_2，开路电压为 2.91V。理论上 O_2 是无限供应的，金属锂比容量为 3860mAh/g，电池理论比能量达到 11140Wh/kg，是现有研究电池中比能量最高的，对环境友好，是目前备受关注的能量转换体系。空气电极一般使用多孔炭材料（如活性炭、碳纳米管等），可以产生较多的空气通道。锂空气电池的致命缺陷是反应生成物 Li_2O 或 Li_2O_2 不溶于有机电解液，会在多孔炭上堆积，阻塞气流通道，阻止电池放电；在有机体系中，电池充电电压远大于放电电压，能量效率低。这也是制约锂空气电池发展的主要因素之一。

锂空气电池的构造可归结为四种：其中三种构造采用液体电解质，包括惰性有机电解质体系、水性电解质体系和混合体系，另外一种构造是采用固体电解质的全固态电池。

1.3.4.1　水系锂空气电池的充放电机理

水系锂空气电池很早就有人研究，其结构如图 1-2 所示。电池放电反应方程为：
$$2Li+1/2O_2+2H^+ \longrightarrow 2Li^+ +H_2O（酸性溶液）$$
$$2Li+1/2O_2+H_2O \longrightarrow 2LiOH（碱性溶液）$$

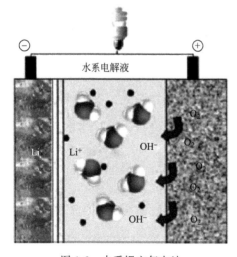

图 1-2　水系锂空气电池

在碱性溶液中，放电过程金属锂、水和氧气被消耗产生 LiOH，由于金属表面生成了一层保护膜而阻碍了腐蚀反应的快速发生。水系锂空气电池电解液廉价且具有不燃性，放电产物 LiOH 具有溶解于水的特性，不会在空气电极处堆积，但金属锂是需要保护的。在开路状态和低功率状态下，金属锂的自放电率相当高，伴随着锂的腐蚀反应：
$$Li+H_2O \longrightarrow LiOH+1/2H_2$$
该反应的发生降低了电池库仑效率，也会带来安全上的问题。目前，对水系锂空气电池的研究较少。

1.3.4.2　非水系锂空气电池的充放电机理

1996 年，Abraham 与 Jiang 首次研究了使用非水聚合物电解液的有机锂空气电池，其结构如图 1-3 所示。这种电池充放电时的可能机理为：

负极：$Li \rightleftharpoons Li^+ +e^-$

正极：$Li^+ +1/2O_2+e^- \rightleftharpoons 1/2Li_2O_2$

　　　$Li^+ +e^- +1/4O_2 \rightleftharpoons 1/2Li_2O$

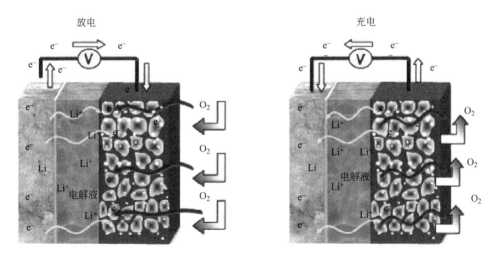

图 1-3　非水系锂空气电池

由于放电产物不溶于有机电解液，所以沉积到正极表面，将正极表面孔堵塞，导致放电终止。一些研究小组认为此非水电解液锂空气电池的主要放电产物为 Li_2O_2，反应可逆，充电时 Li_2O_2 分解生成 Li 和 O_2。

另外，有些研究认为放电反应的可能机理为：

$$LiO_2 + Li + e^- \longrightarrow Li_2O_2$$

$$Li_2O_2 + 2Li^+ + 2e^- \longrightarrow 2Li_2O$$

有学者通过傅里叶变换研究了在不同放电深度时的反应产物。实验放电电压下限为 2～0.5V。研究发现放电电压达 2V 时，放电产物主要为 Li_2CO_3 和 Li_2O_2。放电电压达 1V 时形成 SEI 膜。经过 XRD、FTIR 分析发现，以碳酸烷基为电解液，放电产物为 Li_2CO_3 和 $LiRCO_3$，只有少量的 Li_2O_2 生成。Li_2CO_3 和 $LiRCO_3$ 的生成主要是由于 LiO_2 在碳酸烷基电解液中的亲核攻击。继续放电，电解液分解生成更多的 Li_2CO_3。放电至 0.5V 时，LiO_2 完全反应。

非水体系锂空气电池的研究刚刚起步，以上机理还不成熟，仍需做大量的工作来弄清其反应机理。

1.3.4.3　混合体系锂空气电池的充放电机理

混合体系锂空气电池即在金属电极使用疏水的电解液，空气电极使用亲水电解液的电池，两种电解液用只允许 Li^+ 通过的膜隔开（图 1-4）。此种电池的机理为：

正极：$O_2 + 2H_2O + 4e^- \longrightarrow 4OH^-$

负极：$Li \longrightarrow Li^+ + e^-$

总反应：$4Li + O_2 + 2H_2O \longrightarrow 4LiOH$

混合体系锂空气电池放电产物为可溶的 LiOH，不会堵塞正极表面孔。同时，金属锂电极使用疏水电解液，也可以降低对金属锂的腐蚀。

有报道对混合体系锂空气电池的亲水电解液进行了研究。分别用碱性的 LiOH 溶液和酸性的 CH_3COOH 溶液作电解液，研究了在不同的酸碱度条件下的电池性能。他们

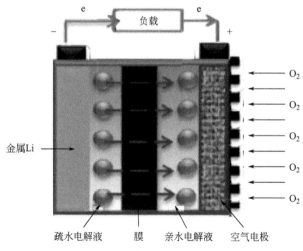

图 1-4 混合体系锂空气电池

认为，当 LiOH 溶液作电解液时，电池反应为：

$$4Li + O_2 + 2H_2O \rightleftharpoons 4LiOH$$

放电产物 LiOH 溶解于电解液中，但是，当 Li^+ 和 OH^- 浓度达到 LiOH 的溶解度时，放电产物就会在正极表面沉积，堵塞氧气通道进而使放电终止。当用弱酸性的 CH_3COOH 溶液作电解液时，电池反应为：

$$4Li + O_2 + 4CH_3COOH \rightleftharpoons 4CH_3COOLi + 2H_2O$$

放电产物 CH_3COOLi 可溶，但当在水中饱和时，同样会在正极表面沉积，导致放电终止。

Li 等在正电极处用磷酸作电解液，电池反应为：

$$Li + H_3PO_4 + 1/4O_2 \rightleftharpoons LiH_2PO_4 + 1/2H_2O$$

与水性电解液类似，放电过程中，O_2 扩散到正极被还原并与 H^+ 结合生成水。负极 Li 被氧化成 Li^+，穿过 LATP 膜来到正极生成 LiH_2PO_4；充电过程中，水分解成氧气和质子，氧气扩散掉而质子与 $H_2PO_4^-$ 结合生成磷酸。

1.3.4.4　全固态锂空气电池体系原理

固态锂空气电池的组成包括 5 个部分：正极、负极、电解质、集流体和外壳（图 1-5）。其中的关键部件是正极、负极和电解质，固体电解质起到离子传导和隔膜的双重作用。放电时，金属锂负极被氧化为 Li^+，同时释放出电子，Li^+ 经过电池内路含有 Li^+ 的电解质到达多孔空气电极，而电子则通过外电路传递给空气正极。到达正极的 Li^+ 和电子结合外界的 O_2 反应形成 Li_2O_2，进而

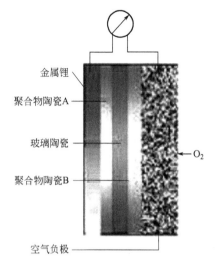

图 1-5　全固态锂空气电池

在正极上进行沉积，此过程被称为氧还原反应（ORR）；充电时，Li_2O_2 在外加电压的情况下发生反应，生成 Li^+ 并释放出 O_2，使电池实现可逆循环，此过程被称为氧析出反应（OER）。在空气环境下，由于水分、二氧化碳和其他大气污染成分，反应过程比以上基础电化学过程复杂很多。

固态锂空气电池可分为半固态和全固态两种。Sammells 等在 1987 年报道了第一种半固态锂空气电池，电池结构如图 1-6 所示。该电池使用固态氧化锆氧离子（O^{2-}）导体作为电解质，负极是浸润在 LiF、LiCl 和 Li_2O 三元熔盐中的 $FeSi_2Li_x$ 合金。在 $600\sim850℃$ 的工作温度下，氧离子穿过氧化锆固体电解质，在熔盐中和锂离子结合生成 Li_2O 放电产物。因此该电池的放电容量由 Li_2O 在熔盐中的浓度决定，理论能量密度高达 4266Wh/kg。尽管该电池的充放电是基于氧离子而非目前一般的锂离子传输模式，工作温度太高，但是它的一些特点值得注意。在 650℃ 高温下，三元熔盐的离子电导率高达 5S/cm，电池的放电电流密度甚至能够达到 $200mA/cm^2$。相比之下，目前报道的固态锂空气电池，其放电电流密度基本上不超过 $2mA/cm^2$。这为提高固态锂空气电池的输出功率提供了几点启示：①选择合适的工作温度以提高电池体系的离子电导率；②在空气正极，如果发生的是 4 电子的氧气还原反应，其反应动力学足够提供 100mA/cm^2 以上的电流密度；③合适的电极结构设计非常重要，例如负极侧的熔盐体系能够为 Li_2O 放电产物提供足够的容纳空间，有利于充放电可逆反应的快速进行。

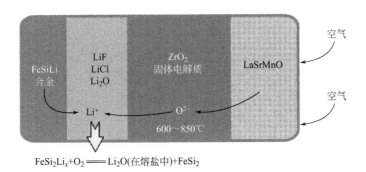

$$FeSi_2Li_x + O_2 = Li_2O(在熔盐中) + FeSi_2$$

图 1-6　基于氧离子（O^{2-}）传导的半固态锂空气电池示意图

由于基于氧离子传导的半固态锂空气电池工作温度太高，目前对于固态锂空气电池的研究集中在使用锂离子导电固体电解质，在 $60\sim150℃$ 中温环境下工作。Kumar 等在 2010 年报道了第一种基于锂离子传输的半固态锂空气电池，结构如图 1-7(a) 所示。该电池使用 NASICON 结构的 $18.5Li_2O$ ∶ $6.07Al_2O_3$ ∶ $37.05GeO_2$ ∶ $37.05P_2O_5$（LAGP）固体电解质、锂金属负极和多孔炭正极。正负极和固体电解质之间分别采用高分子聚合物聚环氧乙烷（PEO）、锂盐和 Li_2O、BN 粉体的混合物作为缓冲层，目的是提高锂离子电导率，降低电极/固体电解质之间的界面阻抗。由于 PEO 在温度 60℃ 左右发生固态晶体相到液态无定形相的转化后才能够提供 $10^{-4}S/cm$ 以上的锂离子电导率，因此该电池被归属于半固态锂空气电池，充放电基于 Li_2O_2 在多孔炭正极的生成和分解，在 85℃ 下充放电电流密度为 $0.1mA/cm^2$。这种半固态锂空气电池由于聚合物缓冲层的存在，结构比较复杂。Kitaura 等在 2012 年报道了不使用缓冲层的全固态锂空气电池，其中锂金属负极和 LAGP 固体电解质以及碳正极直接热压在一起，如图 1-7(b) 所示。由于不含有聚合物缓冲层，这种电池在室温下工作，开路电压约 3.1V，放电平台约 2.6V，充放电电流密度可达到 $0.5mA/cm^2$，其充放电反应也是基于 Li_2O_2 在多孔炭正极的生成和分解。

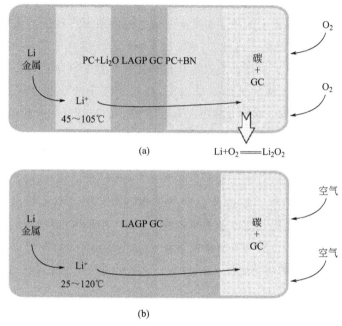

图 1-7 基于锂离子传输的半固态和全固态锂空气电池示意图

PC—聚合物＋陶瓷；GC—玻璃陶瓷

综上所述，固态锂空气电池的发展经历了工作温度由高温到中温和室温，电池结构从复杂到简单，电池反应从基于氧离子传输在负极生成放电产物到基于锂离子传输在正极生产放电产物的过程。尽管如此，由于倍率性能上的巨大差距，目前基于锂离子传输的固态锂空气电池有待在电池结构、界面调控、充放电机理等方面取得更进一步的突破。

1.3.5 小结

新能源汽车对动力电池的要求主要包括：高安全性下的高能量密度需求，体现在与燃油车相比较的一次加油续航里程；快充性能，达到与常规车加油时间相接近；宽温度范围的应用，全天候条件下电池的性能保障；长循环寿命，达到与整车同寿命。新一代锂离子动力电池的研究方向也脱离不了这个范畴，全固态电池是最接近实际应用的动力电池，除了电导率及界面问题的进一步深入研究外，应更多地集中于批量化生产工艺及实车应用测试数据的分析。而对于锂硫电池和锂空气电池等，应注重于机理和电池材料方面的深入研究，首先实现在小型电子设备上的应用，再向动力电池领域拓展。随着技术的发展和科研人员的努力，对新型动力电池机理的深入探索和新材料的不断涌现，动力电池将出现跨越式的发展。

参考文献

[1] 郭炳焜,李新海,杨松青.化学电源-电池原理及制造技术 [M].长沙:中南工业大学出版社,2000:1-32.

[2] Steve,LeVine 代宇辉,等.2019年诺贝尔化学奖"主角"锂电池的前世今生 [J].资源再生,2019,4(9):65-68.

[3] 黄云辉.锂离子电池:20世纪最重要的发明之一 [J].科学通报,2019,64(36):3811-3816.

[4] 索鎏敏,李泓.锂离子电池过往与未来 [J].物理,2020,49(1):17-23.

[5] 张涛,杨军.高能锂离子电池的"前世"与"今生"[J].科学,2020,72(1):5-9.

[6] 黄彦瑜.锂电池发展简史 [J].物理学史和物理学家,2007,36(8):643-651.

[7] 戴盎.锂离子电池碳酸酯电解液 SEI 成膜机理与还原降解历程的理论研究 [D].辽宁:辽宁大学,2012:4-5;8.

[8] 曹青.全球锂离子电池市场现状及预测 [J].新材料产业,2019,9:2-8.

[9] 余雪松.2019年我国锂离子电池发展回顾 [J].新材料产业,2019,4:30-36.

[10] 刘彦龙.锂离子电池新应用看上去很美 [N].中国电子报,2013-2-22.

[11] 赵健,杨维芝,赵佳明.锂离子电池的应用开发 [J].电池工业,2000,5(1):31-36.

[12] 墨柯.锂离子电池市场规模及预期 [J].新材料产业,2014,10:3-8.

[13] 郝文建,王一刚.锂离子电池标准现状与产业应用 [J].信息技术与标准化,2007,10:11-14.

[14] 杨萍,苏金然.锂离子电池技术与应用发展 [J].电源技术,2009,33(11):1037-1039.

[15] 李磊,许燕.锂离子动力电池发展现状及趋势分析 [J].中国锰业,2020,38(5):9-13,21.

[16] 秦学,周雪松,杜颖颖,等.锂离子电池及其在电动客车中的应用 [J].客车技术与研究,2015,2:45-47,62.

[17] 胡敏,王恒,陈琪.电动汽车锂离子动力电池发展现状及趋势 [J].新能源汽车,2020,9:8-10.

[18] 李凌云.中国新能源汽车用锂电池产业现状及发展趋势 [J].电源技术,2020,44(4):628-630.

[19] 冯熙康,朱进朝,陈益奎,等.电动车与航天用锂离子蓄电池的进展 [J].电源技术,1999,23(3):186-190.

[20] 梁继业,迟浩宇,张洪彦.锂电池在储能领域的应用与发展趋势 [J].电动工具,2020,5:20-22,26.

[21] 李新宏.锂离子电池在储能上的应用 [J].新材料产业,2012,9:83-87.

[22] 苏荻,邹黎,韩冬冬,等.风光电站储能电池研究综述 [J].电测与仪表,2017,54(1):83-88,100.

[23] 梅简,张杰,刘双宇,等.电池储能技术发展现状 [J].浙江电力,2020,39(3):75-81.

[24] 邢广华.民用航空锂离子电池的发展与应用研究 [J].科技创新与应用,2016,2:102,104.

[25] 谢松,巩译泽,李明浩.锂离子电池在民用航空领域中应用的进展 [J].电池,2020,50(4):388-392.

[26] 李开省.锂离子电池在电动无人机中的应用研究 [J].航空科学技术,2020,31(5):1-10.

[27] 伍赛特.电动飞机应用可行性分析及前景展望 [J].节能,2020,4:57-60.

[28] 安平,王剑.锂离子电池在国防军事领域的应用 [J].新材料产业,2006,9:34-40.

[29] 王观成.军用通信电池技术进展 [J].电池工业,2007,12(6):415-418.

[30] 蒲薇华,任建国,万春荣,等.军用锂离子电池及负极材料研究进展 [J].电池,2003,33(4):249-251.

[31] 邹连荣,陈猛,谢晶莹.国外航天用锂离子电池应用概况 [J].电池工业,2007,12(4):277-280.

[32] 王东,李国欣,潘延林.锂离子电池技术在航天领域的应用 [J].上海航天,2000,1:54-58,62.

[33] 李开省.锂离子电池在电动无人机中的应用研究 [J].航空科学技术,2020,31(5):1-10.

[34] 金小三,刘珉,刘霆,等.锂离子电池舰船应用现状及前景 [J].船电技术(增刊),2020,101-104.

[35] 孙桂才,王敏,刘洋.国外艇载锂离子电池动力发展和应用 [J].舰船科学技术,2018,40(10):149-153.

[36] 赵保国，谢巧，梁一林，等．无人机电源现状及发展趋势［J］．飞航导弹，2017，7：35-41.

[37] 汪继强．锂离子蓄电池技术进展及市场前景［J］．电源技术，1996，20（4）：147-151，167.

[38] 余雪松．我国锂离子电池市场格局变中趋稳［J］．新材料产业，2019，9：9-14.

[39] 秦继忠．锂离子电池应用与组配［J］．价值工程，2013，6：287-289.

[40] 侯转丹．锂离子电池的发展状况与应用［J］．山西焦煤科技，2004，7：23-24.

[41] 杨捷．锂离子电池的特点与应用［J］．西部广播电视，2003，5：45-46.

[42] 墨柯．全球二次电池及锂离子电池市场研究分析［J］．新材料产业，2014，2：37-43.

[43] 墨柯．锂离子电池市场规模及预期［J］．新材料产业，2014，10：3-8.

[44] 李孟伦，李依达，李桐进．高功率软包锂离子电池的应用与发展［J］．新材料产业，2007，8：25-29.

[45] 唐琛明，沈晓峰，张校东．锂离子电池的进展及其在电动工具上应用前景［J］．电动工具，2007，3：1-4.

[46] 黄晓东．如何推动锂离子电池在电动自行车上应用［J］．中国自行车，2013，7：58-60.

[47] 戴国群，陈性保，胡晨．锂离子电池在深潜器上的应用现状及发展趋势［J］．电源技术，2015，39（8）：1768-1772.

[48] 黄宣俊．在电动自行车上应用锂离子电池是必然趋势［J］．电动自行车，2005，11：43-46.

[49] 程哲远．锂离子电池在电动工具中的应用情况分析［J］．新材料产业，2019，8：39-41.

[50] 霍毅，彭绍发，刘宇，等．通信行业锂离子电池技术及应用场景研究［J］．广东通信技术，2020，7：63-67，71.

[51] 丁奉，刘玉媛，宋固．锂离子电池产业发展及船舶应用研究［J］．船舶物资与市场，2019，8：12-16.

[52] 申晨，王怀国．我国锂离子电池产业技术发展概况［J］．新材料产业，2019，9：15-21.

[53] 刘国芳，赵立金，王东升．国内外锂离子动力电池发展现状及趋势［J］．汽车工程师，2018，3：11-13.

[54] 安富强，赵洪量，程志，等．纯电动车用锂离子电池发展现状与研究进展［J］．工程科学学报，2019，41（1）：22-42.

[55] 刘彦龙．中国锂离子电池产业发展现状及市场发展趋势［J］．电源技术，2019，42（2）：181-187.

[56] 林立，裴波，刘飞，等．全固态锂离子电池的研究进展［J］．船电技术，2018，38（6）：45-47.

[57] 杨玉梅．全固态锂离子电池的研究进展［J］．中国粉体工业，2018，4：22-25.

[58] 伍赛特．全固态锂离子电池应用于汽车动力装置的技术现状及前景展望［J］．汽车零部件，2019，2：67-69.

[59] 刘鲁静，贾志军，郭强，等．全固态锂离子电池技术进展及现状［J］．过程工程学报，2019，19（5）：900-909.

[60] 苏芳，李相哲，徐祖宏．新一代动力锂离子电池研究进展［J］．电源技术，2019，43（5）：887-889.

[61] 高静，任文锋，陈剑．全固态锂硫电池的研究进展［J］．储能科学与技术，2017，6（3）：557-571.

[62] 童洋武，李合琴，张静，等．锂硫二次电池研究进展及前景展望［J］．新材料产业，2017，9：47-53.

[63] 张波，刘晓晨，李德军．锂硫二次电池研究进展［J］．天津师范大学学报（自然科学版），2020，40（1）：1-8.

[64] 张新河，王娜，汤春微，等．锂硫电池研究进展［J］．电源技术，2018，42（6）：905-908.

[65] 邓南平，马晓敏，阮艳莉，等．锂硫电池系统研究与展望［J］．化学进展，2016，28（9）：1435-1454.

[66] 陈嘉嘉，董全峰．锂硫电池及关键材料研究进展［J］．电化学，2020，26（5）：648-662.

[67] 陈雨晴，杨晓飞，于滢，等．锂硫电池关键材料与技术的研究进展［J］．储能科学与技术，2017，6（2）：169-189.

[68] 王维坤，王安邦，金朝庆．锂硫电池的实用化挑战［J］．储能科学与技术，2020，9（2）：593-597.

[69] 刘帅，姚路，章琴，等．高性能锂硫电池研究进展［J］．物理化学学报，2017，33（12）：2339-2358.

[70] 张魏栋，范磊，朱守圃，等．高容量锂硫电池近期研究进展［J］．储能科学与技术，2017，6（3）：534-549.

[71] 李慧，吴川，吴锋，等．超高比能量锂-空气电池最新研究进展［J］．稀有金属材料与工程，2014，43（6）：1525-1530.

[72] 王芳，梁春生，徐大亮，等．锂空气电池的研究进展［J］．无机材料学报，2012，27（2）：1233-1242.

[73] 温术来，李向红，孙亮，等．金属空气电池技术的研究进展［J］．电源技术，2019，43（12）：2048-2052.

[74] 张涛，张晓平，温兆银．固态锂空气电池研究进展［J］．储能科学与技术，2016，5（5）：702-711.

第2章 锂离子电池基本概念及分类

2.1 锂离子电池命名与标志

锂电池有两种基本的命名方法：一种取自电池的尺寸，另一种取自锂电池正极材料。这两种基本的锂电池命名方法分类是从共性方面着手，具有一般特征。

2.1.1 GB/T 36943—2018 中电池型号命名与标志

下面介绍一下 GB/T 36943—2018《电动自行车用锂离子蓄电池型号命名与标志要求》，这个标准规定了电动自行车用锂离子蓄电池型号的命名方法和标志要求。

2.1.1.1 单体锂离子电池型号命名与编制方法

（1）型号组成

单体电池型号由正负极体系代号、电池形状代号和外形尺寸代号组成。

正负极体系代号用一个大写英文字母表示，见表 2-1。

表 2-1 正负极体系代号

占电极活性物质最大比重的正极体系		负极体系	
类别	体系代号	类别	体系代号
锰基正极	M	具有嵌入特性负极	I
磷酸铁锂正极	T	其他负极	Q
三元正极	S	—	—
其他正极	Q	—	—

（2）电池形状代号

电池形状代号用一个大写英文字母表示：R 表示电池形状为圆柱形；P 表示电池形状为方形。

（3）外形尺寸代号

外形尺寸代号用几组被斜线分隔符分开的阿拉伯数字表示。

对于圆柱形电池，斜线分隔符前的一组数字表示电池的直径，两个斜线分隔符中间的一组数字表示电池的高度，斜线分隔符后不列此项。

对于方形电池，斜线分隔符前的一组数字表示电池的厚度，两个斜线分隔符中间的一组数字表示电池的宽度，斜线分隔符后的一组数字表示电池的高度。

表示电池尺寸的各组数字的单位为 mm，数值取整。如果有一个尺寸小于 1mm，则用十分之一毫米为单位的数字来表示该尺寸，数值取整，并在该组数字前添加字母 t。

对于方形聚合物电池，也可以采用单位为十分之一毫米的数字表示其厚度，该组数字前添加字母 t。

（4）型号编制方法

单体电池的型号由上述规定的代号组合而成，其组成形式如图 2-1 所示，其中外形尺寸代号中各尺寸之间用一个"/"符号隔开。

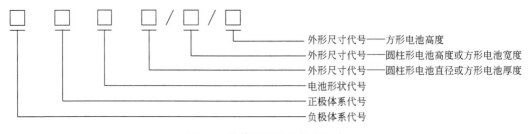

图 2-1　单体电池型号构成形式

型号编制示例：

示例 1：直径约为 18mm，高度约为 65mm，具有嵌入特性负极体系及三元正极的圆柱形锂离子蓄电池，其型号编制为 ISR18/65。

示例 2：厚度约为 8mm，宽度约为 34mm，高度约为 150mm，具有嵌入特性负极体系及三元正极的方形锂离子蓄电池，其型号编制为 ISP8/34/150。

示例 3：厚度约为 7mm，宽度约为 34mm，高度约为 48mm，具有嵌入特性负极体系及磷酸铁锂正极的方形锂离子蓄电池，其型号编制为 ITP7/34/48。

示例 4：厚度约为 2.4mm，宽度约为 68mm，高度约为 70mm，具有嵌入特性负极体系及锰基正极的方形聚合物锂离子蓄电池，其型号编制为 IMPt24/68/70。

2.1.1.2　锂离子电池组型号命名与编制方法

（1）型号组成

电池组型号由电池组的用途代号、标称电压代号、额定容量代号、安装方式（位置）代号、尺寸附加码代号和正极体系代号组成。

电池组的用途代号，用两个大写英文字母 DZ 表示电动自行车专用。

（2）标称电压代号和额定容量代号

电池组的标称电压和额定容量代号分别由两位阿拉伯数字组成，不足 10 的整数在十位上补 "0"。例如，电池组标称电压为 24V，其代号即为 24；电池组额定容量为 9Ah，其代号即为 09，以此类推。

（3）安装方式（位置）代号

电池组安装在电动自行车的不同部位，其安装尺寸和方法不同。电池组安装方式代号用一个大写英文字母表示，具体见表 2-2。

表 2-2　锂电池组安装方式代号

安置类别	安置代号
外置中置式电池组	Z
外置后置式电池组	H
外置其他电池组	Q
内置式电池	N

（4）尺寸附加码代号

电池组尺寸附加码代号用一个大写英文字母表示。

外置式电池组的尺寸附加码代号与 QB/T 4428—2012 中表 1、表 2 对应，具体见表 2-3；内置式电池尺寸附加码代号为 E，具体尺寸见产品使用说明书。

表 2-3　电池组尺寸附加码代号

电池组形式	QB/T 4428—2012	尺寸附加码代号
外置式电池组	表 1	A
	表 2	B

（5）正极体系代号

电池组电极活性物质最大比重的正极体系代号用一个大写英文字母表示，具体见表 2-1。

（6）型号编制方法

电池组的型号由上述规定的代号组合而成，其组成形式如图 2-2 所示。

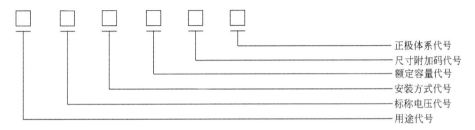

图 2-2　电池组型号构成形式

型号编制示例：

示例 1：采用外置式电池的中置式安装方式，标称电压 36V，额定容量 10Ah，采用磷酸铁锂作为正极材料，电池外形尺寸为 375mm×135mm×90mm 的锂离子电池型号，其型号编制为 DZ36Z-10AT。

示例 2：采用外置式电池的后置式安装方式，标称电压 48V，额定容量 12Ah，采用三元材料作为正极材料，电池外形尺寸为 390mm×170mm×80mm 的锂离子电池，其型号编制为 DZ48H-12BS。

2.1.1.3　标志

每个单体电池和电池组的外表面都应有清晰、持久、不易脱落的标志。

（1）单体电池标志

单体电池的标志应有以下信息：

- 产品名称；
- 规格型号；
- 标称电压；
- 额定容量；
- 极性；
- 制造日期或批号；
- 制造商或生产厂的名称。

（2）电池组标志

电池组的标志应有以下中文信息：

- 产品名称；
- 规格型号；
- 制造商或生产厂的名称；
- 标称电压；
- 额定容量；
- 极性；
- 最大工作电流；
- 制造日期或批号；
- 环保标志（回收标志）；
- 必要的安全警示说明。

2.1.2　IEC 61960—2011 中锂电池的命名和标志

IEC 61960—2011《含碱性或其他非酸性电解质的蓄电池和蓄电池组　便携式产品用锂蓄电池和电池组》中的命名和标志方法。

2.1.2.1　单体电池和电池组的型号

电池组按以下形式命名：$N_1 A_1 A_2 A_3 N_2 / N_3 / N_4 - N_5$

单体电池按以下形式命名：$A_1A_2A_3N_2/N_3/N_4$

此处：

N_1 为电池组中串联的单体电池数。

A_1 为负极体系代码：I 表示锂离子体系，L 表示金属锂或锂合金体系。

A_2 为正极体系代码：C 表示钴基正极，N 表示镍基正极，M 表示锰基正极，V 表示钒基正极，T 表示钛基正极。

A_3 为电池形状代码：R 为圆柱形，P 为棱柱形。

N_2 为最大直径（圆柱形）或厚度（棱柱形）向上取整数的数值，以 mm 为单位。

N_3 为最大宽度（棱柱形）向上取整数的数值，以 mm 为单位（圆柱形电池不列此项）。

N_4 为最大总高度向上取整数的数值，以 mm 为单位。

注：对于 N_2、N_3 和 N_4，若尺寸小于 1mm，则用 mm/10（取为整数）来表示该尺寸，并在该整数前加字母 t。

N_5 为 2 个或 2 个以上并联的单体电池数（值为 1 的话不写）。

例 1：ICR19/66 表示直径 18～19mm，高度 65～66mm，以钴基为正极的圆柱形锂离子单体电池。

例 2：ICP9/35/150 表示厚度 8～9mm，宽度 34～35mm，高度 149～150mm，以钴基为正极的棱柱形锂离子单体蓄电池。

例 3：ICPt9/35/48 表示厚度 0.8～0.9mm，宽度 34～35mm，高度 47～48mm，以钴基为正极的棱柱形锂离子单体蓄电池。

例 4：1ICR20/70 表示由一个直径 19～20mm，高度 69～70mm，以钴基为正极的圆柱形单体电池构成的锂离子蓄电池。

例 5：1ICP20/34/70 表示由一个厚度 19～20mm，宽度 33～34mm，高度 69～70mm，以钴基为正极的棱柱形单体电池构成的锂离子蓄电池。

例 6：1ICP20/68/70-2 表示由两个并联的，厚度 19～20mm，宽度 67～68mm，高度 69～70mm，以钴基为正极的棱柱形单体电池构成的锂离子蓄电池。

2.1.2.2 标志

每只单体电池或电池组应清晰地、耐久性地标明下列信息：

- 可充式锂蓄电池或锂离子蓄电池；
- 按上述规定的型号；
- 极性；
- 生产日期（可以用代码表示）；
- 制造商或供货方名称或标识。

电池的标识还需提供以下信息：

- 额定容量；
- 标称电压。

表 2-4 列出了可组装成电池的锂单体蓄电池标准型号。

表 2-4　标准型号的锂单体蓄电池

项目	1	2	3
锂单体蓄电池	ICR19/66	ICP9/35/48	ICR18/68
高/mm	64.0/65.2	47.2/48.0	65.9/67.2
直径/mm	17.8/18.5	—	16.2/17.1
宽/mm	—	33.4/34.2	—
厚/mm	—	7.6/8.8	—
额定电压/V	3.6	3.6	3.6
放电终止电压/V	2.50	2.50	2.50
寿命循环的放电终止电压/V	2.75	2.75	2.75

注：由 n 个单体电池串联构成的电池，其放电终止电压等于表2-4中给出的单个单体电池放电终止电压的 n 倍。

2.2　工作原理

2.2.1　锂离子电池的工作原理

锂离子电池分别采用两种不同的能可逆脱嵌锂离子的化合物作为正负极材料。其中，正极材料嵌锂电位一般较高，而负极材料嵌锂电位一般较低，锂离子电池的电压则反映电池正负极材料之间的电势差。锂离子电池的充放电是通过锂离子在正负极之间来回转移实现的，人们根据锂离子的这种来回穿梭现象形象地将锂离子电池命名为"摇椅式电池"（rocking chair battery）或者"摇摆电池"（swing battery）。

以磷酸铁锂锂离子电池为例，锂离子电池原理如下：

正极反应：$LiFePO_4 \underset{充放电}{\xrightarrow{\hspace{1cm}}} FePO_4 + Li^+ + e^-$

负极反应：$6C + Li^+ + e^- \underset{充放电}{\xrightarrow{\hspace{1cm}}} LiC_6$

锂离子电池实际上是一个锂离子浓差电池，其工作原理如图2-3所示。正负极材料实际上是有着不同嵌锂电位的化合物。在锂离子电池充电时，锂离子从富锂的正极材料 $LiFePO_4$ 晶格中脱嵌出来，进入到电解液中，往贫锂的石墨负极迁移，并层插入到负极材料石墨的层间。而与此同时，电子通过正极集流体（铝箔）汇集经外电路流入负极，经过集流体（铜箔）进入到石墨中。最终，正极变成贫锂的 $FePO_4$，而负极则变成富锂的锂化石墨（LiC_6）。在锂离子电池放电时，锂离子从富锂的 LiC_6 中脱嵌出来，进入到电解液中，往贫锂的正极扩散，并嵌入到 $FePO_4$ 晶格之中。这样，正极变成富锂的 $LiFePO_4$，

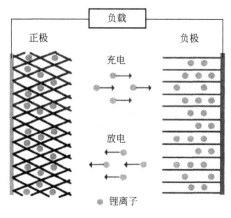

图 2-3　锂离子电池工作原理示意图

而负极则变成贫锂的石墨。如此反复，就形成了锂离子电池的充放电过程。

一般来说，锂离子电池的结构主要包括正极、隔膜、负极、电解液和外壳五大部分。图 2-4 为常见的圆柱形锂离子电池的结构示意图。正极是用具有较高脱嵌锂电位的活性物质与导电炭黑和黏结剂一起混成浆料涂布在铝箔两侧制成；负极则是用具有较低嵌锂电位（尽可能接近锂的电位）的活性物质与导电炭黑、黏结剂一起涂布在铜箔两侧制成；隔膜的种类比较多，但是一般采用的是聚烯烃微多孔膜（如 PE、PP 及其复合膜等），既能起到分隔正负极的作用，又能够让锂离子自由通过；电解液一般采用锂盐的有机溶剂；外壳的选择比较多，如圆柱形电池一般都采用不锈钢或者铝外壳，既能隔绝水和空气，还能起到防爆作用。

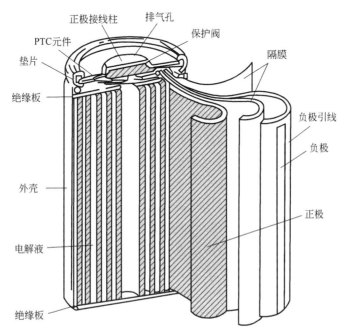

图 2-4　圆柱形锂离子电池结构示意图

2.2.2　典型的锂离子电池的结构

锂离子电池按照形状可以分为圆柱形和方形，按照电极芯的制作方式可以分为卷绕式和层叠式，按照外包装材料可以分为钢壳、铝壳和铝塑包装膜。

圆柱形和方形结构是目前锂离子电池的两种流行设计。在圆柱形结构中，涂布好的电极经过卷绕形成电极卷，正负极由聚烯烃多孔隔膜隔离电极卷放入钢壳中，并注入电解液正极片引线与上盖焊接并密封。一般钢壳锂离子电池顶部有特殊加工的安全泄压阀，以防止电池内压过高而出现安全问题，如果电池过热，产生的气体将迫使安全阀打开，切断电流并释放气体，还有正温度系数保护元件，当电池内有大电流经过时元件发生响应，突然增大的电阻使电流切断，电池即告失效。圆柱形电池代表产品是 18650型，它们主要用于笔记本电脑和摄像机电源，如图 2-5 所示。

图 2-5　典型锂离子电池

方形卷绕结构锂离子电池，除了外壳是方形之外，内部结构几乎与圆柱形电池一样，这类电池主要用于移动电话。

采用铝塑膜包装的锂离子电池的优势是轻、薄、使用适应性广泛和安全性好，现在已引起人们的广泛兴趣。这种结构的电池包括固态锂离子电池和一般的锂离子电池。铝塑膜包装的锂离子电池有卷绕和层叠式两种结构，同样包括正负极集流体、隔膜、正负极片等，还有正负极极耳等。

除圆柱形锂离子电池和方形锂离子电池外，还有纽扣锂离子电池和薄膜锂离子电池。纽扣电池结构简单，通常用于科研测试。薄膜锂离子电池是锂离子电池发展的最新领域，其厚度可达毫米甚至微米级，常用于银行防盗跟踪系统、电子防盗保护、微型气体传感器、微型库仑计等微型电子设备。

另外，固态锂离子电池是新一代锂离子电池，它又分为全固态锂离子电池和半固态锂离子电池（即塑料锂离子电池），是能源领域的研究开发热点。全固态锂离子电池由于使用固体电解质，常温下工作电流较小，目前还未达到实用阶段。塑料锂离子电池是采用凝胶型电解质，它将锂离子电池固有的比能量高、寿命长的特点与塑性结构可靠性、易加工的特点完美结合。由于电解质是固态的，或是凝胶状的，漏液的可能性小，也就可以不使用金属外壳，可以装入塑料袋内密封，可以做得很轻，也可以做成任意形状。塑料锂离子电池既有全固态锂离子的超薄、超轻、柔性的特点，又能以较大的电流放电，故能用于商品化生产，因而是移动电话、笔记本电脑的理想电源。

2.3　关键构成材料

2.3.1　正极材料

锂离子电池的正极材料，应该满足以下三个条件：一是充放电过程中，材料与电解质有很好的电化学相容性，且在全充满锂离子状态下保持电化学稳定性；二是具有较好的电极过程动力学性能；三是具有锂离子嵌入脱出的完全可逆性能。目前，锂离子电池正极材料主要为 Li-M-O（M＝Co、Ni、Fe、Mn、V 等过渡金属）系统。由于正极材料的充放电性能及其晶体结构的稳定性直接决定着锂离子电池的容量大小和循环性能，因此锂离子电池正极材料的研究备受关注。

2.3.1.1 钴酸锂

1980 年之前已有的嵌入式正极材料电位均较低，以金属锂为负极，所构筑的电池输出电压低，金属锂负极容易形成锂枝晶导致安全性问题。要制备能量密度高、安全性好的电池，必须寻找具有高电压的正极材料。1980 年，古德纳夫（Goodenough）教授在牛津大学的研究组首次报道了钴酸锂（$LiCoO_2$，LCO）正极材料，钴酸锂的专利于 1979 年申请，1982 年获得授权。古德纳夫教授长期从事凝聚态物理领域的研究工作，特别是对钙钛矿等氧化物体系的结构及其磁电和超导性能有着深入的研究，他基于材料结构以及能带和价带理论，提出采用氧化物替代硫化物可实现对锂离子的嵌入。此前对锂离子固体电解质的研究可知，Li^+ 可在密排的氧离子间自由移动，而在 $LiCoO_2$ 的层状有序岩石晶体结构中，氧阴离子通过面心立方最密堆积形成骨架，Li^+ 和 Co^{3+} 位于晶格的八面体配位，交替占据（111）晶面，Li^+ 可在其中可逆地嵌入和脱出（如图 2-6 所示）。在 Li_xCoO_2（$0.067 \leqslant x \leqslant 1$）材料中，锂的可逆脱嵌量很大，对应的理论比能量密度达到 1100Wh/kg；以 $LiBF_4$ 的碳酸丙烯酯溶液为电解液，Li_xCoO_2/Li 电池的开路电压为 4～5V，为 TiS_2/Li 电池的 2 倍多，对应于 Co^{4+}/Co^{3+} 的氧化还原反应。在古德纳夫等的首次报道中，他们认为 $LiCoO_2$ 相比于其他层状金属氧化物 $LiMO_2$（M＝V、Cr、Ni、Fe），层间距离更大，低自旋的 Co^{4+}/Co^{3+} 氧化还原电对对电子具有更高的亲和性，从而使得氧对钴的极化更强。如果能够找到合适的负极，以 $LiCoO_2$ 为正极的二次电池完全可实现实际应用，他们进一步指出 $LiCoO_2$ 正极的性能也会受一些非本征因素的影响，如颗粒大小、电极空隙以及制备方法。在随后工作中，他们详细研究了 Li_xCoO_2 中 Li 的含量 x 对开路电压和 Li_xCoO_2/Li 电池电压的影响。

经过多年的研究和探索，日本的索尼公司（Sony）在 1990 年研制成功了以钴酸锂（$LiCoO_2$）为正极的锂离子电池。随着 $LiCoO_2$ 正极材料的发现及商用，人们对它开展了越来越深入的研究，也有了越来越深刻的了解。钴酸锂具有岩盐相、尖晶石结构相及层状结构相三种不同类型的物相结构。层状结构相（图 2-6 和图 2-7，其中图 2-7 见文前彩图）具有最好的电化学性能，层状结

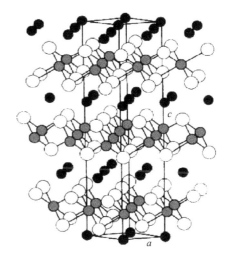

图 2-6　钴酸锂晶体结构图
（白色球为 O^{2-}，灰色球为 Co^{3+}，黑色球为 Li^+）

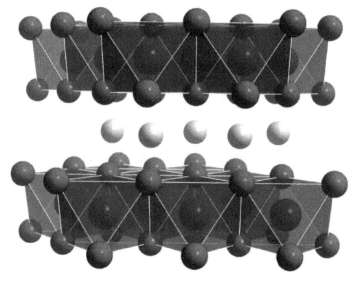

图 2-7　层状钴酸锂晶体结构（白球锂离子，红球氧离子，蓝球钴离子）

构钴酸锂为六方晶系 α-NaFeO$_2$ 构造类型，空间群为 R-3m，钴离子与最近的氧离子以共价键的形式形成 CoO$_6$ 八面体，其中二维 Co-O 层是 CoO$_6$ 八面体之间以共用侧棱的方式排列而成，锂离子与最近的氧离子以离子键结合成 LiO$_6$ 八面体，锂离子与钴离子交替排布在氧负离子构成的骨架中，充放电过程中 CoO$_2$ 层之间伴随着锂离子的脱离和嵌入，钴酸锂仍能保持原来的层状结构稳定而不发生坍塌，是钴酸锂得到广泛应用的关键。1992 年，加拿大 Dahn 研究组首先通过原位 X 射线衍射，对 LiCoO$_2$ 在充放电过程中的结构变化进行解析，发现在脱出 0.5 个 Li$^+$ 之后，材料会发生六方晶系到单斜晶系的转变。1994 年，日本 Ohzuku 等研究发现，LiCoO$_2$ 在充电至 4.5V 时存在两个单斜相的转变，第一相变出现在脱锂 50％ 附近，第二相变出现在充电至 4.5V 附近，为六方晶系向单斜晶系变化，使晶体结构沿 c 轴方向剧烈收缩，导致材料性能劣变。1996 年，法国 Tarascon 研究组探索了 LiCoO$_2$ 极限脱锂量，将 LiCoO$_2$ 中的 Li$^+$ 全部脱出后材料可能的结构为 O1 相的 CoO$_2$，认为脱锂后的 CoO$_2$ 能够再次嵌锂转变为六方结构。1997 年，美国 Ceder 研究组利用第一性原理计算对脱锂量高于 50％ 的 LiCoO$_2$ 结构进行了研究，发现从 O3 型六方相到 H1-3 的过渡相再到 O1 相的转变过程，在 O1 结构中，Li 层的氧八面体与 Co 层的氧八面体是共面的，而在 O3 结构中，这两种八面体是共棱的，H1-3 结构则刚好介于两者之间，是共面结构与共棱结构的交替排布。这些基础研究成果，为更好地理解 LiCoO$_2$ 的脱嵌锂机制以及性能的优化起了重要的作用。

钴酸锂存在的主要问题是，在充电电压高于 4.25V 时，电池的循环性能变差，这与 LiCoO$_2$ 脱去 0.5 个 Li$^+$ 后由六方相转变为单斜相有关。相变引起巨大的体积变化，导致材料颗粒粉化，加剧界表面的副反应，同时正极中的氧会参与电荷转移，造成氧气的析出。因此，理解相变过程与性能之间的构效关系，对改进 LiCoO$_2$ 在高电压下的循环稳定性十分关键。

针对 LiCoO$_2$ 的改性已有大量的文献报道，主要包括阳离子掺杂、材料包覆以及对电解液、隔膜等进行配套改性等。例如，对 $LiCoO_2$ 进行 Mg 的掺杂可提高其电子电导，降低电池内阻，在一定程度上改善循环性能，其他掺杂元素还包括 Al、Ti 等；2000 年 Cho 等首次使用 Al_2O_3 对 $LiCoO_2$ 进行包覆，有效稳定了 $LiCoO_2$ 的结构，从而改善循环性能。如果 $LiCoO_2$ 的工作电压从通常的 4.2V 上升至 4.4V，比容量则可从 145mAh/g 提升到 172mAh/g，能量密度增加 18% 左右，但必须避免结构的变化。中国科学院物理研究所李泓和禹习谦等通过微量 Ti-Mg-Al 共掺杂实现了 $LiCoO_2$ 在 4.6V 高电压下的稳定循环。他们发现，Mg 和 Al 掺杂进入 $LiCoO_2$ 晶格，可抑制高电压充放电时出现的结构相变，而 Ti 则倾向于在材料表面掺杂，有利于调节周边氧原子在脱锂状态下的电荷分布，从而有效降低其氧化活性。

电极的性能主要依赖于电极活性材料的结构特征、堆积密度、比表面积和颗粒的均匀程度，这些与 $LiCoO_2$ 合成时原料的种类及混匀程度、反应温度、热处理时间以及冷却速度等因素有重要关系。合成钴酸锂的常用方法有溶胶-凝胶法、低温共沉淀法及高温固相法等。表 2-5 为钴酸锂合成方法及优缺点。比较成熟的方法是采用钴的碳酸盐、碱式碳酸盐或钴的氧化物等与碳酸锂在高温下固相合成。将 Li_2CO_3 与 $CoCO_3$ 按 $n(Li)/n(Co)=1$ 的比例配合，然后在空气气氛下于 700℃ 烧结而成；或将 Co_3O_4 与 Li_2CO_3 作为原料，按化学计量比配合后在 600℃ 烧结 5h，然后在 900℃ 烧结 10h，可制得稳定的 $LiCoO_2$。

表 2-5　钴酸锂合成方法及优缺点

合成方法	优点	缺点
溶胶-凝胶法	原料成分混合均匀，反应温度低，时间短，粒度均一性好，合成微纳材料具有优势	操作烦琐，有机物处理困难，规模化生产难以精确控制，难以生成大粒径颗粒
低温共沉淀法	合成温度低，工艺简单，产物产量大	废水处理增加生产成本，操作烦琐，原料利用率低
高温固相法	原料利用率高，配比容易，易于工业化生产，易于生产球状、类球状等大粒径颗粒	烧结温度高，耗时，能耗大

热重曲线和 XRD 物相分析表明，在 200℃ 以上 $CoCO_3$ 开始分解生成 Co_3O_4、Co_2O_3，300℃ 时其主体仍为 Co_3O_4，高于此温度时钴氧化物与 Li_2CO_3 进行固相反应生成 $LiCoO_2$，反应式为：

$$2Li_2CO_3 + 4CoCO_3 + O_2 \longrightarrow 4LiCoO_2 + 6CO_2$$

在富氧条件下或在低温下得到细的 Co_3O_4 颗粒，而在 CO 气氛中或高温下生成大颗粒的 CoO，高氧化气氛还能促进 Li_2CO_3 的分解。原料中 Li_2CO_3 的比表面积影响合成反应的有效进行。磨细的 Li_2CO_3 合成反应在 600℃ 下就基本完成，而未预先磨细的原料 800℃ 时才完成合成反应。原材料的粒度及合成温度对产物的粒度有明显影响。实验表明，在 650℃ 以上的高温下粒度明显增加，原因是 Li_2O-Li_2CO_3 的低温共熔体或碳酸锂熔融增加了合成产物的烧结度。在合成反应的容器中往往下部的产物粒度比上部大，例如底部的比表面积为 $0.8 m^2/g$（BET 法测定），而顶部为 $4.6 m^2/g$。主要原因是底部的 CO_2 不能逸出从而生成大颗粒，CO_2 的存在还促进了液相的生成，增加了粉末的烧结凝聚。过量的 Li_2CO_3 容易形成一层无定形的 Li_2CO_3 膜，但在 XRD 分析中不易检出。化学分析表明，随着锂盐配入量的增加，合成产品中碳含量增加，过量的锂会影响产物的性能和粒度。热合成时虽然反应在较低的温度下就可进行并基本完成，但低于 900℃ 时很难得到纯的 $LiCoO_2$ 相。合成 $LiCoO_2$ 时如配入过量的锂盐（产物用 $Li_{1+x}CoO_2$ 表示），一部分锂进入晶格，其他部分以碳酸锂或其他杂相存在，材料中碳含量随锂含量增加而增高。Gupta 等研究 $LiCoO_2$ 的化学脱锂机理时，讨论了冷却速度对 $LiCoO_2$ 晶体结构的影响，提出冷却速度慢有助于得到具有良好层状结构的 $LiCoO_2$ 晶体。

$LiCoO_2$ 作为最早实现商用的锂离子电池正极材料，具有电压和能量密度高的特点，已广泛应用于小型消费类电池中，特别是智能手机、平板电脑等数码类产品。随着全球数码产品的不断普及和升级，尤其是智能手机，$LiCoO_2$ 的市场需求持续增长，每年增长率达 10%。近年来新能源汽车快速发展，对正极材料的市场需求急剧增加，同时对能量密度的要求也越来越高，常规 $LiCoO_2$ 体系的发展已较成熟，容量发挥已趋于极致，采用比容量更高的由 $LiCoO_2$ 衍生而来的多元（如三元）正极材料 $LiCO_xNi_yM_{1-x-y}O_2$（M=Mn、Al，$0<x,y<1$），同时提升其工作电压和材料的压实密度是很好的解决方案之一。2018 年全球正极材料的总出货量已达 27.5 万吨，其中 $LiCoO_2$ 及其衍生的三元正极材料总量就达 20 万吨。市场需求旺盛，正极材料的发展尤其是面向高能量密度电池的三元正极材料迎来了前所未有的机遇，但循环稳定性、安全性能等技术瓶颈必须有更好的突破，特别是安全性。

2.3.1.2 磷酸铁锂

磷酸铁锂正极材料具有正交的橄榄石结构（图 2-8，见文前彩图），*pnma* 空间群。在晶体结构中，O 以稍微扭曲的六方紧密堆积的方式排列。Fe 与 Li 分别位于氧八面体中心 $4c$ 和 $4a$ 位置，形成了 FeO_6 和 LiO_6 八面体。P 占据了氧四面体 $4c$ 位置，形成了 PO_4 四面体。$LiFePO_4$ 结构在 c 轴方向上是链式的，1 个 PO_4 四面体与 1 个 FeO_6 八面体、2 个 LiO_6 八面体共边，由此形成三维空间网状结构。从结构上看，PO_4 四面体位于 FeO_6 层之间，这在一定程度上阻碍了锂离子的扩散运动。此外，相邻的 FeO_6 八面体通过共顶点连接层状结构和尖晶石结构中存在共棱的 MO_6 八面体连续结构不同，共顶点的八面体具有相对较低的电子传导率。这使得磷酸铁锂只能在小的放电倍率下充放电，而在大倍率放电条件下，内部的锂离子来不及迁出，电化学极化就会很大。

磷酸铁锂电池充放电的过程是在 $LiFePO_4$ 与 $FePO_4$ 两相之间进行的，如图 2-9 所示，其具体机理为：在充放电过程中，Li^+ 在两个电极之间往返嵌入和脱出。充电时，Li^+ 从正极脱出，迁移到晶体表面，在电场力的作用下，经过电解液，然后穿过隔膜，经电解液迁移到负极晶体表面进而嵌入负极晶格，负极处于富锂状态。与此同时，电子经正极导电体流向正极电极，经外电路流向负极的集流体，再经负极导电体流到负极，

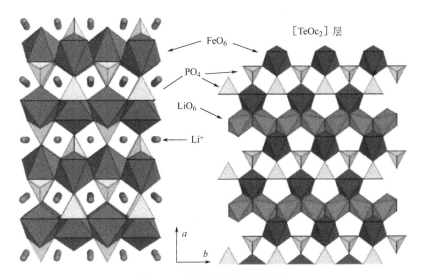

图 2-8 磷酸铁锂结构示意图

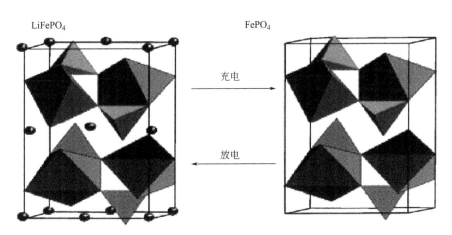

图 2-9 磷酸铁锂充放电原理示意图

使负极的电荷达到平衡。锂离子从正极脱出后，磷酸铁锂转化为磷酸铁；而放电过程则相反。

其充放电反应式可表示成式（2-1）和式（2-2）。

充电时

$$\text{LiFePO}_4 - x\text{Li}^+ - x\text{e}^- \longrightarrow x\text{FePO}_4 + (1-x)\text{LiFePO}_4 \tag{2-1}$$

放电时

$$\text{FePO}_4 + x\text{Li}^+ + x\text{e}^- \longrightarrow x\text{LiFePO}_4 + (1-x)\text{FePO}_4 \tag{2-2}$$

对于磷酸铁锂正极材料的电化学反应过程，一般要经过液相传质、电极表面吸附、电极表面放电、电极附近转化、新相生成等步骤。研究正极材料的电化学反应一般是为了找出控制因素，从而有针对性地改善材料的性能，提高电池充放电的能力。针对磷酸铁锂充放电过程中的电化学反应，经典的模型主要有 3 个：Padhi 提出的界面迁移模型、Andersson 提出的径向模型（radial model）和马赛克模型（mosaic model）。

界面迁移模型如图 2-10 所示。Padhi 等认为脱嵌过程是从磷酸铁锂颗粒表面经过一个两相界面（$FePO_4$/$LiFePO_4$ 界面）进行的。充电时，随着锂离子的迁出而形成 $FePO_4$ 层逐渐向内核推进，则 $FePO_4$/$LiFePO_4$ 界面不断减少。由于锂离子扩散速率在一定条件下为常数，当 $FePO_4$/$LiFePO_4$ 界面减少到一定程度时，位于核心部分的磷酸铁锂就不能利用了，也成为容量损失的来源。放电时，锂离子的嵌入模式与此相同。

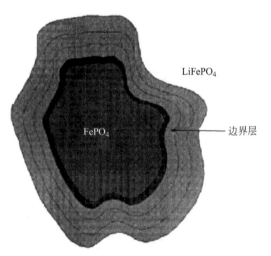

图 2-10 磷酸铁锂充放电过程的界面模型示意图

Andersson 等利用中子粉末衍射研究磷酸铁锂材料的首次容量损失时，认为残存没有反应的 $LiFePO_4$ 和 $FePO_4$ 是造成容量损失的原因。由此，他提出了径向模型，如图 2-11 所示。其实质与界面反应模型相似，都认为在充放电过程中，随着界面的推移，核心处未反应的磷酸铁锂是造成容量损失的原因。

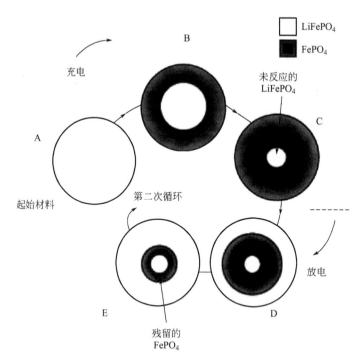

图 2-11 磷酸铁锂充放电过程的径向模型示意图

但由于很少有反应是均匀发生的，因此在径向模型基础上又提出了马赛克模型，如图 2-12 所示。这个模型认为锂离子的脱嵌过程发生在颗粒的任何一个位置。充电时，随着锂离子脱出量的增加，残留未反应的磷酸铁锂被充电过程中形成的无定形物质包

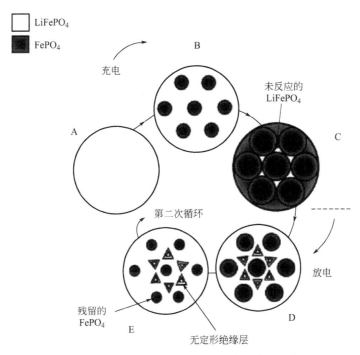

图 2-12 磷酸铁锂充放电过程的马赛克模型示意图

覆，形成了容量损失。放电时，锂离子嵌入磷酸铁中，未嵌入锂离子的核心处则是未参加反应的磷酸铁。最后磷酸铁锂相连通，未参加反应的磷酸铁锂以及磷酸铁形成了容量损失的来源。根据其实验测算，有 15％～20％（质量分数）未参加反应的 LiFePO$_4$ 和 7％（质量分数）未参加反应的 FePO$_4$。

三种电化学模型解释了纯相磷酸铁锂材料无法耐受大电流的原因，也可以看出锂离子与电荷的迁移途径与扩散动力学是磷酸铁锂正极材料大功率应用的决定因素。

磷酸铁锂的常见制备方法有：固相合成法、共沉淀法、水热法、喷雾热解法、溶胶-凝胶合成法、熔盐浸渍法等。固相合成法由于其工艺简单，且易于工业化，是制备电极材料最为常用的一种方法。有学者按照摩尔比 1∶1∶0.5 添加原料 FeSO$_4$ · 7H$_2$O、NH$_4$H$_2$PO$_4$ 和 Li$_2$CO$_3$ 与 C 含量为 5％的蔗糖混合球磨 3h，于氩气环境中 350℃煅烧 8h，接着在 Ar∶H$_2$ 气体体积比为 95∶5 的混合气中，在 700℃马弗炉中煅烧 15h 后，制得最终产物。经过电性能测试，在 0.1C 倍率下的首次放电比容量为 151.1mAh/g，100 次充放电循环后为 148.9mAh/g，电循环性能较理想。也有学者采用传统的固相合成法，以 FeC$_2$O$_4$、Li$_2$CO$_3$ 和 NH$_4$H$_2$PO$_4$ 为制备磷酸铁锂的原料，成功合成出纯度较高的产物。通过不同温度、时间下的焙烧反应，得出结论，在 750℃下焙烧 24h 制得的 LiFePO$_4$，其晶体形貌、结晶度均为最优，并且在 $2×10^{-4}$A 电流下充放电的首次放电容量为 136mAh/g。碳热还原法是固相合成法的一种，是以无机碳作为还原剂所进行的氧化还原反应的方法，由于其成本低廉、工艺简单，在国内的工业生产中已广泛应用。该方法避免了反应过程中 Fe^{2+} 可能氧化为 Fe^{3+}，使合成过程更为合理，但反应时间相对过长，产物一致性要求的控制条件更为苛刻，制备的 LiFePO$_4$ 粒度较细，电化学性能优异。

共沉淀法所制备的材料活性高、粒度小且分布均匀，能有效地降低热处理温度、缩短热处理时间，减少能耗。有报道通过共沉淀法制备了前驱体 $Fe_3(PO_4)_2$，再将其还原成 $FePO_4$ 沉淀，烧结后合成了球形核壳结构 $LiFePO_4/C$，其粒径尺寸达到纳米级别，10C 下首次放电比容量为 113mAh/g，锂离子扩散系数为 $7.35 \times 10^{-14} cm^2/s$，试验证明两步的沉淀法有效地提高了产物粒度纯度以及电化学性能。

水热法属液相合成法的范畴，在密封的压力容器中以水为溶剂，通过原料在高温高压的条件下进行化学反应，经过过滤、洗涤、烘干后得到纳米前驱体，最后经高温煅烧后即可得到磷酸铁锂。该方法容易控制晶型和粒径，物相均一，粉体粒径小，过程简单，但需要高温高压设备，设备造价高，工艺复杂。

喷雾热解法是一种得到均匀粒径和规则形状的 $LiFePO_4$ 粉体的有效手段。前驱体随载气喷入 $450 \sim 650℃$ 的反应器中，高温反应后得到 $LiFePO_4$。该方法利用喷雾得到球形度较高、粒度分布均匀的前驱体雾滴，再经过高温反应得到类球形的 $LiFePO_4$，这种形貌有利于增加材料的比表面积和提高材料的体积比能量。

溶胶-凝胶合成法可以使原料达到分子或原子水平混合，为制备出高纯度的、形貌规则统一的、颗粒细小的磷酸铁锂提供了条件，更为重要的是在低温与简单的设备下就可以进行。据文献报道，将 $LiCH_3COO$、$Fe(CH_3COO)_2$、H_3PO_4、$C_6H_{10}O_4$ 的乙醇溶液混合，加入乙二酸螯合，在 $90℃$ 下恒温 4h 蒸干溶剂形成溶胶，接着在真空干燥箱内于 $400℃$ 下恒温 1.5h，然后在 $600 \sim 700℃$ 下于氩气气氛中煅烧 1.5h，得到 $LiFePO_4/C$。其放电性能与循环稳定性较好，室温下初始放电比容量大于 150mAh/g，100 次循环后容量几乎没有衰减。

也有文献报道用熔盐浸渍法制备磷酸铁锂：以氯化钾为熔盐，利用熔盐法在 $755℃/3h$ 的条件下来合成球形 $LiFePO_4$，所制备的粉体材料分散性好，在 0.1C 倍率下首次放电容量达到 130.3mAh/g，在 5C 倍率下仍然保持 92mAh/g。但熔盐法制备 $LiFePO_4$ 的报道很少，且熔盐法消耗大量的熔盐，焙烧产物要用去大量去离子水除去熔盐离子，成本高，仅限于科学研究。

由于磷酸铁锂正极材料本身较差的电导率和较低的锂离子扩散系数，国内外研究者在这些方面进行了大量的研究，也取得了一些很好的效果。其改性研究主要在 3 个方面：掺杂法、包覆法和材料纳米化。

掺杂法主要是指在磷酸铁锂晶格中的阳离子位置掺杂一些导电性好的金属离子，改变晶粒的大小，造成材料的晶格缺陷，从而提高晶粒内电子的电导率以及锂离子的扩散速率，进而达到提高 $LiFePO_4$ 材料性能的目的。目前，掺杂的金属离子主要有 Ti^{4+}、Co^{2+}、Zn^{2+}、Mn^{2+}、La^{2+}、V^{3+}、Mg^{2+} 等。除了一元离子掺杂外，也可以进行多元离子同时掺杂。针对离子掺杂来改变材料性能的研究，也有一些研究者认为掺杂效果与掺杂离子、掺杂浓度的关系不大。关于显著改善材料性能，倪江峰提出了怀疑，他认为用无机盐作前驱体，特别是用草酸亚铁作原料，难以区分残余热解碳与金属离子掺杂的效果。从众多研究成果来看，掺杂有可能改变材料的可逆循环特性，但至今还没有见到掺杂能改善磷酸铁锂材料本征电导率的严格实验证据。

在 $LiFePO_4$ 材料表面包覆碳是提高电子电导率的一种有效方法，碳可以起到以下几个方面的作用：①抑制 $LiFePO_4$ 晶粒的长大，增大比表面积；②增强粒子间和表面电子的电导率，减少电池极化的发生；③起到还原剂的作用，避免 Fe 的生成，提高产品纯度；④充当成核剂，减小产物的粒径；⑤吸附并保持电解液的稳定。近年来，针对碳包覆改进材料性能的研究一直都很活跃，新的方法也不断尝试，也取得了一定的成果。

相较在导电性方面的限制，锂离子在磷酸铁锂材料中的扩散是电池放电最主要也是决定性的控制步骤。由于 $LiFePO_4$ 的橄榄石结构，决定了锂离子的扩散通道是一维的，因此可以减小颗粒的粒径来缩短锂离子扩散路径，从而达到改善锂离子扩散速率的问题。纳米材料的优点主要有：①纳米材料具有高比表面积，增大了反应界面并可以提供更多的扩散通道；②材料的缺陷和微孔多，理论储锂容量高；③因纳米离子的小尺寸效应，减少了锂离子嵌入脱出深度和行程；④聚集的纳米粒子的间隙缓解了锂离子在脱嵌时的应力，提高了循环寿命；⑤纳米材料的超塑性和蠕变性，使其具有较强的体积变化承受能力，而且可以降低聚合物电解质的玻璃化转变温度。除了单独对磷酸铁锂正极材料纳米化研究外，很多研究者也采用了材料纳米化与碳包覆、离子掺杂相结合的方法进行改性研究，也取得了很好的成果。

磷酸铁锂正极材料改性方面仍存在一些不足，如离子掺杂改进材料的电导率和锂离子扩散速率方面仍存在分歧；纳米材料的制备工艺、生产成本要求较高；此外，除了考虑实验室条件下的可行性研究外，还要考虑大规模工业化的生产要求，这些都有待于进一步研究。因此，通过以上方法来全面提高磷酸铁锂的综合性能仍然是当前和今后该领域研究和应用的主要发展方向之一。

2.3.1.3 锰酸锂

尖晶石型锰酸锂（$LiMn_2O_4$）材料是尖晶石型晶体结构的典型代表。尖晶石型锰酸锂正极材料的主体结构由氧离子作规则的立方紧密堆积组成，锂离子和锰离子分别占据在四面体和八面体空隙中。它的最简式为 $LiMn_2O_4$，实际上该晶体完整的单胞形式是 $Li_8Mn_{16}O_{32}$，有 $Fd3m$（No.227）的空间群。32 个氧离子占据立方体的 $32e$ 位置（如图 2-13 所示），它们作面心立方密堆积（FCC），形成 64 个四面体空隙和 32 个八面体空隙。锂离子占据其中 $1P8$ 的四面体空隙，并且占据 $3a$ 位置。另外，锰离子占据 $1P2$ 的八面体空隙，分布在 $16d$ 位置，且 Mn^{3+} 和 Mn^{4+} 按照 1：1 的比例占据 $16d$ 的位置，而八面体中的 $16c$ 位置则全部空位，同时，MnO_6 八面体采取共棱

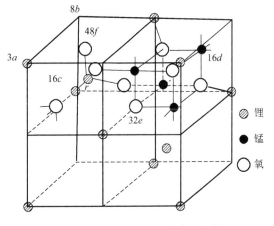

图 2-13　尖晶石锰酸锂结构示意图

相连，也就是说在尖晶石结构中 8 个立方单元有两种类型，共面的两个立方单元是不同类型的结构，共棱的两个立方单元是同类型的结构。这样，Mn_2O_4 组成的尖晶石结构提供了一个由四面体晶格的 $8a$、$48f$ 和八面体晶格的 $16c$ 共面形成的锂离子扩散三维通道，因此锂离子在尖晶石型锰酸锂中可以按照 $8a$-$16c$-$8a$ 这样的路径迅速扩散。

$LiMn_2O_4$ 通常采用 MnO_2 和 Li_2CO_3 为原料，配以相应的添加剂，经过混合、焙烧、后处理等步骤制备，常见方法包括高温固相法、熔盐浸渍法、水热合成法、喷雾干燥法、溶胶-凝胶法、Pechini 法、共沉淀法等。其中，高温固相法是工业上合成 $LiMn_2O_4$ 的常用方法。

高温固相法是将锂源和锰源混合经过研磨、高温焙烧制备 $LiMn_2O_4$。Wickham 等首先在高温下通过固相反应制备 $LiMn_2O_4$，是生产尖晶石型 $LiMn_2O_4$ 的常规方法。王焕焕等将 MnO_2 和 Li_2CO_3 按 Li 与 Mn 摩尔比为 1:2 的比例混合，然后加入适量的乙醇研磨 0.5h，将研磨的混合物球磨 4h 后移入坩埚中，并放入马弗炉中，以 720℃ 恒温焙烧 8h，随炉冷却后得到 $LiMn_2O_4$ 粉体。表征分析得出：纳米颗粒大小为 50~100nm，尖晶石型 $LiMn_2O_4$ 具有均匀的粒度分布和优异的电化学性能。陈守彬等采用 Li_2CO_3 为锂源，3 种 Mn_3O_4 为锰源，将 Li_2CO_3 与一定比例的 3 种 Mn_3O_4 混合后放入管式炉中，在 650℃ 下热处理 6h 后，在 830℃ 下进一步加热 10h，冷却至室温，形成尖晶石锰酸锂粉末。采用高温固相法制备的 3 种锰酸锂均具有良好的结晶性能，最大放电比容量为 127.6mAh/g，但锰酸锂的形貌不同。采用高温固相法制备锰酸锂的方法简单，可以在工业上生产具有良好结晶性能的锰酸锂产品。因此高温固相法也成为制备尖晶石型锰酸锂的常用方法。但高温固相法对原料的研磨细度、均匀混合要求较高。

熔盐浸渍法制备锰酸锂电池正极材料时，由于锂盐熔点比较低，可先将锂盐与锰盐均匀混合加热到锂盐熔点，熔化的锂盐能够渗透到锰盐的空隙中，继续加热增大反应物分子间的接触面积，此时，反应速率快于高温固相法的反应速率，能缩短反应时间，热处理温度也相对较低，合成产物是具有均匀的粒度分布、大的比表面积并保留多孔形式的金属氧化物。黄小文等以 $LiNO_3$ 和 MnO_2 为原料，将干燥的 $LiNO_3$ 和 MnO_2 按 $n(Li):n(Mn)=1:2$ 的物质的量比均匀混合，在 260℃ 恒温下预处理 10h，410℃ 恒温 10h，650℃ 恒温 24h，得到规则有序的尖晶石型 $LiMn_2O_4$，首次充电容量为 127mAh/g，放电容量为 122mAh/g，然而，在充电和放电的循环中，出现容量衰减和循环性能劣化的现象，可通过减小材料的比表面积来抑制电池容量衰减。Yu 等以 MnO_2 和 $LiOH$ 为原料，采用熔盐浸渍法制备了单晶结构的尖晶石型 $LiMn_2O_4$，溶解度高，容量保持性良好，熔盐浸渍法能简单且经济有效地合成 $LiMn_2O_4$。

水热合成法是指在一定的温度与压力条件下，在水溶液中锂盐和锰盐通过化学反应制备 $LiMn_2O_4$ 的方法。当水热条件处于亚临界和超临界时，可以在分子水平上进行水热反应，反应活性明显提高，此时，水热反应可代替一些高温固相反应。水热合成法由于其独特的相变机理，被认为是一种非常理想的制备 $LiMn_2O_4$ 正极材料的方法。郭守

武等以 $KMnO_4$ 和 $LiOH$ 为原料，抗坏血酸为还原剂，先将抗坏血酸加入 $KMnO_4$ 和 $LiOH$ 的混合溶液中均匀搅拌，再将混合溶液在水热反应釜中经 $180℃$ 反应 $4h$，最后将溶液过滤、冲洗、干燥，得到具有单晶结构的 $LiMn_2O_4$ 粉末，平均粒径为 $50nm$，具有较高的充放电容量与良好的倍率性能。陈国栋等以 MnO_2 为锰源，$LiOH$ 为锂源，将 MnO_2 和 $LiOH$ 在水中均匀搅拌，使 MnO_2 和 $LiOH$ 的摩尔比在 $1:2$ 左右，将表面活性剂加入混合溶液中继续搅拌均匀移至反应釜中，在 $170℃$ 烘箱中反应 $12h$，冷却后，用水和乙醇溶液反复洗涤得到黑色粉末，将粉末转移到表面皿中并在 $60℃$ 的烘箱中干燥 $12\sim20h$。通过水热合成法制备的 $LiMn_2O_4$ 产物为尖晶石型纳米 $LiMn_2O_4$，表现出较好的结晶性和良好的电化学性能。采用水热合成法制备 $LiMn_2O_4$ 的反应过程温度低、时间短，且不需要焙烧处理，提高了 $LiMn_2O_4$ 作为正极材料的倍率性能，为低成本获得高倍率 $LiMn_2O_4$ 展现了新的思路。

喷雾干燥法是干燥材料的系统化工艺，在干燥室中锂盐和锰盐中的水分雾化并与暴露的热空气接触，其水分汽化得到干燥产物，可直接将溶液和乳浊液干燥成颗粒状的 $LiMn_2O_4$ 前驱体，再经过煅烧得到 $LiMn_2O_4$，可省去蒸发、粉碎等过程。阚光伟等采用 Li_2CO_3 与 $MnCO_3$ 作为原料，柠檬酸与淀粉作为黏结剂，首先球磨成均匀的浆料，再进行喷雾干燥得到 $LiMn_2O_4$ 前驱体粉末，在马弗炉中将粉末固化、煅烧，随炉冷却后得到晶型完好的尖晶石型 $LiMn_2O_4$ 正极材料，制备的 $LiMn_2O_4$ 呈现出规则的形貌和优良的电化学循环性能。吕静静等采用乙酸锰和氢氧化锂作为制备原料，柠檬酸为络合剂，通过用喷雾干燥制备 $LiMn_2O_4$ 前驱体，并在不同温度下煅烧，冷却后得到尖晶石型球形形貌的 $LiMn_2O_4$ 正极材料，放电比容量最高达 $116.33mAh/g$，有良好的电化学性能。也有学者采用 Mn_3O_4 和 Li_2CO_3 作为原料，聚乙二醇为黏结剂，首先按 Mn/Li 阳离子摩尔比为 $4:3$ 进行配比，再利用球磨机湿法球磨，然后将获得的均匀浆料用高压喷雾干燥机进行干燥等过程，得到尖晶石型 $LiMn_2O_4$ 阴极材料，通过喷雾干燥法制备的 $LiMn_2O_4$ 阴极材料，呈现出良好的尖晶石结构和规则的球形形貌。通过喷雾干燥法可以容易且有效地生产出尖晶石型 $LiMn_2O_4$ 阴极材料，制备的 $LiMn_2O_4$ 产物具有形态规则、粒径分布均匀等特点。

溶胶-凝胶法是将锰盐和锂盐与螯合剂溶解并且均匀混合，使螯合剂与锂、锰金属离子形成络合物，加热形成溶胶后再加热使其脱水形成凝胶，最后经过热处理获得尖晶石型 $LiMn_2O_4$ 粉末。章守权采用醋酸锰和硝酸锂作为原料，水和丙烯酸作为分散介质，首先，将称重的硝酸锂和乙酸锰均匀搅拌并溶解在去离子水中，然后通过溶胶-凝胶法进行分段烧结，制备出尖晶石型 $LiMn_2O_4$ 阴极材料，通过溶胶-凝胶技术制备的 $LiMn_2O_4$ 呈现出较高的结晶度，无污染相和良好的电化学性能，可简化实验过程，降低实验成本。刘辉等采用乙酸锂和乙酸锰作为制备原料，间苯二酚和甲醛作为分散剂，柠檬酸作为络合剂，将配制的金属盐与分散剂二者的溶液经过离心、洗涤、干燥和煅烧处理得到 $LiMn_2O_4$，通过溶胶-凝胶法制备出结晶性能良好、晶粒尺寸控制在几十纳米的尖晶石型 $LiMn_2O_4$，在电化学反应中有良好的载流子传递和转移性能。采用溶胶-凝胶法制备 $LiMn_2O_4$，反应容易进行且不需要较高的反应温度，但制备时间较长。

Pechini 法（聚合物前驱体法）是采用锂离子和锰离子均匀混合形成一种络合物，再与多羟基醇聚合成固体聚合物树脂，然后再煅烧树脂制备 $LiMn_2O_4$ 粉体的方法。沈俊等以 $LiNO_3$、$Mn(NO_3)_2$、$C_6H_8O_7$ 和 $C_2H_6O_2$ 为制备原料，将 Li/Mn 摩尔比为 1∶2 的 $LiNO_3$ 和 $Mn(NO_3)_2$ 混合溶液与摩尔比为 1∶4 的 $C_6H_8O_7$ 和 $C_2H_6O_2$ 混合溶液混合，加热、搅拌，形成黏稠状物质，将黏稠液体在电炉上加热生成黑灰色粉末状的前驱体，再将前驱体放入箱式电炉中分别在不同的温度段进行保温得到 $LiMn_2O_4$ 黑色粉末。Pechini 法可用于获得具有均匀粒径和均匀形态的尖晶石 $LiMn_2O_4$，煅烧温度相对较低，但生成的 $LiMn_2O_4$ 颗粒较小。徐宁等采用 $LiNO_3$ 和 $Mn(NO_3)_2$ 作为制备原料，先配制 $LiNO_3$ 与 $Mn(NO_3)_2$ 混合溶液，柠檬酸和乙二醇的混合溶液，将两种溶液经过均匀搅拌、加热得到凝胶，再加热得到焦黑色聚合物前驱体，将前驱体燃烧、焙烧、冷却得到 $LiMn_2O_4$。表征分析结果表明制备的 $LiMn_2O_4$ 是尖晶石型 $LiMn_2O_4$，且焙烧温度为 800℃时具有较高的初始容量和较好的循环性能。有机酸和金属离子反应后能够在聚合物树脂中均匀地分散，可以实现在原子水平上的均匀混合。另外，由于树脂的燃烧温度不高，因此通过 Pechini 法可以低温度煅烧制备 $LiMn_2O_4$ 正极材料。

共沉淀法是采用锰盐与沉淀剂（通常为碱溶液或碳酸盐溶液）作为制备原料。首先，通过调节混合溶液中反应的 pH、反应温度和搅拌强度等条件生成前驱体沉淀物，再与锂盐混合、干燥或煅烧，冷却后制得 $LiMn_2O_4$ 产物。胡晓龙等采用 $MnSO_4$ 作为锰源，Li_2CO_3 作为锂源，无水乙醇作为分散剂，先将 $MnSO_4$ 碱化沉淀制得前驱体颗粒与 Li_2CO_3 混合，加入适量的无水乙醇，经过球磨、焙烧得到 $LiMn_2O_4$。X 射线衍射结果显示，制备的 $LiMn_2O_4$ 呈尖晶石结构且结晶度高。黄新武等采用 $LiNO_3$ 与 $Mn(NO_3)_2$ 为原料，碳酸铵作为沉淀剂，首先将 $LiNO_3$ 和 $Mn(NO_3)_2$ 加入到去离子水中形成一定浓度的混合溶液，再通过共沉淀反应得到 $LiMn_2O_4$ 前驱体，置于马弗炉中煅烧，随炉冷却得到 $LiMn_2O_4$。表征分析表明，生成的 $LiMn_2O_4$ 为尖晶石结构，具有高结晶度、完整的晶型和良好的分散性。利用共沉淀法可经济高效地制备 $LiMn_2O_4$，制备过程中不产生废液，但需要严格控制好反应的条件。

综上所述，高温固相法能制备电化学性能较高的 $LiMn_2O_4$，且在工业上易实现批量生产，但采用高温固相法制备 $LiMn_2O_4$ 要求有较高的合成温度，同时也必须改善其产品不规则的形态、较差的组成均匀性、大颗粒和宽尺寸分布的缺陷。熔盐浸渍法能得到规则有序的 $LiMn_2O_4$，但生产过程较为苛刻。水热合成法可制备超细的 $LiMn_2O_4$ 颗粒且反应时间短，但制备的 $LiMn_2O_4$ 结晶度不高且对温度和压力的控制较为严格。喷雾干燥法可制备形貌规则的 $LiMn_2O_4$ 颗粒，生产过程相对简单，但需要大量的热空气，热损失大。通过溶胶-凝胶法可制备出高结晶度且无杂质相的 $LiMn_2O_4$，但 $LiMn_2O_4$ 的生产成本较高，不适合大量生产。Pechini 法制备过程温度较低，但操作过程比较复杂。共沉淀法制备 $LiMn_2O_4$ 工艺简单，合成周期短，但对沉淀剂的量要求较高，要避免混合溶液局部浓度过高导致晶粒组成不均匀的现象。未来对 $LiMn_2O_4$ 的研究方向是：改进现有制备 $LiMn_2O_4$ 正极材料的技术，攻克 $LiMn_2O_4$ 作为锂离子电池正极材料时在高温、严寒区域出现容量衰减的缺陷，优化 $LiMn_2O_4$ 的制备工艺，研究出最适合工业化绿色生产 $LiMn_2O_4$ 正极材料的工艺。

自从发现尖晶石锰酸锂可以作为锂离子电池的正极材料以来，其凭借资源丰富、成本低、无毒等特点，被认为是理想的动力电池正极材料，一直是人们研究的重点。但是尖晶石型锰酸锂正极材料较差的循环性能与储能性能制约着其在相关领域的发展与应用。

锰酸锂在电解液中溶解是引起容量衰减的重要原因之一。引起锰酸锂溶解的原因主要有两方面。

① 锰酸锂在酸的作用下直接溶解。高温条件下当电解液中有痕量水存在时，会引起电解液中某些锂盐如六氟磷酸锂的水解产生氢氟酸，使电解液呈酸性。

$$LiPF_6 + H_2O \Longrightarrow 2HF + POF_3 + LiF$$

锰酸锂在酸性条件下发生溶解：

$$4H^+ + 2LiMn_2O_4 \Longrightarrow 3MnO_2 + Mn^{2+} + 2Li^+ + 2H_2O$$

② 在电极过程中尖晶石锰酸锂中的 Mn^{3+} 会发生歧化反应。

$$2Mn^{3+} \longrightarrow Mn^{2+} + Mn^{4+}$$

在锰酸锂/锂电池中，游离的 Mn^{2+} 会迅速转化为黑色锰沉淀，并沉积于参比电极上，阻碍 Li^+ 的扩散，使电极无法正常工作。

Jahn-Teller 效应也是锰酸锂正极材料性能退化的重要原因之一。当锰酸锂正极材料过度嵌锂时，在 2.95V 附近会出现一个电压平台，但不可逆，此时在尖晶石表面形成锰酸锂相，Mn^{3+} 富集到锰酸锂的 16d 位置上，造成锰酸锂的晶胞膨胀，产生异晶扭曲（即 Jahn-Teller 效应），锰酸锂晶胞中 Z 轴伸长，X 轴和 Y 轴收缩。一方面使锰酸锂由原来的立方晶系变成四方晶系，另一方面，正方度（c/a）增加，导致晶体结构不稳定，表面产生裂缝，进而使电解液接触到更多的 Mn^{3+}，加速了 Mn^{3+} 的溶解。

氧缺陷也会导致锰酸锂正极材料性能退化。普通的锰酸锂只在 4.2V 放电平台出现容量衰减，但有学者发现当尖晶石型锰酸锂缺氧时在 4.0V 和 4.2V 平台会同时出现容量衰减，经研究发现在 4.0V 放电区原尖晶石就开始发生相变，并且氧的缺陷越多，电池的容量衰减越快。此外，在尖晶石结构中氧的缺陷也会削弱金属原子和氧原子之间的键能，导致锰的溶解加剧。而引起尖晶石锰酸锂循环过程中氧缺陷主要来自两个方面：①高温条件下锰酸锂对电解液有一定的催化作用，可以引起电解液的催化氧化，其本身溶解失去氧；②合成条件造成尖晶石中氧相对于标准化学计量数不足。

锰酸锂材料安全性较好，热稳定性好，耐过充，理论容量为 148mAh/g，实际达到 120mAh/g 左右，电压平台高（4V），大电流充放电性能优越，高低温充放电性能良好，资源丰富，价格低廉，对环境的不良影响小，是目前最有希望的动力电池材料之一。锰酸锂的缺点是长期循环稳定性、高温循环稳定性及储存性能差。因此，对锰酸锂正极材料进行改性以提高其循环性能也是目前研究的热点课题。锰酸锂正极材料的改性包括掺杂改性和表面包覆。通过低价态元素 Cr、Mg、Li、B、Al、Co、Ga、Ni 等的掺杂可以降低 Mn^{3+} 的相对含量，减少其发生歧化溶解，同时也抑制 Jahn-Teller 效应。通过包覆金属氧化物（ZnO、Al_2O_3、CoO）、$LiCoO_2$、磷酸盐、聚合物等，以减少

Mn^{3+} 与电解液的接触机会。

表面包覆是在电极表面包覆一层抗电解液侵蚀的物质，形成一层只允许 Li^+ 通过，而 H^+ 和电解质溶液不能穿透的膜。这样可以减小材料的比表面积，减缓氢氟酸的腐蚀，可以有效地抑制锰的溶解和电解液分解。所选择的包覆材料必须具备以下特性：①能与尖晶石颗粒良好复合，少量的包覆物即可在尖晶石表面形成一层均匀的包覆层；②具有较高的锂离子电导率；③必须能抵抗电池中 4V 正极材料的高氧化电势；④材料的处理温度不能与尖晶石材料的稳定温度相冲突。

体相掺杂是从晶格内部改善锰酸锂正极材料电化学性能的有效方法之一。通过掺杂一些杂质离子，可以有效抑制充放电过程中的 Jahn-Teller 效应，提高尖晶石型锰酸锂框架结构的稳定性，减少充放电过程中的结构变化，降低锰的溶解。主要的掺杂方法有阳离子掺杂、阴离子掺杂和阴阳离子复合掺杂。

① 阳离子掺杂。是指向尖晶石型锰酸锂中掺杂一些半径和价态与 Mn^{3+} 相近的元素离子（当前主要掺杂的元素有 Co、Mg、Cr、Ni、Fe、Ti、Al 和稀土元素 La、Ce、Pr、Nd），用掺杂元素来取代尖晶石晶格中的三价锰离子，提高锰元素的平均价态，降低 Jahn-Teller 效应，降低容量的衰减，提高循环性能。掺杂元素离子还可以增强尖晶石型锰酸锂骨架中阴、阳离子的结合力，使 $[MnO_6]$ 八面体更加稳定，减缓尖晶石型锰酸锂容量的衰减。

② 阴离子掺杂。掺杂的元素主要有氟、硼、碘和硫。研究表明，掺氟的尖晶石锰酸理材料的电压平台和充放电曲线特征与锰酸锂没有区别。另外，由于氟的电负性比氧大，吸电子能力强，降低了锰在有机溶剂中的溶解度，明显提高了在较高温度下的储存稳定性。掺杂氟还可以消除因掺杂阳离子而形成的不完全固溶体，改善尖晶石的均匀性和内部结构的稳定性，抑制尖晶石在高温下分解造成的损失。掺杂碘和硫后，由于碘和硫原子半径比氧大，锂嵌入时形变小，在循环过程中可保持结构的稳定性，克服尖晶石结构在 3V 区域发生的 Jahn-Teller 效应，明显提高循环性能。

③ 复合掺杂。可分为复合阳离子掺杂和阴阳离子复合掺杂。在尖晶石结构中引入两种或两种以上的有效金属离子进行掺杂，3 种金属的协同作用可以使材料的结构更加稳定，总的效果通常会明显优于单一离子掺杂。同时掺入金属离子和阴离子，可同时发挥阴阳离子的改善作用，既可以改善材料的循环性能又能使材料保持较高的初始容量。

在锂离子电池正极材料的研究过程中，人们也开发出了一些其他改善 $LiMn_2O_4$ 的有效方法。例如制备合成纳米化 $LiMn_2O_4$ 以及制备合成单晶 $LiMn_2O_4$ 等，可以降低颗粒之间的间隙，增加材料的质量密度，从而提高材料的能量密度，有效改善锂离子电池的电化学性能。

通过改性技术能够在一定程度上提高高温循环和搁置寿命问题，但所有方法都会产生一个共同结果，就是初始容量的降低。实际合成的纯尖晶石锰酸锂的初始容量能够达到 130mAh/g 以上，通过改性技术规模化生产产品的容量在 110mAh/g 左右，甚至更低，有的国外产品控制在 105mAh/g 左右。尖晶石锰酸锂的技术发展与钴酸锂不同，钴酸锂有明显的代差，锰酸锂则体现不同的技术方法共存，不同的合成技术得到的产品形貌不同，但没有哪种产品显示出明显的性能优势。锰酸锂的技术发展方向是提高高温循环性能和搁置寿命。

尖晶石型锰酸锂是锂离子电池正极材料研究的热点之一。但充放电过程中容量衰减问题始终是制约其商品化的关键因素，表面修饰和掺杂能有效改善其电化学性能，表面修饰可以在电极表面包覆一层抗电解液侵蚀的物质，有效地抑制锰的溶解和电解液分解。掺杂可以提高尖晶石型锰酸锂框架结构的稳定性，有效抑制充放电过程中的 Jahn-Teller 效应。将表面修饰与掺杂结合无疑能进一步提高材料的电化学性能，相信会成为今后对尖晶石型锰酸锂进行改性研究的方向之一。

2.3.1.4 镍酸锂

镍酸锂（$LiNiO_2$）具有 2 种结构变体，有电化学活性的 $LiNiO_2$ 的晶体结构是 α-$NaFeO_2$ 型层状结构（图 2-14），属 $R3m$ 空间群。其中的氧离子在三维空间作紧密堆积，占据晶格的 $6c$ 位，镍离子和锂离子填充于氧离子围成的八面体空隙中，二者相互交替隔层排列，分别占据 $3b$ 位和 $3a$ 位。层状的 NiO_2 为锂离子提供了可供迁移的二维通道。结构的稳定性主要取决于 Li^+ 和 Ni^{3+} 在氧立方密堆积的有序程度。但在实际合成中由于二价镍的 3d8 电子的分布特性，即使在氧气气氛作用下，Ni^{2+} 也较难氧化为 Ni^{3+}，生成化学计量比的 $LiNiO_2$ 非常困难。因此通常条件下所合成的 $LiNiO_2$ 材料中总会有部分 Ni^{3+} 晶格点会被 Ni^{2+} 取代，为保持电荷平衡，一部分 Ni^{2+} 要占据 Li^+ 的位置，合成的产物为 $Li_{1-x}Ni_{1+x}O_2$。在 $LiNiO_2$ 固溶体中，层间由锂或额外二价镍离子占据的八面体的尺寸远远大于 NiO_2 层的 NiO_6 八面体尺寸，层间存在的额外镍离子处于二价氧化态，这种现象即通常所说的阳离子混排和非化学计量。作为锂离子电池正极材料的 $LiNiO_2$ 具有放电容量大、价格低、对环境污染小等优点。

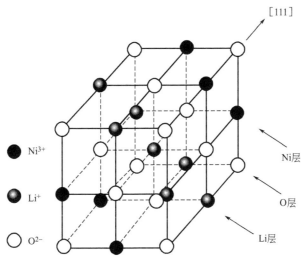

图 2-14　镍酸锂晶体结构示意图

制备镍酸锂化合物的方法主要有：高温固相法、熔盐法、Pechini 法、溶胶-凝胶法、共沉淀法等。高温固相合成法是最早最常用的镍酸锂电极材料制备方法。该法是将锂盐和镍盐混合研磨压片后，高温煅烧、冷却、研磨、过筛，制得产物。从工艺复杂程度、经济成本和产业化前景来看，高温固相合成法是最有希望发展成为工业生产的合成工艺。但也存在缺点：它的反应周期较长，原料的分散度较低，为使各种离子充分扩散，需要在高温下长时间烧结，而在高温下 $LiNiO_2$ 易发生相变和分解反应，生产效率低；高温下锂盐大量挥发，通常需要在反应过程中添加过量的锂盐来补充，这就造成了配方控制困难，很难生成计量比的 $LiNiO_2$；制备的 $LiNiO_2$ 晶体粒度均匀性差，在制备电极之前，必须充分研磨。

熔盐法是制备陶瓷材料，包括混合氧化物最常用的技术之一。在制备锂离子电池正极材料方面也得到了广泛应用。有学者采用熔盐法，在空气气氛中，利用化学活性较大的硝酸锂和氢氧化锂的熔盐混合物 $[n(LiNO_3)：n(LiOH)=0.59：0.41$，熔点为 $183℃]$ 作为锂盐。此低共熔混合物与氢氧化镍按照 $n(Li)：n(Ni)=1：1$ 的比例高温煅烧，得到 $LiNiO_2$ 正极材料。应用此法制备 $LiNiO_2$ 时需要用大量的水冲洗样品以除去过量的熔盐成分，这将影响 $LiNiO_2$ 的电化学性能。也有学者利用固相法与熔盐法相结合的新工艺，不需水洗，在空气气氛中制备了锂离子电池正极材料 $LiNiO_2$，以 $200℃/h$ 的速率升温至 $700℃$，于马弗炉中煅烧 $20h$，研磨、过筛，制成 $LiNiO_2$ 粉体。

Pechini 合成法是基于某些弱酸能与某些阳离子形成螯合物，螯合物可与多羟基醇聚合形成固体聚合物，金属离子与有机酸发生化学反应而均匀地分散在聚合物树脂中。所以可使原料达到原子级水平混合，在较低的温度下烧结，得到超细氧化物粉末。通常情况下，Pechini 合成法的煅烧温度相对于固相合成法要低得多，产物粒度较为均匀，形态规整，也便于化学计量的 $LiNiO_2$ 的合成。不过该法反应步骤烦琐，工业化生产时，需要控制的因素相对较多，操作要求苛刻，而且要消耗大量的有机酸和醇，生产成本较高，不适合大规模生产。

溶胶-凝胶法是近几年研究较多的制备超细粉的方法。此法是将锂盐和镍盐溶液混合，加入柠檬酸或己二酸等螯合剂，充分搅拌后得到溶胶，经陈化得湿凝胶，干燥后得干凝胶，再对其进行高温烧结得到 $LiNiO_2$ 固体产物。影响合成的重要因素有温度、时间、气氛、螯合剂与金属离子的物质的量比。此方法的优点是合成温度低、煅烧时间短、颗粒粒度小、形貌规整等等；缺点是工艺复杂，需要控制的因素比较多。

共沉淀法是利用可溶性镍盐和掺杂离子的可溶性盐，溶于水溶液中，边搅拌边缓慢加入缓冲剂（比如 $NH_3·H_2O$）和 $NaOH$ 溶液，控制 pH 值，制得粒径大小均匀的共沉淀物，经过滤、洗涤、干燥，得到前驱体，然后和锂盐充分混合，高温烧结合成 $LiNi_{1-x}M_xO_2$ 化合物。

其他方法还有电化学水热法、氧化还原法等。电化学水热法以金属镍片、氢氧化锂为原料，控制电压、电流和反应时间，制备的 $LiNiO_2$ 结晶度好，纯度高，工艺简单。但是该方法需要消耗大量的电能，生产成本高。氧化还原法以 $LiOH$ 和 $Ni(OH)_2$ 为原料，NaS_2O_8 为氧化剂，控制氧化剂用量，将 $Ni(OH)_2$ 氧化成 $NiOOH$，然后让 Li^+、H^+ 发生离子交换反应，经洗涤、干燥制备成接近化学计量比的 $LiNiO_2$，粒度较为均匀，该方法文献报道较少。

LiNiO$_2$存在热稳定性、耐过充性能及循环稳定性差等问题，很难实用化，很多学者在改善 LiNiO$_2$ 性能方面进行了探索，发现对 LiNiO$_2$ 进行掺杂可有效修饰或改变 LiNiO$_2$ 的结构，稳定 LiNiO$_2$ 在充放电过程中的结构相变，改善其性能。目前，单组分掺杂的元素主要有 Co、Mn、Ti、Al、Mg、Ca、Sr、V、Cr、Sn、Fe、Zn 等，也有很多学者研究了多元素掺杂，对各个影响参数的考查做了大量的研究工作，已有研究发现，多组分掺杂对于提高材料的循环可逆性、热稳定性、安全性、导电性等有很重要的贡献，经过多年的研究，终于开发了 LiNi$_{1-x-y}$Co$_x$M$_y$O$_2$（M＝Al、Mn 等）三元正极材料并在电动汽车领域广泛应用。

2.3.1.5 三元正极材料

钴酸锂具有理论比容量高、循环性能优异、放电平台平稳、工作电压高和合成工艺相对简单等优点，但钴资源稀缺，价格昂贵，毒性较大，且其过充安全性能较差。相对于稀缺的钴资源，锰具有资源丰富、价格便宜、安全性能高和环境友好等优点，其主要分为层状结构和尖晶石型。层状结构的锰酸锂虽然有比较高的理论比容量，但结构稳定性较差；尖晶石型的锰酸锂理论比容量低，且高温循环和储存性能差的缺点一直没有解决。橄榄石型 LiFePO$_4$ 虽然价格低廉且无毒无污染、结构稳定、循环性能和安全性能极佳，但其比容量不高且导电性较差。以上缺点限制了这些材料的进一步应用，因此寻找更好性价比的正极材料成为研究的突破点。研究者们一方面努力通过包覆、掺杂等方法改善上述材料的性能，同时也在寻找兼具低成本、高能量密度、高安全性能等综合性能优异的正极材料。层状三元材料，较好地兼备了上述材料的优点，并在一定程度上弥补各自的不足，具有比容量高、循环性能稳定、经济廉价、毒性小和安全性能较好的优点，成为最具前景的正极材料之一。

三元材料的化学式通式为 LiNi$_x$Co$_y$M$_z$O$_2$（$x+y+z＝1$，M 为 Mn 或 Al），通常，根据 Ni、Co、Mn 的比例简称为 NCMlmn（$l＝10x$、$m＝10y$、$n＝10z$），比如，LiNi$_{0.6}$Co$_{0.2}$M$_{0.2}$O$_2$ 简称 NCM622；LiNi$_{0.8}$Co$_{0.1}$M$_{0.1}$O$_2$ 简称 NCM811。对于含铝的三元材料，目前商业化的主要是 LiNi$_{0.85}$Co$_{0.1}$Al$_{0.5}$O$_2$，简称 NCA。

高镍三元材料属于六方层状结构，其空间点群类似于 α-NaFeO$_2$ 的 $R3m$。Li$^+$ 和过渡金属离子分别占据 $3a$（000）和 $3b$（001/2）位置，而 O^{2-} 在 $6c$（00z）位置。其中 $6c$ 位置上的 O^{2-} 为立方紧密堆积，$3b$ 位置的过渡金属离子和 $3a$ 位置的 Li$^+$ 分别交替占据其八面体空隙，在（111）晶面上呈层状排列。在高镍三元材料中，Co 和 Al 为＋3 价，Mn 为＋4 价，而 Ni 既有＋2 价，也有＋3 价。过渡金属元素具有三元协同作用即过渡金属元素相互协调的作用，其中，Ni 是主要的电化学活性物质，有助于提高材料的容量；Co 的作用是提高材料的倍率性能，减少阳离子混排，降低阻抗值，提高电导率；Mn 是非电化学活性物质，主要起骨架支撑作用，能够使锂离子嵌入和脱嵌时保持晶体结构不变。但是，过多的 Ni^{2+} 会使材料的循环性能恶化，也会使阳离子混排加剧；过多的 Co 会使可逆嵌锂容量下降，成本增加；Mn 含量太高容易出现尖晶石相而破坏材料的层状结构。

高镍三元材料理论比容量约为 280mAh/g，实际应用中，由于三元材料在充放电过程中，锂离子从正极材料中脱出会使结构塌陷，得失电子数一般在 0.5～0.7 之间，这样使高镍三元材料的实际放电容量低于理论比容量，只有 180～240mAh/g，目前高镍三元材料最高实际放电容量接近 240mAh/g。高镍三元材料的实际容量与充放电的截止电压有关，通常电压范围越宽，实际放电容量越高，一般高镍三元材料的截止电压在 2.5～4.8V 之间取值。在充电过程中，Ni^{2+} 先氧化生成 Ni^{3+}，Ni^{3+} 又优先于 Co^{3+} 生成 +4 价，所以镍含量越高，三元材料的实际放电比容量越高，其工作电压就越低。但由于 $Ni^{3+/4+}$ 和 $Co^{3+/4+}$ 与 O^{2-} 有能带重叠，所以在高脱锂状态下，O^{2-} 会从晶格中脱出，造成高氧化态的过渡金属离子趋于形成 +3 价而导致循环稳定性变差。高镍三元材料的电化学性能也与阳离子（Li^+/Ni^{2+}）混排及两组劈裂峰有关，阳离子混排可以用 c/a 值和 $I_{003/004}$ 表征，当 $c/a > 4.9$ 以及 $I_{003/004} > 1.2$ 时，表明阳离子混排程度低。而 006/102 和 108/110 两组劈裂峰的劈裂程度越大，表明 $\alpha\text{-}NaFeO_2$ 型层状结构越完整，锂离子越容易嵌入和脱出，材料的可逆容量也就越高。因此，在制备 NCM 和 NCA 材料时，保持较低的 Li^+/Ni^{2+} 的混排程度和较完整的层状结构有利于提高高镍材料的电化学性能。

三元材料中各元素的化学计量比及分布均匀程度是影响材料性能的关键因素，偏离了化学计量比或组成元素分布不均匀，都会导致材料中杂相的出现。不同的制备方法对材料的性能影响较大。目前合成三元材料的方法主要有高温固相法、共沉淀法、喷雾干燥法、水热法、溶胶-凝胶法等。其中水热法和溶胶-凝胶法由于受制备方法的限制，不适合于工业化生产。

高温固相法制备三元材料主要是将镍钴锰的化合物（主要为氧化物、硫酸盐、硝酸盐和醋酸盐）与锂盐（主要为氢氧化锂、碳酸锂和硝酸锂）按照一定比例混合后高温煅烧得到高镍材料。高温固相法是一种传统的制粉工艺，虽然有其固有的缺点，如能耗大、效率低、粉体不够细、易混入杂质等，但由于该法制备的粉体颗粒无团聚、填充性好、成本低、产量大、制备工艺简单等优点，迄今仍是常用的方法。

共沉淀法以沉淀反应为基础，研究证明，共沉淀法是制备球形三元材料的最佳方法，也是目前工业化普遍采用的制备工艺。根据使用沉淀剂的不同可以分为氢氧化物共沉淀法、碳酸盐共沉淀法。由于锂盐溶度积较大，不能与金属离子一起形成共沉淀，因此只能先按一定比例配制混合金属盐溶液，然后与沉淀剂分别缓慢加入容器内沉淀得到前驱体，将前驱体干燥后加入锂盐高温烧结得到最终产物。共沉淀法得到的产物组分均匀、粒径小、规模生产批次性好，其中，沉淀温度、溶液浓度、酸碱度、搅拌强度和烧结温度等条件的控制非常关键，决定了合成材料的最终形貌和性能。此制备工艺主要影响材料的结晶度、微观组织形貌、金属元素分布均一性以及成本和环境。合成工艺的改进对三元材料的发展起到了决定性的作用。

喷雾干燥法也是目前材料工业化制备比较看好的一种方法。该法制备的材料十分均匀，颗粒细微，在材料的化学计量组成、形貌和粒径分布上具有优势，并且可以自动化控制，可连续生产制备能力强。该方法暂时无法大规模应用的主要原因在于工艺过程复杂，在仪器设备设计、实际工艺操作和控制中具有相当大的难度。

水热法是指在一个封闭的体系（通常为高压反应釜）中，采用水溶液或其他溶剂作为反应体系，通过对反应体系加热、加压（或自生蒸气压）创造一个相对高温、高压的反应环境，使得通常难溶或不溶的物质溶解并且重结晶而进行无机合成与材料处理的一种有效方法。水热法克服了高温制备不可避免的硬团聚问题，制备的产品具有粉末（纳米级）、纯度高、分散性好、均匀、分布窄、无团聚、晶型好、形状可控和利于环境净化等特点。

三元材料尤其是高镍三元材料在充放电过程容易出现相变的问题，为了有效抑制相变，提高电池的循环性能，尤其是高电压下的循环性能，通常需要对三元材料进行改性，常见的改性方法有掺杂和表面包覆。

高镍三元材料的离子掺杂一般选择离子半径相近的离子掺杂，通过引入离子可以稳定层状结构，改善材料的电化学性能，尤其是热稳定性。根据掺杂元素的种类可以分为单元素掺杂和多元素掺杂，单元素掺杂根据掺杂离子所带电荷的不同又可以分为阳离子掺杂和阴离子掺杂。阳离子掺杂主要掺杂 Mg、Na 等元素，不同元素的掺杂，作用也有所不同。阴离子掺杂主要掺杂 F，还有比较少见的掺杂 B。由于 F 的电负性远大于 O，M—F 的键能也强于 M—O，所以抑制了过渡金属的溶解。F 掺杂高镍材料的结构稳定性较原料有所提高，热稳定性也随之提高。B 掺杂 NCA 后，材料高温性能得到极大改善，主要由于 B 掺杂抑制了 SEI 层增厚和裂纹产生。多元素掺杂一般为两种或三种元素共同掺杂，有 Mg-F 共掺杂、Al-Fe 共掺杂。

当高镍三元材料暴露于潮湿环境中时，材料表面容易吸收空气中的水和二氧化碳，生成 $LiOH$ 和 Li_2CO_3 等杂质，严重影响其电化学性能。对于高镍三元材料而言，表面包覆是最常用的一种改性方法。表面包覆不但能将 HF 与 NCM 隔绝开来，防止 HF 对 NCM 的腐蚀，而且能避免电解液与主体材料的直接接触，进而发生一系列反应，防止过渡金属的溶解。此外，表面包覆有降低阳离子混排和抑制相变的作用。常用的表面包覆剂有氧化物、磷酸盐、氟化物、锂盐和导电材料。此外，还有一些不常见的包覆材料，如 MoS_2 和聚乙烯吡咯烷酮等。

近年来，广大学者就高镍三元材料的制备、元素掺杂和表面包覆等方面做了大量的研究，推动了高镍三元在动力汽车上的应用。该材料的主要研究方向集中在以下方面：

① 高镍三元电解液的适配问题，三元材料的截止电压为 4.3V 及以上，有的甚至达到了 4.7V，而现有的锂电电解液的适用电压为 4.2V，通过高压电解液的研究，可以提高高镍三元电池的能量密度。

② 动力电池的安全性问题，现有的电解液一般为碳酸酯类有机物，属于易燃物质，通过在动力电池电解液中添加适量阻燃剂，将有效降低安全事故的发生概率。此外，将固体电解质应用到高镍三元锂电中也能提高动力电池的安全性。

③ 高镍三元的压实问题，在现有的工艺技术下，高镍三元的压实密度大部分为 $3.5 \sim 3.6g/cm^3$，远低于 $LiCoO_2$ 的压实密度（$3.6 \sim 4.2g/cm^3$），通过优化粒度分布即将不同粒度的高镍三元混合提高材料的压实密度，从而提高电池的质量能量密度。

④ 高镍三元的循环寿命问题，高镍三元材料的循环次数一般在 $800 \sim 2000$ 次，而政府规定动力电池等关键零部件质保不低于 8 年，因此，通过包覆导电材料，提高材料

导电性，进而优化材料的循环稳定性，延长使用寿命。

三元材料相对起步较晚，但其成本低，能量密度高，明显优于传统正极材料。在动力电池正极材料领域中，三元材料已经逐步成为电动汽车的主流正极材料。在未来几十年，动力汽车也将成为人们出行的首选，三元电池作为动力汽车的新型能源载体必将得到广泛应用。

2.3.1.6　潜在正极材料

锂离子电池的迅速发展对新型电池材料（特别是新型正极材料）的能量密度及安全性等方面提出了更高要求。通常认为，正极材料的性能（如容量、电压）是决定锂离子电池的能量密度、安全性及循环寿命等的关键因素。因此，正极材料性能的改善和提升及新型正极材料开发和探索一直是锂离子电池领域的主要研究方向之一，人们已对众多类型正极材料（如层状氧化物、Mn 基尖晶石、聚阴离子化合物及转换反应化合物等）进行了研究。从正极材料考虑，提高锂离子电池能量密度的途径主要有两个：开发高容量正极材料从而提高电池容量；提高正极材料电极电势从而提高电池工作电压。因此，高容量和高电极电势成为目前锂离子电池正极材料发展的两个主要方向。

（1）富锂层状氧化物正极材料

20 世纪 90 年代，层状锂锰氧化物（主要是 Li_2MnO_3）合成所取得的进展对当今复合物电极材料结构的发展起到了深远的影响。一度被认为是没有电化学活性的 $Li_2MnO_3(Li[Li_{1/3}Mn_{2/3}]O_2)$ 经过酸处理或者充电到高电位时，可以实现锂离子的可逆嵌入脱出。研究发现，将 Li_2MnO_3 与层状过渡金属氧化物 $LiMO_2$（M ＝ Ni、Co、Mn）制备成富锂型固溶体材料 $xLi_2MnO_3 \cdot (1-x)LiMO_2$，可以获得较高的比容量（约 250mAh/g）、较好的安全性能等，引起研究者的广泛关注。与常规层状正极材料如 $LiCoO_2$ 相比，它的过渡金属层中含有一定量的锂，这一部分锂与其他过渡金属离子形成有序排列，通常被称为富锂正极材料。在 $xLi_2MnO_3 \cdot (1-x)LiMO_2$ 材料中，Li_2MnO_3 组分能够起到稳定 $LiMO_2$ 层状结构的作用，使富锂型正极材料可以实现 Li^+ 的深度脱出而不会引起结构坍塌，从而得到较高的比容量；而 $LiMO_2$ 反过来可以起到改善 Li_2MnO_3 循环性能的效果。近年来，富锂层状氧化物固溶体已成为高容量锂离子电池正极材料领域的一个研究热点。

研究表明，Li_2MnO_3 具有层状岩盐相结构，用传统层状化合物 $LiMO_2$ 的形式可以表示成 $Li[Li_{0.33}Mn_{0.67}]O_2$。如图 2-15（a）所示，在 Li_2MnO_3 材料中，锂离子层和 Li 与 Mn 按照 1∶2（原子数）的比例排列组成的离子层交替排列，两层由立方密堆积的氧离子层分开，与理想层状材料 $LiMO_2$（M＝Co、Ni、Mn）的结构［图 2-15（b）］极为相似。也就是说，Li_2MnO_3 和 $LiMO_2$ 都具有岩盐结构，结构中立方密堆积氧阵列的八面体位都是被占据的。

鉴于 Li_2MnO_3 与层状 $LiMO_2$ 或尖晶石 $LiMn_2O_4$ 晶体结构具有较好的兼容性，研究者一直致力于合成能够在结构上"匹配"的"层状-层状" $xLi_2MnO_3 \cdot (1-x)Li-MO_2$ 以及"层状-尖晶石"［如 $xLi_2MnO_3 \cdot (1-x)LiM_2O_4$］复合物材料，在所合成的复合物中，$Li_2MnO_3$ 组分能够在充放电电压范围内（如 $4.5 \sim 2.0V$）起到提高层状 $LiMO_2$ 和尖晶石 $LiMn_2O_4$ 电极材料稳定性的作用。其中，"层状-层状"电极材料 $xLi_2MnO_3 \cdot (1-x)LiMO_2$ 的容量及循环稳定性等方面较上述两种均具有较突出的优越性。

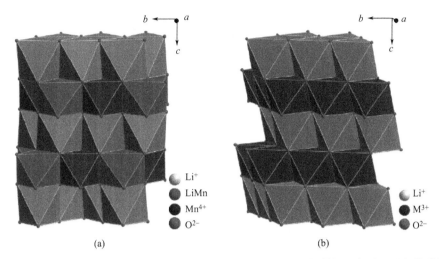

图 2-15 Li_2MnO_3（a）和 $LiMO_2$（M＝Co、Ni、Mn）（b）的层状结构示意图（见文前彩图）

富锂材料 $xLi_2MnO_3 \cdot (1-x)LiMO_2$ 具有高比容量及较好的安全性能等突出优点，同时也存在着许多问题制约着其应用。富锂正极材料主要存在以下几个缺点：①富锂正极材料需要充电到高电压活化之后才可以获得高比容量，首次充电过程中的脱锂脱氧是一个不可逆过程，加上高电位下电解液与电极之间发生的副反应，导致其首次不可逆容量损失较大；②首次电化学脱锂脱氧过程破坏了电极材料表面晶格结构的稳定性，高充电电位对电解液的氧化以及电解液中少量 HF 对电极材料的攻击将破坏电极/电解液界面的稳定性，将导致材料在长期充放电过程中电化学性能不断衰退；③由于 Li_2MnO_3 组分电子导电性较差，使得富锂材料倍率性能较差，需进一步改善才有可能应用到电动汽车（EV）或混合动力汽车（HEV）中。因此，近年来研究人员主要围绕这些不足开展了广泛而深入的研究，在对组成和结构进行优化及寻求新合成方法的同时，对富锂材料进行掺杂和表面修饰也是改善材料性能的主要途径。

① 晶格掺杂改性。掺杂作为改善电极材料性能的一个常用手段，在富锂正极材料改性研究中也被广泛使用。掺杂主要包括其他金属元素（如 Al、Cr、Mg 等）对过渡金属位的掺杂和非金属元素（主要是 F）在氧位的掺杂。

虽然大量研究结果表明，掺杂能够有效改善富锂正极材料的电化学性能，但是对掺杂的具体作用机理仍需进行更深入的仔细研究，才能在今后更好地利用晶格掺杂提高电极材料的性能。

② 表面修饰改性。除了体相掺杂，表面修饰改性已多次被证实是提高需要充电到高电位（＞4.6V）正极材料电化学性能有效可行的办法。一方面通过表面修饰改性可以减少正极材料与电解液的直接接触面积，抵抗电解液中 HF 的侵蚀，有效抑制电解液

在活性材料表面的分解以及锰离子的溶解；另一方面，一些金属氧化物包覆材料作为表面阻挡层，可抑制氧离子从体相到表面的"溢出"，从而从动力学上抑制氧离子脱出，部分起到平衡材料体相结构的效果。表面修饰改善效果在首次充放电效率、高倍率充放电条件或高温下充放电表现尤为明显。近年来，研究工作者对富锂正极材料颗粒表面包覆改性方面进行了大量研究。

大量表面修饰改性研究的结果表明，选择合适的表面包覆层材料对提高富锂正极材料的电化学性能至关重要，目前的研究结果已提供了许多较好的包覆层材料，如 Al_2O_3、AlF_3 和 Li-Ni-PO_4 等，但目前对包覆后电化学性能改善机理的研究还比较欠缺，仍是今后研究的重点。除了以上介绍的晶格掺杂及表面修饰改性外，酸处理、采用混合物电极及电化学预处理等方法也可以有效地提高富锂材料的电化学性能。

（2）正硅酸盐材料

为了满足动力汽车发展对高性能锂离子动力电池的需求，人们一直在积极寻求高安全性、低成本、高容量的正极材料。正硅酸盐正极材料由于高容量及良好的热稳定性等突出优点，近年来引起国内外研究者的广泛关注。正硅酸盐（Li_2MSiO_4，M＝Fe、Co、Mn 等）是一类新兴的聚阴离子型正极材料。与磷酸盐 $LiMPO_4$ 材料相比，正硅酸盐材料在形式上可以允许 2 个 Li^+ 的交换，因而具有较高理论比容量，如 Li_2MnSiO_4、Li_2CoSiO_4、Li_2NiSiO_4 的理论容量分别为 333mAh/g、325mAh/g 和 325.5mAh/g。这表明硅酸盐有可能发展成为一种高比容量的锂离子电池正极材料。再加上其聚阴离子型材料的内在优点，特别是热稳定性和安全性能方面的优势，在锂离子动力电池中具有巨大的应用前景。

正硅酸盐（Li_2MSiO_4）材料具有与 Li_3PO_4 类似的晶体结构（图 2-16），其中所有阳离子均以四面体与氧离子配位，根据四面体的不同排列方式形成丰富的多形体结构。通常，该结构中氧离子以近乎六方密堆方式排列，阳离子占据氧四面体空隙的一半，避免了四面体之间通过不稳定的共面方式连接。阳离子在四面体空隙中存在两套可能的占据方式，分别形成与 Li_3PO_4 低温相（β相）和高温相（γ相）同构的结构。在 β 相中，所有四面体垂直于密堆积面同向排列，不同四面体之间通过共用顶点连接。在 γ 相中，四面体采用交替反平行方式排列，不同四面体之间除了共用顶点之外，反平行四面体也共边连接。β 相和 γ 相可以通过将一半四面体阳离子从占据四面体位置转移到空的四面体位置实现相互转化。β 相和 γ 相均存在不同的变体结构，Li_2MSiO_4 的结构与其制备及后处理过程有着紧密的联系，由于不同 Li_2MSiO_4 多形体之间的形成能差异较小，通常情况下合成的 Li_2MSiO_4 为多种多形体的混合物。

目前，已有多种 Li_2MSiO_4 的多形体结构被报道。作为一类新型聚阴离子正极材料，正硅酸盐由于其高容量的潜力受到研究工作者的广泛关注，在这一领域进行了大量的研究工作。但是，到目前为止，在该系列材料中追求的两个离子可逆脱嵌获得高容量方面仍未取得突破性进展。其中许多科学问题仍有待于结合实验方法和理论研究探索和解决。从循环稳定性方面考虑，Li_2MSiO_4 材料中过渡金属离子和氧的配位多面体环境对材料充放电过程中的结构稳定性有着重要影响，进而决定着材料的循环性能。根据配

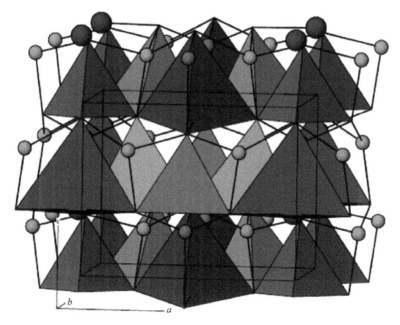

图 2-16 Li_2MSiO_4 晶体结构示意图

位场理论，Fe^{2+}、Fe^{3+} 甚至 Fe^{4+} 在和氧四面体配位情况下都可以稳定，因此 Li_2FeSiO_4 具有高的循环稳定性和热稳定性。然而，Mn^{4+} 和 Co^{4+} 在氧的八面体配位场中具有很高的晶体场稳定能，因而 Mn^{4+} 和 Co^{4+} 在氧的四面体场中很不稳定，在实际体系中很少遇到 Mn^{4+} 和 Co^{4+} 与氧四面体配位的情况；同时与四面体配位相比，Mn^{3+} 也倾向于和氧采用八面体配位形式。在材料的充电过程中，由于锰离子和钴离子氧化到高价态将引起它们与氧离子配位结构的重排，导致不可逆的相变过程发生。这可能是导致 Li_2MnSiO_4 和 Li_2CoSiO_4 材料循环容量衰退的一个主要原因。因此，开发过渡金属离子处于氧八面体配位环境的 Li_2MSiO_4 材料对于提高高容量正硅酸盐材料的循环稳定性是一个非常有趣和值得探索的方向。

电导率低是硅酸盐正极材料电化学性能差的主要原因之一，通过复合或包覆具有高导电性的碳材料，可以提高总体材料的导电性；同时碳的掺杂会减少材料合成过程中颗粒的团聚现象，从而有利于 Li^+ 的传导；掺杂一些具有特殊形貌的碳材料还可以使材料在嵌脱锂过程中的结构更加稳定，改善材料的循环性能。元素掺杂是改善锂离子电池正极材料电化学性能的另一种有效途径。目前在 M 位掺杂的研究较多。在对正硅酸盐材料掺杂改性的研究中，可对其 M 位进行多种金属元素的共掺杂，利用多种掺杂元素的协同效应来改善材料的电化学性能。

正硅酸盐材料因其具有理论容量高、安全性好、价格低廉等优点，引起很多研究人员的关注，但目前对材料结构及性能的研究尚不成熟，而且很难合成出高纯度的材料。以后的研究重点包括以下方面：①对材料的结构进行深入研究，进一步掌握材料在循环过程中容量衰减的机理；②优化合成工艺，寻求合成纯相正硅酸盐材料的最佳条件；③在提高材料充放电容量和循环性能上寻求出路，如缩小材料粒径、金属掺杂、特殊形貌等；④改善材料电导率低的缺点，如寻求合适的碳源、优化碳包覆和复合条件等。

（3）氟代聚阴离子材料

氟代磷酸盐材料结合了 PO_4^{3-} 的诱导效应和氟离子强的电负性，材料的氧化还原电位有望得到提高；此外，由于氟代引入了一个负电荷，考虑到电荷平衡，在氟代磷酸盐中有望通过 M^{2+}/M^{4+} 氧化还原对实现超过一个锂离子的可逆交换，从而获得高的可逆比容量。因此氟代磷酸盐是一种潜在的高能量密度正极材料。

$LiVPO_4F$ 是首次报道的作为锂离子电池正极材料的氟代聚阴离子材料。$LiVPO_4F$ 与天然矿物羟磷锂铁石（$LiFePO_4 \cdot OH$）为同构体，属于三斜晶系，空间群为 P，其结构包括一个由磷氧四面体和氧氟次格子组成的三维框架结构，其中 Li^+ 占据两个能量不相等的结晶位置的一半。$LiVPO_4F$ 脱嵌一个锂离子（V^{3+}/V^{4+} 氧化还原对）的电位约为 4.2V（相对于 Li），这一电位较相应的磷酸盐 $Li_3V_2(PO_4)_3$ 高约 0.3V。在首次充电过程中，Li^+ 从 $LiVPO_4F$ 框架中的两个不同结晶位置脱出，对应于两个不同的脱锂电位（4.29V 和 4.25V）；随后的嵌 Li^+ 过程以两相反应机理进行，相应的嵌 Li^+ 电位在 4.19V 附近。通过优化合成条件后，在小电流下 $LiVPO_4F$ 可以获得 155mAh/g 的高放电容量（接近理论容量 156mAh/g）和良好的循环稳定性。在 0.92C 循环，其首次放电容量为 122mAh/g，经过 1260 次循环后容量衰减率仅为约 14%。

在 $LiVPO_4F$ 之后，有学者报道另一氟磷酸盐 $Na_3V_2(PO_4)_2F_3$ 也可作为正极材料。该材料为钠离子材料。有趣的是，在以锂金属或石墨为负极及含有锂盐电解液的电池中，$Na_3V_2(PO_4)_2F_3$ 可以正常充放电。一般认为，在首次充电过程中 Na^+ 从正极中脱出，形成钠和锂盐混合的电解液，在随后的放电过程中 Na^+ 和 Li^+ 发生共嵌入反应。Na^+ 在电解液中的存在并没有对电池的长期性能产生负面影响，说明 Na^+ 在锂离子电池中可以可逆地循环。如果 $Na_3V_2(PO_4)_2F_3$ 中的 3 个 Na^+ 在充放电过程中可以实现完全可逆的脱嵌，其理论容量为 192mAh/g。电化学测试结果表明，$Na_3V_2(PO_4)_2F_3$ 中只有 2 个 Na^+ 可以实现可逆脱嵌，对应于 120mAh/g 的可逆容量，充放电曲线上具有两个明显的平台（3.8V 和 4.3V 左右），对应于 Na^+ 从 $Na_3V_2(PO_4)_2F_3$ 框架中的两个具有不同能量的结晶位置脱出，脱出第三个 Na^+ 伴随着材料结构的部分坍塌。

在钒基氟磷酸盐之后，其他过渡金属氟磷酸盐 A_2MPO_4F（A＝Li、Na；M＝Co、Ni、Fe、Mn）作为正极材料同样引起了研究工作者的极大兴趣。目前，A_2MPO_4F 中只有 Co 和 Ni 可以合成含锂氟磷酸盐 Li_2CoPO_4F 和 Li_2NiPO_4F；Fe 和 Mn 只能合成含钠的氟磷酸盐材料 Na_2FePO_4F 和 Na_2MnPO_4F。由于离子半径大小的影响及不同离子的磁性相互作用，A_2MPO_4F 结晶成层状结构、层叠结构、三维结构三类不同结构：Na_2FePO_4F 和 Na_2CoPO_4F 具有层状结构，Li_2CoPO_4F 和 Li_2NiPO_4F 具有层叠结构，Na_2MnPO_4F 具有三维结构（图 2-17，见文前彩图）。在这三种结构中，过渡金属离子全部位于八面体空隙位置，八面体通过不同连接方式形成不同晶体结构。在层状结构中八面体通过共用面和顶点相互连接，在层叠结构中通过共边连接，而在三维结构中只通过共用顶点连接。

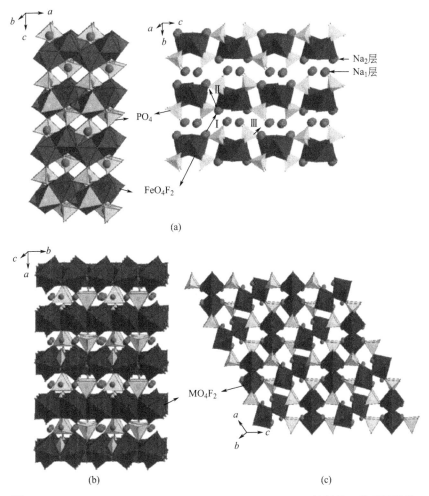

图 2-17 A_2MPO_4F(A=Li、Na；M=Co、Ni、Fe、Mn) 材料的三种不同结构

研究人员对 A_2FePO_4F(A = Li、Na) 的结构和电化学性能进行了深入研究。Na_2FePO_4F 属于正交晶系，空间群为 $Pbcn$。单晶 XRD 研究结果表明，Na_2FePO_4F 结构包含成对的共面 FeO_4F_2 八面体，Na^+ 为 [6+1] 配位。Na_2FePO_4F 拥有二维离子传输通道，与 $LiFePO_4$ 的一维通道相比可以有效提高离子电导率。与 $LiFePO_4$ 的两相嵌脱锂反应机理不同，Na_2FePO_4F 充放电过程按准固溶体反应机理进行，充放电曲线为一斜线，中间生成一单相产物 $Na_{1.5}FePO_4F$。Na_2FePO_4F 充放电过程中显示出较小的体积变化（单胞体积变化仅为 4%），较小的体积变化有利于减少碱金属离子脱嵌过程中的应力。Na_2FePO_4F 具有对锂负极 3.5V 左右的平均氧化还原电位，与 $LiFePO_4$ 相对于 Li 的氧化还原电位（约 3.5V）接近。Na_2MPO_4F(M=Co、Ni、Fe) 以及它们的含锂相均具有电化学活性；对于 Na_2MnPO_4F，人们一直未能合成出具有电化学活性的材料，尽管 Na_2MnPO_4F 结构中存在碱金属离子迁移的开发通道。Li_2CoPO_4F 和 Li_2NiPO_4F 被认为是潜在的兼具高电压和高容量体系的正极材料。初步研究表明，Li_2CoPO_4F 具有 120mAh/g 的可逆容量，对锂金属负极放电平台在 5V 附近。$LiNiPO_4$

相对于 Li 的氧化还原电位位于约 5.1V，因此可以推断 Li_2NiPO_4F 的氧化还原电位已经远远超出了目前大多数电解液的电化学稳定窗口。故 Li_2NiPO_4F 的电化学性能一直未见报道。直到最近，采用癸二腈基抗氧化电解液成功观察到 Li_2NiPO_4F 相对于 Li 具有高的氧化还原电位（约 5.3V）。由于 Li_2CoPO_4F 和 Li_2NiPO_4F 第二个锂的脱嵌发生在更高电位，因此限于目前电解液的稳定窗口，无法证实其能否实现超过一个锂的可逆脱嵌从而获得高的比容量。

提高正极材料的氧化还原电势是提高锂离子电池能量密度的一个有效途径，但是高电极电势正极材料的开发受限于目前电解液较低的电化学稳定窗口（<5V）。如果这一问题可以通过开发具有高电位稳定窗口的下一代抗氧化电解液得到解决，使得高电极电势正极材料（如氟磷酸盐）可以在锂离子电池中得到应用，则有望大幅提高锂离子电池的能量密度，使锂离子电池进一步向小型化和轻量化发展。

（4）磷酸盐系正极材料

磷酸盐系锂离子电池材料由于其结构稳定、成本低、环境友好以及电化学性能优异等优点引起了研究者的重视。目前研究较多的磷酸盐正极材料有 $LiMPO_4$（M＝Fe、Co、Ni、Mn）、$Li_3M_2(PO_4)_3$（M＝V、Fe）、$LiVPO_4F$ 和 $LiTi_2(PO_4)_3$ 等。

在所报道的磷酸盐正极材料中，$Li_3V_2(PO_4)_3$ 具有较高的理论比容量（197mAh/g），而且具有工作电压高、结构稳定、循环寿命长、倍率性能优异、原料丰富和成本较低等优点，极有可能成为新一代锂离子动力电池正极材料。随着研究的深入，也发现 $Li_3V_2(PO_4)_3$ 存在一些突出的问题。首先，由于结构的原因，$Li_3V_2(PO_4)_3$ 的电子电导率低（10^{-7}S/cm），锂离子扩散速率慢（10^{-9}～10^{-8}cm²/s）。其次，$Li_3V_2(PO_4)_3$ 在 3.0～4.8V 电压区间的循环性能和倍率性能较差。$Li_3V_2(PO_4)_3$ 的结构中存在 3 个锂离子，根据截止电压的不同可以脱出不同数目的锂离子，一般设置 3.0～4.3V 或 3.0～4.5V（脱出 2 个锂离子）以及 3.0～4.8V（脱出 3 个锂离子）。在 3.0～4.5V 电压区间的容量接近理论容量且循环性能和倍率性能较好，而在 3.0～4.8V 电压区间小电流循环性能较差，高倍率性能较差，没能体现其高达 197mAh/g 理论容量的优势。对于容量衰减的本质原因，目前尚无定论，因此，提高电导率、改善其在 3.0～4.8V 电压区间的电化学性能以及研究其充放电机制将是 $Li_3V_2(PO_4)_3$ 主要的研究方向。

针对 $Li_3V_2(PO_4)_3$ 存在的问题以及缺点，对其进行改性成为了国内外研究的重点。综合目前的研究趋势以及进展情况，广大研究者主要通过以下 3 种途径来提高 $Li_3V_2(PO_4)_3$ 的电导率以及改善其电化学性能。

① 表面包覆导电材料。由于 $Li_3V_2(PO_4)_3$ 本身的电导率很低，在其表面包覆一层导电材料（C、Ag、Cu 等），形成 $Li_3V_2(PO_4)_3/M$（M＝C、Ag、Cu 等）复合材料。这些导电剂存在于 $Li_3V_2(PO_4)_3$ 颗粒之间形成导电桥，从而加快电子和离子的转移。包覆碳后，$Li_3V_2(PO_4)_3/C$ 复合材料的电导率比纯 $Li_3V_2(PO_4)_3$ 材料提高 4～6 个数量级。

② 掺杂改性。在合成 $Li_3V_2(PO_4)_3$ 的过程中加入一些其他元素（主要为金属元素），掺杂元素进入 $Li_3V_2(PO_4)_3$ 的晶格中，占据主体元素的位置或者离子间的空位，使键能、

键长等发生改变，进而改变晶胞参数以及造成晶格缺陷，从本质上提高 $Li_3V_2(PO_4)_3$ 的电导率和锂离子扩散速率。

③ 控制材料的形貌以及粒径。锂离子在电解液中扩散速率较快，而在 $Li_3V_2(PO_4)_3$ 固相中的扩散速率较慢（$10^{-9} \sim 10^{-8} cm^2/s$）。因此，减小 $Li_3V_2(PO_4)_3$ 颗粒粒径或者制备成特殊形貌的颗粒使锂离子的固相扩散路程变短，从而提高锂离子的扩散速率，改善材料的循环性能及高倍率放电性能。

碳包覆改性是对 $Li_3V_2(PO_4)_3$ 电化学性能改善最为明显的方式，研究得较多的是碳源的种类、残炭量以及复合碳包覆等，但碳的存在会导致材料的振实密度降低，而且还会减少复合材料中活性物质的量。因此，有必要对碳包裹的均匀程度以及残炭的形态等进行研究。掺杂改性方面目前也取得一定的进展，但是掺杂离子的精确占位以及对电子电导率和锂离子扩散速率的改善机制还有待进一步研究。$Li_3V_2(PO_4)_3$ 颗粒纳米化方面取得了较大的进展，材料的倍率性能显著提高。但纳米化的颗粒将带来极片加工方面的问题，这将会对 $Li_3V_2(PO_4)_3$ 的实际应用产生严重的影响。如果能制备一次粒径纳米化、二次粒径微米化的正极材料，将能满足电化学性能和加工性能两方面的要求。

与 $LiFePO_4$ 相似，锂离子电池正极材料 $LiMPO_4$ 为有序的橄榄石结构，M 离子位于八面体的 Z 字链上，锂离子位于交替平面八面体位置的直线链上。所有的锂均可发生脱嵌，得到层状 MPO_4 型结构，为 *Pbnm* 正交空间群。$LiMPO_4$ 晶体中的氧呈六方密堆积，磷占据四面体的空隙，锂离子和 M（Mn、Co 等）离子占据的是八面体空隙。

磷酸锰锂（$LiMnPO_4$）相对金属锂具有高的电极电位 4.1V，比 $LiFePO_4$ 的电极电位高 0.7V，满足现有电解液的电压使用范围；同时 $LiMnPO_4$ 具有 171mAh/g 的理论比容量，如果 $LiMnPO_4$ 的实际容量发挥到与 $LiFePO_4$ 相同的程度，其能量密度将比磷酸铁锂高 30%；这一点相比 $LiFePO_4$ 具有很大的优势。磷酸锰锂因稳固的 P—O 键和橄榄石结构而拥有很好的热稳定性，在高温放电时也不会释放出氧气，具有较高的安全性能。同时 $LiMnPO_4$ 的充放电电压也稳定在商业电解液的电化学窗口，因此可以在现有的碳酸酯电解液体系下应用。除此之外，我国拥有丰富的锰矿资源，锰源毒性小，价格便宜，对环境友好。因此，$LiMnPO_4$ 表现出了很强的吸引力，是目前具有发展前景的新型 4V 锂离子电池正极材料。橄榄石结构的 $LiMnPO_4$ 仍存在一些固有缺陷制约着其发展和应用，表现在以下几个方面：①材料的离子电导率和电子电导率都非常低，导致材料的容量难以发挥；②$LiMnPO_4$ 与电解质会发生副反应，生成产物 $Li_4P_2O_7$ 等，随着材料充放电次数的增加，$LiMnPO_4$ 会逐渐失去活性；③脱锂后形成的磷酸锰（$MnPO_4$）会受到 Jahn-Teller 效应影响，晶体结构从八面体变成立方相，压缩锂脱嵌通道，造成结构上的不可逆变化；④部分锰离子发生歧化反应溶解在电解液中，导致材料循环性能变差。因此提高电子电导率和离子迁移率成为提高该材料应用的首要任务。为解决 $LiMnPO_4$ 材料存在的问题，充分发挥材料的性能，科学家们对 $LiMnPO_4$ 材料进行了大量的研究，包括 $LiMnPO_4$ 循环过程的稳定性和电化学性能的改性。常用于提升材料性能的方法主要有四种。①电极材料的纳米化：减小材料颗粒的粒径、尺寸，从而缩短锂离子迁移路径。②材料的晶面选控：选择利于调控锂离子扩散的晶面方向；

③体相掺杂：借助掺杂离子形成固溶体稳定晶体的结构，降低 Jahn-Teller 效应的影响，提高锂离子的扩散速度，实现对材料电化学性能的优化和改进。④材料的表面包覆：有效稳定材料的结构，抑制材料和电解液发生副反应，并利用包覆物的性质，如快速的离子/电子电导率，从而提高正极材料的电化学性能。从文献报道来看，碳包覆、离子掺杂、复合材料体系的合成和减小颗粒尺寸等方法都有效改性了 $LiMnPO_4$，对于提高 $LiMnPO_4$ 的未来商业化应用起到了重要的作用，但对于其性能提高的机理性研究和在制备过程中煅烧温度和时间等条件的控制，仍然需要进一步的研究和探索。

$LiCoPO_4$ 具有橄榄石结构，属于正交晶系，空间群为 $Pnmb$，通常被描述为氧六方密堆积，Li 和 Co 位于其中的一半八面体位置，P 占据八分之一四面体，在 bc 面上，CoO_6 八面体共享四个角，沿着 a 轴被 PO_4 基团联结，锂离子沿着边共享 LiO_6 八面体的 a 轴运动。理论计算显示在 0K、4GPa 压力下，橄榄石结构的 $LiCoPO_4$ 可以转变成 Na_2CrO_4 结构。后者的结构特点是：由边共享 CoO_6 八面体构成，沿着 a 轴被 PO_4 四面体联结，ac 面由 $(CoO_6)(PO_4)$ 组成，层中四面体位置被锂离子占据，并且相互分离。这样，锂离子的扩散需要更高的活化能，这种高压下的同分异构体不具备应用价值。当压力进一步增加到 20GPa，转变成尖晶石结构。$LiCoPO_4$ 材料的理论容量为 167mAh/g，具有高的放电电压（约 4.8V）以及高的能量密度（约 800Wh/kg）。$LiCoPO_4$ 材料的常用合成方法有高温固相法、微波法、溶胶-凝胶法和水热合成法等。$LiCoPO_4$ 材料的锂离子传输通道呈一维结构，具有较低的电子电导率和离子电导率，导致纯 $LiCoPO_4$ 材料的电化学性能并不理想。为了改善 $LiCoPO_4$ 材料的电化学性能，对其采用了掺杂、表面修饰或者细化颗粒尺寸等方法。碳包覆也称掺碳，碳没有进入到 $LiCoPO_4$ 晶格内，只是包覆在 $LiCoPO_4$ 表面或填充在颗粒之间，原位包覆碳的方式可以阻止 $LiCoPO_4$ 颗粒的团聚和长大，增强粒子间的导电性。金属粒子掺杂是提高 $LiCoPO_4$ 电化学性能最有效的路径之一。和碳包覆相比，金属离子掺杂不会降低材料的振实密度，从而从根本上改善了材料的电化学性能。$LiCoPO_4$ 作为高电压的锂离子电池正极材料，具有良好的热稳定性，较高的理论能量密度和比能量，这一特性正好符合锂离子电池对新一代正极材料的要求。目前，国内外有关 $LiCoPO_4$ 材料的研究仅处于实验室阶段，要实现产业化还有很长的路要走。通过碳包覆改性、金属粒子掺杂等方法能有效地提高 $LiCoPO_4$ 电导率，从而改善其电性能，但倍率性能及循环性能还有待进一步的提高；同时开发与 $LiCoPO_4$ 材料相匹配的高电压（5V 以上）电解液也是增加 $LiCoPO_4$ 应用前景的关键因素。

橄榄石型 $LiNiPO_4$ 正极材料与锂离子电池正极材料 $LiCoPO_4$ 类似，且与正极材料 $LiCoPO_4$ 相比，具有更高的充放电电压平台，约 5.2V。从目前的研究状况可以看出，$LiCoPO_4$ 材料和 $LiNiPO_4$ 正极材料的研究尚处于初级阶段，实际放电容量与理论容量相差较多，可发展空间很大。对 $LiCoPO_4$ 材料进行掺杂、表面修饰或者细化颗粒尺寸可以有效提高该材料的电化学性能。与 $LiCoPO_4$ 正极材料相比，$LiNiPO_4$ 材料具有更好的电压平台，从而对电解液的要求较高，目前相关报道较少。从目前报道的测试数据中可以看出，$LiNiPO_4$ 材料的电化学性能较差。这与电解液具有一定的关系，当合适的电解液出现以后，该材料的研究将会被广泛关注。

（5）其他正极材料

尖晶石 $LiNi_{0.5}Mn_{1.5}O_4$ 材料具有面心立方和简单立方两种结构，面心立方的空间群是 $Fd3m$，简单立方为 $P4332$ 空间群。这两种不同结构的材料是可以相互转变的。将高温条件下形成的缺氧的 $Fd3m$ 空间群的 $LiNi_{0.5}Mn_{1.5}O_4$ 材料置于低温环境中或者氧气气氛下进行退火处理，可以得到 $P4332$ 空间群结构的材料。根据报道的文献可以发现，两种结构的镍锰酸锂呈现不同的电化学性能。$LiNi_{0.5}Mn_{1.5}O_4$（$Fd3m$）材料中含有一定量的 Mn^{3+}，在充放电曲线上会有 Mn^{3+}/Mn^{4+} 对应的 4V 平台；而 $LiNi_{0.5}Mn_{1.5}O_4$（$P4332$）材料中只有 Mn^{4+}，充放电曲线上不会出现 Mn^{3+}/Mn^{4+} 对应的 4V 平台。另外，经研究发现 $LiNi_{0.5}Mn_{1.5}O_4$（$Fd3m$）材料的导电性要比 $LiNi_{0.5}Mn_{1.5}O_4$（$P4332$）材料好，且 $LiNi_{0.5}Mn_{1.5}O_4$（$Fd3m$）材料的电化学性能也比 $LiNi_{0.5}Mn_{1.5}O_4$（$P4332$）材料的优异，因而 $LiNi_{0.5}Mn_{1.5}O_4$（$Fd3m$）更适合用于锂离子电池中。$LiNi_{0.5}Mn_{1.5}O_4$ 材料的常规合成方法是固相法、溶胶-凝胶法、共沉淀法、除此之外还有聚合物辅助法、熔盐法、燃烧法、机械球磨法、超声喷雾热解法、乳液法等。$LiNi_{0.5}Mn_{1.5}O_4$ 材料具有容量衰减较快的缺陷，为了攻克这一缺陷，人们对其进行改性研究，以便提高镍锰酸锂的性能。常用的改性方法是离子掺杂和表面包覆。目前对镍锰酸锂进行掺杂的元素有很多，阳离子掺杂主要掺杂 Mg、Zn、Cr、Ti、Ru、Cu、Fe、Co、Al 等元素，阴离子掺杂主要掺杂 F、S 等。由于镍锰酸锂材料衰减的主要原因是材料表面与电解液之间的相互作用，在材料的表面进行表面包覆可以有效避免正极材料与电解液直接接触，从而延缓容量衰减。目前已报道的包覆材料有 ZnO、SiO_2、ZrO_2、$Al_2O_3/LiAlO_2$、Bi_2O_3、BiOF、Au 等。从已报道的结论中可以得出，不同离子的掺杂可以得到不同的效果，有些离子可以提高材料的电导率，有些离子可以提高材料的结构稳定性，有些可以抑制材料与电解液的不良反应。另外，研究人员还通过对镍锰酸锂进行表面包覆，将材料与电解液分离，从而降低不良反应的产生，提高镍锰酸锂正极材料的循环性能。

反尖晶石型 $LiNiVO_4$ 材料属于立方晶系，具有 $Fd3m$ 空间群，其中锂离子、镍离子、钒离子和氧离子在反尖晶石结构中处于特定的位置。锂离子和镍离子同等地处在配位八面体的空隙 $16d$ 位置，而钒离子处于配位四面体的空隙 $8a$ 位置。从而，与空间群为 $Fd3m$ 的尖晶石型 $LiNi_{0.5}Mn_{1.5}O_4$ 材料相比，反尖晶石型 $LiNiVO_4$ 材料中的锂离子取代镍离子或者锰离子的位置，钒离子取代了锂离子的位置，没有了锂离子运动的隧道结构。充放电过程中，锂离子从 $16d$ 位置进行脱出和嵌入，并引起钒离子价态的变化。目前，反尖晶石结构材料中只有 $LiNiVO_4$ 具有高电位放电能力。锂离子电池正极材料 $LiNiVO_4$ 的常用合成方法有固相法、化学合成法、沉淀法、流变相反应法等。

近年来，锂离子电池的研究经历了快速发展，人们相信通过克服其所面临的能量密度尚低、安全性需进一步提高及成本需进一步降低等方面的瓶颈，下一代锂离子电池有望在纯（混合）电动汽车及储能电站等方面得到广泛应用。然而，锂离子电池要大规模应用于以上领域仍面临着许多障碍，对电极材料，特别是正极材料，在能量密度、循环稳定性及安全性等方面提出了巨大挑战。如何在尽可能多地利用正极材料中过渡金属的氧化还原对获得高容量的同时，稳定材料的结构，提高其循环稳定性和安全性，是今后正极材料研究中要解决的主要问题。电极材料的改性、新型高性能材料的开发和探索、电极/电解液界面电化学反应过程的有效调控是解决以上问题的重要途径。在开发和探索新型材料的同时，重视电化学原位表征技术在锂离子电池电极/电解液界面过程及电化学反应机理研究中的应用将是今后高性能锂离子电池的一个重要发展趋势。

2.3.2 负极材料

2.3.2.1 碳负极材料

现阶段，商业化锂离子电池负极材料以碳素材料为主，其比容量高（200～400mAh/g），电极电位低（<1.0V，vs Li$^+$/Li），循环性能好（1000周以上），理化性能稳定。根据结晶程度的不同，碳素材料可以分为石墨材料与无定形碳材料两大类。其中，石墨材料因其导电性好，结晶度高，层状结构稳定，适合锂的嵌入-脱嵌等特点，成为理想的负极材料。人造石墨和天然石墨是两种主要的石墨材料。而无定形碳材料即无固定结晶形状的碳材料，主要包括软炭和硬炭。

碳素材料负极的电化学反应为：

$$n\mathrm{C} + x\mathrm{Li}^+ + x\mathrm{e}^- \Longleftrightarrow \mathrm{Li}_x\mathrm{C}_n$$

对于石墨材料，理论上每6个碳原子可以嵌入1个锂离子，因此，石墨材料的理论比容量约为372mAh/g。天然石墨可分为鳞片石墨和土状石墨，负极材料通常采用鳞片石墨，其储量大、成本低、电势低且曲线平稳、在合适的电解质中首周库仑效率为90%～93%、可逆容量可达340～370mAh/g，是最主流的锂离子电池负极材料之一。然而，天然石墨规则的层状结构导致了其较高的各向异性，出现了锂离子嵌入迟缓和石墨微粒与集流体接触不充分的现象，这也是天然石墨倍率性能低的主要原因。常采用机械研磨法处理，以增加天然石墨的各向同性。与低温性能良好的碳酸丙烯酯（PC）基电解质不相容也是天然石墨的主要缺点，通常采用电解质中增加添加剂与石墨表面包覆改性的方法来改善二者的相容性。

人造石墨是将易于石墨化的碳（石油焦、针状焦、沥青等）在一定温度下煅烧，再经粉碎、成型、分级、高温石墨化制得的石墨材料，其高结晶度是在高温石墨化过程中形成的。石油焦是石油渣油、石油沥青经焦化后得到的可燃固体产物，是人造石墨的主要原材料，按其热处理温度的不同分为生焦和煅烧焦。针状焦是一种具有明显纤维状结构的优质焦炭，在平行于颗粒长轴方向上具有导电导热性能好、热膨胀系数小等优点，且易于石墨化。沥青是煤焦油深加工的主要产品之一，在石墨生产过程中作为黏结剂和浸渍剂使用。经过不断的改性研究，人造石墨在容量、首周库仑效率、循环寿命等方面已接近甚至超越天然石墨，但高温石墨化也带来了高成本的缺陷。中间相炭微球（meso-carbon microbead，MCMB）和石墨纤维（graphite fiber，GF）也是典型的人造石墨。MCMB因其特殊结构具有能量密度高、首周库仑效率高以及倍率性能优异等优点。GF的表面与电解液之间的浸润性能较好，表现出较好的大电流性能。

软炭即高温处理（2500℃以上）易于石墨化的碳。与石墨相比，软炭具有比表面积大、晶体结构稳定和电解液适应性强等特点，由于避免了石墨化处理，软炭材料的成本较低。软炭常被考虑作为动力电池的负极材料，主要因为：①它的充放电曲线斜率较大，即使在大电流下，金属锂也较难沉积，提高了电池的安全性能；②随着涉及锂反应的比表面积增大，其倍率性能也得到了提高；③软炭负极的充电深度可以调整，因此可以控制电压变化。软炭材料的容量一般为200～250mAh/g，循环性能可以提升至1500次以上。

硬炭是指高温处理（2500℃以上）下难以石墨化的碳，其结构无序，且石墨片叠层少，存在较多缺陷。与石墨相比，硬炭不会发生溶剂共嵌入和显著的晶格膨胀收缩现象，具有良好的循环性能。在无嵌锂电位限制的条件下，硬炭的比容量可达400～600mAh/g。由于硬炭材料的电压曲线中存在斜坡式的储锂段，其在高功率型锂电上得到了较多的应用，但是硬炭材料也存在着压实密度低、首效低、低电位下倍率性能差等问题。

如图2-18所示，石墨具有良好的层状结构，碳原子通过sp^2杂化形成C═C键连接组成六方形结构并向二维方向（a轴）延伸，构成一个平面（石墨烯面），这些面分层堆积成为了石墨晶体。石墨烯面内的碳原子通过共价键连接，键能（342kJ/mol）较大，石墨烯面之间通过范德华力连接，键能（16.7kJ/mol）较小，这为锂稳定地脱嵌提供了条件。石墨的晶体参数主要有L_a、L_c、D_{002}和g。L_a为石墨晶体沿a轴方向的平均大小；L_c为c轴方向堆积的厚度；D_{002}为墨片间的距离（理想石墨晶体层间距为0.3354nm，无定形炭≥0.344nm）；g为石墨化度，即碳原子形成密排六方石墨晶体结构（标准石墨结构）的程度，晶格尺寸愈接近理想石墨的点阵参数，g值就愈高。

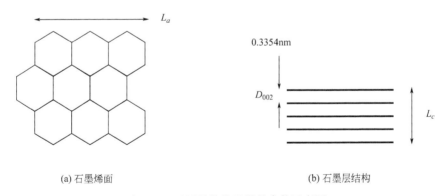

(a) 石墨烯面   (b) 石墨层结构

图2-18　石墨层结构及微晶参数示意图

石墨晶体在石墨烯面堆积方向（c轴）上存在2种结构（图2-19）：①六方形结构（2H相）：$ABAB\cdots$；②菱方形结构（3R相）：$ABCABC\cdots$。在碳材料中，两种结构基本共存，所占比例上存在差异。无定形碳材料石墨纯度低，主要为六方形结构，天然石墨与人造石墨中六方形和菱方形结构共存。

如图2-20所示，锂在碳负极中的储存方式主要有三种：①锂在石墨层间嵌入，形成石墨嵌入化合物（graphite insert compounds，GICs），石墨烯面延伸越广，即L_a越

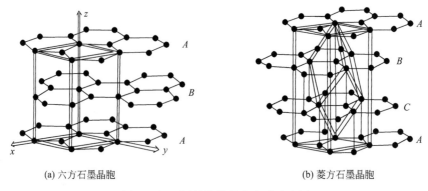

(a) 六方石墨晶胞   (b) 菱方石墨晶胞

图 2-19　石墨晶体的堆积方式示意图

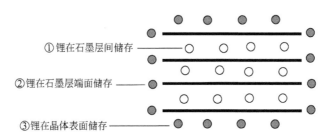

① 锂在石墨层间储存

② 锂在石墨层端面储存

③ 锂在晶体表面储存

图 2-20　碳负极材料主要储锂方式示意图

大，储锂性能越好；②锂在石墨层端面储存，端面包括垂直于石墨烯面 C—C 键的锯齿端和平行于石墨烯面 C—C 键的椅型端，石墨烯面的缺陷越多，边缘端面越多，储锂性能越好；③锂在晶体表面储存，该储锂方式与材料表面积有关。石墨和软炭材料的储锂方式以层间嵌入为主，而硬炭材料由于微晶不发达，端面多，表面积大，其储锂方式以端面储存和表面储存为主。

　　无定形炭没有规则的晶体结构，石墨化炭一般需要高温处理，由于热处理温度低（500～1200℃），石墨化过程进行不完全，所得碳材料主要由石墨微晶和无定形区组成，因此被称为无定形炭。从微观上来看，无定形区的结构为湍层无序结构。由于石墨层间的范德华力较弱，石墨烯面的随机平移和旋转导致了不同程度的堆垛位错，大部分碳原子偏离了正常位置，周期性的堆垛也不再连续，这便是湍层无序结构。湍层无序碳形成了两种形式：①软炭，加热至 2500℃ 以上时，无序结构很容易被消除；②硬炭，在任何温度下其无序结构都难以消除。

　　商业化的碳负极材料仍以石墨材料为主，其改性方法的研究也是针对石墨负极开展的，主要包括表面处理、包覆、掺杂和机械研磨等。表面氧化主要是指利用强氧化剂将负极表面的烷基（—CH$_3$ 等）转化为酸性基团（—OH、—COOH 等）。由于在电极/电解液界面上烷基会插入石墨层间，导致溶剂分子的共嵌入，甚至引发石墨剥落现象，表面氧化可以有效避免这种现象的出现。将碳材料进行表面氧化处理，一方面可以通过减少表面烷基阻止溶剂分子的共嵌入，另一方面首次嵌锂时酸性基团可以转变为—COOLi和—OLi，从而形成稳定的 SEI 膜，改善材料的循环性能。

　　表面氟化处理主要是指通过化学手段对石墨材料进行表面氟化。表面氟化的机理主要为两点：①表面氟化后，在天然石墨表面形成分子间作用力较大的C—F结构，加强石墨的结构稳定性，防止在循环过程中石墨片层的脱落；②天然石墨表面氟化还可以降低内阻，提高容量，改善充放电性能。由于表面氧化或者氟化的效果与所采用石墨的种类有很大的关系，仅通过氧化或者氟化改性难以到达商业化应用的要求。

无定形炭与溶剂的相容性较好，同时具有良好的大电流性能，这恰恰能够弥补石墨在溶剂相容性与大电流性能方面的不足，但是无定形炭容量较低，硬炭又存在电压滞后性，因此，无定形炭包覆石墨负极的复合材料既拥有石墨高容量、低电位的优点，又表现出良好的溶剂相容性和大电流性能。无定形炭包覆层的存在减少了石墨与溶剂的直接接触，从而有效避免了因溶剂分子的共嵌入导致的石墨层状剥离现象，扩大了电解液体系的选择范围并提高了电极材料的循环稳定性。同时，无定形炭的层间距比石墨的层间距大，可改善锂离子在其中的扩散性能，在石墨外表面形成一层锂离子的缓冲层，有效提高材料的倍率性能。

通过在石墨表面包覆一层金属（Ag、Ni、Sn、Zn、Al等）可以有效降低电荷转移电阻，提高锂的扩散系数，从而抑制电解液在石墨表面的分解，提高材料的电化学性能。此外，包覆金属及其氧化物（NiO、MoO_3、CuO、Fe_2O_3等）可以在一定程度上阻止电解液和石墨间的反应，降低材料的不可逆容量，提高充放电效率。

有目的地在石墨材料中掺入某些金属元素或非金属元素可以改变石墨微观结构和电子状态，进而影响到石墨负极的电化学行为。根据掺杂元素的作用不同，可以将元素掺杂分为三类：①掺杂B、N、P、K、S等元素，这类元素对锂无化学和电化学活性，但可以改变石墨材料的结构；②掺杂Si、Sn等元素，这类元素是储锂活性物质，可与石墨类材料形成复合活性物质，发挥二者协同效应；③掺杂Cu、Ni、Ag等元素，这类元素无储锂活性，但能够提高材料的导电性，使电子更均匀分布在石墨颗粒表面，减小极化，从而改善其大电流充放电性能。

机械研磨是通过物理方法改变材料的微观结构、形貌和电化学性能，研磨的方法（球磨、震动研磨等）、时间等条件不同，获得样品性能亦不同。根据研磨目的的不同可以将石墨研磨分为两类：①提高石墨的可逆容量。容量的增加主要来自于微孔、微腔等数量的增加，增大了材料的比表面积；②减少石墨在电解液中的剥落现象。

虽然这些方法可以从不同角度对石墨性能进行改善，但商业化的石墨改性处理通常是在成本允许的条件下将两种或两种以上的单一改性方法相结合，以达到对石墨负极综合改性的目的。锂离子电池用碳材料发展至今，石墨材料由于其特殊的微观结构、成熟的生产和改性工艺、较大的原料储量，一直是主流的负极材料，并且在较长的一段时间内仍将持续下去，而软炭和硬炭材料也凭借自身特点开始应用于动力电池领域。

2.3.2.2 钛酸锂负极材料

钛酸锂（$Li_4Ti_5O_{12}$）最早于19世纪90年代中期被发现，是一种尖晶石型面心立方结构材料，空间群为$Fd3m$，具有锂离子的三维扩散通道，晶格常数$a = 0.836nm$。$Li_4Ti_5O_{12}$结构中，$32e$位由O^{2-}占据构成FCC点阵，$16d$位的$5/6$由Ti^{4+}占据，其余 16d 位由 Li^+ 占据，形成稳定的 $[Li_{1/3}Ti_{5/3}]_{16d}[O_4]_{32e}$ 骨架。四面体（8a）位被 Li^+ 占据，八面体（16c）位为空，$Li_4Ti_5O_{12}$ 的结构式也可表示为 $[Li]_{8a^-}$ $[Li_{1/3}Ti_{5/3}]_{16d}[O_4]_{32e}$（如图 2-21 所示）。$Li_4Ti_5O_{12}$ 的容量主要是由八面体空隙的数量决定，每个 $Li_4Ti_5O_{12}$ 分子中最多可以嵌入 3 个 Li^+。在放电过程中，位于 8a 位置的 Li^+ 向 16c 的位置移动，并嵌入到 16c 的位置。其充放电过程可以用反应方程式表示如下：

$$Li_4Ti_5O_{12}+3Li^++3e^- \Longleftrightarrow Li_7Ti_5O_{12}$$

在放电过程中，$Li_4Ti_5O_{12}$ 晶体中有 3/5 的 Ti^{4+} 得到电子，发生还原反应转化为 Ti^{3+}，即从 $Li_4Ti_5O_{12}$ 结构转变成 $Li_7Ti_5O_{12}$（也可以写成 $[Li_2]_{16c}[Li_{1/3}Ti_{5/3}]_{16d^-}$ $[O_4]_{32e}$）结构。形成的 $Li_7Ti_5O_{12}$ 的电子导电性较好，晶体的晶胞参数 a 变化很小，仅从 0.836nm 增加到 0.837nm。$Li_4Ti_5O_{12}$ 材料晶体结构变化很小，避免了电池电极结构因反复充放电而遭到破坏，因此 $Li_4Ti_5O_{12}$ 材料被称为"零应变"材料。$Li_4Ti_5O_{12}$ 相对于金属锂电位为 1.55V，理论比容量 175mAh/g，实际比容量可达 165mAh/g，在锂离子嵌入、脱出过程中几乎无体积变化，循环稳定性非常好，且不与电解液发生反应，充放电电压平台平稳。它还具有远高于石墨的锂离子扩散系数，25℃时锂离子在钛酸锂中的扩散系数达到 $2 \times 10^{-8} cm^2/s$，因此具有很高的倍率性能。此外，钛酸锂负极表面不生成 SEI 膜，避免了电池循环过程中由于 SEI 膜的破坏而导致电池性能劣化；此外，由于其电极电位较高，在充放电过程中不易形成锂枝晶，因此安全性能较高，具有极高的安全性能。但是，$Li_4Ti_5O_{12}$ 的电子电导率仅为 $10^{-9}S/cm$，导电性能差，在高倍率下的电化学性能较差。为了解决这一问题，研究者已经采用多种方法对 $Li_4Ti_5O_{12}$ 材料进行改性，包括采用新的合成方法，用金属或非金属离子在 Li 位、Ti 位或 O 位掺杂，引入高导电性的第二相等。

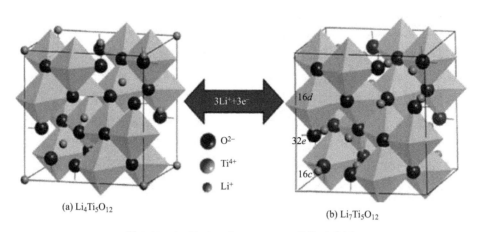

图 2-21 $Li_4Ti_5O_{12}$ 和 $Li_7Ti_5O_{12}$ 结构示意图

$Li_4Ti_5O_{12}$ 材料电极材料的制备方法有很多，主要有固相法、溶胶-凝胶法、水热法、静电纺丝法、微波法、盐熔法、模板法、喷雾热解法等。$Li_4Ti_5O_{12}$ 电极材料性能和形貌受制备方法、制备工艺、原材料、时间、温度和制备气体氛围等多种因素的影响。固相法制备 $Li_4Ti_5O_{12}$ 电极材料通常是指在连续高温条件下以钛源和锂源煅烧形成，$Li_4Ti_5O_{12}$ 的结构、形貌和电化学性能受原材料种类、混料方式、混合比例及煅烧温度和时间的影响。固相法通常不能控制合成粒子的尺寸、表面形态和均一性，这将影响材料电化学性能的发挥。

溶胶-凝胶制备法主要使用有机钛盐和锂盐为原料在较低温度下制备出目标产物。采用溶胶-凝胶法合成的 $Li_4Ti_5O_{12}$ 具有均匀的粒径分布、较高的首次放电比容量和较好的循环稳定性。但是，溶胶-凝胶法需要消耗高成本的有机酸，因此不适合实际的生产应用。

$Li_4Ti_5O_{12}$ 的电子导电性和离子导电性较差，限制了材料在高倍率下的容量发挥。而离子掺杂能够改变材料的微观结构，有效地提高材料的电化学性能。已报道的掺杂的阳离子有 Mg^{2+}、Ni^{3+}、Cr^{3+}、Al^{3+}、Fe^{3+}、Co^{3+}、Mn^{3+}、Ga^{3+}、Zr^{4+}、Mo^{4+}、V^{5+}、Ta^{5+} 等，阴离子有 Br^- 和 F^-，引入具有电子导电性第二相是提高材料电子导电性的有效方法。

表面修饰能够避免电极材料和电解液的直接接触，从而有效减缓电极材料与电解液之间的副反应，同时还能够提高材料的电化学性能和循环稳定性。常见的表面修饰材料有金属材料如 Ag、Cu 和 Zn 等，非金属材料如碳和碳纳米管等，氧化物材料如 TiO_2、SiO_2、SnO_2 和 ZrO_2 等，氟化物材料如 AlF_3 和 MgF_2 等。

将单纯的尖晶石结构的 $Li_4Ti_5O_{12}$ 进行形貌改进，利用第二相材料（包括碳、碳纳米管、石墨烯、SiO_2、TiN 或有机化合物等）制成具有平面或空间结构的 $Li_4Ti_5O_{12}$ 复合材料可以有效改善其电化学性能。

以 $Li_4Ti_5O_{12}$ 材料作为负极的锂离子电池具有高比容量、高效率、长循环稳定性和安全环保等特点，在电子行业和作为动力能源得到广泛使用，$Li_4Ti_5O_{12}$ 材料成为最具潜力的新一代锂电池负极材料之一。当前所制备的 $Li_4Ti_5O_{12}$ 负极材料与碳负电极相比其理论比容量较低，只能够达到 175mAh/g，而且目前所制备的 $Li_4Ti_5O_{12}$ 材料电极电位和电导率都比较低。虽然对 $Li_4Ti_5O_{12}$ 材料改性研究已经很成熟，但是这些方法的工业应用和其实现连续化生产都还受到很大的限制，所以对 $Li_4Ti_5O_{12}$ 材料的改性研究和生产都还有很大的提升空间；除此以外，以 $Li_4Ti_5O_{12}$ 为负极材料的锂离子电池很容易受到高低温环境的影响，如何通过改性实现 $Li_4Ti_5O_{12}$ 电池适应各种不同的环境温度也将是今后研究的突破方向之一。因此，在兼顾高安全性、高比容量与高倍率充放电性能平衡的同时，提高 $Li_4Ti_5O_{12}$ 负极材料对环境温度的适应能力，通过纳米材料的复合进一步优化制备工艺推动 $Li_4Ti_5O_{12}$ 作为锂离子电池负极材料的产业化进程依然是研究的重点。

2.3.2.3 硅基负极材料

硅作为锂离子电池负极材料，具有突出优势。首先，它的理论比容量高达 4200mAh/g（$Li_{4.4}Si$），是商品石墨的 10 倍多；其次，硅具有比石墨略高的电位平台（约 0.4V，Li/Li^+），安全性好；然后，硅基负极材料的低温性能比石墨优良；最后，硅在自然界中的储量丰富，为地壳质量的 25.8%，是地壳中储量第二丰富的元素。作为新型负极材料，硅材料越来越受到产业界和学术界的关注，研究人员纷纷开展研发，申请专利保护。但是，硅作为锂离子电池负极材料，其应用存在很大挑战：①在充放电过程中，由于 Li-Si 合金化/去合金化会产生严重的体积膨胀/收缩，可高达 300% 以上（$Li_{4.4}Si$），导致硅粒子粉化失去活性，循环性能差；②充放电过程中发生硅粒子破裂，活性粒子及其与集流体间电接触不良形成"孤岛效应"，断裂面反复形成新的 SEI 膜，造成不可逆容量损失和库仑效率低；③硅是半导体，存在较低的电导率（$10^{-5}\sim10^{-3}$ S/cm）和离子扩散系数（$10^{-14}\sim10^{-13}$ cm^2/s），造成锂离子扩散动力学性能下降；④纳米结构效应会引起比表面积大、振实密度低等问题；⑤需要开发新的电解液体系和黏结体系来满足材料的应用工艺要求。以上缺点严重制约了其产业化应用。

目前研究重点是利用纳米技术和复合化技术以及对材料结构进行改性等方法来解决材料的体积膨胀和电导率低等问题。材料纳米化在一定程度上能有效缓解硅基材料的体积变化；改变材料的结构即加工成一、二、三维纳米材料，将材料降低到一定的维度，可以释放体积膨胀带来的机械应力，提高材料的库仑效率和循环性能；复合化可以提高材料的导电性，增强电极的倍率性能。

研究表明，纳米化的硅可以显著减小硅的体积效应。纳米结构设计可以改变硅的物理和化学性质，使硅的有效容量充分发挥出来：纳米尺寸缩短了锂离子扩散和电子传输距离，改善材料的倍率性能；高比表面积有助于电解液与活性物质充分浸润，在界面形成高的锂离子通量；纳米粒子会引起锂离子和电子的化学势改变，导致电极电势改变；纳米化处理能有效缓解充放电过程 Li-Si 合金化的应力变化和抑制硅粒子粉化，纳米硅粉化的临界尺寸为 150nm。合理的纳米硅结构设计可以提高硅的结构和电化学稳定性。因此，可从不同维度设计纳米硅粒子结构，如零维的纳米粒子、一维的纳米线和纳米管、二维的硅纳米薄膜、三维多孔结构和中空纳米结构等。硅的纳米结构设计可使硅的容量发挥高达 3000mAh/g 左右，倍率和循环性能也较好，但仍有以下问题亟待解决：①高的电极/电解液接触面积会引起电解液的副反应；②不能解决硅负极不稳定 SEI 膜生成的问题；③首次效率不高，大多在 70%~80%，甚至更低；④高比表面积和低振实密度，影响其在电池中的应用。此外，硅的纳米化制备过程复杂、成本高等使其难以规模化生产。

硅的多孔化是解决硅体积效应的有效手段之一。多孔硅常用模板法来制备，硅的内部空隙一方面可以为硅在脱嵌锂过程中的体积膨胀预留缓冲空间，缓解材料的应力，另一方面可以提高锂离子往材料内部的输运效率。其与碳源复合后的材料，在循环过程中具有更加稳定的结构。

通过引入第二组元形成 Si-M 合金，其中 M 可以是对锂惰性的金属，如 Fe、Mn、Cu 等；也可以是能够参与锂脱嵌反应的金属，如 Mg、Ca、Sn 等。一方面可以利用 M 基体的延展性、成键特性等有效降低硅合金的体积膨胀系数，减少硅体积效应对材料循环稳定性的影响，另一方面可以利用基体 M 高的电子电导率来提高了硅与锂的电荷传递反应。

将硅材料与碳材料进行复合，制备出结构稳定的硅碳复合材料是提高锂离子电池循环稳定性的有效方法。其目的主要有：①通过和导电性良好的碳材料进行复合来改善硅材料的导电性；②通过包覆、结构设计等来提高硅基材料的机械强度，缓冲或释放机械应力，维持材料的结构稳定性。碳纳米管、纳米线、纳米棒等一维碳材料具有强度高、韧性大、高导电性等特点，其互相交联可以形成三维导电网络，促进电子的有效传输和锂离子的快速扩散。另外，交联网络结构具有机械强度高和空隙丰富等特点，可以有效缓解外部应力及自身体积的变化，使材料具有更好的结构稳定性。无定形炭通常由有机碳前驱体经过高温炭化得到，大多具有较高的可逆比容量，与电解液相容性较好。采用无定形炭作为基体不仅起到很好的体积缓冲作用，而且提高了材料的导电性能。石墨是目前应用最广泛的锂离子电池负极材料，原料来源广泛且价格低廉。石墨在充放电过程中体积变化小，循环稳定性能良好。将石墨与硅基材料进行复合，石墨较高的电导率可以改善硅的导电性，其层状结构可缓冲硅的体积膨胀，避免复合材料的结构坍塌。但石墨和硅在常温下的化学性质稳定，二者的结合较难，多通过石墨-硅-无定形炭的方式实现三元复合。这种复合方式可以同时提高材料的首次充放电效率和循环稳定性，也是产业上最常用的方法之一。

通过与不同的碳源复合可以显著改善硅基材料的性能，但由于其体积效应仍然存在，因此复合材料的结构设计，对提高材料的性能同样至关重要。①核壳结构构造的目的在于通过外壳的碳层为内核硅或硅合金的体积膨胀提供缓冲层，最大限度地避免硅与电解液的直接接触，减少 SEI 膜的持续生成，有利于电池循环性能的提升。②蛋黄-壳结构是在核壳结构的基础上，通过一定技术手段，在内核与外壳间引入空隙部分，进而形成的一种新型结构复合材料。尽管蛋黄-壳结构的预留空间能够有效缓冲 Si 的体积膨胀，但这种结构减小了核壳之间的电接触，增加了材料的电化学阻抗，并不利于高速的电子转移和锂离子迁移。因此多通过在复合材料中引入长径比的导电添加剂来改善活性硅的导电性。③三明治结构一般指通过技术手段将硅纳米颗粒像"三明治"一样夹在石墨等碳材料堆积的弹性层中，可以有效地抑制硅与电解液的接触。这种先进的结构设计一方面可以提供较高的导电网络，另一方面可以阻碍硅在充放电过程中的粉化失效。

为了解决硅材料在充放电过程中的体积效应，制备氧化亚硅（SiO_x）材料是其中的方法之一。SiO_x 一般通过化学气相沉积的方式将 $2\sim10nm$ 的硅颗粒均匀地分布在 SiO_2 的基质中，其单体容量一般为 $1300\sim1700mAh/g$。SiO_x 相比 Si 材料，SiO_x 材料在嵌锂过程中的体积膨胀大大减小，其循环性能得到极大提升。但是 SiO_x 材料的首效一般较低，一定程度上限制了其在全电池中的使用。

虽然氧化亚硅的膨胀大为减小，但同样需要避免材料在循环过程中的颗粒破碎和粉化。此外，氧化亚硅的电子导电性较差，导致电池倍率性能较差。为了进一步提高 SiO_x 负极的电化学性能，对其进行碳包覆是最常见的方法。氧化亚硅-碳复合材料也是目前应用最为广泛的硅基负极材料。纳米化也是 SiO_x 材料的常用方法，通过高能球磨等方式控制 SiO_x 材料的粒径可以显著改善其电化学性能。SiO_x 材料中的 O 的含量对于其循环性能也有着重要的影响。O 含量高会导致材料的首效降低，但也会显著地提高材料的循环性能。结果表明，随着氧含量的增加，SiO_x 材料在反应中会产生较多的非活性物质，导致材料的比容量降低，但会显著提高材料的循环性能。

SiO_x 材料的首次效率过低是其在应用中的最关键问题。SiO_x 材料中的 SiO_2 组分在首次嵌锂过程中生成的 Li_2O 和 Li_4SiO_4 非活性相虽然能够很好地缓冲材料的体积膨胀，但是也消耗了大量的 Li，因此导致该材料的不可逆容量很高，首次效率一般仅为 70% 左右。目前较为实际的解决办法主要是通过向正极或者负极添加少量的 Li 源，在充电的过程中利用这部分额外的 Li 补充首次充电过程中不可逆的 Li 消耗，以达到提升锂离子电池首次效率的目的。此外，将 SiO_x 与金属元素（如 Al、Li 等）进行预反应（球磨或热处理），使金属元素还原 SiO_x 中的 O，生成纳米 $Si/Al_2O_3(Li_2O)$ 复合电极材料，从而提高其首周库仑效率。

相比传统石墨，硅基负极材料在容量方面具有明显的优势。随着对锂离子电池能量密度的要求不断提高以及电池厂商对于高镍体系掌握的逐步成熟，硅基负极材料的应用已逐步展开。

根据统计分析，2018 年中国硅基负极材料产量达 5440t，同比增长 2.3 倍，硅基负极材料的市场即将进入高速增长期。当前市场对硅基负极材料的需求主要集中在容量为 420mAh/g、450mAh/g 的两款材料，更高克容量的硅基负极的应用市场还没成熟。在市场应用方面，硅基负极的应用仍比较局限，目前主要应用在 3C 消费类电子产品用到的圆柱电池及少量软包电池。特斯拉在量产的 Model 3 上对硅碳负极的成功应用给硅基负极在圆柱动力乃至其他类型的动力电池中的应用带来了极大的信心。相信随着硅基负极制备工艺的不断完善和产业规模化的逐步成熟，硅基负极将迎来更为广阔的市场。

目前，硅基负极材料的生产集中度很高，国内具备量产能力的企业不超过 3 家，大多企业处于研发及小试阶段。在技术路线选择上，硅基负极材料主要分为两种：硅碳复合负极材料和氧化亚硅负极材料。在氧化亚硅负极方面，由于日韩企业起步较早，处于领先地位，已经推出了多种较为成熟的 SiO_x 产品，并开发了多款相匹配的黏结剂以减少硅基负极的体积效应。此外，国外还通过预锂化技术来解决氧化亚硅材料首次效率低的问题。国内厂家近年来也开始尝试将 SiO_x 负极材料推向市场，但是相比于日韩厂家仍然有一定的差距，但是从各大厂家的评估结果来看，总体上国内厂家硅负极材料技术与日韩厂家的差距正在不断缩小，甚至在某些指标上还具有一定的优势。

硅碳复合负极的首效可以达到 86%～91%，以接近石墨产品，但其长循环后的容量保持率离石墨负极还有较大的差距。氧化亚硅负极材料的循环性能较好，但其明显偏低的首次效率又制约了其应用。解决这些问题除了上文提到的优化材料的制备工艺外，还需要从整个电池的工艺去着手解决。材料成本：硅基负极材料的成本还有待降低。硅基负极相对于石墨负极材料的制备工艺复杂，大规模生产存在一定困难，且各家工艺均不同，产品目前没有达到标准化，导致其价格一直居高不下。如硅基负极材料的制备过程中多用到纳米硅粉，其生产对设备的要求极高，需要较大的资金投入且生产过程中能耗较大，进而推高了硅基材料的价格。相信随着制造工艺的成熟和技术的革新，以及硅基材料市场需求的不断扩大，规模化生产后硅基材料的加工成本必将逐渐下行。

硅基材料的电池工艺还有待成熟。电池的制备流程以及匹配的主、辅材料对硅基材料的性能发挥影响很大。近年来，虽然部分电池企业在硅基材料的应用中取得了一定的技术突破，但整体而言其技术工艺还不够成熟。硅基电解液的开发、预锂化技术的应用、黏结剂的选择等工作都需要电池和负极材料厂商共同开展,以加快硅基负极材料的产业化应用。

综上所述,当前对硅基负极的研究主要从硅本体的纳米粒子结构设计、体相的多孔三维结构设计、界面和表面结构设计、SiO_x/C 核壳结构及稳定载体设计、碳包覆/复合等方面出发,解决充放电过程中硅体积膨胀及粉化、不稳定界面 SEI 膜形成和不可逆容量高造成的库仑效率低的问题。针对纳米硅材料的粒子尺寸小所导致的比表面积过高、振实密度和压实密度降低,制约硅基负极的产业化应用的问题,可以通过二次造粒、与商品石墨复合、选用高效黏结剂和电解液等手段,来提升电极的质量能量密度和体积能量密度,满足工业应用对硅基材料的粒子尺寸、比表面积、振实密度等方面要求,促进高能量密度电池的开发和应用。

2.3.2.4 其他新型负极材料

(1) 锡基合金材料

锡是化学元素周期表中第 50 号元素,Sn 与 Li 能够形成多种 Li_xSn_x 形式的合金化合物。通过测试锡的质量比容量比石墨要高,是一种具有良好前景并成为目前合金材料中研究方向较为集中的一类合金材料。

锡基合金材料也面临很多尚未解决的问题和缺点,最突出的问题就是当锡基合金材料对锂进行镶嵌和脱嵌时,发生非常大的体积变化,导致电池的循环性和稳定性降低,以及当反应过程达到完全锂合金化时电极材料会表现出较差的导电性。除此之外,Sn基合金电池在第一次充放电会出现较大的不可逆损失也是需要改善的问题之一。Sn 基合金的常用制备方法主要有氧化还原法、电沉积法、PVD 法,氧化还原法是运用具有金属还原性质的还原剂将金属盐还原成金属单质的一种方法;电沉积法的原理是将电流通入电解液物质中使其在电流作用下发生氧化还原反应;PVD 法工作原理是将电子通入电场中并在电场作用下电子与氩原子发生碰撞,Ar 原子在电场作用下加速飞向阴极靶,并以高能量轰击靶表面,使靶材发生溅射。

(2) 二氧化钛负极材料

过渡金属氧化物 TiO_2 负极材料被认为是具有较高研究价值和商业化应用前景的替代负极材料之一。理论上,$1mol\ TiO_2$ 可以嵌入 $1mol\ Li^+$,理论比容量为 $336mAh/g$,接近碳基负极材料的理论比容量 $372mAh/g$。在自然界存在的 8 种 TiO_2 晶型中,据报道只有金红石、锐钛矿、板钛矿和 TiO_2-B 具有嵌锂电化学活性。嵌锂机理可以表达成下式:

$$TiO_2 + xLi^+ + xe^- \longrightarrow Li_xTiO_2$$

式中,x 为嵌锂系数。Li^+ 脱嵌反应可在较高的电势 $1.5 \sim 1.8V$(相对于 Li^+/Li)进行,避免了负极表面"锂枝晶"和 SEI 膜的形成。此外,TiO_2 电极材料在有机电解液中溶解度较小,循环性能优异且具有储量丰富、价格低廉以及无毒无污染等优点。然而,TiO_2 电极材料离子电导率和电子电导率较低(约 $1.9 \times 10^{-12}S/m$)、TiO_2 纳米颗粒易发生团聚以及 Li^+ 扩散系数低($10^{-15} \sim 10^{-9}\ cm^2/s$),这极大限制了 TiO_2 电极材料电化学性能的发挥。为了有效改善这些缺点，近年来众多研究学者进行了大量尝试，其中主要集中于对 TiO_2 进行纳米化、碳包覆或与碳复合以及进行杂原子掺杂改性等方面。

对电极材料纳米化是提高电极材料电化学活性最重要的方法之一。因此，众多学者常常采用特殊的制备方法，如模板法、超声喷雾热解法、水热法和水解沉淀法等制备纳米电极材料。对电极材料纳米化可以显著缩短电子和锂离子的扩散路径，增加电极材料的表面活性位点以及与电解液的接触面积，同时也可以有效缓解 Li^+ 脱嵌过程中电极材料所受张力，从而使得电极材料的充放电比容量、倍率性能和循环稳定性得以显著提高。

为了有效改善 TiO_2 电极材料的电化学性能，近年来大量的研究学者尝试采用不同的制备方法对 TiO_2 电极材料进行纳米化。研究结果表明，经过深度水解的纳米级 TiO_2 薄膜负极材料，即 TiO_2-h 电极材料表现出了优异的电化学性能、倍率性能和循环稳定性。此外，在放电比容量、倍率性能以及循环性能等方面 TiO_2-h 电极材料均显著优于同等测试条件下未纳米化的 TiO_2 电极材料。例如，在室温、电压范围为 $1.0 \sim 3.0V$、$0.5C$ 倍率的条件下，TiO_2-h 负极材料的首次放电比容量达到了 $239mAh/g$；其他测试条件不变，当放电倍率提高至 $1C$、$2C$ 和 $5C$ 倍率时，其相对应的放电比容量分别为 $171mAh/g$、$157mAh/g$ 和 $137mAh/g$；即使在 $20C$ 的高倍率下，TiO_2-h 负极材料的放电比容量仍然高达 $100mAh/g$。此外，纳米级 TiO_2-h 薄膜电极在 $10C$ 高倍率下、电压范围为 $1.0 \sim 3.0V$、室温条件下循环 400 次后，容量保留率高达 95% 以上，同时相对应的库仑效率接近 100%。

在众多的 TiO_2 晶型中，锐钛矿晶型的 TiO_2 储锂性能最为优异，然而由于其锂离子扩散速率较慢和电子电导率较低，锐钛矿 TiO_2 也面临着比容量以及倍率性能较差的困境。有学者利用新型的制备方法成功制备了具有优异储锂性能的锐钛矿 TiO_2 超薄纳米带。例如，在室温，电压范围为 $1.0 \sim 3.0V$，$0.5C$、$1C$、$5C$、$20C$ 和 $30C$ 倍率下，锐钛矿 TiO_2 超薄纳米带电极材料表现出了优异的放电比容量，分别为 $216mAh/g$、$204mAh/g$、$164mAh/g$、$126mAh/g$ 和 $116mAh/g$。此外，经过 80 次循环的倍率性能测试后，电流密度从 $30C$ 再次降低至 $0.5C$ 时，其比容量仍然可以达到 $204mAh/g$，表明该电极材料同时具有优异的倍率性能和循环稳定性。

对电极材料进行纳米化，可以显著提高电极材料的电化学性能和循环性能，但是同时也存在着制备困难、对制备环境和设备要求较高以及合成材料的一致性差等难题，这一定程度上限制了大规模的商业化应用。但是，纳米级电极材料由于自身存在的其他类型材料无法比拟的优点，对电极材料进行纳米化仍然是一种极为重要的提高电极材料电化学性能的方法。

TiO_2 电极材料较差的电导率以及较低 Li^+ 扩散速率是限制其容量发挥和倍率性能最重要的两个因素。近年来，为了改善 TiO_2 电极材料电导率低的难题，众多研究学者进行了大量的探索，如开发新型的 3D 网络结构、包覆导电涂层或加入新型导电剂等。其中对电极材料进行碳包覆或与碳复合是提高电极材料电子电导率和 Li^+ 扩散速率进而提高电极材料电化学性能的另一有效方法。同时，碳包覆也可以有效抑制纳米电极材料

在制备以及 Li^+ 脱嵌过程中的颗粒团聚，从而提高电极材料的循环性能。研究结果显示，未经碳包覆的 TiO_2 纳米颗粒具有严重的颗粒团聚倾向，数个 TiO_2 纳米颗粒团聚在一起形成较大的二次颗粒，同时存在着多个二次颗粒再次发生团聚形成更大颗粒的现象。然而，TiO_2 纳米管表面碳包覆之后会显著抑制颗粒的团聚，颗粒之间存在着明显的分界面。比表面积的测试结果进一步印证了上述现象（C-TiO_2 352m^2/g 相对于 TiO_2 315m^2/g）。此外，与 TiO_2 相比，C-TiO_2 电极材料表现出了更为优异的电化学性能。例如，在室温、电压范围 1.0～3.0V、电流密度 250mA/g 测试条件下，TiO_2 电极材料的首次放电比容量为 185mAh/g，50 次循环后放电比容量为 179mAh/g；而在相同测试条件下，C-TiO_2 电极材料的首次放电比容量提高了 54%，达到了 285mAh/g，50 次循环之后放电比容量也提高了 53%，达到了 273mAh/g，同时首次和第 50 次的库仑效率均要高于相对应的 TiO_2 电极材料。此外，C-TiO_2 电极材料也表现出了优异的循环性能，在上述相同条件下，循环 50 次之后容量保留率高达 98%。

也有学者成功制备了具有较高比容量、优异倍率性能和循环性能的壳状结构 TiO_2/C 多孔纳米复合电极材料。例如，在室温、电压范围 1.0～3.0V、0.33C 倍率下，首次放电比容量可以达到 254.1mAh/g，在相同条件下当电流密度增大到 1C、2C 和 5C 时，首次放电比容量分别为 204.2mAh/g、189.6mAh/g 和 168.8mAh/g，即使在 10C 高倍率下，其首次放电比容量仍然可以高达 139.9mAh/g。此外，表面碳包覆后可以有效抑制 TiO_2 纳米晶粒的结晶化，有利于保持 TiO_2 壳状的形貌结构，进而有利于循环稳定性的提高。例如，在室温、电压范围 1.0～3.0V、2C 倍率下循环 330 次后，容量损失率仅有 9.9%。

碳包覆或与碳复合技术是提高电极材料电化学性能最直接且最有效的方法。然而，采用碳包覆或与碳复合技术却不能从本质上提高材料的电导率，而且对于颗粒较大的甚至微米级的电极材料的电导率改善极为有限。因此，对于电导率较差的或者具有半导体性质的电极材料，电导率性能的改善常常与纳米化技术同时使用。

除纳米化和碳包覆外，对电极材料进行杂原子掺杂改性是另一种提高电极材料电化学性能和循环性能的重要途径。其中杂原子掺杂技术有着其他两种处理方法无法比拟的优点，例如掺杂技术可以从本质上提高电极材料的电导率，可以通过杂原子掺杂量的改变来精确调节电子电导率和离子电导率之间的平衡，可以从电极材料晶格层面改善锂离子扩散通道。此外，采用合适的掺杂技术还可以增大 TiO_2 电极材料的晶格间距，从而可以有效缓解 Li^+ 脱嵌过程对电极材料结构的破坏。因此，近年来大量研究学者采用掺杂技术对 TiO_2 进行掺杂改性，其中研究较普遍的主要有：M-掺杂的 TiO_2（M＝Zn、Zr、Nb 和 F^- 等）。采用掺杂技术可以有效提高 TiO_2 电极材料的电化学性能和循环稳定性，同时可以定向改善 TiO_2 作为锂离子电池负极材料使用时所面临的一系列问题，如电导率低导致的倍率性能差和理论比容量偏低等，但同时也存在着制备困难以及合成粉体一致性差等难题。总之，掺杂技术的应用可以大大缩短 TiO_2 电极材料的商业化进程，是一种极为重要的且极具研究价值的改性技术。

经过纳米化、碳包覆或与碳复合以及杂原子掺杂改性后显著提高了 TiO_2 电极材料的电化学性能（如放电比容量和倍率性能等）以及循环稳定性，再加上 TiO_2 电极材料本身所具有的独特优势，如安全性能优异、储量丰富以及无毒无污染等优点，TiO_2 电极材料逐渐展现出了巨大应用前景。然而，TiO_2 作为一种 n 型半导体，较低的电子电导率是制约其商业化应用最重要的因素之一。因此，接下来的研究重点应主要集中在继续采用纳米化、碳包覆或掺杂技术等改性手段以及开发新型的改性方法来进一步提高 TiO_2 电极材料的电化学性能和循环性能。总之，随着研究的不断深入以及 TiO_2 本身所具有的突出优势使得 TiO_2 电极材料仍然是一种极具研究价值和应用前景的锂离子电池替代负极材料之一。

（3）金属硫化物负极材料

在众多非碳负极材料中，金属硫化物（metal sulfides，简写为 MS_x，M＝Sn、Mo、Zn、Ni、Sb、Fe 等）作为氧化还原机制类的负极材料，有着较高首周库仑效率和理论比容量，被认为是最有前景的锂、钠二次电池的理想负极材料而得到了广泛的关注和研究。但是其导电性差且循环过程中有着较大的体积膨胀，容易造成电极粉碎，且电子/离子在电极材料中扩散缓慢，极大限制了循环和倍率性能。目前研究重点是利用纳米技术和复合化技术以及对材料结构进行改性等方法来解决材料的体积膨胀和电导率低等问题。金属硫化物目前常用的改性手段有纳米化和结构改性、与其他材料复合等，通过相关的改性能够实现以其为负极的锂离子电池的电化学性能提升。金属硫化物在锂离子电池中的转换反应和 Li 合金/脱合金过程引起的大体积膨胀导致电极颗粒严重团聚，打破颗粒间的电接触，其剧烈的粉碎问题往往会导致循环稳定性差。

构建纳米材料是一种有效的方法，将颗粒尺寸减小到纳米级不仅可以缩短电子和离子的运输距离，而且可以缓解重复充放电过程中的体积波动，控制其结构和形貌，缩短锂离子和电子传递通道，拓宽电极/电解质界面面积，而不会导致电极的任何劣化，大大增强了容量、提高倍率性能和容量保持能力，许多新型锂电池已被发现受益于纳米尺寸效应。因此，一维纳米线、二维纳米片和三维纳米球被广泛研究。硫化锡（如 SnS 和 SnS_2）材料因其成本低、理论容量大、易获得性好，是锂离子电池阳极杂化材料的理想选择。与二硫化锡相比，SnS 具有更高的理论比容量（782mAh/g），库仑效率（68%）高于 SnS_2（664mAh/g，＜53%）。硫化锡的电导率相对较低，这是其倍率性能较差的主要原因，在第一次放电（锂离子嵌入）循环中从硫化锡中分解出来的 Li_2S 是不活跃的，这将导致大的不可逆容量损失，第一次充放电时的低初始库仑效率（约52.4%）将极大地限制其实际应用。一维、二维特殊纳米结构能在一定程度上缓解及改善 SnS 在第一次充放电时的不可逆容量损失和循环稳定性，但其长循环稳定性仍待进一步改善。

石墨烯是由单层碳原子紧密排列成二维蜂窝状，是构筑富勒烯、碳纳米管和石墨等其他维度碳材料的基本单元，具有优秀的导电性能和优异的嵌脱锂能力，可以和锂离子形成 Li_2C_6，其电子迁移率超过 $15000cm^2/(Vs)$，同时超高的比表面积和超薄结构可以提高储锂空间，缩短锂离子的扩散路径，有利于锂离子的扩散传输，此外，石墨烯的热稳定好、电化学性能相对稳定，这些特质为石墨烯在锂离子电池电极材料的应用上带来了优越性，因此石墨烯可作为金属硫化物良好的基体材料，充分利用协同互补效应改善和提高电极材料性能。碳纳米管具有独特的力学、电学等性能，特别是力学性能优良，其杨氏模量优于所有的碳纤维，最大超 1TPa。碳纳米管具有很高的模量，刻蚀后的碳纳米管为金属硫化物的生长提供了许多活性位点，其特殊的结构以及稳定的电化学性能为其作为金属硫化物电极基底材料提供了可能。由于碳具有良好的导电性和力学性能，可促进导电性能差的金属硫化物的电子传递，并作为弹性缓冲层缓解充放电过程中体积变化引起的应变，因此能够有效地提高金属硫化物可逆容量，并改善其循环性能、导电性和倍率性能。其中，与金属硫化物复合的碳前驱体材料主要有酚醛树脂（RF）、聚多巴胺（PDA）等。与 RF 树脂复合最常用的方法是模板法，它会在模板材料表面形成一层均匀的聚合物膜，通过在惰性气氛下进行煅烧，就可以得到具有微孔结构的碳层，该方法操作简单，重复性高，适于扩大化，调节反应物浓度和反应时间，得到的碳层可从几十纳米到上百纳米不等。而多巴胺在弱碱条件下（pH 约为 8.5）接触空气可在几乎任何固体材料表面聚合并形成聚多巴胺（PDA）纳米薄膜，因此通常采用 PDA 对材料进行包裹，然后对其在惰性气氛下进行煅烧得到碳包裹材料，以此引入碳壳包裹的金属硫化物不仅能在充放电过程中保持稳定结构，还可以提高导电性，其次氮掺杂进一步增强导电性并有利于锂离子嵌入和电荷转移。金属硫化物与其他材料的复合材料也有报道，其复合材料改善纯金属硫化物的锂离子电化学性能。

金属硫化物由于比传统石墨具有更大的容量提升能力，被认为是锂离子电池极具吸引力的阳极材料。然而，它们较差的循环稳定性和速率性能却阻碍了它们在实际应用中的应用。金属硫化物阳极的基本挑战被概括为活性粒子的大体积变化、电极的粉碎、缓慢的电荷转移和不稳定的固体电解质界面，虽然纳米结构和复合材料的设计和制备在提高金属硫化物的电化学性能方面取得了很大的成功，但仍需要更多的研究工作来阐明它们之间的关系，并将其作为下一代电极设计的指导，随着行业的快速发展和业界的日益重视，将纳米技术和复合设计合理结合，有望在不久的将来实现大规模、低成本制备具有良好电化学性能的金属硫化物并投入到电池行业中使用。

2.3.3　电解液及添加剂

在锂离子电池关键材料中，电解液是不可缺少的组成部分，被称为电池的"血液"。电解液是统称，它既可以是液态，也可以是凝胶态或者固态。电解液在锂离子电池中起到正负极间传输锂离子的作用，对提高电池的放电容量、循环性能和安全性能等具有重要的作用。电解液对电池的影响主要体现在以下几个方面。①电池放电容量。匹配性优良的电解液能够大幅度提高正负极材料的利用率，提高电池的容量合格率。例如：容量为 1000mAh 的电池，选用不同的溶剂体系［碳酸乙烯酯（EC）/碳酸二甲酯（DMC）和 EC/碳酸甲乙酯（EMC）］的电解液，电池放电容量差异可达 50mAh；②电池的循环寿命和日历寿命。电解液与电极之间发生的副反应，是引起电池性能衰减的根源。在电解液中加入固体电解质界面（SEI）膜的成膜添加剂及 SEI 膜修复剂，如碳酸亚乙烯酯（VC）、碳酸乙烯亚乙酯（VEC）、丙烷磺酸内酯（PS）等，可以在负极表面形成保护膜，避免溶剂分子嵌入负极；在电解液中加入硅胺烷类化合物，可以降低其中的微量水分和氢氟酸，减轻电解液对负极的腐蚀作用，上述方法均能够有效地提高电池循环寿命和日历寿命。③电池安全性能。在电解液中加入抗过充添加剂、氧化还原飞梭和阻燃剂，如联苯或环己基苯等苯环类化合物，能够抑制锂离子电池过充时大量放热反应的发生，避免因电压失控发生爆炸，从而提高电池的安全性能。

目前普遍使用的电解液尚存在一些问题，主要表现在：首先，电解质盐六氟磷酸锂（$LiPF_6$）易水解、热稳定性差，容易与电极材料发生界面化学反应，致使界面反应阻抗增加；其次，使用的有机溶剂沸点、闪电较低，导致电池在生产制造、储存过程及滥用条件下容易出现燃烧、爆炸等问题；第三，电解液的稳定电位普遍低于 4.5V，高电位下电解液与正极活性材料间的稳定性下降，使得电池的循环性能恶化，限制了 5V 级高电压材料的应用；第四，现在使用的电解液普遍难以兼顾高低温，使得电池工作温度范围较窄。

电解液种类繁多。按照电池的用途划分，包括数码、航模、电动工具、电动汽车和储能等电池用电解液；按照电池壳体所用的不同材料来划分，包括钢壳电池用电解液、铝壳电池用电解液和软包装电池用电解液；从电解液的使用温度范围来划分，分为高温型电解液（55℃左右）和低温型电解液（－40～－20℃）；从电解液的物理性状上分为液态电解液、凝胶电解液和固体电解质；从电池的外观形状上分，包括方块电池用电解液和圆柱电池用电解液。有些电解液厂家为方便客户选择，根据正极材料的不同，将电解液分为钴酸锂离子电池用电解液、锰酸锂离子电池用电解液、三元材料电池用电解液和磷酸铁锂离子电池用电解液，也会根据负极材料的不同，将之划分为人造或天然石墨、中间相炭微球、钛酸锂和新型硅负极用电解液。下面介绍几种常见的电解液及电解液添加剂。

（1）宽温电解液

一般来说，提高电解液的高温性能与低温性能是一对矛盾，常规电解液难以兼顾。电解液的工作温度范围与其组分的物理化学性质（如熔点、沸点和导电性）相关，与电解液在电极表面形成的 SEI 膜在高低温下电化学性能相关。高沸点溶剂通常具有高熔点、高极性、高黏度等特点，如乙基纤维素（EC）的沸点是 248℃，熔点也很高（37℃），室温下为结晶固体；低凝固点溶剂通常具有沸点低、挥发性强等特点，如链状碳酸酯类、醚类、羧酸酯类。温度对于电极表面的化学反应影响很大。高温下，电解液中 $LiPF_6$ 分解加速，氢氟酸（HF）含量急剧上升，溶液 pH 值从偏中性转为酸性，电极表面膜分解，失去钝化作用，电池性能恶化；低温下，电解液电导率下降，黏度增加，电解液甚至呈玻璃态，电极表面膜的钝化过强，电池基本处于断路，不能正常放电。

高温型电解液要求电解液具有较高的热稳定性，其热稳定性与电解液的组成和质子性杂质（水分、HF、醇类等）密切相关。为此，设计电解液时，应尽量少用或者不用低沸点溶剂，选用高沸点溶剂，高沸点溶剂通常包括 DEC（碳酸二乙酯）、DPC（碳酸二丙酯）等，同时，通过改善负极表面 SEI 膜的结构来提高 SEI 膜的稳定性，防止 SEI 膜分解和反复形成引起电池气涨。低温下电解液黏度增加，在温度过低的情况下，电解液甚至会发生相变，析出 EC 与 $LiPF_6$ 的混合物，因此 EC 浓度高的电解液不适用于低温电池。

不同的溶剂，特性也不相同。乙酸甲酯、乙酸丙酯、丁酸甲酯（MB）表现出较好的低温性能，而丙酸丙酯、特戊酸甲酯等具有良好的循环性能。MB 尽管电性能优良，但电池化成尾气中会夹带微量的 MB 而散发令人不适的臭味，限制了其应用。随着分子量的加大，羧酸酯的低温性能变差，但高温存储性能有一定的提升，这与其黏度上升、挥发性下降有关。γ-丁内酯（GBL）作为一种特殊的羧酸酯，具有良好的耐高温性能，但循环性能和倍率性能方面受到了一定影响，并且目前电解液行业也缺乏合适的高纯GBL 供应商，使用时还需要厂家自行精馏提纯，也限制了它的应用。

取代苯类化合物在电解液中也得到了应用，如氟苯用于电解液起到黏度稀释剂的作用，对于氟甲苯、甲苯、二甲苯等则少量应用于电解液中作为过充添加剂，其优势在于比常用的联苯、环己基苯具有更高的氧化电位和较低的黏度，对电池的消极影响比较小。但这类化合物存在与碳酸酯相溶性差、对锂盐溶解不利等缺点，只能作为少量的补充溶剂。

氟代碳酸乙烯酯（FEC）相比于碳酸乙烯酯（EC）和（反式）二氟代碳酸乙烯酯（DFEC），具有独特的优势，较高的介电常数有利于锂盐的溶解，较低的熔点有利于低温性能和循环性能的提升，同时含氟结构有利于电解液对隔膜的浸润，并具有参与成膜的能力。由于 FEC 同时具备以上优势，其有望在今后发展成为新一代的特种溶剂。但FEC 的不足之处在于目前的生产成本较高，还无法与一般碳酸酯类竞争，且在高温环境下 FEC 易分解产生氟化氢，损害电池性能。因此，FEC 在偏低温的电池应用中优势更为明显，此外通过加入少量二腈类添加剂如丁二腈（SN）、戊二腈（ADN）也是改善其性能的有效方法。从一般的添加剂发展成为新一代的电解液溶剂，FEC 巨大的应用前景值得投入更多的研究。

为了平衡，一般来说，会使用四元或者五元溶剂体系，如 EC-DMC-DEC-EMC，或加入羧酸酯类溶剂降低电解液的黏度，如乙酸甲酯、乙酸乙酯、乙酸丙酯、丙酯甲酯、丙酯乙酯等。另外，低温下锂离子在电极和电解液界面间扩散和电荷转移缓慢，传输能力下降，有研究表明，除了电解液的电导率过低之外，锂离子电池低温性能差的主要原因是锂离子在 SEI 膜中扩散困难。

宽温电解液可选择熔点在 $-40\,^{\circ}\mathrm{C}$ 以下、沸点在 $150\,^{\circ}\mathrm{C}$ 以上的新型有机溶剂，或用碳酸酯类溶剂的氟化物来拓宽电池的高低温工作范围，同时加入解离度大、热稳定性高的新型电解质锂盐，这类锂盐有二草酸硼酸锂 $[\mathrm{LiB}(\mathrm{C_2O_4})_2$，俗称 LiBOB]、四（全氟异丙醇基）硼酸锂 $\{\mathrm{LiB}[\mathrm{OC}(\mathrm{CF_3})_2]_4\}$、三（全氟乙基）三氟磷酸锂 $[\mathrm{LiPF_3}(\mathrm{C_2F_5})_3]$、草酸五氟磷酸锂 $[\mathrm{LiPF_5}(\mathrm{C_2O_4})]$、二（三氟甲基磺酰）亚胺锂 $[\mathrm{LiN}(\mathrm{CF_3SO_2})_2$，俗称LiTFSI]、二（全氟乙基磺酰）亚胺锂 $[\mathrm{LiN}(\mathrm{C_2F_5SO_2})_2]$、全氟乙基磺酰甲基锂 $[\mathrm{LiC}(\mathrm{CF_3SO_2})_3]$、二（三氟甲基磺酰）甲基锂 $[\mathrm{LiCH}(\mathrm{CF_3SO_2})_2]$ 等。向电解液中加入成膜添加剂或修饰剂均有助于提高 SEI 膜的稳定性，确保低温下电解液具有一定的电导率、高温下电解液不发生分解，改善电池的宽温放电性能，从而提高电池的环境适应性，这类添加剂包括碳酸亚乙烯酯（VC）、碳酸乙烯亚乙酯（VEC）、聚苯乙烯（PS）和 1,3-丙烯磺酸内酯（PST）等。

（2）高电压电解液

常见的锂离子电池充电截止电压最高为 4.2V，能够在 4.2V 以上稳定工作的电解液统称为高电压电解液。提高现有锂离子电池的电压，从而提升锂离子电池能量密度，是一种延长混合动力汽车（HEV）/插电式混合动力汽车（PHEV）持续行驶距离的新途径。美国陆军研究所提出了 5V 级高电压电解液要达到的目标：允许高电压材料 5V 下至少循环 300 次，能够提升 4V 下循环次数的 50%～100%，循环 250 次后容量保持率能够达到 83% 并与现有电池技术兼容。在高电压正极表面，普通电解液不停被氧化分解，生成碳质纳米结构，并负载到材料的表面形成碳化膜。这层膜的存在阻碍了锂离子的正常脱嵌，随着循环次数的增加，有效锂将会越来越少，造成容量严重衰减，在高温下，这种现象更加严重。因此，高电压下电解液发生氧化分解是导致电池整体容量下降的根本原因。

开发 4.6V 及以上的高电压、高容量锂离子电池电极材料以及相应的电解液将会是今后的研究热点。高电压电解液的设计思路有 2 种：①提高石墨负极表面 SEI 膜在高电压下的稳定性；②在正极表面形成 SEI 膜，阻止电解液在电极材料表面的氧化分解。这 2 种电解液的设计思路主要从溶剂的角度出发，着重于溶剂的改性和新溶剂的设计。采用含有砜类、腈类等新型溶剂将电解液电化学窗口扩展至 5V 以上，另外在传统碳酸酯溶剂的基础上添加高电压添加剂，从而提高电解液的氧化电压，如含两性离子基团的新型添加剂、氟代碳酸乙烯酯（FEC）、双氟代碳酸乙烯酯（DFEC）、氟取代乙基甲基碳酸酯（F-EMC）和氟代醚 D2 等。

为了抑制电解液在高电压下的氧化分解，较为常用的办法是在电解液中加入二腈类添加剂［如丁二腈（SN）、己二腈（ADN）］、含氟碳酸酯（如 FEC）以及含氟醚类添加剂等。同时电解液自身的原料品质管制和制程管控也相当重要，如存在微量的杂质可能大幅度影响电解液在高电压下的表现。对于用于高电压产品的溶剂和添加剂，都应设置严格的品质标准，如线酯类溶剂的纯度要求在 99.99% 以上、杂醇控制要求在 20×10^{-6} 以下（最好在 10×10^{-6} 以下）、水含量不超过 6×10^{-6} 等，以确保生产的电解液具有稳定优异的品质。

此外，高电压的配方开发也十分重要。经验表明，在溶剂和锂盐相同的情况下，不同配方在 4.5V 高电压下工作，其循环寿命相差 5～10 倍。因此，开发合适的配方也是高电压电解液的关键。

（3）凝胶电解液

凝胶电解液以聚合物为基质，将大大提高锂离子电池在电动汽车和大容量储能电站的安全性。安全性是制约锂离子电池应用于电动车的主要因素之一，而凝胶电解液在一定程度上克服了液态电解液可能出现的漏液问题，能够极大地提高电池的安全性，为锂离子电池在电动车的应用开辟新的思路和途径。此外，我国有一些厂家用凝胶电解液制作超薄锂离子电池，厚度 0.1～2mm 左右，用于可驱动智能银行卡、智能身份证、智能钥匙、智能定位系统等，未来市场需求量也十分巨大。

目前研究最为详尽、性能也最好的凝胶电解质聚合物基体有聚氧化乙烯（PEO）、聚丙烯腈（PAN）、聚甲基丙烯酸甲酯（PMMA）、聚偏氟乙烯（PVDF）以及这 4 类聚合物的衍生物。以凝胶聚合物为电解质的锂离子电池主要采用 Belcore 工艺，随着原位聚合技术的发展，热引发原位形成凝胶聚合物电解质成为未来聚合物电池制备技术的发展趋势。目前已经有少量企业生产出凝胶电解质动力电池。

（4）安全电解液

安全可靠性是锂离子动力电池能否大规模用于动力、储能电池的首要条件之一。锂离子电池的不安全性体现在非正常充放电或滥用情况下电池的不稳定性。电池的安全性主要取决于两个方面，一是电池的制造工艺，另一方面是电池材料。材料制造商，通常希望从电解液的角度去解决电池的安全性问题。在滥用条件下，当电池温度过高或充电电压过高时，易被引发许多放热副反应。热失控是电池存在安全隐患的根本问题，电池的产热速率、产热量、热传导速度、环境温度与湿度等也是影响电池安全性的重要因素。

电解液为易燃、易挥发液体，通过使用高沸点溶剂、添加反应型安全防过充添加剂、闪点提高剂、阻燃剂、离子液体等来降低电解液的挥发性、燃烧性，从而提高电池的安全性能。在防过充添加剂方面，目前常用聚合型添加剂的耐过充电位一般在 4.55V 左右，而氧化还原飞梭的起始保护电位最高只有 3.9V，除此之外，此类添加剂对于电池的循环性能也有一定的负面影响，因此，未来仍需寻找高电位作用的防过充添加剂。目前，可供探索的芳香化合物有以下几种类型：①烷基与芳香环相连，如环己基苯、异丙苯、叔丁苯和叔戊苯；②芳香环上含卤，如氟苯、二氟苯、三氟苯和氯苯；③芳香环上有烷氧基，如苯甲醚、氟代苯甲醚、二甲氧基苯和二乙氧基苯；④芳香羧酸酯，如邻苯二甲酸二丁酯；⑤含苯环的羧酸酯，如碳酸甲苯酯和碳酸二苯酯等。

"阻燃剂"的概念来源于纺织业，它阻止电解液燃烧的机理是：阻燃剂在加热下分解，分解产物能够捕获氢活性自由基，阻断燃烧链反应。这类物质主要包括磷酸三甲酯、磷酸三乙酯或其氟取代物，随着化合物中氟取代基的增多，阻燃性增强，同时对于材料电化学性能的负面影响也降低。阻燃剂对提高电池的安全性确有成效，但多数阻燃剂与 $LiPF_6$ 相容性差，导致电池性能降低，因此仍需开发性能更加优良的阻燃剂。阻燃添加剂如三(三氟乙基)亚磷酸酯（TTFP）不仅能够阻燃，还有助于提高电池的循环性能；九氟丁基醚（MFE）是一种不含磷的全氟阻燃添加剂，当加入量超过 70％时能够得到无闪点电解液。

（5）离子液体

离子液体电解液是近来研究较为活跃的课题之一，被认为是近年来有望推广的一种先进电解液。离子液体因其具有无蒸气压、不燃烧、热稳定温度在 350℃以上、电化学窗口宽广的特性受到广泛关注。在众多阴离子（$[BF_4^-]$、$[PF_6^-]$、$[CF_3SO_3^-]$、$[N(CF_3SO_2)_2^-]$、$[N(F_2SO_2)_2^-]$）中，只有 $[N(F_2SO_2)_2^-]$ 能够形成有效的 SEI 膜，因此用于电解液的离子液体阴离子以 $[N(F_2SO_2)_2^-]$ 为主，阳离子则包括咪唑、哌啶、吡咯和吗啉等。电化学测试表明，具有相同阴离子的离子液体和锂盐联合用于电解液体系的效果优于不同阴离子盐的混用。目前离子液体电解液尚存在一些问题，主要表现在阴阳离子间的强作用力（黏度达到 $10\sim500 mPa \cdot s$）远高于现用液态电解液，易导致浓差极化严重，难以单独应用。

（6）电解液添加剂

电解液作为锂离子电池的关键材料，对电池寿命、安全性、成本等性能至关重要，同时还对电池比能量和使用温度范围产生重要影响。尽管对于新型电解质盐及溶剂的研究一直较为活跃，但对于常规锂离子电池体系，基于 $LiPF_6$ 和碳酸酯溶剂的传统电解液仍然具有相对最优的综合性能，因此，功能添加剂是当前电解质研发的主要内容。随着各种新型电极材料的应用（如硫基正极、5V 级正极材料、富锂正极材料、氟化铁正极材料和磷化物负极材料、氧化物负极材料等），电池体系中副反应的引发机制和反应种类将显著不同于常规锂离子电池体系，新型电解质盐及溶剂的研究将势在必行。

电解液对隔膜的浸润性研究一度也是电解液行业关注的焦点，主要起源于一些高温型电解液的开发。研究发现，如果电解液的黏度较高，表面张力较大，就有可能导致浸润隔膜或极片出现困难。有学者对比了不同纯溶剂的表面张力，溶剂的黏度越低，挥发性越强，表面张力越小。碳酸丙烯酯（propylene carbonate，PC）的表面张力为 41.8mN/m，在 PC 中添加 0.2% FSO100 之后，PC 的表面张力下降到 26.4mN/m，其浸润能力显著增强，这对于开发一些高温型电解液配方很有帮助。例如在 1mol/L 的 $LiPF_6$、EC∶GBL＝2∶3（体积比）、2%碳酸亚乙烯酯（vinylene carbonate，VC）的配方中，如果不加入表面活性剂，注液后的电池也无法化成，主要是因为电解液无法充分浸润隔膜，电池就无法化成。然而加入 0.2% 的 FSO100 之后，电解液的表面湿润能力明显增加，能够充分扩散，电池就能完成化成，尽管电池倍率性能仍不理想，但电池在小电流下已可以工作。必须指出的是，表面活性剂对高表面张力的体系较为有效，但应用于低表面张力的体系，如 1mol/L $LiPF_6$，EC∶DMC∶EMC＝1∶1∶1（体积比）、1% VC 这样的表面张力较低的体系，其降低效果非常有限，一般情况下不必使用。

目前电解液方面的研究集中在添加剂上。通过系统地研究含硫（Ⅵ）添加剂，六价的含硫化合物中包含了很多高温型添加剂，六价的环状含硫化合物更适合在锂电池电解液中使用，如大名鼎鼎的 1,3-丙烷磺酸内酯（1,3-propanesultone，PS）就是其中之一。另外，还有 1,4-丁烷磺酸内酯（BS）、硫酸乙烯酯（DTD）、硫酸丙烯酯（PSa）、甲烷二磺酸亚甲酯（MMDS）、1,3-丙烯磺酸内酯（PST）等也可作为添加剂使用。究其原因，高价态的硫具有较好的抗氧化能力，使之在正极一侧不易被氧化，而环状的结构又同时具有开环聚合的可能性，有利于负极成膜，从而起到保护负极的作用。二者兼顾的特性自然容易成为优良的添加剂。

添加剂的选择范围相当广泛，从气态的二氧化碳（CO_2）、二氧化硫（SO_2）等，到固态的丁二腈（SN）、新型锂盐等，都可能成为合适的候选者。只要能够在电解液中溶解，它们都可能发挥作用。各种新开发的锂盐，由于初期的价格较贵，通常在应用前期只少量添加，实质上是作为固体添加剂进行运用的。如双草酸硼酸锂（LiBOB）就是著名的锂盐添加剂之一，随着它在电解液中作为主盐应用的可能性破灭之后，便稳居添加剂这一角色，并在锰酸锂（LMO）电池应用中发挥独特的作用。类似的还有四氟硼酸锂（$LiBF_4$），后来发展的草酸二氟硼酸锂（LiDFOB）、双（三氟甲基磺酰）亚胺锂（LiTFSI）以及近年来兴起的双（氟磺酰基）亚胺锂（LiFSI）无不如此，都是当前电解液开发中常用的添加剂。

从近期的测试结果来看，DTD、LiFSI 具有良好的发展前景。DTD 在提升电池的低温和高温性能方面均有明显的功效，LiFSI 也具有高电导率和改善高温存储、低温放电等多方面性能的独特效果。然而 DTD 由于容易水解产生硫酸类强酸性物质，其自身也容易分解，导致电解液变色，使用起来较为麻烦。LiFSI 则对正极材料表现出强烈的腐蚀效果，造成正极在循环之后集流体穿孔，其副作用令人担忧，迫切需要解决。此外，LiDFOB 作为添加剂使用，对于电解液的低温性能有明显的提升效果，其循环性能也较好，值得关注。PST 作为新型的高温型添加剂，具有比 1,3-PS 更好的成膜效果，但是不宜过多添加，否则会造成内阻较大的问题。

锂离子电池电解液朝着高安全、低成本、高电导率的方向发展。电解液的锂盐、溶剂及添加剂间存在着相互制约的关系，若开发新型电解液往往要考虑这三者间的相容性。再者，针对电池的应用场合和工况的不同，需有针对性地开发不同应用要求的电解液。总之，开发高安全性、低温性能、耐高温性能、高倍率、长循环寿命的电解液始终是今后电解液发展的方向。

2.3.4　隔膜材料

作为锂离子电池的核心材料之一，隔膜影响着电池的化学性能和安全性能。隔膜位于正极和负极之间，将正极和负极隔开（图 2-22），防止正负极材料直接接触而造成短路，它可以允许电解液中的锂离子在正负极间自由通过；同时，电池的安全运行也离不开隔膜的保护。在一些紧急情况下，比如隔膜被刺穿、温度过高等，隔膜就会发生局部破损或者熔解，使得正负极直接接触造成短路，进而发生剧烈的反应引起安全事故。因此，隔膜的好坏决定着锂离子电池的安全性能，一块好的隔膜需要具备以下的性能要求：①具备优良的电子绝缘性，确保正负极材料有效隔开，防止正负极材料直接接触而造成短路；②具备优异的化学稳定性，保证隔膜在使用时不被电解液腐蚀，且不与电极材料发生反应；③具备优良的热稳定性，在较高的环境温度下不会发生伸长和收缩，确保电池使用过程中的安全性；④具备优异的机械强度，在电池工作过程中形状不会发生变化，强度和宽度保持不变；⑤具备较好的空隙率，使得电池对锂离子有良好的透过性，保证电池具有低电阻和高离子传导率；⑥良好的电解液的浸润性，有足够的吸液率、保液率和离子导电性；⑦合适的厚度，以获得较低的内阻。

2.3.4.1　常见的隔膜材料

（1）微孔聚烯烃隔膜

微孔聚烯烃隔膜是目前市场化程度最高的锂离子电池隔膜，其中以聚乙烯（PE）和聚丙烯（PP）为代表。微孔聚烯烃隔膜因具有良好的稳定性、力学性能以及较低的成本等优点，在锂电池隔膜中处于领先地位。在实际应用中，主流产品又可分为单层聚丙烯膜、单层聚乙烯膜和三层 PP/PE/PP 复合膜。虽然聚烯烃隔膜应用广泛，但仍存在许多不足之处，如对电解液的亲和性较差、高温下容易发生热收缩、空隙率偏低，这也影响着电池的性能。因此，研究人员对传统的聚烯烃隔膜进行了改性。

表面接枝法是对聚烯烃隔膜改性的一种手段，有学者利用紫外线辐射法在聚乙烯隔

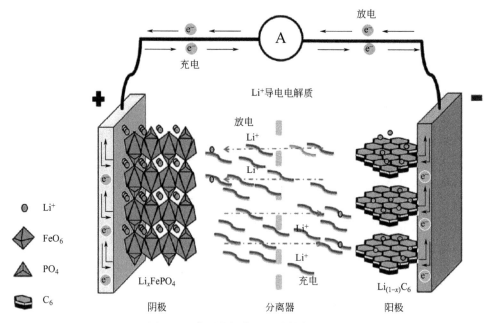

图 2-22　典型的锂离子电池结构示意图

膜表面接枝了丙烯酸甲酯（MA），通过 SEM 表面形貌和静态接触角测试等方法进行观察研究；通过分析发现，在丙烯酸甲酯单体溶液中，当引发剂的浓度提高为 $0.02g/mL$ 时，接枝率增至 68.9%，而接触角从原来的 $46°$ 下降为 $12°$，这说明接枝 MA 单体显著地改善了隔膜的亲水性以及电解液润湿性。也有报道利用电子束照射 PE 隔膜，在其表面接枝了丙烯酸单体，获得了改性隔膜，改性隔膜的离子电导率显著提高。

接枝法虽然可以明显改善聚烯烃隔膜的亲水性效果，但实际生产工艺过程相对比较复杂，生产成本会大幅度增加；表面涂覆法相比较复杂的表面接枝法更为方便有效。通过涂覆、喷涂或原子层沉积等形式在聚烯烃隔膜表面涂覆一层亲水性物质，就可以改善隔膜的亲水性。

（2）聚酰亚胺锂电池隔膜

聚酰亚胺具有优良的耐热性能、力学性能、电子绝缘性、耐核辐射性等众多优点，被广泛应用于黏合剂、纤维、涂料、基体树脂等方面。聚酰亚胺锂电池隔膜相比较传统锂电池隔膜，具有更加优良的热力学性能、电化学性能、安全性能等。然而制备聚酰亚胺锂电池隔膜时需要较高的成本，且当分子量太高时，聚酰亚胺的溶解性会变差，不利于隔膜的合成。

（3）有机/无机复合隔膜

有机/无机复合隔膜是将无机材料（如 Al_2O_3、SiO_2 等颗粒）涂覆在聚烯烃薄膜或无纺布上，通过有机、无机材料的配合互补提高锂离子电池的安全性和大功率快速充放电的性能，既具有有机材料柔韧及有效的闭孔功能，防止电池短路；又具有无机材料传热率低、电池内热失控点不易扩大、可吸收电解液中微量水、延长电池使用寿命的功能，是一种很有前景的锂离子电池隔膜。

（4）纳米纤维隔膜

近年来，静电纺丝技术不断地发展，由静电纺丝法制备纳米纤维隔膜成为研究人员的研究热点。这种方法是指聚合物溶液或熔体在强静电场的作用下，被拉伸成极细纤维的一种纺丝技术，所制备的纤维直径在 $100\sim300nm$ 之间。利用静电纺丝技术制备的电池隔膜，其原料取材范围广，制备的隔膜比表面积大，空隙率高，纤维孔径小，长径比大。目前可用于静电纺丝隔膜的聚合物主要有聚偏氟乙烯（PVDF）、聚偏氟乙烯六氟丙烯（PVDF-HFP）、聚偏氟乙烯三氟氯乙烯（PVDF-CTFE）、聚丙烯腈（PAN）、聚酰亚胺（PI）、聚酯（PET）、聚醚砜酮（PPESK）等。

（5）纤维素基隔膜

纤维素基隔膜是以纤维素纤维为原料，采用非织造等加工技术制备的锂离子电池隔膜材料。纤维素纤维是自然界中分布最广、储存量最大的天然高分子，与合成高分子相比，纤维素纤维具有环境友好、可再生、生物相容较好等优点，且纤维素基材具有空隙结构较大、浸润性好（天然的亲水性）、热稳定性好（270℃热分解温度）、化学稳定性好（耐碱和有机溶剂）等优点。

（6）复合隔膜

不同工艺制备的隔膜产品在性能和成本上存在很大差异，复合隔膜结合了不同工艺隔膜性能的优势逐渐发展起来。复合隔膜可分为单层复合膜和多层复合膜。单层复合膜是指除了基体树脂外，还添加无机粒子或其他改性剂共混通过常规工艺制备的原位复合改性隔膜。多层复合膜则是根据材料的特性通过多层共挤、涂覆、热轧、非织造、凝胶填充等方式制备的二次改性膜。

单层原位复合隔膜是将聚合物或无机颗粒预分散到成膜树脂中通过干法拉伸、湿法双向拉伸或静电纺丝等方法制成的隔膜。通常为了提升隔膜的耐热和力学性能，一般将无机粒子作为复合相直接引入到聚合物基体中。由于 MgO、Al_2O_3、TiO_2、SiO_2 等颗粒具有高的力学稳定性、高的比表面积和良好的热稳定性，在复合隔膜中能形成刚性支撑点，同时具有辅助成孔的作用，可达到提高隔膜力学性能、耐热性和提高空隙率的目的，进而提升动力锂离子电池的安全性能。

单层的聚乙烯隔膜和聚丙烯隔膜的闭孔温度与热收缩变形温度接近，无法保证锂离子电池的使用安全性。为了提高锂离子电池的安全性能，人们提出了开发 PP/PE/PP 3 层复合微孔膜作为电池隔膜材料。其机理是利用 PE 的低熔点获得较低的隔膜闭孔温度，利用 PP 的高熔点获得较高的隔膜热收缩变形温度。PP/PE/PP 3 层复合隔膜在电池温度到达 PE 熔点后，中间 PE 层的微孔发生闭合，终止电池的电化学反应；两边的 PP 层在 PE 熔点至 PP 熔点之间的较宽温度区域仍保持较高力学性能，避免隔膜发生热收缩变形破坏。

涂覆复合隔膜是在聚烯烃微孔膜的基础上，以高性能锂离子电池的需求为基础而发展起来的。按涂层材质来讲，涂覆隔膜可分为无机陶瓷涂覆膜，有机-无机涂覆膜和聚合物涂覆膜。无机陶瓷涂覆膜是指在基膜表面的直接引入无机陶瓷颗粒层二次制成的，由于无机颗粒表层形成特定的刚性骨架，凭借极高的热稳定性可有效防止隔膜在热失控条件下发生收缩、熔融。并且无机陶瓷颗粒较大的比表面积和亲水性，能够提高隔膜对电解液的润湿性和保持能力，提高离子电导率，进而提高电池的循环性能。在聚烯烃隔膜或无纺布膜表面涂覆聚合物或纳米纤维，可以得到聚合物涂覆复合隔膜。由于聚合物涂层的存在，该复合隔膜对锂离子电池电极的兼容性和粘接性比普通隔膜好，对液体电解质的吸收性好，能减小电池内阻，增加电池的高倍率放电性能。聚合物涂覆的聚烯烃复合隔膜结合了聚烯烃隔膜优异的化学稳定性、高的力学强度以及聚合物涂层高黏附性、高电解液亲和性的优点。

热轧工艺以成品膜的复合为主，可以将任意 2 种隔膜复合到一起，通常使用热辊在一定的温度和压力下对涂有黏结剂的基层和复合层进行热复合，之后定型热处理即可，成型方法简单便捷，无污染。由于复合层一般选用拥有良好耐热性能和亲液性优秀的PI、陶瓷、PVDF 或芳纶之类的膜层，所以这类复合隔膜除了拥有基层本身的性能外，也集成了外部复合层耐热亲液的特点。

非织造隔膜又称为无纺布，通过静电纺丝、熔纺、造纸等方式，使聚合物形成纤维网状结构，然后采用机械、加热或化学等方法使其固化而成。通常使用 PVDF、PI、PET、纤维素等作为非织造隔膜的原材料，由于此类材料本身熔点较高、力学性能良好及化学性能稳定也具有一定的极性，所以这类非织造隔膜通常比常规拉伸隔膜拥有更好电解液吸液性与耐热性，例如 PI 隔膜，可耐 400℃ 以上的高温，长期使用温度为 -200～300℃，与传统 PP/PE/PP 隔膜的性能相比，PI 隔膜的热分解温度高于 500℃，在 350℃时的横、纵向收缩率为零，极大改善了电池在高温工作状态下的稳定性。并且由于非织造膜本身由纤维构成，其空隙率较大，一般可达 60%～90%，透气性极好，可满足大功率快速充放电的需求，既单独用作锂电隔膜也可用于与其他工艺膜进行复合使用。

凝胶填充法是将亲液性良好的凝胶聚合物填充到聚合物隔膜微孔中，当隔膜浸渍到电解液中时凝胶聚合物吸收大量的电解液并逐渐被溶胀成为凝胶状物质。由于极性凝胶既具有固体的黏结性，也具有液体扩散传输物质的性质，所以凝胶改性隔膜除了拥有良好的耐热安全性，也具有一定的亲液性和离子传输作用，也能实现隔膜亲液性能的改善。近年来的一些材料像聚甲基丙烯酸甲酯-丙烯腈-醋酸乙烯酯〔P（MMA-AN-VAc）〕、聚乙烯醇（PVA）、PVDF、PVDFHFP 以及聚合物混合物，包括聚二甲基硅氧烷（PDMS）/PAN/PEO、聚偏氟乙烯共聚物 P（VDF-Tr-FE）/PEO 等均被用于制备聚合物凝胶。

2.3.4.2 隔膜的制备工艺

当前，市场上制备锂离子电池隔膜的方法主要以干法和湿法为主，这两种制备工艺形成微孔的过程有所区别。此外，隔膜的制备工艺还有静电纺丝工艺、熔喷工艺、抄纸工艺、相转化工艺等。

（1）干法工艺

干法也称熔融拉伸法（MSCS），是将聚烯烃树脂熔融并挤出成结晶聚合物膜，然后在结晶热处理和退火后获得高度取向的多层结构，在高温的条件下进一步拉伸，将晶体界面剥离从而形成了多孔结构膜。根据不同的拉伸方向，干法又可分为单向拉伸和双向拉伸。

干法单向拉伸是较为成熟的生产隔膜的工艺，最早是由美国和日本企业开发出来的，利用的是硬弹性纤维的制造原理。干法单向拉伸工艺首先在低温下进行拉伸形成银纹等缺陷，然后在高温下使缺陷拉开，形成扁长的微孔结构。干法单向拉伸工艺简单，生产出的微孔膜孔径均一，为单轴取向。在低温和高温阶段，干法单向拉伸进行的都是纵向拉伸，没有横向拉伸。因此，其纵向力学强度高，而横向几乎没有热收缩，横向力学强度很低。

干法双向拉伸是由中科院化学所在20世纪90年代首先研发的隔膜制备技术，它的原理是将具有成核作用的β晶型改进剂加入到聚丙烯中，根据聚丙烯在不同相态之间存在密度的差别，在拉伸过程会受到热应力作用，使聚丙烯发生晶型改变而形成微孔结构。干法双向拉伸与单向拉伸相比，由于在两个方向都会受热收缩，生产的隔膜横向拉伸强度高于单向拉伸工艺的隔膜，且微孔分布均一，具有较好的物理性能和力学性能。

干法工艺简单，生产效率好，污染性小，且得到的锂离子电池隔膜具有开放的多孔结构；但是该工艺制得的隔膜会有较大的厚度，孔径分布也不均匀，且难以控制空隙率。

（2）湿法工艺

湿法工艺利用的是相分离的原理，因此又称为相分离法或热致相分离法。它是利用聚烯烃树脂与某些高沸点的小分子化合物在较高温度下混合熔融，形成均相溶液铺在薄片上，然后降温发生固-液或液-液相分离；再选用易挥发的试剂将高沸点的小分子化合物萃取出来，最后经过热处理可制得微孔膜材料。

与干法工艺相比，湿法工艺具有更高的孔隙率、更薄的厚度、更好的均一性等优点；但该过程工艺复杂，需要高产量的设备，制备过程中需要添加溶剂，容易造成环境污染。随着技术的不断提高，湿法工艺将会成为未来生产隔膜的主流方法。

（3）静电纺丝工艺

静电纺丝工艺是用于制备纳米纤维及非织造隔膜的一种纺丝技术。工作过程为：聚合物溶液或聚合物熔体从喷丝头注入强电场中，在高压静电场力与聚合物自身表面张力的共同作用下，针头上的液滴就会变成圆锥形，即泰勒锥；克服液滴表面张力后，将泰勒锥拉伸形成纤维束，然后在电场中将纤维束连续拉伸，同时溶剂不断挥发，纤维会发生固化，最后杂乱无序地沉积在接收装置上。静电纺丝法主要用来制备纳米纤维隔膜。由静电纺丝工艺制得的隔膜具有优良的空隙率、吸液率、耐热性能和离子电导率等；但仅通过静电纺法制备出的隔膜也会存在机械强度较差、效率较低以及较难分离等问题，所以，静电纺丝工艺还需要与其他技术方法结合起来使用，才能制备出各方面性能更加优异的隔膜。

（4）熔喷工艺

熔喷工艺是近年来发展较快的一种以聚合物熔体为原料迅速制备出细小纤维或纤维网产品的非织造技术。该工艺的主要过程是将熔融的聚合物从喷丝头挤出后，在高速热空气下被拉伸成细短纤维，然后牵伸细化的纤维使其聚集在成滚筒上，并通过热黏合或自身黏合固结成网。熔喷纺丝工艺形成的超细纤维非织造材料具有空隙率好、比表面积大、安全性好、成本较低等优点。随着熔喷技术的不断进步，聚丙烯/聚酰胺、聚丙烯/

聚乙烯、聚丙烯/聚苯乙烯等共混原料也可用于非织造布的熔喷法制造。由于熔喷非织造布的耐热性不好，通过熔喷法制备出的电池隔膜就不宜在温度过高的条件下使用。

隔膜是锂离子电池中的关键组分，锂离子电池的进步是建立在锂离子电池隔膜发展的基础上的。近年来，随着经济水平的不断提高和国家政策的支持，我国锂离子电池隔膜行业进步飞快，正处在高速发展的阶段，国产隔膜开始替代进口隔膜成为中低端锂离子电池市场的占据者，但我国在锂离子电池隔膜领域发展相对较晚，国产隔膜整体技术水平相比较国外先进的技术水平，仍然处于落后地位。传统的聚烯烃隔膜在新能源领域无法满足锂离子电池隔膜的需求，因此，发展创新隔膜技术将是一个巨大的机遇与挑战。在隔膜开发领域，具有高空隙率、高熔点、无污染性、优异的热稳定性和力学性能的隔膜是锂离子电池隔膜未来的发展方向。随着各类隔膜制备技术的不断发展，同时兼具这些优异性能的锂离子电池隔膜将会在未来出现。

2.3.5 集流体

集流体是锂离子电池中不可或缺的组成部件之一，它不仅能承载活性物质，而且还可以将电极活性物质产生的电流汇集并输出，有利于降低锂离子电池的内阻，提高电池的库仑效率、循环稳定性和倍率性能。原则上，理想的锂离子电池集流体应满足以下几个条件：①电导率高；②化学与电化学稳定性好；③机械强度高；④与电极活性物质的兼容性和结合力好；⑤廉价易得；⑥质量轻。但在实际应用过程中，不同的集流体材料仍存在这样那样的问题，因而不能完全满足上述多尺度需求。如铜在较高电位时易被氧化，适合用作负极集流体；而铝作为负极集流体时腐蚀问题则较为严重，适合用作正极的集流体。目前可用作锂离子电池集流体的材料有铜、铝、镍和不锈钢等金属导体材料、碳等半导体材料以及复合材料。

2.3.5.1 铜集流体

铜是电导率仅次于银的优良金属导体，具有资源丰富、廉价易得、延展性好等诸多优点。但铜在较高电位下易被氧化，因此常被用作石墨、硅、锡以及钴锡合金等负极活性物质的集流体。常见的铜质集流体有铜箔、泡沫铜和铜网以及三维纳米铜阵列集流体。

根据铜箔的生产工艺，可进一步将铜箔分为压延铜箔和电解铜箔。与电解铜箔相比，压延铜箔的电导率更高，延伸效果更好，但其生产工艺控制难度大，原料成本高及国外对关键技术的垄断也限制了压延铜箔的应用；而生产电解铜箔的原料可从废铜、废电缆等废旧材料中重新提炼，成本较为低廉，有助于可持续发展战略，减轻环境压力。因此，对弯曲度要求不高的锂离子电池可以选择电解铜箔作为负极集流体。研究表明，增加铜箔表面的粗糙程度有利于提高集流体与活性物质之间的结合强度，降低活性物质与集流体之间的接触电阻，相应地，电池的倍率放电性能及循环稳定性也更好。与光面铜箔相比，将活性物质硅从毛面铜箔上剥离所需要的力增加了1倍。但另一方面，电解液更容易在毛面铜箔表面发生还原反应，并降低电池性能。因此，需要优化并严格控制铜箔表面的粗糙度。

泡沫铜是一种类似于海绵的三维网状材料,具有质量轻、强度韧性高以及比表面积大等诸多优点。虽然硅、锡负极活性材料具有很高的理论比容量,并被认为是颇有发展前景的锂离子电池负极活性材料之一,但在循环充/放电过程中也存在体积变化较大、粉化等缺点,严重影响电池性能。研究表明,泡沫铜集流体可以抑制硅、锡负极活性物质在充放电过程中的体积变化,减缓其粉化现象,从而提高电池性能。

三维铜纳米线集流体是由生长在铜箔表面的纳米线阵列组成的,具有导电性好,比表面积大等优点。与铜箔/锡电极相比,使用了三维铜纳米线阵列为集流体的锡电极不仅首次放电比容量更高,而且经过 30 次充/放电循环后,其放电比容量仍高达 199.3mAh/g。有学者采用液相反应法直接在铜网集流体上制备了纳米钴酸锌负极。该负极不仅比表面积大,而且集流体与活性物质结合也更为紧密,有助于减小电阻。与传统涂压工艺所制备的铜网集流体负极相比,原位生长工艺减少了负极活性物质在充/放电过程中的粉化及体积膨胀问题,从而提高了锂离子电池的倍率放电性能与充/放电循环性能。

2.3.5.2 铝集流体

虽然金属铝的导电性低于铜,但在输送相同电量时,铝线的质量只需要铜线的一半,无疑,使用铝集流体有助于提高锂离子电池的能量密度。此外,与铜相比,铝的价格更为低廉。在锂离子电池充/放电过程中,铝箔集流体表面会形成一层致密的氧化物薄膜,提高了铝箔的抗腐蚀能力,常被用作锂离子电池中正极的集流体,与之匹配的正极活性物质有 $LiCoO_2$、$LiCo_{1/3}Ni_{1/3}O_{1/3}$ 及 $LiFePO_4$ 等。

与铜箔集流体一样,表面处理也能提高铝箔的表面特性。经直流刻蚀后,铝箔表面会形成蜂窝状结构,与正极活性物质的结合更加紧密,并改善锂离子电池的电化学性能。如铝箔/$LiCoO_2$ 电极的首次放电比容量由处理前的 138.1mAh/g 提高到处理后的 146.2mAh/g,相应地,循环稳定性也得到了改善。当铝箔与正极活性物质 $LiCo_{1/3}Ni_{1/3}O_{1/3}$ 匹配时,在低倍率放电条件下,光面铝箔 $LiCo_{1/3}Ni_{1/3}O_{1/3}$ 电极与毛面铝箔/$LiCo_{1/3}Ni_{1/3}O_{1/3}$ 电极的放电比容量相差不大,但随着放电倍率的进一步提高,毛面铝箔/$LiCo_{1/3}Ni_{1/3}O_{1/3}$ 电极的放电比容量明显高于光面铝箔/$LiCo_{1/3}Ni_{1/3}O_{1/3}$ 电极。

铝集流体也常常因表面钝化膜的破坏而腐蚀严重,锂离子电池性能也随之降低。铝箔表面的腐蚀程度与其表面的粗糙度有关,即粗糙度越高,铝表面在电解液中的腐蚀越严重。也有研究了结果表明,机械抛光的铝箔表面比电解抛光表面腐蚀更为严重,原因可能是机械抛光后的铝箔表面粗糙度较高。因此,为了提高刻蚀后铝箔的耐蚀性能,需要对其表面进行优化处理,形成更加稳定的钝化膜。

2.3.5.3 镍集流体

相对而言,镍属于贱金属,价格较为低廉,具有良好的导电性,且在酸、碱性溶液中较稳定,因此,镍既可以作为正极集流体,也可以作为负极集流体。与其匹配的既有正极活性物质磷酸铁锂，也有氧化镍、硫及碳硅复合材料等负极活性物质。

镍集流体的形状通常有泡沫镍和镍箔两种类型。由于泡沫镍的孔道发达，与活性物质之间的接触面积大，从而减小了活性物质与集流体间的接触电阻。而采用镍箔作为电极集流体时，随着充/放电次数增加，活性物质易脱落，影响电池性能。同样，表面预处理工艺也适用于镍箔集流体。如对镍箔集流体表面进行刻蚀后，活性物质与集流体的结合强度明显增强，电极内阻也随之下降了 1.3Ω。

氧化镍具有结构稳定、价格便宜等优点，且具有较高的理论比容量（800mAh/g），是一种应用广泛的锂离子电池负极活性物质。磷酸铁锂（$LiFePO_4$）因具有安全性好、原料来源广泛等优点而被认为是动力锂离子电池理想的正极活性材料，将其涂覆在泡沫镍集流体表面可以增加 $LiFePO_4$ 与泡沫镍的接触面积，降低界面反应的电流密度，进而提高 $LiFePO_4$ 的倍率放电性能。

2.3.5.4　不锈钢集流体

不锈钢是指含有镍、钼、钛、铌、铜、铁等元素的合金钢，具有良好的导电性和稳定性，可以耐空气、蒸汽、水等弱腐蚀介质和酸、碱、盐等强腐蚀介质的化学侵蚀。不锈钢表面也容易形成钝化膜，可以保护其表面不被腐蚀，同时不锈钢可以比铜加工得更薄，具有成本低、工艺简单及大规模生产等优点。奥氏体不锈钢和铁素体不锈钢是根据微观结构的不同而划分的两种单相不锈钢材料，而双相不锈钢则同时含有由奥氏体和铁素体的微观结构。与组成它的两种单相不锈钢相比，双相不锈钢更硬，也更加有韧性。因此，不锈钢也可以作为正极或负极的集流体，其承载的正极活性物质有尖晶石型 $LiMn_2O_4$，负极活性物质有 MnO_2。常见的不锈钢集流体有不锈钢网和多孔不锈钢两种类型。

不锈钢网的质地致密，作为集流体时，其表面被电极活性物质包裹，基本不与电解液直接接触，不易发生副反应，有利于提高电池的循环性能。如以不锈钢网作为尖晶石型 $LiMn_2O_4$ 正极活性物质的集流体时，首次放电比容量和库仑效率分别为 112.9mAh/g 与 97%。但由于 $LiMn_2O_4$ 本身的导电性不好，导致电极阻抗较大，电极极化也比较严重。为了充分利用活性物质、提高电极的放电比容量，一个简单有效的方法便是采用多孔集流体。

2.3.5.5　碳集流体

以碳材料作为正极或负极集流体时，可以避免电解液对金属集流体的腐蚀，且其具有资源丰富、易加工、低电阻率、对环境无危害、价格低廉等优势。碳纤维布因自身具有良好的柔软性、导电性以及电化学稳定性等优点，可用作柔性锂离子电池的集流体。碳纳米管是另一种形貌的碳集流体，相对于金属集流体而言，其明显的优势在于质量轻巧，且可以大幅度提高电池的能量密度。

2.3.5.6　复合集流体

除了单一集流体如铜集流体、铝集流体、镍集流体、不锈钢集流及碳集流体等受到广泛关注外，近年来，复合集流体也引起了学者们的研究兴趣，如导电树脂、覆碳铝箔及钛镍形状记忆合金等。

聚乙烯（PE）和酚醛树脂（PF）集流体是将导电填料与高分子树脂基体复合而成。石墨烯是一种由碳原子经 sp^2 杂化而形成的独特的新型二维碳功能材料，具有超高的电导率、比表面积及机械强度等诸多优点，既可以替代石墨作为锂离子电池的负极活性物质，也可以作为集流体材料。

钛镍形状记忆合金是由镍和钛组成的二元合金，随着外界温度或所受压力的改变可以在两种不同的晶相之间相互转化。研究表明，钛镍形状记忆合金由奥氏体相向马氏体相转变的压力范围为 $0.2 \sim 0.6$ GPa，而由锂离子嵌入所诱发的压力约为 3.0GPa。因此，钛镍形状记忆合金能通过改变自身相态来抑制活性物质在充放电过程中的体积变化，提高电池的循环寿命。

覆碳/铝箔集流体即是将含碳复合层涂覆在铝箔表面的复合集流体。其中，含碳层是由碳纤维与经过分散剂处理后的导电炭黑颗粒而构成，能够与铝箔紧密结合，提高电极的导电性和耐蚀性。适当增加覆碳层厚度有助于提高电极的放电比容量。此外，在铝箔集流体表面覆盖一层绝缘的氧化石墨烯材料，也大大改善了铝箔集流体的抗腐蚀性能。

集流体是锂离子电池中不可或缺的重要部件之一，具有承载电极活性物质与汇集输出电流的多重功能。由不同材料、不同生产工艺所制备的集流体的性能各有千秋，对锂离子电池的影响也各不相同。无疑，优化并探索能够满足锂离子电池多尺度需求的集流体材料对于改善锂离子电池的充/放性能和循环寿命具有重要的意义，也是今后锂离子电池研究领域内不可忽视的一个研究主题。

2.3.6　黏结剂

黏结剂是锂离子电池制备中不可或缺的重要组成物质，在维持电极结构完整，改善电极电化学性能方面具有重要作用。在充放电过程中，黏结剂将电极材料、导电添加剂和集电器等储能设备的关键组分固定在一起，并提供以下功能：①它兼作分散剂和增稠剂，保证关键材料的均匀分布；②它通过一定的机械力、分子间力或化学力将导电颗粒与集电器连接在一起，以保持极片机械完整性；③它可作为电子传输通道的连接点；④它可改善电极颗粒表面与电解质界面的润湿性，有利于促进锂离子的传输。

2.3.6.1　黏结机理

黏结剂工作原理包括机械咬合、静电理论、吸附理论和扩散理论等。在大多数情况下，这些作用机理并不一定是单独起作用的，可能会是几种不同的工作原理同时起作用。吸附理论是其中最主要的理论，该理论认为，黏结剂和黏结对象二者的具体性质决定了可能存在的相互作用，包括氢键、共价键、离子键等化学作用和范德华力等物理作用。该理论能有效地解释两个紧密接触的表面之间的结合。

（1）氢键

氢键是指氢原子与电负性大、半径小的原子 X（如 F、O、N 等）以共价键结合时，由于原子间共用电子对向电负性大的原子偏移，导致氢原子具有类似于质子的性质，当有电负性大的 Y 原子接近，就会以氢为媒介，在 X 与 Y 之间生成一种 XH --- Y 形式的特殊的分子间或分子内相互作用，称为氢键，氢键的强度远大于范德华力。

（2）共价键

共价键是化学键的一种，是指两个或多个原子共享外层电子从而组成的比较稳定和坚固的化学结构，是一种比氢键更强的作用力。虽然共价键的强度非常高，但黏结剂与活性材料作用力并非越强越好，黏结剂的选择应该根据活性材料的性质因地制宜，对于体积变化较小的材料，强的共价键力是最佳的选择；对于硅等脱/嵌锂过程中体积变化较大的材料，非共价结合比共价结合更有弹性，并且有自我修复效果，是更为适合的作用力。

（3）离子键

离子键是指原子得失电子后形成阴阳离子，阴阳离子之间因静电作用而形成的化学键，其作用力大小弱于共价键但比氢键强。虽然离子键没有共价键强大，但是离子键在断裂后能自发恢复，具有一定的自修复能力，这为电极体积膨胀造成断裂后的恢复提供了可能。

（4）超分子相互作用

超分子是指由多个分子间通过非键合作用聚集在一起的分子集合体，连接方式包括氢键、π-π 共轭、静电作用和亲水/疏水作用。一般情况下，聚合物分子链一旦断裂就难以恢复原状，而超分子的非键合作用能促使分子在断裂后自发重新形成，即具有自修复功能，因此被开发为一类新型锂离子电池黏结剂。冠醚、环糊精、葫芦脲和环联吡啶等多种分子都可以构建超分子体系。其中环糊精具有内疏水、外亲水的特殊分子结构，可以有效地包合疏水性的小分子，从而形成主客体作用。

2.3.6.2　黏结剂种类

现有文献中报道了许多类型的黏结剂，聚合物黏结剂可以通过各种方法分为不同类型。如根据来源方式的不同，黏结剂可以分为天然材料和合成材料两大类；根据结合过程的反应特性（非反应性或反应性），黏结剂还可分为非反应性黏结剂和反应性黏结剂。

（1）天然黏结剂材料

天然黏结剂通常是直接从植物和动物等天然有机物中提取。瓜尔豆胶（GG）、海藻酸钠（Alg）、羧甲基纤维素（CMC）、阿拉伯胶（GA）、黄原胶（XG）、卡拉胶、明胶、壳聚糖、淀粉和 β-环糊精等物质，分别是从四角拟青霉、褐藻、纤维素、阿拉伯树胶、胶原蛋白和玉米中提取的天然黏结剂。

大多数天然黏结剂是直接从植物体和生物体内提取而来的，并可能需要经过一定的纯化过程。例如，GA 可以直接使用，而 CMC 则是通过纤维素与氯乙酸的碱催化反应合成。天然黏结剂通常含有多种成分，如多糖、糖蛋白和/或其他功能成分，多组分可能形成协同效应来增强黏结强度，从而获得优异的力学性能和电化学性能。由于这些生物衍生聚合物储量丰富，成本较低，对环境友好，因此它们可以同时解决能源和环境问题。并且由于它们大多可溶于水，可以实现水性电极的绿色制造工艺技术，减少对常规有毒溶剂（例如 NMP）的需求。

（2）合成黏结剂材料

合成类的黏结剂是通过现代化学工业制造的。PVDF 是锂离子电池使用最广泛的合成黏合剂，其他聚合物黏结剂还包括聚（丙烯酸）（PAA）、丁苯橡胶（SBR）、聚酰胺酰亚胺（PAI）、聚乙烯醇（PVA）、聚乙烯亚胺（PEI）、聚酰亚胺（PI）黏结剂和聚（丙烯酸叔丁酯-三乙氧基乙烯基硅烷）（TBATEVS）。这些合成黏结剂在不同的储能系统中使用时可表现出不同的性能。例如，PVDF 和 PAN 只溶于有机溶剂，而 PAA 和 PVA 是水溶性的。合成黏结剂较天然黏结剂有一个明显的优点，即能严格控制和固定黏结剂的组成，有利于保证产品性能一致和实现规模化生产。此外，还可以匹配电极不同的设计需要，如阴极、阳极、锂-硫和钠离子电池等，来设计黏结剂材料的特殊结构。

（3）非反应性黏结剂

如 PVDF 和 PAA 这些非活性黏结剂，可以直接使用而无需进一步的化学反应。实际使用中，黏结剂首先溶解在溶剂中，与电极活性材料之间的黏着形成于极片的干燥固化过程。目前运用于各类储能电池中的黏结剂，非反应性黏结剂的应用占主导地位。

（4）反应性黏结剂

反应性黏结剂通常需要前驱体发生聚合反应后形成聚合物，使活性材料和集电器之间建立强大的结合力。在黏合之前，需要将黏结剂前体与电极活性材料均匀混合，以确保充分浸湿，然后可以通过自由基引发（环氧树脂）、紫外辐射（聚硅氧烷丙烯酸酯低聚物基黏合剂和 PAA-BP 黏合剂）和热处理（原位聚合）等多种方式引发聚合。通过聚合反应的过程，例如原位交联的 PVA-PEI 黏合剂，可形成一个较强的互穿网络结构，而不是不同组分混合物的简单共混。

2.3.6.3 新型硅基负极黏结剂

近些年，硅材料受到人们广泛的关注，其理论比容量高达 4200mAh/g，被认为是最有前景的高容量负极材料之一。然而，硅负极材料在脱、嵌锂过程中会发生剧烈的体积变化，这使得硅材料在充放电过程中很容易发生粉化或从集流体上脱落下来，从而影响电池的电化学特性。尽管有许多研究发现，将硅材料纳米化或者复合化，可以有效地改善硅负极材料的电化学性能，但是这些方法存在着制备方法繁杂、成本过高的缺点，因而很难实现规模化推广，仍然极大地限制硅材料的实际应用。

要解决硅负极在充放电过程中的体积膨胀对电极结构的破坏，开发新型黏结剂被认为是最为有效的方法之一，不同性质的黏结剂会直接影响到电池的比容量、库仑效率和电化学性能稳定性等。传统锂电池常用的黏结剂 PVDF 因具有良好的热力学和电化学稳定性，已被广泛应用于锂离子电池极片制作中，但随着高容量电极材料的应用开发，传统的 PVDF 黏结剂已无法满足要求，主要原因在于：①黏结强度偏低。PVDF 的黏结作用主要通过较弱的分子间作用力实现，在新型锂硫电池体系，PVDF 无法维持硫电极的结构完整性，无法抑制聚硫化合物的穿梭效应。②稳定性不足。高温条件下 PVDF 黏结剂电化学稳定性显著降低，C—F 在高温时产生分解，会导致电极内发生副反应，同时在温度较高时，PVDF 易被电解液溶胀，体积会发生明显变化。③成本较高。一方面 PVDF 黏结剂的溶解需要使用挥发性有机溶剂 NMP，此类物质成本较高，且有一定毒性；另一方面，PVDF 的生产成本也较高，且难以回收利用。④导电性差。PVDF 为电子绝缘化合物，在电极制备过程中需要额外添加导电剂来改善导电性能，这会降低电极的比容量。因此，为了克服和改善传统 PVDF 黏结剂存在的问题，需对黏结剂进行合理设计，针对不同电池体系设计和选择合适的黏结剂类型。

黏结性是黏结剂重要的性能指标，传统的 PVDF 是一种直链结构的聚合物，它与电极材料之间的相互作用主要是通过氟原子和氢原子所形成的弱范德华作用力，这使得它难以抵抗硅等负极材料在体积变化过程中所产生的巨大应力，易与活性物质之间发生滑移，导致活性物质从集流体上脱落，使得电极结构遭到破坏而失去电化学活性。目前，已经有研究发现当使用羧甲基纤维素基聚合物（carboxymethyl cellulose，CMC）、天然多糖类海藻酸钠（sodium alginate，SA）、聚丙烯酸（polyacrylic acid，PAA）等作为黏结剂时，它们自身带有的羧基（—COOH）或其他活性官能团，可以与硅材料形成较强的化学键和氢键，这样可以提高黏结剂与硅负极材料间的相互作用，黏结剂的黏结性也越强。此外，通过对上述黏结剂进行改性，可以形成具有三维网络结构，能够进一步地提高黏结剂与活性材料之间的结合力，为电极提供了稳固的机械支撑。

自修复型黏结剂是指在黏结剂中加入具有自我修复功能的高分子材料，这些高分子材料中通常含有大量的氢键，因而具有优异的黏结性和可拉伸性，能够有效地修复硅材料因体积变化产生的结构裂缝和电极损伤，从而改善电极的电化学性能。然而，自修复功能的高分子材料的加入会使电极中活性物质的占比降低，影响电池的能量密度，虽然采用导电型黏结剂可以在一定程度上减少黏结剂和导电剂的使用，但非活性物质的含量仍接近 20%，这对于高效动力电池来说仍然是一个需要解决的困难。

硅等高比容量负极材料的导电性很差，因此需要添加适当的导电剂来提高电极的导电性，这样就使得非活性物质的占比过高，进而影响了电池的能量密度。为了降低非活性物质的占比，一个有效的办法就是采用导电聚合物作为黏结剂。导电型黏结剂具有导电性，能够减少导电剂的添加量，提高活性物质占比；同时，导电型黏结剂可以与活性物质间能形成良好的导电网络，为电子和离子提供了快速扩散和传输的通道；此外，能够提升电极的电子和离子电导率，有效降低极化电阻，减少电极表面上电解液和黏结剂发生的副反应，形成较稳定的 SEI 膜，使硅负极表现出较高的可逆容量和良好的循环性能。

黏结剂在电极中的质量占比较少，但却是制备高性能锂离子电池不可或缺的原材料。开发新型多功能黏结剂是制备高容量、高安全、大功率、低成本锂离子电池的关键技术，也是下一代先进储能设备发展的科技推动力。

2.4　常见种类及优缺点

目前市场上有形形色色的电池，不同的应用场景需要的电池也不一致。电动汽车上常用的电池主要有铅酸蓄电池、燃料电池、镍氢电池以及锂离子电池等，上文已经分析过每种电池的优缺点。电动汽车的动力电池以锂离子电池为主，主要有两个原因：第一个是锂离子电池具有比能量高、寿命长、运行稳定安全的优点，第二个原因是全世界的锂离子电池产量很高，这样一来在使用成本上有很大的优势，电动汽车锂离子电池。锂离子电池按使用材料又可以划分为锰酸锂锂离子电池、磷酸铁锂锂电子电池、镍钴锰混合锂离子电池以及钛酸锂锂离子电池等。具体的分类以及优缺点如下所示。

① 锰酸锂锂离子电池：这种电池的负极是使用石墨制作的，这种电池的比能量相对来说比较低，并且运行稳定性以及安全性也比较低。

② 磷酸铁锂锂离子电池：它的负极也是由石墨制作而成，这种电池拥有比较高的容量，并且在使用过程中比较稳定安全，目前已经有非常广的应用场景。

③ 镍钴锰混合锂离子电池：这种电池又称三元锂离子电池，它的正极通常由镍钴锰制作而成，这种电池虽然比能量比较高，但是运行的安全稳定性要比磷酸铁锂锂离子电池差一些，目前主要运用在一些小型的电动汽车上。

④ 钛酸锂锂离子电池：这种电池的负极一般是由钛酸锂制作而成，它的优点非常多，优点可以说是镍钴锰混合锂离子电池和磷酸锂离子电池的综合，可是它的缺点也非常的明显，即高温情况下不稳定以及使用成本高。

以上是比较常见的锂离子动力电池的介绍，在日常使用过程中，会综合考虑很多因素，如应用场景、运行稳定性、安全性以及成本等，从而选择合适的动力电池。

各类锂离子电池基本指标和适用范围如表 2-6。

表 2-6 锂离子电池基本指标和适用范围

电池种类	锰酸锂	镍钴锰酸锂	镍钴铝酸锂	磷酸铁锂	钛酸锂	钴酸锂
标称电压/V	3.7	3.7	3.6	3.2	2.4	3.6
工作电压范围/V	3.0~4.2	3.0~4.2	3.0~4.2	2.5~3.65	1.8~2.85	3.0~4.2
比能量/(Wh/kg)	100~150	150~220	190~260	100~120	50~80	150~200
循环寿命	300~700	1000~2000	500	1000~2000	3000~7000	500~1000
应用场所	医疗设备、电动工具、电动动力传动系统	电动自行车、电动车、工业、医疗设备	电动自行车（特斯拉）、工业、医疗设备	电动汽车、需要高负载电流和耐久性应用场所	UPS、电动汽车（本田 EV）、太阳能路灯	手机、平板、相机、笔记本电脑

另外，按不同分类方式的锂离子电池类别如表 2-7 所示。

表 2-7 按不同分类方式的锂离子电池类别

分类方式	类别	特点/说明
按电池外形	圆柱形锂离子电池	目前主要为 18650（直径 18mm，长度 65mm）和 2650（直径 26mm，长度 65mm）两种型号，主要应用于笔记本和电动工具领域
	方形锂离子电池	种类较多，主要应用于手机、数码相机等领域
	扣式锂离子电池	可满足计算机、摄像机等对高比容量和薄型化的要求
按使用温度	高温锂离子电池	主要应用于军工、航天等领域，民用领域主要是汽车的 GPS 领域
	常温锂离子电池	目前商业化的锂离子电池基本丢只能在-20~45℃范围内工作

分类方式	类别	特点/说明
按电解质的状态	液态锂离子电池	电解质为有机溶剂+锂盐
	聚合物锂离子电池	聚合物的基体主要为 HFP-PVDF、PEO、PAN 和 PMMA 等
	全固态锂离子电池	还处在实验阶段
按外壳材质	钢壳锂离子电池	密封性较好
	铝壳锂离子电池	密封性较好
	铝塑膜锂离子电池	电池生产工艺简单，电池的质量比能量高
按使用领域	手机锂离子电池	目前市场容量大
	数码相机锂离子电池	对电池低温性能要求较高
	笔记本锂离子电池	目前以圆柱形为主，随着电脑薄型化的发展，近年来方形电池有取代圆柱形电池的趋势
	电动汽车锂离子电池	对电池的各型特性要求最高，目前比较热
按正极材料	钴酸锂电池	应用最广，振实密度高，比能量高，电压平台稳，但是原料贵，对环境有污染，安全性差
	锰酸锂电池	三维隧道的结构，锂离子可以可逆地从尖晶石晶格中脱嵌，不会引起结构的塌陷，因而具有优异的倍率性能和稳定性。环境友好，但能量密度低、高温性能大
	磷酸铁锂电池	比表面积大，能量密度高，循环性能好，材料批量化生产很难达到较高的一致性，低温放电性能不好
按负极材料	石墨	电导性好，结晶度高，具有良好的层状结构适合 Li 的脱嵌，容量在 300mAh/g 以上，充放电效率 90% 以上，良好的充放电平台
	软炭	结晶度低，晶粒尺寸小，与电解液相容性好，输出电压低，无明显充放电平台，不可逆容量较高，基本没商业化
	硬炭	Li 嵌入不会引起膨胀，有良好的充放电循环性能，较高的比容量，可达到 400mAh/g 以上，并且低温性能好，是理想的电动汽车电池负极材料，日本已经商业化
	钛酸锂	"零应变"材料，电位较高不会形成锂枝晶，目前研究较热，但由于胀气问题至今未得到大规模应用
	硅基	超高的比容量，但由于粉化问题，无法真正使用，仍处于实验室研究阶段

参考文献

[1] 王欢，乔庆东，李琪. 锂离子电池正极材料现状研究 [J]. 电源技术，2019，43 (11)：1887-1890.

[2] 阮丁山，李斌，毛林林，等. 钴酸锂作为锂离子正极材料研究进展 [J]. 电源技术，2020，44 (9)：1387-1390.

[3] 黄云辉．钴酸锂正极材料与锂离子电池的发展——2019 年诺贝尔化学奖解读 [J]．电化学，2019，25（5）：609-613.

[4] 闫时建，田文怀．钴酸锂晶体结构与能量关系的研究进展 [J]．电源技术，2005，29（3）：187-192.

[5] 喻济兵，裴波，侯旭，锂离子电池正极材料的研究 [J]．船电技术，2015，35（11）：40-42.

[6] 王亚平，胡淑婉，曹峰．锂离子电池正极材料研究进展 [J]．电源技术，2017，41（4）：638-640.

[7] 吴怡芳，百利锋，王鹏飞，等．锂离子电池正极材料研究 [J]．电源技术，2019，43（9）：1547-1550.

[8] 王鹏博，郑俊超．锂离子电池的发展现状及展望 [J]．自然杂志，2017，39（4）：283-289.

[9] 张克宇，姚耀春．锂离子电池磷酸铁锂正极材料的研究进展 [J]．化工进展，2015，34（1）：166-172.

[10] 杨玉梅．磷酸铁锂正极材料的研究进展与应用 [J]．中国粉体材料，2020，3：5-8.

[11] 于佳，付燕秋．正极材料磷酸铁锂的研究进展 [J]．当代化工研究，2018，12：8-9.

[12] 李春雷，解莹春，李祥飞，磷酸铁锂正极材料的制备及改性研究进展 [J]．化工新型材料，2018，46（7）：25-33.

[13] 王甲泰，赵段，马莲花，等．锂离子电池正极材料磷酸铁锂的研究进展 [J]．无机盐工业，2020，52（4）：18-22.

[14] 封志芳，肖勇，邹利华．磷酸铁锂制备方法研究进展 [J]．江西化工，2019，1：42-46.

[15] 张凯庆，谢鑫，田相军．电动汽车用磷酸铁锂材料研究进展 [J]．电池工业，2019，23（1）：50-53.

[16] 李卫，田文怀，其鲁．锂离子正极材料技术研究进展 [J]．无机盐工业，2015，47（6）：1-5.

[17] 刘霄昱．尖晶石型锰酸锂正极材料的共沉淀-微波烧成法制备及性能研究 [D]．广东：华南理工大学，2019：6-14.

[18] 张晓雨．尖晶石型锰酸锂正极材料简介 [J]．北京大学学报（自然科学版），2006，42：98.

[19] 王玲，高朋召，李冬云，等，锂离子电池正极材料的研究进展 [J]．硅酸盐通报，2013，32（1）：77-84.

[20] 何建橙，杨启奎，胡平，等．锂离子电池正极材料锰酸锂研究现状剖析 [J]．山东化工，2019，48（14）：103-104.

[21] 郭佳明，梁精龙，李慧，等．锂离子电池正极材料 $LiMn_2O_4$ 的制备方法及研究进展 [J]．化工新材料，2020，48（7）：43-51.

[22] 贺周初，庄新娟，彭爱国．锂离子电池正极材料尖晶石型锰酸锂的研究进展 [J]．精细化工中间体，2010，40（1）：7-11.

[23] 牛甲明，郑宇亭，潘保武．锂离子电池正极材料尖晶石锰酸锂的研究进展 [J]．化工新型材料，2016，44（2）：46-48.

[24] 梁莉，李琪，乔庆东，等．锂离子电池正极材料镍酸锂研究进展 [J]．无机盐化工，2007，39（9）：9-11，19.

[25] 汤宏伟，常照荣，钟发平．锂离子电池正极材料 $LiNiO_2$ 的研究进展 [J]．功能材料，2004，35（增刊）：1857-1863.

[26] 高德淑，苏光耀，肖启振，等．锂离子电池正极材料 $LiNiO_2$ 的研究进展 [J]．电池工业，2004，9（6）：300-304.

[27] 吴哲，胡淑婉，曹峰，等．镍钴锰酸锂三元正极材料的研究进展 [J]．电源技术，2018，42（7）：1079-1081.

[28] 张雪，王铨，张婷，等．锂离子电池三元正极材料的研究进展 [J]．石油和化工设备，2016，19（11）：41-43，49.

[29] 陈秋林．锂离子电池正极三元材料的研究及应用 [J]．中国粉体工业，2017，4：14-18.

[30] 韩彬．锂电池三元正极材料的最新研究进展 [J]．电源技术，2020，44（2）：285-290.

[31] 赵航，魏闯，康鑫，等．锂离子电池三元正极材料的研究进展 [J]．中国陶瓷，2020，56（5）：10-15.

[32] 袁颂东，杨灿星，江国栋，等．锂离子电池高镍三元材料的研究进展 [J]．材料工程，2019，47（10）：1-9.

[33] 陈秋林．锂离子电池三元正极材料镍钴铝酸锂（NCA）的研究进展 [J]．中国粉体工业，2017，4：23-26.

[34] 柏祥涛，班丽卿，庄卫东．高镍三元正极材料的包覆与掺杂改性研究进展 [J]．无机材料学报，2020，35（9）：972-986.

[35] 吴涛，叶嘉明，李昌明，等．镍钴锰酸锂三元正极材料的研究进展 [J]．化工新型材料，2020，48（10）：6-9，14.

[36] 阮译文，顾海涛，史海浩，等．动力锂离子电池三元正极材料 $LiNi_{1-x-y}Co_xAl_yO_2$ 研究进展 [J]．功能材料，2015，46（1）：01007-01015.

[37] 杨勇，龚正良，吴晓彪，等．锂离子电池若干正极材料体系的研究进展 [J]．科学通报，2012，57（27）：2570-2586.

[38] 陈美娟．锂离子电池正极材料 $Li_3V_2(PO_4)_3$ 存在的问题及改性研究进展 [J]．材料导报，2013，27（专辑21）：145-149.

[39] 高飞飞，王莉，戴仲葭，等．锂离子电池 Li_2MSiO_4 系正极材料研究进展 [J]．化工新型材料，2013，41（3）：6-7，16.

[40] 包丽颖，高伟，苏岳锋，等．锂离子电池硅酸盐正极材料的研究进展 [J]．科学通报，2013，58（9）：783-792.

[41] 张凯庆，凌泽，王力臻．高电压锂离子电池正极材料的研究进展 [J]．电池，2013，43（4）：235-238.

[42] 郑真真，刘倩.4V 锂离子电池正极材料磷酸锰锂的研究进展 [J]．电源技术，2015，39（12）：2768-2771.

[43] 张昌春，王启岁．锂离子电池 5V 正极材料的研究进展 [J]．材料导报，2014，28（专辑24）：216-221.

[44] 李晓侠，吴凯卓，王美，等．高电压锂离子电池正极材料的研究进展 [J]．电池工业，2018，22（5）：207-273.

[45] 高文超，潘芳芳，向德波，等．锂离子电池正极材料磷酸锰锂研究进展 [J]．电源技术，2018，42（3）：445-447.

[46] 李俊豪，冯斯桐，张圣洁，等．高性能磷酸锰锂正极材料的研究进展 [J]．材料导报，2019，33（9）：2854-2861.

[47] 徐莲花，王启昌．锂离子电池正极材料磷酸钒锂的改性研究进展 [J]．化工新型材料，2018，46（3）：49-57.

[48] 龚学萍，邹启凡，王力．高压锂离子电池正极材料 $LiCoPO_4$ 的研究进展 [J]．电池工业，2014，19（3）：148-152.

[49] 戎泽，李子坤，杨书展，等．锂离子电池用碳负极材料综述 [J]．广东化工，2018，45（2）：117-119.

[50] 王曼丽，康敏，刘杨，等．锂离子电池负极材料的发展研究 [J]．广州化工，2018，46（14）：18-19，45.

[51] 刘琪，郑德英，胡秋晨，等．锂离子电池负极材料的研究进展 [J]．陕西煤炭，2020，2：21-24，46.

[52] 刘金玉，王艳，孟玲菊，等．锂离子电池负极材料的研究现状及展望 [J]．河北民族师范学院学报，2017，37（4）：110-120.

[53] 时杰，刘庆，臧浩宇，等．石墨基锂离子电池负极材料研究进展 [J]．化工新型材料，2019，47（1）：42-46.

[54] 杜俊涛，聂毅，吕家贺，等．中间相炭微球在锂离子电池负极材料的应用进展 [J]．洁净煤技术，2020，26（1）：129-138.

[55] 高敬园．锂电池负极材料的研究进展 [J]．广东化工，2020，47（3）：115-116.

[56] 周忠仁，张英杰，董鹏，等．锂离子电池负极材料研究概述 [J]．有色设备，2020，2：7-11.

[57] 李文，白薛，魏爱佳，等．锂离子电池负极材料 $Li_4Ti_5O_{12}$ 的研究进展 [J]．电源技术，2018，42（8）：1221-1222，1236.

[58] 罗军，田刚领，张柳丽，等．钛酸锂体系锂离子电池综述 [J]．电源技术，2019，43（4）：693-695.

[59] 冯余庆，谢兴华，张良杰，等．钛酸锂负极材料的研究进展 [J]．广东化工，2019，46（2）：119-122.

[60] 游时利，方玲，许海涛，等．锂离子电池负极材料 $Li_4Ti_5O_{12}$ 的研究进展 [J]．重庆大学学报，2018，41（12）：92-100.

[61] 薛彩霞．锂离子电池负极材料 $Li_4Ti_5O_{12}$ 掺杂改性研究进展 [J]．内蒙古石油化工，2020，1：1-3.

[62] 赵丰刚．锂离子电池负极材料钛酸锂的研究分析 [J]．电子技术与软件工程，2020，212-213.

[63] 侯佼，侯春平，孟令桐，等．锂离子电池硅基负极材料的研究进展 [J]．炭素技术，2020，39（6）：1-5，20.

[64] 曹国林，苏彤，沈晓辉，等．硅基负极的研究进展及其产业化 [J]．陕西煤炭，2020，2：54-59，64.

[65] 潘雨默，牛峥，陈祥祯，等．锂离子电池硅基负极材料的研究进展 [J]．电池工业，2019，23（2）：92-100.

[66] 肖忠良，夏妮，宋刘斌，等．锂离子电池硅基负极材料研究进展 [J]．电源技术，2019，43（1）：154-157.

[67] 王丰，刘成士，张金龙，等．锂离子电池 TiO_2 负极材料的研究现状及展望 [J]．电源技术，2018，42（2）：301-303.

[68] 牛峥，孙迎辉，赵亮．锂离子电池负极材料 TiO_2 改性的研究进展 [J]．电池工业，2019，23（6）：319-326.

[69] 闵永刚，陈妙玲，黄兴文，等．金属硫化物作为锂离子电池负极材料研究进展 [J]．功能材料，2020，51（12）：12001-12008.

[70] 廖红英，李冰川，孟蓉，等．锂离子电池先进电解液 [J]．新材料产业，2012，10：37-40.

[71] 丁祥欢．商用锂离子电池电解液研发新进展 [J]．新材料产业，2013，10：22-25.

[72] 唐子威，侯旭，裴波，等．锂离子电池电解液研究进展 [J]．船电技术，2017，37（6）：14-19.

[73] 储健，虞鑫海，王丽华．国内外锂离子电池隔膜的研究进展 [J]．合成技术及应用，2020，35（2）：24-29.

[74] 秦颖，徐康丽，邓霁霞，等．锂离子电池隔膜的研究进展 [J]．产业用纺织品，2019，37（4）：1-6.

[75] 徐佳军，潘捷苗，陈亮，等．先进隔膜材料在锂离子电池中的研究进展 [J]．高分子通报，2020，12：63-73.

[76] 鲁成明，虞鑫海，王丽华．国内外锂离子电池隔膜的研究进展 [J]．电池工业，2019，23（2）：101-105.

[77] 封志芳，肖勇，温旭明，等．锂离子电池隔膜技术研究进展 [J]．江西化工，2019，1：10-15.

[78] 张恒，甄琪，崔国士，等．动力锂离子电池隔膜材料的研究进展 [J]．绝缘材料，2018，51（11）14-20.

[79] 张焱，董浩宇，刘杲珺，等．动力锂离子电池复合隔膜研究进展 [J]．中国塑料，2018，32（5）：15-27.

[80] 刘松，侯红英，胡文，等．锂离子电池集流体的研究进展 [J]．硅酸盐通报，2015，34（9）：2562-2568.

[81] 孙仲振．锂离子电池集流体的研究进展 [J]．云南化工，2020，47（8）：11-14.

[82] 朱伟伟，张建，刘一凡，等．先进锂离子电池用黏结剂介绍 [J]．浙江化工，2020，51（10）：26-32.

[83] 陈祥祯，唐佳易，孙迎辉，等．硅基硅基锂离子电池新型黏结剂的研究进展 [J]．电池工业，2020，24（2）：94-101.

[84] 郭京龙，程琦，曹元成．黏结剂在锂离子电池负极材料的研究进展 [J]．功能材料与器件学报，2017，23（5）：142-147.

[85] 邵丹，王媛，唐贤文，等．锂离子电池用新型黏结剂研究进展 [J]．化工新型材料，2018，46（11）：252-255.

[86] 岳丽萍，韩鹏献，姚建华，等．锂离子电池硅基负极黏结剂研究进展 [J]．电池工业，2017，21（1）：31-44.

[87] 王晓钰，张渝，马磊，等．锂离子电池硅基负极黏结剂发展现状 [J]．化学学报，2019，77：24-40.

[88] GB/T 36943—2018．电动自行车用锂离子蓄电池型号命名与标志要求．

[89] IEC 61960-2011. Secondary cells and batteries containing alkaline or other non-acidelectrolytes-Secondary lithium cells and batteries for portable applications.

[90] 苏来锁．多应力作用下能量型锂离子电池的老化行为研究 [C]．清华大学，2016.

[91] 陈瑶．基于改进粒子滤波的锂离子电池剩余寿命预测研究 [C]．江苏大学，2020.

[92] 黄海江．锂离子电池安全性研究及影响因素分析 [C]．中国科学院，2005.

[93] 倪欣．电动汽车锂离子电池管理系统设计 [C]．浙江科技学院，2021.

[94] 肖瑶．锂离子电池 SOC 估计和循环寿命预测方法研究 [C]．电子科技大学，2020.

[95] https：//wenku．baidu．com/view/46cc3313561252d380eb6e9a．html.

第<big>3</big>章 锂离子电池主要标准及性能参数

3.1 国内主要标准

近年来，我国在锂离子电池的标准制定和应用方面取得了很大的进步，除了积极制定、更新相关锂离子电池的检测标准外，我国锂离子电池相关的标准体系也在逐渐完善，正逐步缩小与国外锂离子电池标准的差距。

目前，国内涉及锂离子电池的标准数量众多，主要分为国家标准和行业标准两个大类。国家标准由国家标准化管理委员会发布，是综合参考、借鉴、采用国际标准化组织（ISO）和国际电工委员会（IEC）的相关标准而制定出的符合我国发展的锂离子电池标准。行业标准是针对我国现阶段锂离子电池的技术水平，在已有国家标准的基础上综合参考美国、日本等发达国家的相关标准而制定出的锂离子电池行业的相关标准。

国内锂离子电池相关的主要标准，如表 3-1 所示。

表 3-1　国内锂离子电池相关的主要标准

序号	标准号	标准名称	标准类别
1	GB 31241—2014	便携式电子产品用锂离子电池和电池组安全要求	国家标准
2	GB/T 18287—2013	移动电话用锂离子蓄电池及蓄电池组总规范	国家标准
3	GB/T 31484—2015	电动汽车用动力蓄电池循环寿命要求及试验方法	国家标准
4	GB 38031—2020	电动汽车用动力蓄电池安全要求	国家标准
5	GB/T 31486—2015	电动汽车用动力蓄电池电性能要求及试验方法	国家标准
6	GB/T 31467.1—2015	电动汽车用锂离子动力蓄电池包和系统第 1 部分：高功率应用测试规程	国家标准

序号	标准号	标准名称	标准类别
7	GB/T 31467.2—2015	电动汽车用锂离子动力蓄电池包和系统第2部分:高能量应用测试规程	国家标准
8	GB/Z 18333.1—2001	电动道路车辆用锂离子蓄电池	国家标准
9	GB/T 36672—2018	电动摩托车和电动轻便摩托车用锂离子电池	国家标准
10	GB/T 36972—2018	电动自行车用锂离子蓄电池	国家标准
11	QB/T 2947.3—2008	电动自行车用蓄电池及充电器第3部分:锂离子蓄电池及充电器	行业标准
12	QB/T 2502—2000	锂离子蓄电池总规范	行业标准
13	GB/T 34131—2017	电化学储能电站用锂离子电池管理系统技术规范	国家标准
14	GB/T 36276—2018	电力储能用锂离子电池	国家标准

3.2 国外主要标准

3.2.1 国际主要标准

国际上,进行标准化相关领域工作的组织机构有很多,最为权威的标准化组织机构是国际标准化组织(ISO)和国际电工委员会(IEC),这些组织机构针对锂离子电池、铅酸蓄电池、碱性蓄电池和燃料电池制定了一系列标准,为世界上许多国家采用和借鉴。根据锂离子电池安全运输领域的需要,联合国危险货物运输专家委员会也制定了相关的锂离子电池运输安全标准,并得到国际上的广泛应用。

国际标准化组织(International Organization for Standardization,ISO)是标准化领域中的一个国际性非政府组织。ISO成立于1947年,其日常办事机构是中央秘书处,设在瑞士日内瓦,ISO是世界上最大的非政府性标准化专门机构,现有165个成员(包括国家和地区),中国是ISO的常任理事国之一。ISO负责当今世界上绝大部分领域(包括军工、石油、船舶等垄断行业)的标准化活动,其通过2856个技术结构开展技术活动,其中技术委员会(SC)共611个,工作组(WG)2022个,特别工作组38个。ISO的宗旨是"在世界上促进标准化及其相关活动的发展,以便于商品和服务的国际交换,在智力、科学、技术和经济领域开展合作。"

国际电工委员会(International Electrotechnical Commission,IEC)是一个国际性的标准化组织,它由所有IEC国家委员会组成。IEC成立于1906年,其总部位于瑞士日内瓦,它是世界上成立最早的国际性电工标准化机构,负责有关电气工程和电子工程领域中的国际标准化工作。IEC依照与ISO之间的协定规定的条件与ISO组织密切合作。IEC的宗旨是促进电工、电子和相关技术领域有关电工标准化等所有问题上(如标准的合格评定)的国际合作。该委员会的目标是:有效满足全球市场的需求;保证在全球范围内优先并最大程度地使用其标准和合格评定计划；评定并提高其标准所涉及的产品质量和服务质量；为共同使用复杂系统创造条件；提高工业化进程的有效性；保障人类健康和安全；保护环境。

目前，关于锂离子电池的国际主要标准，如表 3-2 所示。

表 3-2　国际锂离子电池主要标准

序号	标准号	标准名称	标准类别
1	ISO 12405-1—2011	Electrically propelled road vehicles—Test specification for lithium-ion traction battery packs and systems—Part 1： High power applications 电动道路车辆：锂离子动力电池包和系统的试验规范　第 1 部分：高功率应用	ISO 国际标准
2	ISO 12405-2—2012	Electrically propelled road vehicles—Test specification for lithium-ion traction battery packs and systems—Part 2： High energy applications 电动道路车辆：锂离子动力电池包和系统的试验规范　第 2 部分：高能量应用	ISO 国际标准
3	ISO 12405-3—2014	Electrically propelled road vehicles—Test specification for Lithium-ion traction battery packs and systems—Part 3： Safety performance requirements 电动道路车辆：锂离子动力电池包和系统的试验规范　第 3 部分：安全性能要求	ISO 国际标准
4	ISO 6469-1—2019	Electrically propelled road vehicles—Safety specifications Part 1： Rechargeable energy storage system 电动道路车辆安全要求　第 1 部分：可再充能量储存系统	ISO 国际标准
5	IEC 62133-2—2017	Secondary cells and batteries containing alkaline or other non-acid electrolytes—Safety requirements for portable sealed secondary cells， and for batteries made from them， for use in portable applications—Part 2： Lithium systems 含碱性或其他非酸性电解质的蓄电池和蓄电池组：用于便携式密封蓄电池和电池组的安全性要求　第 2 部分：锂电池	IEC 国际标准
6	IEC 61960-3—2017	Secondary cells and batteries containing alkaline or other non-acid electrolytes—Secondary lithium cells and batteries for portable applications—Part 3： Prismatic and cylindrical lithium secondary cells， and batteries made from them 含碱性或其他非酸性电解质的蓄电池和蓄电池组：便携式产品用锂蓄电池和电池组　第 3 部分：方形和圆柱形锂蓄电池及其制成的蓄电池组	IEC 国际标准
7	IEC 62619—2017	Secondary cells and batteries containing alkaline or other non-acid electrolytes—Safety requirements for secondary lithium cells and batteries, for use in industrialapplications 含碱性或其他非酸性电解质的蓄电池和蓄电池组：工业设备用锂蓄电池和电池组的安全性要求	IEC 国际标准
8	IEC 62620—2014	Secondary cells and batteries containing alkaline or other non-acid electrolytes—Secondary lithium cells and batteries for use in industrial applications 含碱性或其他非酸性电解质的蓄电池和蓄电池组：工业设备用锂蓄电池和电池组	IEC 国际标准

序号	标准号	标准名称	标准类别
9	IEC 62660-1—2010	Secondary lithium-ion cells for the propulsion of electric road vehicles—Part 1: Performance testing 电动道路车辆用二次锂离子电池 第1部分：性能试验	IEC 国际标准
10	IEC 62660-2—2010	Secondary lithium-ion cells for the propulsion of electric road vehicles—Part 2: Reliability and abuse testing 电动道路车辆用二次锂离子电池 第2部分：可靠性和滥用试验	IEC 国际标准
11	IEC 62660-3—2016	Secondary lithium-ion cells for the propulsion of electric road vehicles—Part 3: Safety requirements 电动道路车辆用二次锂离子电池 第3部分：安全要求	IEC 国际标准
12	IEC 62281—2016	Safety of primary and secondary lithium cells and batteries during transport 运输途中原电池和二次锂电池及蓄电池组的安全性	IEC 国际标准
13	IEC 62485-2—2018	Safety requirements for secondary batteries and battery installations—Part 2: Stationary batteries 蓄电池组和蓄电池装置安全性要求 第2部分：稳流蓄电池	IEC 国际标准
14	IEC 62485-3—2014	Safety requirements for secondary batteries and battery installations—Part 3: Traction batteries 蓄电池组和蓄电池装置安全性要求 第3部分：牵引蓄电池	IEC 国际标准
15	IEC 61959—2008	Secondary cells and batteries containing alkaline or other non-acid electrolytes—Mechanical tests for sealed portable secondary cells and batteries 含碱性或其他非酸性电解质的蓄电池和蓄电池组：密封的便携式蓄电池和蓄电池组的机械试验	IEC 国际标准
16	UN 38.3	Recommendations on the transport of dangerous goods: manual of tests and criteria Section 38.3 关于危险货物运输的建议书——试验和标准手册 第3部分38.3节	联合国标准

3.2.2 美国主要标准

美国作为世界上经济、工业最为发达的国家，依靠自身雄厚的工业实力，结合了国际标准化组织（ISO）和国际电工委员会（IEC）的锂离子电池相关标准，建立了美国的锂离子电池标准体系。

在美国锂离子电池标准体系中，有三个具有影响力的组织机构，分别是：美国保险商实验室（UL）、美国电气与电子工程师协会（IEEE）、美国汽车工程师学会（SAE）。这些组织机构在锂离子电池的设计、制造、检测、安装、验收等各个环节都有相应的并且比较详细的标准予以规范和指导，其制定的锂离子电池相关标准具有较高的认可度。

美国保险商实验室（Underwriter Laboratories，UL）是世界上最大的从事安全试验和鉴定的民间机构之一。1894年，UL成立于芝加哥，在100多年的发展过程中，其自身形成了一套严密的组织管理体制、标准开发和产品认证程序。UL是世界上从事安全检验和鉴定最有声誉的民间机构，也是美国最有权威的安全检验机构。其不以营利为目的，在从事公共安全检验和在安全标准的基础上经营安全证明业务，其目的是使市场上得到安全的商品，使消费者的人身健康和财产安全得到保证。

美国电气与电子工程师协会（Institute of Electrical and Electronics Engineers，IEEE）是一个国际性的电子技术与信息科学工程师的协会，也是目前全球最大的非营利性专业技术学会。IEEE 由美国电气工程师协会和无线电工程师协会于 1963 年合并而成，总部位于美国纽约，在全球拥有 43 万多名会员。IEEE 致力于电气、电子、计算机工程和与科学有关的领域的开发和研究，在太空、计算机、电信、生物医学、电力及消费性电子产品等领域已制定了许多类别的行业标准，现已发展成为具有较大影响力的国际学术组织。

美国汽车工程师学会（Society of Automotive Engineers，SAE）是美国及世界汽车工业（包括航空和海洋）有重要影响的学术团体。SAE 每年都会推出大量的标准资料、技术报告、参数（工具）书籍和特别出版物，建有庞大的数据库。其标准化工作，除汽车制造业外，还包括飞机、航空系统、航空器、农用拖拉机、运土机械、筑路机械以及其他制造工业用的内燃机等。SAE 所制定的标准不仅在美国国内被广泛采用，而且被国际上许多国家工业部门和政府机构在编制标准时作为依据，为国际上许多机动车辆技术团体广泛采用，美国及其他许多国家在制定其汽车技术法规时，也在许多技术内容或环节上常常引用 SAE 标准，成为国际上最著名的标准体系之一。

目前，关于锂离子电池的美国主要标准，如表 3-3 所示。

表 3-3　美国锂离子电池主要标准

序号	标准号	标准名称	标准类别
1	UL 1642—2020	Lithium batteries 锂电池	美国保险商实验室标准
2	UL 2054—2011	Household and commercial batteries 家用及商业电池	美国保险商实验室标准
3	UL 2580—2013	Batteries for use in electric vehicles 电动汽车用电池	美国保险商实验室标准
4	UL 2575—2012	Lithium ion battery systems for use in electric power tool and motor operated, heated and lighting appliances 电力工具和电动、加热和照明器具中使用的锂离子电池系统	美国保险商实验室标准
5	IEEE 1625—2009	Rechargeable batteries for multi-cell mobile computing devices 移动计算机用可充电蓄电池	美国电气及电子工程师学会标准
6	IEEE 1725—2011	Rechargeable batteries for cellular telephones 移动电话用可充电蓄电池	美国电气及电子工程师学会标准
7	SAE J240—2012	Life test for automotive storage batteries 汽车蓄电池的寿命试验	美国机动车工程师学会标准
8	SAE J537—2016	Storage batteries 蓄电池组	美国机动车工程师学会标准

序号	标准号	标准名称	标准类别
9	SAE J2288—2008	Life cycle testing of electric vehicle battery modules 电动车辆电池模块组的寿命循环测试	美国机动车工程师学会标准
10	SAE J2289—2008	Electric drive battery pack system: functional guidelines 电力驱动电池组系统功能指南	美国机动车工程师学会标准
11	SAE J2380—2009	Vibration testing of electric vehicle batteries 电动车蓄电池的振动测试	美国机动车工程师学会标准
12	SAE J2464—2009	Electric and hybrid electric vehicle rechargeable energy storage system（RESS）safety and abuse testing 电动和混合动力电动汽车可再充能量储存系统的安全和滥用性测试	美国机动车工程师学会标准
13	SAE J2929—2013	Electric and hybrid vehicle propulsion battery system safety standard-lithium-based rechargeable cells 电动车和混合动力车电池系统安全标准：锂基可充电电池	美国机动车工程师学会标准

3.2.3 日本主要标准

日本作为世界上经济、工业比较发达的国家之一，依靠本国多年的技术积累，结合其发展需要，借鉴国际标准化组织（ISO）和国际电工委员会（IEC）的锂离子电池相关标准，制定了一系列锂离子电池相关的国家标准，即日本工业标准（JIS）。此外还针对锂离子电池、铅酸蓄电池、碱性蓄电池和燃料电池，涉及其容量、功率密度、充电效率、尺寸构造和寿命等，建立了较严密的标准体系。

日本工业标准（Japanese Industrial Standards，JIS）是日本国家级标准中最重要、最权威的标准，由日本工业标准委员会（JISC）负责相关的制定工作。根据日本工业标准化法的规定，JIS 标准对象除对药品、农药、化学肥料、蚕丝、食品以及其他农林产品制定有专门的标准或技术规格外，还涉及各个工业领域。

目前，关于锂离子电池的日本主要标准，如表 3-4 所示。

表 3-4 日本锂离子电池主要标准

序号	标准号	标准名称	标准类别
1	JIS C 8513—2015	Safety of primary lithium batteries 一次锂电池的安全性	日本标准
2	JIS C 8711—2019	Secondary cells and batteries containing alkaline or other non-acid electrolytes—Secondary lithium cells and batteries for portable applications 含碱性或其他非酸性电解质的二次电池和蓄电池便携设备用二次电池和蓄电池	日本标准
3	JIS C 8712—2015	Safety requirements for portable sealed secondary cells, and for batteries made from them, for use in portable applications 便携设备用便携式密封二次电池及由其制成的蓄电池的安全要求	日本标准

序号	标准号	标准名称	标准类别
4	JIS C 8713—2006	Secondary cells and batteries containing alkaline or other non-acid elec-trolytes—Mechanical tests for sealed portable secondary cells and batteries 包括碱性或其他非酸性电解液的二次电池和蓄电池密封便携式二次电池和蓄电池的机械试验	日本标准
5	JIS C 8714—2007	Safety tests for portable lithium ion secondary cells and batteries for use in portable electronic applications 便携式电子设备用便携型锂离子电池和电池组的安全测试	日本标准
6	JIS C 8715-2：2019	Secondary lithium cells and batteries for use in industrial applications—Part 2：Tests and requirements of safety 工业设备用二次锂电池和电池组　第2部分：试验和安全要求	日本标准

3.3 主要标准解读

3.3.1 国家标准 GB 31241—2014《便携式电子产品用锂离子电池和电池组安全要求》解读

2014 年 12 月 5 日，国家质量监督检验检疫总局（现称国家市场监督管理总局）、国家标准化管理委员会批准发布了国家标准 GB 31241—2014《便携式电子产品用锂离子电池和电池组安全要求》，并于 2015 年 8 月 1 号正式实施。作为我国锂离子电池和电池组的首个强制性国家标准，GB 31241—2014 的发布备受锂离子电池领域各方的高度关注。随着该标准的强制实施，对于提高锂离子电池安全质量水平，提升电子产品的安全性和消费者安全保障水平，优化锂电池产品的材料、工艺、设计和管理，促进锂离子电池行业良性健康发展等方面都有着重要的意义。

3.3.1.1 标准中主要定义解析

国家标准 GB 31241—2014 的适用范围是便携式电子产品锂离子电池和电池组。便携式电子产品在标准中定义为不超过 18kg 的预定可由人员经常携带的移动式电子产品，明确提出了便携式电子产品的重量限制，目前电子产品主要包括：音视频设备、信息技术设备、通信技术设备和测量控制设备。

国家标准 GB 31241—2014 规定了正常使用条件、可预见的误用（或滥用）条件下的锂离子电池的安全要求。标准涉及的人身安全是针对维修人员和使用人员。维修人员是指电子产品及其电池的维修人员（具备一定的专业技能），使用人员是指除维修人员以外的所有人员，如普通用户、运输人员、销售人员等。在标准范围内锂离子电池和电池组导致的危险是指直接引起人身财产安全的起火、爆炸和过热危险。此外，漏液也是标准考虑的危险。

锂离子电池（lithium ion cell）指含有锂离子的能直接将化学能转化为电能的装置。该装置包括电极、隔膜、电解质、容器和端子等，并被设计成可充电。从定义可以看出，锂离子电池为最基本的电化学单元，可以一个或多个串联或并联，也是行业内俗称的电芯。

锂离子电池组（lithium ion battery）指由任意数量的锂离子电池组合而成准备使用的组合体。该组合体包括适当的封装材料、连接器，也可能含有电子控制装置。从定义可以看出，锂离子电池组是可以准备直接使用的成品电池组。

同时，也定义了用户可更换型电池组（user replaceable battery）（即应用于便携式电子产品中且允许用户直接更换的锂电池组）和非用户可更换电池/电池组（non-user replaceable cell/battery）（即内置于便携式电子产品中且不允许用户直接更换的锂离子电池或电池组）。本标准中针对这两种类型的电池和电池组有不同的测试项目和送样要求，因此需要准确区分电子产品中锂离子电池和电池组的更换方式。

3.3.1.2 标准中送样要求

国家标准 GB 31241—2014 中要求，锂离子电池样品在进行该标准测试前，要先进行两个充放电循环，其实际容量必须大于或等于其额定容量。

每个试验项目如无特殊说明均需 3 个样品。根据锂离子电池和电池组的更换方式和保护方式不同，样品数量要求和测试章节也不同，各种类型电池和电池组的测试章节及送样如表 3-5 所示。

表 3-5　各种类型锂离子电池和电池组的测试章节及送样

项目	保护方式	是否多级串联	电池	测试章节	电池组	测试章节
用户可更换型	自身带保护板	多级串联	—	—	42pcs	8、9、10、12
		非多级串联	—	—	39pcs	8、9、10
	充电器或电子产品提供保护	多级串联	—	6、7、11、12	36pcs+ 1pcs 整机	8、9、11、12
		非多级串联	27pcs+ 4pcs 整机	6、7、11	33pcs+ 1pcs 整机	8、9、11
非用户可更换型	自身带保护板	多级串联	—	—	42pcs	8、9、10、12
		非多级串联	—	—	39pcs	8、9、10
	充电器或电子产品提供保护	多级串联	—	6、7、8、11、12	36pcs+ 1pcs 整机	8、9、11、12
		非多级串联	27pcs+ 6pcs 整机	6、7、8、11	33pcs+ 1pcs 整机	8、9、11

注：表中提及 "测试章节" 对应标准 GB 31241—2014 中的章节。

3.3.1.3 锂离子电池和电池组的一般安全要求

国家标准 GB 31241—2014 中的第 5 章介绍了对锂离子电池和电池组一般安全要

求，标准对标识和警示说明、规格书以及安全关键元器件都有相应的要求。相比于以往发布的电池国家标准，国家标准 GB 31241—2014 的要求严格很多。标识和警示说明的要求为：电池的本体上必须标注产品名称、型号、额定容量、充电限制电压、正负极性、制造商或商标，电池本体或最小包装必须有中文警示说明，且标识和警示说明必须通过耐久性测试。

锂离子电池规格书上必须有安全工作参数，包括温度范围、电压范围和电流范围等参数，这些参数是电池安全工作条件也是在该标准的电池和电池组的安全测试的关键参数。所以锂电池厂商必须根据产品特性如实提供相关安全工作参数，避免出现虚标参数而导致测试不通过的情况。

锂电池和电池组的安全关键元器件（起保护作用的元器件），如正温度系数热敏电阻 PTC、热熔断体等应符合该标准的相关测试要求，或者符合有关元器件的国家标准、行业标准或其他规范中与安全有关的要求。所以，锂电池厂商尽量选取已经获得相关认证或通关相关检测的关键元器件，以提高该标准的测试通过率。

3.3.1.4 标准中电安全、环境安全、保护电路和系统保护电路试验

（1）锂电池电安全试验和环境安全试验

国家标准 GB 31241—2014 中的第 6 章是锂电池电安全试验，包括常温外部短路、高温外部短路、过充电和强制放电四个测试项目。国家标准 GB 31241—2014 中的第 7 章是电池环境安全试验，包括低气压、温度循环、振动、加速度冲击、跌落、挤压、重物冲击、热滥用和燃烧喷射九个测试项目。这些试验项目与锂电池的现行主流标准的相关试验方法和试验条件基本相同，都是针对锂电池的常规安全试验。

（2）锂电池组环境安全试验

国家标准 GB 31241—2014 中的第 8 章是锂电池组环境安全试验，包括低气压、温度循环、振动、加速度冲击、跌落、应力消除、高温使用、洗涤和阻燃要求等九项试验项目。

其中，洗涤试验是该标准独有的一项试验，模拟手持式电子产品或置于衣物口袋中携带的电子产品随衣物一同在洗衣机中洗涤的情况。该试验对锂电池组安全性能要求较为苛刻，也是一项颇具争议的试验。很多厂商担心无法通过该项试验，但是该标准也有说明如果在电池本体增加相关警示说明如"电池浸水后禁止使用"，可以免做该项测试。因此，增加警示说明应该是确保通过该项试验最简单有效的方式。消费者在首次购买产品时需仔细阅读产品规格书和使用说明。一般而言，除非特别用途的产品用锂离子电池，否则严禁将电池放入清洁器具中洗涤。

阻燃要求是针对充电限制电压和最大充电电流或最大放电电流的乘积超过 15VA 的电池组，其外壳、PCB 板、导线和绝缘材料都要采用相应等级的阻燃材料。

阻燃材料的 V-0、V-1、V-2 级燃烧特性是按照 GB/T 5169.16 中的试验方法（50W 水平与垂直火焰试验方法）进行测试，主要考查样品的燃烧时间和燃烧滴落物。导线阻燃性的试验方法则是采用 GB/T 5169.5 针焰试验方法并做了部分修改进行测试。锂电池组的绝缘材料包括了绝缘塑套、包封料（如高温胶带、封边胶带、胶布）包封

胶、滴胶系列、绝缘纸、牛皮纸、橡胶发泡制品（如 EVA 泡棉胶带、绝缘漆等），所有绝缘材料均应满足标准对绝缘材料要求的阻燃等级。

（3）锂电池组电安全试验

国家标准 GB 31241—2014 中的第 9 章是针对锂电池组电安全试验，包括过压充电、过流充电、欠压放电、过载、外部短路、反向充电和静电放电七项试验项目。主要模拟电池组在滥用和错误使用下，其安全性能如何，电池组是否出现起火、爆炸、漏液等安全问题。

第 9 章的测试对象比较特殊，只适用于自身带有保护电路的电池组，不适用于自身不带有保护电路但在其充电器或由其供电的电子产品中带有保护电路的电池组。而且对于自身带有保护电路的电池组，如果其保护电路可以通过第 10 章电池组保护电路安全要求的测试，那么进行该章的测试可以保留保护电路。如果不能通过第 10 章测试，则进行该章测试时必须移除保护电路。所以，如果是带保护板测试，这些测试相比不带保护板测试而言是容易通过的。

其中，静电试验主要是检测电池保护板是否能经受住静电的检验。电池不接地线，被测电池不能如 I 类电气设备自行放电；若在下一个静电放电脉冲施加前电荷未消除，被测电池上的电荷累积可能使电压为预期试验电压的两倍；经过几次静电放电累积，被测物可能充电至异常高，然后以高能量在绝缘击穿电压处放电。为模拟单次静电放电（气隙放电或接触放电），在施加每个静电放电脉冲之前应消除被测电池上的电荷。

（4）锂电池组保护电路安全要求

国家标准 GB 31241—2014 中的第 10 章只适用于自身带有保护电路的用户可更换型电池组，主要考查保护电路的可靠性，因此，该章的测试对象可以是带保护电路的电池组，也可以是电池组的保护电路。保护电路主要采用熔断器作为过流保护器件，可保护锂离子充电电池在充电或放电过程中的大电流及短路而造成电池的损害。进行此类试验，当保护板失去保护功能时，电池有爆炸的危险，因此应于防爆试验环境下进行此类试验。

第 10 章包括过压充电保护、过流充电保护、欠压放电保护、过载保护、短路保护以及耐高压六项测试项目。前五项测试是样品分别进行过压充电、过流充电、欠压放电、过流放电以及短路，相关保护电路动作后静止 1min，以此为一个循环。共循环500 次，每次循环相关保护电路应都有动作。耐高压是样品施加一个较高电压，恒压充电 24h，保护板应仍能动作并且禁止充电。

（5）系统保护电路安全要求

国家标准 GB 31241—2014 中的第 11 章试验适用于自身不带保护电路但在其充电器或由其供电的电子产品（含其配件）中带有保护电路的电池组或电池。

第 11 章的试验样品为由上述电池或电池组供电的电子产品，并且是在取出电池或电池组的状态下进行。第 11 章包括充电电压控制、充电电流控制、放电电压控制、放电电流控制以及充放电温度控制五项测试项目。分别测试电子产品在正常工作条件以及单一故障条件下，其输出的充电电压、输出的充电电流、放电的最低电压、放电的最大电流以及充放电停止时的温度。并要求均不能超过电池制造商提供的规定值。

3.3.2 国家标准 GB/T 18287—2013《移动电话用锂离子蓄电池及蓄电池组总规范》解读

2013 年 7 月 19 日，国家质量监督检验检疫总局、国家标准化管理委员会批准发布了国家标准 GB/T 18287—2013《移动电话用锂离子蓄电池及蓄电池组总规范》，国家标准 GB/T 18287—2013 取代旧版 GB/T 18287—2000 标准，并于 2013 年 9 月 15 日正式实施。相对于旧版标准，国家标准 GB/T 18287—2013 中对移动电话用锂离子蓄电池及电池组的测试方法和检验手段进行了较大修改。

国家标准 GB/T 18287—2013 的出台对于提高移动电话用锂离子蓄电池及蓄电池组产品的安全性有着重大的意义。手机生产企业遵循这些标准来生产，就能保证产品的质量安全。监管部门按照这些标准对市场流通环节的相关产品进行监管抽查，也会起到督促企业生产出质量合格，安全耐用的产品的作用。

3.3.2.1 标准中适用范围

国家标准 GB/T 18287—2013 的适用范围：适用于移动电话用锂离子蓄电池及蓄电池组，其他移动通信终端产品用锂离子电池及电池组可参照执行。例如手机电池、平板电脑电芯、可穿戴式设备用电池、移动智能终端用电池及各种移动电源等。相对于旧版标准，这个变化使标准适用范围从手机电池扩大至移动通信类产品，对于移动电源类产业发展有规范和促进的作用。

3.3.2.2 标准中术语和定义

国家标准 GB/T 18287—2013 中的锂离子蓄电池和蓄电池组已经被明确区分开，其他术语如参考试验电流、泄漏、起火等术语和定义参照了国际通用标准，符合目前国内锂离子行业的需求。主要术语和定义包括：

蓄电池（cell）：直接将化学能转化为电能的基本单元装置，包括电极、隔膜、电解质、外壳和极端等，并被设计成可充电。

蓄电池组（battery）：由一个或多个蓄电池及附件组合而成的组合体，并可以直接作为电源使用。

参考试验电流（reference test current）：参考试验电流用 I_tA 表示，$I_tA = C_5Ah/1h$。

恢复容量（recovery capacity）：根据制造商的要求，在规定的温度、时间下存储一段时间，电池或电池组放电后进行充电，并再次放电的容量。

泄漏（leakage）：电解质、气体或其他物质从电池中意外逸出。

泄气（venting）：电池或电池组中内部压力增加时，气体通过预先设计好的防爆装置释放出来。

破裂（rupture）：由于内部或外部因素引起电池外壳或电池组壳体的机械损伤，导致内部物质暴露或溢出，但没有喷出。

起火（fire）：电池或电池组有可见火焰。

爆炸（explosion）：电池或电池组的外壳猛烈破裂导致主要成分抛射出来。

3.3.2.3　标准中试验环境条件

国家标准 GB/T 18287—2013 中的试验环境温度要求是 20℃±5℃。相对湿度的总要求，从旧版的"45％～75％"改为"不大于 75％"。这是考虑在现实环境中低于 45％的相对湿度未对电池测量结果造成影响，所以对湿度的要求放宽了。

国家标准 GB/T 18287—2013 在具体项目中（主要集中在电性能测试项目），例如：不同电流放电、高低温放电、荷电保持、循环寿命等，都要求环境温度为 23℃±2℃。这是考虑到电池的电性能测试结果受环境温度的影响比较大。在环境温度上要求严格，有利于减小温度对测试结果的影响。

3.3.2.4　标准中主要的试验项目

国家标准 GB/T 18287—2013 相比旧版标准，在试验内容和技术上主要有以下几个方面的变化：对低温放电、自由跌落、循环寿命、过充电保护、重物冲击、热滥用、过充电、短路等检验项目进行了修改，取消了碰撞试验，增加了 ESD（静电放电）、内阻、低气压、高温下模制壳体应力、强制放电、机械冲击、温度循环等试验项目。

（1）低温放电

国家标准 GB/T 18287—2013 中试验的主要内容为：锂电池或电池组按规定充电，将电池或电池组放入 $-10℃±2℃$ 的低温箱中恒温 4h 后，以 $0.2I_t$A 电流放电至终止电压，放电时间应不低于 3h。

国家标准 GB/T 18287—2013 中取消了 $-20℃$ 低温放电测试，统一进行 $-10℃$ 低温放电测试，且低温的保持时间从 16～24h 缩短到 4h，提高了测试效率。

（2）循环寿命

国家标准 GB/T 18287—2013 中试验的主要内容为：循环寿命试验应在 23℃±2℃的环境温度下进行，试验过程中，每 50 次循环做一次容量检查，电池或电池寿命以 50的倍数表示，步骤按标准中表 1 进行。重复进行 1～50 次循环，充放电之间搁置 0.5～1h，直至任一个第 50 次循环放电时间低于 3h 时，按照第 50 次循环的规定再进行一次循环，如果放电时间仍然低于 3h 时，则认为寿命终止。电池的循环寿命应不低于 400次，电池组的循环寿命应不低于 300 次。

国家标准 GB/T 18287—2013 的循环寿命项目区分了电池和电池组。电池和电池组的循环寿命要求分别为 400 次和 300 次。寿命测试方法从旧版标准的 $1I_t$ 充放电改成新标准的 50 次充放电一个大循环，用 $0.2I_t$ 放电一次。

（3）内阻

电池内阻是电池测试时常用的检测项目，大部分内阻测试仪都是对电池的交流内阻进行测量。国家标准 GB/T 18287—2013 对电池组的交流内阻提出了要求，并列出测试方法，标准的内阻项目参照了 IEC 61960 国际标准中交流内阻测试的方法。

国家标准 GB/T 18287—2013 中试验的主要内容为：电池组的内阻一般用交流法进

行测试。在试验之前，电池组应当以 $0.2I_tA$ 放电至终止电压。电池组按照 5.3.2.1 规定充电后，在 23℃±2℃ 的环境温度下搁置 1～4h。电池组应当在 23℃±2℃ 的环境温度下测量内阻。在 23℃±2℃ 的环境温度下，在频率为 1.0kHz±0.1kHz 时，测量 1～5s 内的电压有效值 U_a 和电流有效值 I_a，交流内阻阻值为：

$$R_{ac}=U_a/I_a$$

式中　R_{ac}——交流内阻阻值，Ω；

　　　I_a——交流电流有效值，A；

　　　U_a——交流电压有效值，V。

电池组的内阻应不大于制造商的规定。

（4）静电放电（ESD）

锂离子电池在组合后配有保护板，用来保证电池安全使用。静电放电有可能对电池组中的元件造成损害。国家标准 GB/T 18287—2013 对电池组的 ESD 测试提出了要求，标准的 ESD 项目参照了 IEC 61960 国际标准中静电放电项目。

国家标准 GB/T 18287—2013 中试验的主要内容为：静电放电试验测试电池组在静电放电下的承受能力。按 GB/T 17626.2 的规定对电池组每个端子或者电路板的输出端子进行 ±4kV 接触放电测试各 5 次和 ±8kV 空气放电测试各 5 次，每两次放电测试之间间隔 1min。电池组所有功能正常。

（5）自由跌落

国家标准 GB/T 18287—2013 的自由跌落项目区分了锂电池和电池组，增加了对跌落后开路电压的要求。其中锂电池跌落的跌落面材料从硬木板变成了混凝土板。锂电池组的跌落高度为 1.5m，区别于电池的 1m。

国家标准 GB/T 18287—2013 中试验的主要内容为：锂电池或电池组按规定充电，搁置 1～4h 后进行测试。

① 将锂电池按 1m 的跌落高度自由落体跌落于混凝土板上。电池每个面各跌落一次，共进行 6 次试验。

② 将锂电池组按 1.5m 的跌落高度自由落体跌落于混凝土板上。电池组每个面各跌落一次，共进行 6 次试验。

自由跌落试验后，开路电压应不低于 90% 的初始电压，应不泄漏、不起火和不爆炸。该试验不适用于聚合物电池和用户不可更换型电池组，但适用于聚合物电池组。

（6）低气压

低气压测试一般用来评测电池在高空中的安全性能。国家标准 GB/T 18287—2013 中的低气压项目参照了国际标准 UN 38.3、UL 1642 中的高度模拟（低压）试验。

国家标准 GB/T 18287—2013 中试验的主要内容为：锂电池按规定充电，将其搁置在真空箱中。真空箱密闭后，逐渐减少其内部压力至不高于 11.6kPa（模拟海拔 15240m）并保持 6h，电池应不泄漏、不泄气、不破裂、不起火和不爆炸。

（7）高温下模制壳体应力

高温下模制壳体应力项目一般用来评测电池组短时间处于高温环境中的安全性能。国家标准 GB/T 18287—2013 中的高温下模制壳体应力项目参照了国际标准 IEC

62133—2012 中的高温下模制壳体应力项目。

国家标准 GB/T 18287—2013 中试验的主要内容为：锂电池组按规定充电，将锂电池组放在 70℃±2℃ 的鼓风恒温箱中搁置 7h，然后取出锂电池组并恢复至室温，锂电池组的外壳不能发生导致内部组成暴露的物理形变。

（8）过充电保护

国家标准 GB/T 18287—2013 中试验的主要内容为：锂电池组按规定充电，电源电压设定为 2 倍的标称电压，电流设定为 $2I_tA$ 的外接电流，用电源持续给电池组加载 7h，电池组应不泄漏、不泄气、不破裂、不起火和不爆炸。

（9）重物冲击

国家标准 GB/T 18287—2013 中的重物撞击项目参照了国际标准 UN 38.3 和 UL 1642—2020 的撞击项目内容，与国际标准接轨。

国家标准 GB/T 18287—2013 中试验的主要内容为：锂电池放置于一平面上，并将一个 $\Phi15.8mm\pm0.2mm$ 的钢柱置于电池中心，钢柱的纵轴平行于平面，让重量 9.1kg±0.1kg 的重物从 610mm±25mm 的高度自由落到电池中心上，测试完毕观察 6h。锂电池在接受冲击试验时，其纵轴要平行于平面，垂直于钢柱的纵轴。每只锂电池只能接受一次冲击试验，锂电池应不起火和不爆炸。

（10）热滥用

国家标准 GB/T 18287—2013 中的热滥用项目，温度从旧版标准的 150℃±2℃ 变为新标准的 130℃±2℃。该项目参照了国际标准 UL 1642—2020 和 IEC 62133—2012 标准的热冲击项目。

国家标准 GB/T 18287—2013 中试验的主要内容为：锂电池放置于热箱中，温度以 (5℃±2℃)/min 的速率升温至 130℃±2℃ 并保温 30min。试验结束后，锂电池应不起火和不爆炸。

（11）过充电

国家标准 GB/T 18287—2013 中的过充电项目，相对于旧版标准充电电压从"10V"变为"制造商规定，但不低于 4.6V"。充电截止条件从"电池电压为 $n\times10V$，电流降到接近到 0A；或者电池温度下降到比峰值低 10℃"变为"电池持续充电时间达到 7 小时；或电池温度下降到比峰值低 20%"。

国家标准 GB/T 18287—2013 中试验的主要内容为：锂电池以 $0.2I_tA$ 进行放电至终止电压，然后将电池置于通风橱中，连接电池正负极与电源，调节电流至 $3I_tA$，充电时电压由制造商规定，但不低于 4.6V，直至电池电压达到最大值后。满足以下两种情况任一种即可停止：

① 锂电池持续充电时间达到 7h；

② 锂电池温度下降到比峰值低 20%。

锂电池应不起火和不爆炸。

（12）强制放电

国家标准 GB/T 18287—2013 中的强制放电项目，用来模拟电池在异常状态下强行过放电的安全性能。该项目参照了国际标准 IEC 62133—2012 中的强制放电项目。

国家标准 GB/T 18287—2013 中试验的主要内容为：强制放电试验要求在 20℃±5℃的环境温度下进行。电池以 $0.2I_tA$ 进行放电至终止电压，然后以 $1I_tA$ 的电流对电池进行反向充电，要求充电时间不低于 90min，锂电池应不起火和不爆炸。

（13）短路

国家标准 GB/T 18287—2013 中的短路项目，相对于旧版标准取消了常温短路测试，采用了 55℃短路测试，该项目参照了 IEC 62133—2012 标准中的电池组短路测试内容。

国家标准 GB/T 18287—2013 中试验的主要内容为：短路试验在 55℃±5℃的环境温度下进行，将接有热电偶的电池（热电偶的触点固定在电池大表面的中心部位）置于通风橱中，短路其正负极，短路导线电阻 80mΩ±20mΩ。满足以下两种情况任一种即可停止：

① 锂电池温度下降到比峰值低 20%；

② 短接时间达到 24h。

锂电池应不起火和不爆炸，电池的外表面温度不得高于 150℃。

（14）机械冲击

国家标准 GB/T 18287—2013 中的机械冲击项目，用来模拟电池或电池组遭受突然的机械冲击时的安全性能。此项目参考了 IEC 62133 和 UL 1642 标准中的冲击项目。

国家标准 GB/T 18287—2013 中试验的主要内容为：采用刚性固定的方法（该方法能支撑电池或电池组所有的固定表面）将电池或电池组固定在试验设备上。在三个相互垂直的方向上各承受一次等值的冲击。至少一个方向垂直于电池或电池组的宽面。每次冲击按下述方法进行：在最初的 3ms 内，最小平均加速度为 $735m/s^2$，峰值加速度应该在 $1225m/s^2$ 和 $1715m/s^2$ 之间，脉冲持续时间为 6ms±1ms。锂电池或电池组应不泄漏、不起火和不爆炸。

（15）温度循环

国家标准 GB/T 18287—2013 中的温度循环项目，主要考查锂电池和电池组在高低温环境中来回冲击的安全性能。此项目参照了 UN 38.3 标准中的温度循环。

国家标准 GB/T 18287—2013 中试验的主要内容为：将锂电池按照规定的试验方法充满电后，将电池放置在温度为 20℃±5℃的温控箱体中进行如下步骤：

① 将样品放入温度为 75℃±2℃的实验箱中保持 6h；

② 将实验箱温度降为 −40℃±2℃，并保持 6h；

③ 温度转换时间不大于 30min；

④ 重复步骤①②，共循环 10 次；

⑤ 锂电池或电池组应不泄漏、不泄气、不破裂、不起火和不爆炸。

3.3.3 国家标准 GB 38031—2020《电动汽车用动力蓄电池安全要求》解读

2020 年 5 月 12 日，国家市场监督管理总局、国家标准化管理委员会联合批准发布了国家标准 GB 38031—2020《电动汽车用动力蓄电池安全要求》，并于 2021 年 1 月 1

日正式实施。该国家标准代替了 GB/T 31485—2015《电动汽车用动力蓄电池安全要求及试验方法》和 GB/T 31467.3—2015《电动汽车用锂离子动力蓄电池包和系统 第 3 部分：安全性要求与测试方法》两个关于电动汽车用动力蓄电池的安全标准。该国家标准是关于电动汽车用动力蓄电池安全要求的强制性国家标准，覆盖了从电池单体、电池模块到电池系统的各个层级，受到了广泛关注，并将促进电动汽车用动力蓄电池安全性的提升。

3.3.3.1　标准中适用范围

国家标准 GB 38031—2020《电动汽车用动力蓄电池安全要求》规定了电动汽车用动力蓄电池单体、电池包和系统的安全要求和试验方法。该标准适用于电动汽车用锂离子电池和镍氢电池等可充电储能装置。

3.3.3.2　标准中术语和定义

国家标准 GB 38031—2020《电动汽车用动力蓄电池安全要求》中的大部分术语和定义参照了国际通用标准，符合目前国内锂离子行业的需求。主要术语和定义包括：

电池单体（secondary cell）：将化学能与电能进行相互转换的基本单元装置。通常包括电极、隔膜、电解质、外壳和端子，并被设计成可充电。

电池模块（battery module）：将一个以上电池单体按照串联、并联或串并联方式组合，并作为电源使用的组合体。

电池包（battery pack）：具有从外部获得电能并可对外输出电能的单元。

电池系统（battery system）：一个或一个以上的电池包及相应附件（管理系统、高压电路、低压电路及机械总成等）构成的能量存储装置。

爆炸（explosion）：突然释放足量的能量产生压力波或者喷射物，可能会对周边区域造成结构或物理上的破坏。

起火（fire）：电池单体、模块、电池包和系统任何部位发生持续燃烧（单次火焰持续时间大于 1s），火花及拉弧不属于燃烧。

外壳破裂（housing crack）：由于内部或外部因素引起电池单体、模块、电池包和系统外壳的机械损伤，导致内部物质暴露或溢出。

泄漏（leakage）：有可见物质从电池单体、模块、电池包和系统中漏出至试验对象外部的现象。

3.3.3.3　标准中试验环境条件

国家标准 GB 38031—2020 中的试验环境温度规定为 22℃±5℃，相对湿度为 10%～90%，大气压力为 86～106kPa。

3.3.3.4　标准中电池单体的主要试验项目

（1）机械安全

挤压是 GB 38031—2020 中唯一的单体机械安全项目，主要用于模拟单体静态或准稳态下挤压形变后的安全状态，挤压速度应尽可能的低；而 GB/T 31485—2015 要求的 5mm/s 速度过快，导致传感器不能抓取到足够多的数据。考虑到目前针刺试验设备的试验能力，GB 38031—2020 将挤压速度调整到不大于 2mm/s；形变量从测试对象挤压方向的 30％调整到 15％；并考虑到实际使用场景中电池所受的挤压力不会超过 100kN，将挤压力从 200kN 调整到 100kN；还针对小电池测试专门增加了"或 1000 倍试验对象重量（质量）"的截止条件；此外，还要求在最大挤压状态下保持 10min。

（2）环境安全

温度对电池内部的材料活性及隔膜的影响很大，加热和温度循环主要是考察电池内部结构在受极端温度影响下的安全性能。在这两个项目上，GB 38031—2020 沿用了 GB/T 31485—2015 的试验方法和要求。

（3）电气安全

电池单体的电气安全项目包括过放电、过充电和外部短路等。这些均会极大地破坏电池内部结构，造成内部短路，因此试验旨在模拟和验证电池在这种情况下的安全性。过放电和外部短路沿用 GB/T 31485—2015 的试验方法和要求，即过放电要求以 1C 倍率放电 90min，观察 1h；短路要求以小于 5mΩ 的阻值短路 10min，观察 1h。GB 38031—2020 对电池单体过充电项目进行了修改，强化了系统层级的过充保护要求，弱化了对单体层面的要求，更注重单体与系统之间的协调，并将单体的截止条件从 GB/T 31485—2015 要求的 1.2 倍电压调整至 1.1 倍电压或 115％的荷电状态（SOC），新增了 115％ SOC 作为截止条件。

3.3.3.5　标准中电池包或系统的主要试验项目

（1）振动

振动试验可模拟汽车长时间颠簸下电池系统受到的外部应力，并验证这种工况下电池系统的安全性。标准 GB/T 31467.3—2015 用正弦定频振动替换随机振动，但单纯的随机振动和正弦定频振动都不能完整地模拟实际工况，同时要求进行随机振动和正弦定频振动测试，并相应地调整了振动参数。如：将随机振动的测试时间由 GB/T 31467.3—2015 要求的 21h、15h 和 12h 统一降至 12h，并不再规定加载顺序；将正弦定频振动的振动频率、加速度及时间（参考第 1 号修改单）分别调整为 24Hz（M1、N1 类车辆电池包）和 20Hz（除 M1、N1 类以外车辆电池包）定频、1.5g/1.0g（M1、N1 类车辆电池包）和 1.5g/2.0g（除 M1、N1 类以外车辆电池包）、1h（M1、N1 类车辆电池包）和 2h（除 M1、N1 类以外车辆电池包），并要求加载顺序为先随机再定频。试验终止条件中对电压的要求由"电压差绝对值不大于 0.15V"修改为"由制造商提供电压锐变限值作为终止条件"。

（2）机械冲击和模拟碰撞

机械冲击和模拟碰撞试验分别用来模拟并验证电池系统在水平（X 和 Y 方向）和垂直（Z 方向）方向高加速度下的机械损伤及安全性。两者有很强的关联性，因此放在一起讨论。GB 38031—2020 对机械冲击试验方法的要求参考了 ISO 6469-1《电动道路车辆安全规范 第 1 部分：车载可充电蓄能系统》，大幅降低了冲击时的加速度值和脉冲时间，由 GB/T 31467.3—2015 要求的 25g、15ms 修改为 7g、6ms；同时考虑到模拟碰撞对 X 和 Y 方向在高加速度下的机械损伤已进行了充分试验，因此只要求在 Z 轴方向进行试验。为了确保试验过程中多次连续冲击相互不干扰，要求间隔时间不小于 5 倍脉冲持续时间。GB 38031—2020 的模拟碰撞相对于 GB/T 31467.3—2015，在严苛程度上保持不变，只是对安装要求做了修改，将"按加速度大的安装方向进行试验"修改为"根据使用环境给台车施加规定的脉冲"。

（3）挤压

挤压试验主要是考察电池系统在碰撞情况下的安全性。GB 38031—2020 电池包挤压试验参考了 UN GTR20、ISO6469-1 等国际标准，在 GB/T 31467.3—2015 要求的 75mm 半圆柱体挤压头基础上增加了"三拱挤压头"，以使电池包的整个挤压面受力更均匀；挤压截止力则沿用了第 1 号修改单要求的 100kN。为了试验过程中有足够的时间捕获电池包各项参数的变化，为分析电池包设计缺陷提供准确数据，要求挤压速度不超过 2mm/s。

（4）浸水安全

海水浸泡着重于考察电池包或系统的密封性和安全性。在实际应用场景中，车上的电池包或系统可能因颠簸振动导致螺栓松动、密封材料变形等问题，因此 GB 38031—2020 要求试验对象为振动试验后的电池包或系统。在具体执行层面分为两种考察方式：一种针对电池包进水的场景；另一种针对电池包不进水的场景。前者考察电池系统的密封性能，后者考查电池系统进水后的电气安全性能。

（5）湿热循环和温度冲击

湿热循环和温度冲击旨在考察并验证不同温湿度叠加及极端温度交替变换下电池系统受到的损伤及安全性。GB 38031—2020 参考 UN GTR20、ISO 6469-1 等国际标准，将试验最高温度要求从 GB/T 31467.3—2015 要求的 80℃ 和 85℃ 均降低到 60℃，因为电池的工作温度一般不能超过 60℃。电池系统的热管理系统通常将电池包的温度维持在 25℃ 左右，因此最高温度要求降至 60℃，符合现实应用场景需求。

（6）外部火烧和热扩散

外部火烧和热扩散试验都属于热稳定性试验，前者考察电池系统在明火情况下的安全性，后者着重考察大量电池短时间内相继释放大量热量情况下电池系统的安全性。GB 38031—2020 修改了外部火烧试验的试验环境条件和安全要求，要求环境温度在 0℃ 以上，且风速不大于 2.5km/h；安全方面不再要求"若有火苗，应在火源移开后 2min 内熄灭"。为了更真实地模拟实际应用场景，允许对电池包起保护作用的车身结构参与火烧。

电池单体发生热失控时，热量会传递到周围的电池单体并最终引发热失控，威胁人员安全。为了设计控制、验证电池包或系统的热扩散危害，GB 38031—2020 新增了热扩散试验，并作为评估电池系统热安全性的重要内容。试验过程中，加热和针刺触发时特征参数表现较为一致，而过充触发时电池单体的温度、电压、温升等参数表现出较大的差异性，因此 GB 38031—2020 规定可通过加热和针刺两种方式触发热失控，并规定了针刺规格和加热功率。此外，还推荐了热失控触发判定条件。热扩散的危害来源于短时间内积聚的大量热量，在设计电池包或系统时，应充分考虑系统的散热能力。如可将散热系统设计为液冷结构并使用导热性能更好的材质，电池间添加阻燃材料阻隔热量的不当传递；其次，系统应具有热事件报警功能，在乘员舱发生危险前 5min 提供报警信号。由于是新增项目，市场上没有成熟的检测设备，建议针刺用钢针，使用不易被电解液等电池内部物质氧化的材质；加热片的尺寸应与当前主流动力电池单体的尺寸相似，可参考 GB/T 34013—2017《电动汽车用动力蓄电池产品规格尺寸》等单体尺寸标准，并设计成易更换的结构，以适应不同尺寸的电池。

（7）盐雾和高海拔

盐雾试验主要用于考察耐盐雾腐蚀和耐盐雾渗漏性能，并验证和评价电池系统的失效模式及安全性。前者评价的是电池系统的腐蚀效应，后者侧重评价盐分渗漏及造成的电气效应。GB 38031—2020 沿用了 GB/T 31467.3—2015 的试验要求，但在结果判定上增加了"绝缘电阻不小于 100Ω/V"的要求。高海拔试验项目中，GB 38031—2020 沿用了 GB/T 31467.3—2015 的试验方法，只是在安全要求中将"无放电电流锐变、电压异常"改为"由制造商提供电流锐变、电压异常终止条件"，明确了制造商是该终止条件提供的责任人，可避免检测单位与制造商互不认可对方提供的终止条件的情况。

（8）电气安全

电气安全试验是从系统层面考察电池包的安全性，具体分两个层面：一是考察系统保护控制的有效性；二是考察系统在保护控制失效或没有保护控制时安全性。过温保护、过充电保护、过放电保护及外部短路保护均是在 GB/T 31467.3—2015 的基础上进行了较大的修改，主要是细化保护执行的操作和截止条件。考虑到外部短路保护只能验证外部短路造成的电流过大情况，不能对由软硬件功能失效导致的系统大电流情况进行验证，因此 GB 38031—2020 新增了过流保护项目。电池包或系统设计应考虑主被动保护两个方面，主动保护应保证保护控制的鲁棒性；被动保护可做些冗余设计；检测设备应充分考虑测试仪的大电流承受能力。

综上所述，国家标准 GB 38031—2020《电动汽车用动力蓄电池安全要求》将 GB/T 31485—2015 和 GB/T 31467.3—2015 两个分散的标准整合成一个试验对象和试验项目更为完整的标准，并升级为强制性国家标准。并且，该标准定位于仅针对动力电池使用过程中的安全问题进行测试，删除了生产、运输、维护及回收过程中相关测试项目，定位更加清晰合理。相对于被替代的 GB/T 31485—2015 和 GB/T 31467.3—2015 标准，国标 GB 38031—2020 在测试要求和截止条件方面的要求更加明确，消除了上述两个标准中有歧义的地方，标准的可操作性更强。

同时，国家标准 GB 38031—2020《电动汽车用动力蓄电池安全要求》在制定过程中参考了现有及正在制定的国际标准，并与德国汽车工业协会（VDA）、欧洲汽车工业协会（ACEA）、日本汽车技术研究所（JARI）及 UN GTR 等国外标准制定机构沟通协调，因此 GB 38031—2020 可更好地与国际标准接轨，将极大地规范和促进动力电池行业的良性发展。

3.3.4 国家标准 GB/T 36972—2018《电动自行车用锂离子蓄电池》解读

2018 年 12 月 28 日，国家标准化管理委员会、国家市场监督管理总局联合发布了国家标准 GB/T 36972—2018《电动自行车用锂离子蓄电池》，并于 2019 年 7 月 1 日开始实施。标准规定了电动自行车用锂离子电池的术语和定义、符号、型号命名、要求、试验方法、检验规则和标志、包装、运输和储存。标准的制定规范了电动自行车用锂离子电池标准，对电动自行车用锂离子电池的发展具有重要意义。

3.3.4.1 标准的范围

国家标准 GB/T 36972—2018 适用于电动自行车用锂离子蓄电池组，标准规定了电动自行车用锂离子电池的术语和定义、符号、型号命名、要求、试验方法、检验规则和标志、包装、运输和储存。

国家标准 GB/T 36972—2018 的测试项目包括电性能测试、安全性测试、外壳测试等三个主要部分。

3.3.4.2 电性能测试

国家标准 GB/T 36972—2018 将锂电池的电性能试验分为放电试验、荷电保持与恢复能力试验和内阻试验等三个项目。国家标准 GB/T 36972—2018 的锂电池电性能测试，如表 3-6 所示。

表 3-6 电性能测试

测试项目	国标 GB/T 36972
常温下的电池容量	放电电流为 I_2
倍率放电下的电池容量	放电电流为 $2I_2$
低温条件下放电	在温度为 $-20\,^{\circ}\mathrm{C}$，符合标准的条件为初始容量的 70%
高温条件下放电	在温度为 $55\,^{\circ}\mathrm{C}$，符合标准的条件为初始容量的 90%
荷电的能力保持性能	为期 30 天的储存时间
荷电的能力恢复性能	新加测试项目
长期储存下的荷电恢复能力测试	新加测试项目
循环寿命的能力测试	放电电流为 I_2
内阻测试	新加测试项目

（1）放电试验

国家标准 GB/T 36972—2018 要求的放电电流增加到 $1I_2$ 和 $2I_2$，以更好地测试额定容量和大功率放电性能。

放电电流影响。锂离子电池的放电电流将直接影响电池的实际容量。放电电流越大，电池容量越小，说明放电电流越高，达到终止电压的时间越短。评价电池的放电性能的指标主要为电流的大小和快慢（大电流快速放电），而且该指标更适用于实际生活。

国家标准 GB/T 36972—2018 要求的温度区间，其中低温试验温度降至 -20℃，高温放电温度提至 55℃。由此可见，放电试验温度试验的条件更为苛刻。

温度影响。环境因素对于电池充放电性能的影响比较大，其中温度的影响最为显著。电极/电解液界面上的化学反应的速率随温度的升高而加快。温度降低时，反应速率变慢，放电容量大大降低；当温度升高时，化学反应速率增加，放电容量增大。但是，高温会破坏电池内部的化学平衡，产生副反应，从而减慢化学反应速率，降低放电容量。

（2）荷电的保持及恢复能力

荷电保持能力和荷电恢复能力的检测主要是测试锂离子电池在储存一段时间后的容量保持能力，然后在荷电保持测试后对电池进行充电，以测试其容量恢复情况。

针对电动自行车长期未使用的情况，国家标准 GB/T 36972—2018 延长了充电保持时间，新增电池存放一段时间后的能力恢复测试，进一步考虑用户的实际使用情况。

（3）内阻测试

蓄电池电压、电流和温度是蓄电池的重要工作参数，但不能反映蓄电池的内部状态。内阻是表征电池最有效、最方便的性能参数，它能反映电池的劣化程度和容量状态，而电压、电流、温度等运行参数无法反映。电池内阻是指电池工作时流过电池的电流电阻。因此，通过对电池组中单体电池的内阻测试，可以准确掌握电池组中各单体电池的性能状态。同时，对保证电池供电的稳定性，延长电池组的使用寿命具有重要意义。

3.3.4.3 安全性测试

国家标准 GB/T 36972—2018 针对锂电子蓄电池的安全性测试主要包含三个部分：电安全性测试、机械及环境安全性测试和安全保护性能测试。其中，电安全性测试主要包含三个项目，即过充电试验、强制放电试验和外部短路试验。试验项目如表 3-7 所示。

表 3-7 电安全性测试

测试项目	GB/T 36972—2018
过充电	限压过充 90min
强制放电	其中一个单体电池为 0V
外部短路	（80±20）mΩ
挤压测试	利用挤压速度为（5±1）mm/s 对异形板进行挤压，符合标准的条件为 70% 的形变或在 30kN 的挤压力保持 5min
机械冲击的项目测试	新加测试项目
振动项目的测试	X、Y、Z 三个方向
自由跌落项目的测试	在水泥地面上进行测试
低气压项目的测试	新加测试项目
高低温冲击项目的测试	低温 -20℃ 至高温 72℃
浸水项目的测试	在温度为 20℃±5℃ 的水槽中浸没电池组 24h

（1）过充电试验

当充电系统工作不正常、充电器故障或使用错误的充电器时，通常会发生蓄电池过充电。电池的过充加速了锂离子的过度插入和解吸以及放热副反应的发生，极易导致电池损坏行为的发生。国家标准 GB/T 36972—2018 将过充电试验时间从 60min 增加到 90min，而且要求试验不设保护装置。

（2）强制放电试验

行业标准是以保护电路的电池组作为实验对象，进而进行过放电试验。电池组放电后，按 $0.2I_2$ 电流向任何一个电压为 0V 的单体电池放电，与国家标准相比有根本性区别。单体电池的生产，其中最重要的因素则为电池的统一性。如果电池的统一性较差，单个电池的过充或过放电问题会在长期的充放电过程中积累，最终导致电池失效。

（3）外部短路试验

在国家标准 GB/T 36972—2018 中，外部短路试验要求将电池组的正负极与电阻为 $80m\Omega \pm 20m\Omega$ 的外部电路短路，直至电池组电压小于 0.2V，目测电池组外观。

（4）机械及环境安全性

国家标准 GB/T 36972—2018 根据世界公认最为广泛的标准 UN 38.3，针对锂电池的检测增加了机械冲击和低压试验两项项目的测试，进而严格把控锂电池的安全性问题。

国家标准 GB/T 36972—2018 在自由落体试验中，将硬板改为水泥板，加强了落下面的强度，试验更加严格。锂电池在使用过程中有被挤压导致碎裂的可预见性风险，规定了不同条件下的挤出速度、挤出方向等试验参数，要求电池在这种情况下不着火不爆炸。

（5）安全保护性能测试

国家标准 GB/T 36972—2018 中，安全保护性能测试主要包括 5 个方面：过充电保护试验项目、过放电保护试验项目、短路保护试验项目、放电过流保护试验项目、静电放电试验项目。当电池组有保护电路时，对样品进行更严格的试验条件，以评估电池在极端试验条件下的主动保护性能。

3.3.4.4　外壳测试

外壳是电池组的盔甲，主要用于保护电池组的安全。故外壳需要具有一定的抗压强度和阻燃能力。国家标准 GB/T 36972—2018 中增加了外壳的阻燃性能的测试要求。目前电池组外壳主要由非金属材料制成。国家标准 GB/T 36972—2018 中增加了壳体的特殊试验，包括壳体应力试验、壳体耐压试验和阻燃试验。前两个测试主要评估电池组外壳在长期高温或表面应力下的应力和压缩能力。众所周知，电动自行车的火灾危险性很大，故若提高各个固件的阻燃性，则可大大降低锂电子电池的火灾危险性。

3.3.5　国际标准 IEC 62619—2017《含碱性或其他非酸性电解质的蓄电池和蓄电池组：工业设备用锂蓄电池和电池组的安全性要求》解读

2017 年，国际电工委员会（IEC）发布了国际标准 IEC 62619—2017《含碱性或其他非酸性电解质的蓄电池和蓄电池组：工业设备用锂蓄电池和电池组的安全性要求》，其成为储能用锂离子电池领域 CB 认证的重要认证标准之一。

国际电工委员会电工产品合格测试与认证组织（IECEE）电工产品合格测试与认证（CB）是 IECEE 的一套全球性互认制度。电池 CB 认证是国内锂离子电池产品进入相关国家的重要准入证，国际标准 IEC 62619—2017 成为储能用锂离子电池领域 CB 认证的重要认证标准之一，其重要性可见一斑。

3.3.5.1　标准适用范围

国际标准 IEC 62619—2017 适用于固定式、电动式两个应用领域。固定式主要包括：电信基站、不间断电源（UPS）、电能存储系统、应急电源以及类似应用；电动式主要包括：叉车、高尔夫球车、自动导向车（AGV）、铁路和船舶运用，不包括道路车辆等移动应用。简而言之，国际标准 IEC 62619—2017 适用于储能用锂离子电池，不适用于便携设备用或电动道路车辆用锂离子电池。

国际标准 IEC 62619—2017 的测试对象为单电池芯、电池组和电池系统。测试项目除了单电池芯、电池组和电池系统的产品安全性能外，还包括电池系统的功能安全性能。功能安全是对电池管理系统（BMU）的评估，测试方法相对复杂。

3.3.5.2　标准试验项目分类

国际标准 IEC 62619—2017 将安全要求分为产品安全和功能安全两个部分。产品安全包括外部短路、重物撞击、跌落、热误用、过充电、强制放电、内部短路和热传导等试验项目，适用于单电池芯、电池组和电池系统；功能安全包括过充电电压控制、过充电电流控制和过热控制，测试电池管理系统安全性能等试验项目。

3.3.5.3　产品安全（电池芯和电池组系统安全）

（1）外部短路试验

国际标准 IEC 62619—2017 的外部短路试验中规定，满电电池芯搁置在（25±5）℃下，用（30±10）mΩ 的外部线阻将电池芯短路，电池芯应不起火、不爆炸。

（2）重物撞击试验

国际标准 IEC 62619—2017 的重物撞击试验中规定，将电池芯或电池组（50%荷电状态）置于水泥或金属平面上。将直径（15.8±0.1）mm、长度≥60mm 且大于电池长轴的不锈钢棒（316 型）放在电池芯或电池组的中心，将 9.1kg 的重物从（610±25）mm 的高度砸落到样品上。圆柱形或方形电池芯被撞击时，长轴线平行于平面且与钢棒的长轴垂直。方形电池芯还需沿长轴方向旋转 90°，使宽窄侧均受撞击。每个样品电池芯承受 1 个方向的撞击。电池芯应不起火、不爆炸。

（3）跌落试验

国际标准 IEC 62619—2017 的跌落试验中规定，试验在电池芯或电池组和电池系统上进行。

整体跌落（电池芯、电池组和电池系统）：适用于质量（m）<20kg 的测试单元。

将满电测试单元从给定高度 3 次自由跌落到混凝土或金属平面上。如测试单元 $m <$ 7kg，以随机方向进行跌落；如果测试单元 7kg$\leqslant m <$ 20kg，跌落时测试单元应底部向下。制造商指定测试单元的底部平面。试验结束后，样品至少静置 1h。测试单元应不起火、不爆炸。

边角跌落（电池芯、电池组和电池系统）：适用于 $m \geqslant$ 20kg 的测试单元。将满电测试单元从要求高度 2 次自由跌落到混凝土或金属平面上。跌落试验条件见标准，最短边和角跌落为可重复撞击点。各跌落类型的 2 次撞击都应在相同的角和最短边上进行。对于角和边的跌落，通过撞击角/边与测试单元的几何中心画出的一条直线应大致垂直于撞击平面。测试单元应不起火，不爆炸。

（4）热误用试验

国际标准 IEC 62619—2017 的热误用试验中规定，待满电电池芯在室温下稳定后，放入恒温箱中，恒温箱以 （5±2）℃/min 的速率升温至 （85±5）℃，保持此温度 3h 后停止试验。电池芯应不起火、不爆炸。

（5）过充电试验

国际标准 IEC 62619—2017 的过充电试验中规定，在室温 （25±5）℃下，电池芯以 $0.2I_t$A 放电到制造商指定的放电截止电压。电池芯以制造商指定的电池系统最大充电电流恒流充电，到达最大电压值时终止充电（可能在充电控制未启动时就已达到）。测试过程中监测电池的电压和温度。试验持续直至壳体表面温度达到稳定状态（30min 内温度变化不超过 10℃）或回到室温。电池芯应不起火、不爆炸。

（6）强制放电试验

国际标准 IEC 62619—2017 的强制放电试验中规定，完全放电的电池芯以 $1I_t$A 反向充电 90min。试验后，目视受试样品。电池芯应不起火、不爆炸。

（7）热传导试验

国际标准 IEC 62619—2017 的热传导试验中规定，满电电池系统置于 （25±5）℃中直至其电池芯达到温度平衡。加热电池系统中的 1 个电池芯直至热失控，如使用电阻加热或通过外部热源的热电偶进行传热。导致电池芯热失控的方法要描述和记录到试验报告中。电池芯热失控起动后，关闭加热器，观察电池系统 1h。电池系统内部应无火焰冒出，或电池壳体无破裂。

热传导试验针对电池系统的特殊测试项目，考查电池系统内部电池芯间相互的安全影响和系统整体热控制能力。模块中某一只锂离子电池发生热失控，所释放的热量可能引发周围锂离子电池热失控，进而形成多米诺效应，热失控迅速传播，使系统中全部锂离子电池发生热失控。

（8）内部短路试验

国际标准 IEC 62619—2017 中规定，内部短路试验根据 IEC 62133—2012 的 8.3.9 条款进行，内部短路仅针对电池芯，测试过程较复杂，电芯样品在充满电后要在真空环境进行拆解，再放入金属颗粒，经受挤压测试。在外力作用下放入的金属颗粒，会使电池芯发生内部短路，要求电池芯不起火、不爆炸。这要求测试的电池芯具有良好的材料安全性。

3.3.5.4　功能安全（电池组系统安全）

工业用锂离子电池需要长时间处于工作状态，而电池管理系统（BMU）的稳定性是锂离子电池长效运行的重要保障，因此国际标准 IEC 62619—2017 对电池系统的功能安全（过充电电压控制、过充电电流控制和过热控制）测试方法做出了明确规定。

（1）过充电电压控制

国际标准 IEC 62619—2017 的过充电电压控制试验中规定，在（25±5）℃和冷却系统（如有冷却系统）工作［主接触器被关闭，电池系统被电池管理系统（BMU）控制］的正常操作条件下，将每一个测试电池系统以 $0.2I_t$ A 电流放电到制造商指定的放电截止电压。随后，样品电池以指定充电器的最大电流进行充电，充电电压为超过电池系统中每个电池芯的充电上限电压的 10%。如原装充电器无法实现过电压充电，可使用一个额外充电器。如无法在整体电池系统上测试，可将额外的电压施加在电池系统的部分电池芯上。试验持续直至 BMU 切断充电，BMU 应在低于 110% 的上限充电电压时启动。试验终止后，持续采集/监测数据 1h。试验过程中，电池系统的所有功能应按设计要求发挥作用，同时应不起火、不爆炸。为保护电池系统免受进一步的严重影响，BMU 应通过主控制器的自动断开功能切断过充电电流。BMU 应该在电池芯低于充电上限电压时控制充电电压。

（2）过充电电流控制

国际标准 IEC 62619—2017 的过充电电流控制试验中，测试环境和样品荷电状态同"过充电电压控制"，随后，样品电池以超过指定最大电流 20% 的电流进行充电。试验终止后，持续采集/监测数据 1h。试验过程中，电池系统的所有功能应按设计要求发挥作用，同时不起火、不爆炸。为防止电池芯或电池组输入的电流超过电池芯的最大充电电流，BMU 应切断充电，使电池系统免受充电电流超过指定电池芯的最大充电电流导致的相关危害（注：如果系统的最大充电电流低于制造商指定的最大充电电流，本试验可以免除）。为保护电池系统免受进一步的严重影响，BMU 监测过充电电流并控制最大充电电流。

（3）过热控制

国际标准 IEC 62619—2017 的过热控制试验中，测试环境和样品荷电状态同"过充电电压控制"，随后，样品电池以指定的充电电流进行充电至 50% 荷电状态。电池系统的温度设置为高于最高工作温度 5℃。在高温环境中持续充电，直至 BMU 切断充电。试验终止后，持续采集/监测数据 1h。电池系统应不起火、不爆炸。为保护电池系统免受进一步的严重影响，BMU 监测过热温度并切断充电过程。试验过程中，电池系统的所有功能应该按照设计的要求发挥作用。当电池芯或电池组的温度超过电池制造商指定的温度时，BMU 应切断充电。

过热控制主要考查电池系统在高温环境中进行充电时，电池热管理系统能否正常动作，防止电池热失控。由于电池中的材料在不同温度下的特性不同，不同电池的容量、适宜充电电压会有相应的变化。通常情况下，温度过低或高时，都应该禁止对锂离子电池充电。电池所处温度对充电策略有重大的影响。

3.4 主要标准对比

3.4.1 国家标准 GB 31241—2014 与 UN 38.3 的对比分析

国家标准 GB 31241—2014《便携式电子产品用锂离子电池和电池组安全要求》于 2014 年 12 月 5 日由国家质量监督检验检疫总局、国家标准化管理委员会批准发布，并于 2015 年 8 月 1 日正式实施，国家标准 GB 31241—2014 是我国锂离子电池和电池组的首个强制性国家标准。UN 38.3 是联合国《关于危险货物运输的建议书——试验和标准手册 第 3 部分 38.3 节》。从 1995 年开始，锂金属电池和锂离子电池就陆续被列入了联合国危险货物名录中，运输时需要满足相应的测试标准和包装要求，联合国《关于危险货物运输的建议书——规章范本》明确规定，每只电池或电池组都应该通过《关于危险货物运输的建议书——试验和标准手册 第 3 部分 38.3 节》的测试。

3.4.1.1 标准的主要应用范围

国家标准 GB 31241 重点关注不超过 18kg 电子产品用锂离子电池和电池组的安全要求，在制定过程中参考了国内外的锂离子电池标准，包括 IEC 标准等，其标准规定了正常使用条件、可预见的误用（或滥用）条件下的锂离子电池的安全要求。运输行业，特别是对安全要求较高的空运、海运行业，目前仍依据联合国《关于危险货物运输的建议书——试验和标准手册》中的 UN 38.3 试验方法来规范锂离子电池的运输。UN 38.3 是针对锂离子电池运输的测试方法，目的是保证锂离子电池的运输安全。我国民航部门以 UN 38.3 为基础，指导锂离子电池的航空运输。

在以往的锂离子电池测试中，UN 38.3 是使用最为广泛的测试方法之一。有研究发现，UN 38.3 测试中的温度循环、外部短路、重物冲击或挤压、过度充电和强制放电等 5 个测试项目，未通过的概率较高，国家标准 GB 31241—2014 正式实施后，与 UN 38.3 测试项目，尤其是这些关键试验项目上的异同，成为电池企业和运输部门关心的问题。

3.4.1.2 标准的主要测试项目

国家标准 GB 31241 将电池和电池组的测试内容主要分成了 6 部分。电池和电池组都需要满足试验条件、一般安全要求、环境试验和电安全试验 4 部分要求；另外，对于自身带保护电路的电池组，还需要进行电池组保护电路安全试验；同时，对于自身不带保护电路，但在充电器或供电的电子产品中带有保护电路的电池或电池组，则需要进行系统保护电路安全试验。此外，国家标准 GB 31241 还提出了电池一致性的一般要求，同时在标准中，试验条件的条款对电池样品容量测试和样品预处理提出了要求。一般安全要求条款规定了厂商提供的标签、说明书等材料中应包含的安全工作参数，依据国标的要求，将对这些参数进行检查和试验。考虑到电池和电池组的不同，除了某些项目的具体试验条件有所不同外，一般电池只需要完成 9 项环境试验和 4 项电安全试验；而电池组需要完成 9 项环境试验和 7 项电安全试验。

联合国标准 UN 38.3 总共包括 5 项环境试验和 3 项电安全试验，共 8 个测试项目。电池和电池组需要完成其中相同的 4 项环境试验和 1 项电安全试验；此外，电池还需要完成 1 项环境试验和 1 项电安全试验，电池组则需要增加 1 项电安全试验。UN 38.3 也为每个测试项目提出了试验条件，明确了对电池和电池组的充放电次数和荷电状态的要求。

3.4.1.3 标准中主要测试项目的对比分析

（1）高度模拟

为了模拟运输中可能出现的低气压条件，国家标准 GB 31241 设置了低气压试验，而联合国标准 UN 38.3 设置了高度模拟试验。两项试验均是将电池或电池组放置在压强为 16.5kPa、温度为（20±5）℃的真空箱中 6h，并观察电池和电池组有无起火、爆炸及漏液等现象。此外，UN 38.3 还要求在试验后测试电池或电池组的开路电压，且压降不得超过 10%。

（2）温度试验

温度循环试验用来考查电池和电池组的密封完善性和内部电连接。在温度循环试验中，国家标准 GB 31241 和联合国标准 UN 38.3 都要求锂离子电池和电池组在 -40～75℃循环 10 次，对于小电池来说，都需要在最高和最低温度分别保持 6h。

此外，国家标准 GB 31241 还要求电池完成热滥用试验，电池组完成高温使用试验。热滥用试验要求电池在（130±2）℃的温度条件下保持 30min；电池组的高温使用试验则需要电池组在至少 80℃的环境下保持至少 7h。国家标准 GB 31241 增加的这两项试验，是考虑到实际中有可能发生的高温使用情况。对于高温条件来说，这两项试验设置的温度要求比联合国标准 UN 38.3 的要求更为严格，不过，这两项试验都未考虑低温使用的情况。

（3）振动试验

振动试验是模拟运输过程中发生的振动，以考查电池的安全性。国家标准 GB 31241 和联合国标准 UN 38.3 的振动试验条件一致，都是利用正弦波形的振动测试方法，在 3 个互相垂直的方向上进行测试，振动频率在 7～200Hz 之间摆动，在每个方向进行 12 次循环振动，每次循环为时 15min，每个方向共计 3h。

在国家标准 GB 31241 中，圆柱形和扣式电池只需完成轴向和径向两个方向的振动试验即可，不需要再进行第 3 个方向的试验。

（4）冲击试验

冲击试验用来模拟运输过程中，电池有可能发生的撞击。国家标准 GB 31241 和联合国标准 UN 38.3 都是通过半正弦脉冲冲击的方法来进行试验。两种方法中脉冲冲击的峰值加速度均为 $150g_n$，持续时间均为 6ms；但联合国标准 UN 38.3 将大型电池和电池组的冲击峰值加速度降低至 $50g_n$，持续时间延长到 11ms。在联合国 UN 38.3 中，所有的电池和电池组均需在 3 个垂直方位的正反方向各冲击 3 次，总共经受 18 次冲击；

在国家标准 GB 31241 中，圆柱形和扣式电池只需要在轴向和径向两个方向上各进行 3 次冲击，减少了冲击次数，缩短了试验时间。

（5）外部短路

联合国标准 UN 38.3 对电池和电池组都设置了高温外部短路试验，都要求在 (55±2)℃的温度下经受总外电阻小于 0.1Ω 的短路条件，并在此温度下保持至少 1h，在试验过程中，外壳温度不得超过 170℃。国家标准 GB 31241 要求电池进行高温和常温外部短路两项试验，高温外部短路的试验条件与联合国标准 UN 38.3 接近，但要求电池表面温度回到（55±2）℃后，继续保持 30min，判断标准也降为最高温度不得超过 150℃。在常温外部短路试验中，将温度设定为（20±5）℃，其他要求与高温外部短路一致。对于电池组，国家标准 GB 31241 只要求进行短路试验，温度应为（20±5）℃。不过该试验对于试验结果的判断中没有对温度的要求。从试验条件上来看，国家标准 GB 31241 对于电池的要求更严格，但对电池组而言，联合国标准 UN 38.3 的测试条件更严格。

（6）撞击试验

联合国标准 UN 38.3 要求所有的电池和电池组都要完成撞击试验，试验过程是：将一根直径为 15.8mm 的不锈钢横棒放在试样中心，将一块质量为 9.1kg 的重锤从 (61±2.5)cm 的高处落到试样上，整个试验要求电池和电池组的外部温度不得超过 170℃，在 6h 内不能解体或燃烧。国家标准 GB 31241 要求所有电池都要完成跌落、挤压和重物冲击等 3 项试验，电池组则只需完成跌落试验。国家标准 GB 31241 的撞击试验与 UN 38.3 的条件一致，但未提出外部温度的要求。国家标准 GB 31241 的挤压试验是将（13±0.78）kN 的力，加载在两个平板间。国家标准 GB 31241 要求的跌落试验是将满电态电池或电池组从 1.0m 或 1.5m 的高度自由落体，跌落于混凝土板上，并要求在试验过后进行一次充放电循环。

（7）过充电

过充电试验是为了评估电池组承受过充电状况的能力。联合国标准 UN 38.3 的过充电试验只要求电池组进行；国家标准 GB 31241 不但要求电池组进行过压充电和过流充电试验，还要求电池进行过充电试验。国家标准 GB 31241 和联合国标准 UN 38.3 设置的过充电条件不同。国家标准 GB 31241 规定的过充条件是将充电电流增加到最大连续充电电流的两倍，持续充电 24h，并且保证试验的最小电压达到规定值。国家标准 GB 31241 中电池的过充试验是使用满足条件要求的充电电流对电池进行充电，然后维持规定的电压进行恒压充电。电池组的过压充电是电池组充满后，保持该电压并继续以最大充电电流充电，过流充电是电池放完电后，以 1.5 倍的过流充电保护电流进行恒流充电。国家标准 GB 31241 对于过充电设置的试验内容更多；而联合国标准 UN 38.3 设置的试验时间更长。

（8）强制放电

强制放电主要是考查电池和电池组承受强制放电状况的能力。联合国标准 UN 38.3 只要求电池进行强制放电试验；国家标准 GB 31241 除了电池要进行强制放电外，还要求电池组进行欠压放电试验。联合国标准 UN 38.3 的强制放电是通过将电池串联至 12V 的直流电源，按照规定的放电电流和放电时间进行强制放电。国家标准 GB 31241 设定的电池强制放电试验使用 1CA 电流反向充电 90min。此外，国家标准 GB 31241 还要求电池组进行欠压放电、过载和反向充电试验，以评估电池组的放电能力。欠压放电是以最大放电电流恒流放电；过载是以 1.5 倍的过流放电保护电流恒流放电；反向充电是以推荐充电电流反向充电。从试验内容上看，国家标准 GB 31241 设置的电池组的放电试验更多，以测试在不同的放电方式下电池组的安全性能。

3.4.1.4 标准的样品数目的比较

要完成所有的试验，国家标准 GB 31241 和联合国标准 UN 38.3 在试验样品数目上有所不同，国家标准 GB 31241 要求的样品数量更少。全项目的 UN 38.3 电池测试，共需要 40 只电池样品，电池组测试共需要 8 个电池组样品和 20 只组成电池芯样品。完成 GB 31241 所要求的所有试验，总共需要 27 只电池样品和 33 个电池组样品。

3.4.1.5 国家标准 GB 31241 的其他试验

国家标准 GB 31241 除了与联合国标准 UN 38.3 相近的试验内容，还设置了其他一些试验，来保证电池和电池组的安全。在环境试验中，国家标准 GB 31241 对电池提出了燃烧喷射试验的要求，考查电池的燃烧或爆炸危险性。对于电池组，国家标准 GB 31241 还提出了应力消除、洗涤及阻燃的要求，这些要求从实际情况出发，保证了锂离子电池的安全。

另外，国家标准 GB 31241 对电池组的保护电路及系统保护电路也提出了测试要求，主要集中在电池组充放电、过载、短路情况下系统的保护和控制上。除了电池和电池组本身的安全性试验外，还通过保护电路来保护电池和电池组的安全。

3.4.1.6 标准对比分析的总结

经过上述的对比分析，可以发现，国家标准 GB 31241 和联合国标准 UN 38.3 在大多数试验中要求的试验条件和判断标准都比较一致，国家标准 GB 31241 对电池组保护电路和系统保护电路提出了更多的安全测试要求，通过多方面的测试来考查锂离子电池和电池组的安全。另外，国家标准 GB 31241 在试验样品数量、一些项目的具体测试要求上和联合国标准 UN 38.3 有所不同，尤其是在过度充电、强制放电等测试项目上，两者的试验条件差别较大。

国家标准 GB 31241 从电池、电池组和保护电路等多方面设置测试项目，考查锂离子电池的安全性能，对提高锂离子电池的使用安全和运输安全具有一定的积极作用。联合国标准 UN 38.3 作为锂离子电池运输的通行标准，更侧重于考查锂离子电池的运输安全。

3.4.2 国家标准 GB/T 36276—2018 与国际标准 IEC 62619—2017 的对比分析

国家标准 GB/T 36276—2018《电力储能用锂离子电池》于 2018 年由国家标准化管

理委员会批准发布，并于 2018 年正式实施。国家标准 GB/T 36276—2018 是我国首个储能电池国家标准。新能源产业发展迅速，储能市场作为附属产业进入爆发期。无论是光伏、风电、水电或其他可再生能源，还是传统的电网或内燃机分布式能源，都需要储能技术的支持。作为储能技术核心部件的储能用锂离子电池，已成为新能源产业的热点。

锂离子电池的安全性能一直是人们关注的焦点，近年来，各国标准化组织相继出台了多个新能源电动汽车用锂离子电池标准。电动汽车用锂离子电池追求高倍率、高能量密度和防震动等性能；电力储能用锂离子电池则要求高安全、长寿命和低成本等性能。两者的性能要求差别大，技术研发也不同，电动汽车用锂离子电池标准并不适用于储能用锂离子电池，因此各标准化组织相继发布了储能用锂离子电池标准。2017 年，国际电工委员会（IEC）发布的 IEC 62619—2017《含碱性或其他非酸性电解质的蓄电池和蓄电池组：工业设备用锂蓄电池和电池组的安全性要求》已成为电工产品合格测试与认证（CB）的重要认证标准之一。

3.4.2.1 标准的适用范围

国家标准 GB/T 36276—2018 只适用于电力储能用锂离子电池。

国际标准 IEC 62619—2017 中明确说明，其标准适用于 2 个应用领域：固定式应用——电信基站、不间断电源（UPS）、电能存储系统、应急电源及类似应用；电动式应用——叉车、高尔夫球车、自动导向车（AGV）、铁路和船舶运用，不包括道路车辆等移动应用。

简而言之，国际标准 IEC 62619—2017 适用于储能用锂离子电池，不适用于便携设备用或电动道路车辆用锂离子电池；国家标准 GB/T 36276—2018 只适用于电力储能用锂离子电池。因此，国际标准 IEC 62619—2017 的适用范围更广，而国家标准 GB/T 36276—2018 的针对性更强。

3.4.2.2 标准的测试项目概述

国家标准 GB/T 36276—2018 的测试对象有电池单体（电芯）、电池模块和电池簇（电池组系统）等。电池单体和电池模块的测试都涵盖了基本性能、循环性能和安全性能等 3 个部分，电池簇的测试则包括了初始充放电能量、绝缘性能和耐压性能测试等。在国家标准 GB/T 36276—2018 中，电池单体、电池模块和电池簇中的充放电性能项目较多，即在特定环境温度下进行不同倍率的充放电测试，但测试方法与常规锂离子电池电性能检测项目类似。

国际标准 IEC 62619—2017 只是安全性能测试标准，不包含电性能（基本和循环性能）测试。标准将安全要求分为产品安全性能和功能安全性能两个部分。产品安全性能测试适用于电芯、电池组系统，功能安全性能只测试电池管理系统安全。

国家标准 GB/T 36276—2018 与国际标准 IEC 62619—2017 的测试项目逐级递进，先从电芯层级开始测试；然后进行模组层级的测试；最后，结合储能产品使用特点，对电池组系统进行安装层级测试。两个标准都规范了电池单体（电芯）、电池模块和电池簇（电池组系统）的性能要求。

3.4.2.3 标准中主要测试项目的对比分析

（1）外部短路试验

国家标准 GB/T 36276—2018 中外部短路试验要求，将满电的电池单体或电池模块正负极外部短路 10min，外部电阻小于 5mΩ，不应起火、爆炸。

国际标准 IEC 62619—2017 中外部短路试验要求，满电的电芯搁置在（25±5）℃的环境温度中。用电阻为（30±10）mΩ 的外部线路将电芯短路。电芯应不起火，不爆炸。

根据国家标准 GB/T 36276—2018 与国际标准 IEC 62619—2017 的试验要求可以看出，短路线阻值国家标准 GB/T 36276—2018 小于国际标准 IEC 62619—2017 的要求，国家标准 GB/T 36276—2018 的测试条件更严苛。

（2）跌落试验

国家标准 GB/T 36276—2018 中跌落试验要求，将满电的电池单体或电池模块的正极或负极端子朝下，从 1.5m 高度处自由跌落到水泥地面上 1 次，不应起火、爆炸。

国际标准 IEC 62619—2017 中跌落试验要求，跌落试验在电芯或电池块和电池系统上进行。试验方法和高度如标准中所示。整体跌落（电芯和电池系统）：适用于质量（m）小于 20kg 的测试单元。将满电的测试单元从所要求的高度的位置自由跌落 3 次到混凝土或金属平面上。若 $m<7$kg，测试单元跌落时以随机方向进行跌落；若 7kg$\leqslant m<20$kg，跌落时测试单元应底部向下。制造商指定测试单元的底部平面。试验结束后样品静置至少 1h。测试单元应不起火，不爆炸。边角跌落（电芯和电池系统）：适用于 $m\geqslant20$kg 的测试单元。将满电的测试单元从所要求的高度位置自由跌落二次到混凝土或金属平面上。

跌落试验条件按照标准中的要求，最短边和角跌落为可重复撞击点。每种跌落类型的 2 次冲击都应在相同的角和相同的最短边上进行。对于角和边的跌落，测试单元通过撞击角/边与测试单元的几何中心画出的一条直线应大致垂直于冲击平面。测试单元应不起火，不爆炸。

根据国家标准 GB/T 36276—2018 与国际标准 IEC 62619—2017 的试验要求可以看出，国际标准 IEC 62619—2017 根据样品质量分为整体跌落和边角跌落，而国家标准 GB/T 36276—2018 要求是 1.5m 跌落，国际标准 IEC 62619—2017 的测试要求更复杂。

（3）热误用试验

国家标准 GB/T 36276—2018 中热误用试验要求，将满电的电池单体以 5℃/min 速率，由环境温度升至（130±2）℃，并保持 30min，不应起火、爆炸。

国际标准 IEC 62619—2017 中热误用试验要求，将满电的电芯在室温下稳定后放入自然或循环空气对流的恒温箱中。恒温箱以（5±2）℃/min 的速率升温至（85±5）℃。保持此温度 3h 后停止试验。电芯应不起火、爆炸。

根据国家标准 GB/T 36276—2018 与国际标准 IEC 62619—2017 的试验要求可以看出，国际标准 IEC 62619—2017 的高温搁置温度低于国家标准 GB/T 36276—2018，但高温搁置时间长于国家标准 GB/T 36276—2018。

（4）过充电试验

国家标准 GB/T 36276—2018 中过充电试验要求，将满电的单体电池或电池模块以恒流方式充电（取 1C 或产品最大持续充电电流中的较小者），将电池单体或电池模块充电，至电压达到电池单体充电终止电压的 1.5 倍或时间达到 1h，不应起火、爆炸。

国际标准 IEC 62619—2017 中过充电试验要求，在室温（25±5）℃下，电芯以 $0.2I_t$A 放电到制造商指定的截止电压。电芯以制造商指定的电池系统最大充电电流恒流充电，直至达到最大电压值时，终止充电。该最大电压值可能在充电控制未启动时就已达到。测试过程中应监测电池的电压和温度。试验持续直至壳体表面温度达到稳定状态（30min 内，温度变化不超过 10℃）或回到室温。电芯应不起火、不爆炸。

根据国家标准 GB/T 36276—2018 与国际标准 IEC 62619—2017 的试验要求可以看出，国家标准 GB/T 36276—2018 的充电截止条件高于国际标准 IEC 62619—2017 要求，国家标准 GB/T 36276—2018 更严苛。

（5）强制放电试验

国家标准 GB/T 36276—2018 中强制放电试验要求，将满电的单体电池或电池模块以恒流方式放电（取 1C 或产品最大持续放电电流中的较小者），将单体电池或电池模块放电至时间达到 90min 或任一电池单体电压达到 0，不应起火、爆炸。

国际标准 IEC 62619—2017 中强制放电试验要求，完全放电的电芯以 $1I_t$A 反向充电 90min。试验后，目视检测样品。电芯应不起火、不爆炸。

根据国家标准 GB/T 36276—2018 与国际标准 IEC 62619—2017 的试验要求可以看出，国家标准 GB/T 36276—2018 要求测试满电的样品，而国际标准 IEC 62619—2017 测试完全放电的样品，国际标准 IEC 62619—2017 的测试条件更严苛。

（6）热失控试验

国家标准 GB/T 36276—2018 中热失控试验要求，可从过充和加热两种方式中选择一种作为热失控触发方式。如电芯可使用平面状或棒状加热装置，且表面覆盖陶瓷、金属或绝缘层，加热装置加热功率应符合标准的规定。完成电池单体与加热装置的装配，加热装置与电池应直接接触，加热装置的尺寸规格不应大于电池单体的被加热面；安装温度监测器，监测点温度传感器布置在远离热传导的一侧，即安装在加热装置的对侧，温度数据的采样间隔不应大于 1s，准确度应 ±2℃，温度传感器尖端的直径应小于 1mm。电池模块过充电：以最小 1/3C、最大不大于产品能持续工作的最大电流对触发对象进行恒流充电，直至发生或触发对象达到 200％SOC。触发满电的电池单体或电池模块达到热失控的判定条件，不应起火、爆炸。

国际标准 IEC 62619—2017 中热失控试验要求，电池系统充满电，置于（25±5）℃的环境温度中，直到电芯达到温度平衡。加热电池系统中的 1 只电芯直至热失控。如使用电阻加热或通过外部热源的热电偶进行传热，导致电芯热失控的方法要描述和记录到试验报告中。电芯热失控起动后，关闭加热器，观察电池系统 1h。电池系统内部应无火焰冒出，或电池壳体无破裂。

根据国家标准 GB/T 36276—2018 与国际标准 IEC 62619—2017 的试验要求可以看

出，两个标准都是通过加热或过充电的方式达到热失控状态，测试方法类似。

国家标准 GB/T 36276—2018 与国际标准 IEC 62619—2017 的热失控试验，都是失效风险较大的测试项目，测试方法类似。模拟当电池组中任一锂离子电芯发生热失控时，所产生的大电流或释放的热量形成多米诺效应，使系统中其他锂离子电芯也发生热失控，最终可能使整个电池组系统起火、爆炸的情况。该项目意在考查电池组系统内部电芯间的相互影响和系统整体热控制能力，在其他锂离子电池 IEC 或国家标准中不多见。这主要是由于储能用锂离子电池中电芯数量往往较多，如储能电站中使用的锂离子电池系统就含有成百上千只电芯，一旦其中的一只或部分电芯出现热失控，可能引发其他电芯的连锁反应。一旦热失控，整个锂离子电池系统乃至电站都将处于危险的境地，良好的热控制能力对储能用锂离子电池尤为重要。

（7）内部短路试验

在安全性能试验中，重物撞击和挤压都是模拟内部短路，国际标准 IEC 62619—2017 采用重物撞击的测试方法，而国家标准 GB/T 36276—2018 采用挤压的测试方法。从一般的测试结果来看，重物撞击的失效风险更大。

国家标准 GB/T 36276—2018 中挤压试验要求，将满电的电池单体或电池模块以 (5 ± 1)mm/s 的挤压速度挤压，至电压达到 0 或变形量达到 30% 或挤压力达到 (13 ± 0.78)kN，保持 10min，应不起火、不爆炸。

国际标准 IEC 62619—2017 中重物撞击试验要求，将 50% 荷电状态（SOC）的电芯放在水泥或金属平面上。将直径 (15.8 ± 0.1)mm、长度不短于 60mm 且大于电池长轴的 316 型不锈钢棒放在电芯或电池块的中心，将 9.1kg 的重物从 (610 ± 25)mm 的高度砸落到样品上。圆柱形或方形电芯被撞击时，长轴线平行于平面且与放在试样中心的直径 15.8mm 的棒的长轴垂直。方形电芯还需沿长轴方向转 90°，使宽窄侧均受撞击。每个样品电芯承受 1 个方向的撞击。电芯应不起火，不爆炸。

3.4.2.4 国家标准 GB/T 36276—2018 的其他试验

国家标准 GB/T 36276—2018 关注到了电池模块和电池组系统的电子电器安全性能，提出了绝缘性能和耐压性能测试要求。绝缘性能和耐压性能测试都要求按照电池模块或电池簇的最大工作电压选择测试电压等级，分别对电池模块或电池簇正极或负极与外部裸露可导电部分之间进行绝缘测试或耐压测试，电池模块或电池簇的最大工作电压越大，测试电压等级越高，要求绝缘性能和耐压性能越好。项目设置考虑了电力设备高压使用环境下的高风险因素，有别于其他设备用储能电池的性能要求。

国家标准 GB/T 36276—2018 中的绝缘性能和耐压性能，在其他锂离子电池标准中很少出现，但在使用电池的电子产品标准中属于常见项目，在电力储能产品标准中也是如此。

（1）盐雾试验

国家标准 GB/T 36276—2018 中盐雾试验要求，将初始化充电后的电池模块放入盐雾箱，在 15～35℃ 下喷盐雾 2h，再将电池模块转移到 (40 ± 2)℃、相对湿度 (93 ± 3)% 的湿热箱中储存 20～22h，完成一次循环，共循环 4 次，再将电池模块转移到 (23 ± 2)℃、相对湿度 45%～55%的湿热箱中储存 3d，共循环 4 次后观察 1h。记录是否有膨胀、漏液、冒烟、起火、爆炸现象。

（2）高温高湿试验

国家标准 GB/T 36276—2018 中高温高湿试验要求，将初始化充电后的电池模块放入湿热箱中，在（45±2）℃、相对湿度为（93±3）%的条件下储存 3d，观察 1h，记录是否有膨胀、漏液、冒烟、起火、爆炸现象。

（3）绝缘性能试验

国家标准 GB/T 36276—2018 中绝缘性能试验要求，按标准选择合适电压等级的绝缘电阻测量仪进行测试，对电池模块或电池簇试验电压施加部位应包括正极或负极与外部裸露可导电部分之间，记录试验结果。

（4）耐压性能试验

国家标准 GB/T 36276—2018 中耐压性能试验要求，对电池模块或电池簇试验电压施加部位应包括正极或负极与外部裸露可导电部分之间，记录是否有击穿或闪络现象。

3.4.2.5　国际标准 IEC 62619—2017 的其他试验

在国际标准 IEC 62619—2017 标准中，过充电电压控制（电池系统）和过充电电流控制（电池系统）意在考查超过电池系统的最大充电电压或最大充电电流值充电时，电池管理系统能否正常动作。基于对锂离子电池特性的理解，业界已形成了对锂离子电池进行三阶段充电的策略：预充电、恒流充电和恒压充电。预充电的意义在于对电池状态进行调整，使之进入可进行大电流充电的状态；恒流充电的作用是将电能快速地存储到电池中；恒压阶段进行最后的调整，使电池的容量最大化，但进行过程是完全依照电池自身的需要进行的，不像恒流充电那样对电池造成较大的影响。任何违背电池本身特性的行为，尤其是超过电池接受能力的过大电流或超过电池过充电压的操作，都会对电池的寿命产生很大的影响，因此任何完善的管理方案都必须按照严格的规范来进行设计。过热控制（电池系统）则意在考查电池系统高温环境中充电时，电池过热管理系统能否正常动作防止电池热失控。锂离子电池各材料在不同温度下的特性不同，电池的容量、合适的充电电压也会发生巨大的变化。通常情况下，温度过低或过高时都应该禁止充电，测试环境温度对充电策略具有重要影响。大中型储能用锂离子电池系统往往具有高电压、大电流和高发热量等使用特点，因此电池管理系统必须具备良好的稳定性和准确性，保证电池系统在长期高位运行的状态下一旦出现过压、过流或过热异常，管理系统能迅速侦测并切断工作回路，保证安全。

（1）过充电电压控制

国际标准 IEC 62619—2017 中过充电电压控制试验要求，在（25±5）℃环境温度和冷却系统（如有）工作［主接触器被关闭，电池系统被电池管理系统（BMU）控制］的正常操作条件下，将每个测试电池系统以 $0.2I_t$ A 电流放电到制造商指定的截止放电电压；随后，样品电池以指定充电器的最大电流进行充电，充电电压为超过电池系统中每个电芯充电上限电压的 10%。若原装充电器无法实现过电压充电，可使用一个额外的充电器来实现；若无法在整体电池系统上进行测试，可将额外的电压施加在电池系统的部分电芯上。试验持续直至 BMU 切断充电，BMU 应当在低于 110％的上限充电电压时作用。试验终止后，持续采集/监测数据 1h。试验过程中，电池系统的所有功能应按照设计要求发挥作用，不起火、不爆炸。为保护电池系统免受进一步的严重影响，BMU 应该通过主控制器的自动断开功能切断过充电电流。BMU 应该在电芯低于充电上限电压时控制充电电压。

（2）过充电电流控制

国际标准 IEC 62619—2017 中过充电电流控制试验要求，在（25±5）℃环境温度和冷却系统（如有）工作（主接触器被关闭，电池系统被 BMU 控制）的正常操作条件下，将每个测试电池系统以 $0.2I_t$ A 电流放电到制造商指定的截止放电电压；随后，样品电池以超过指定的最大电流 20％的电流进行充电。试验终止后，持续采集/监测数据 1h。试验过程中，电池系统的所有功能应该按照设计的要求发挥作用，不起火、不爆炸。为防止电芯或电池组输入的电流超过电芯的最大充电电流，BMU 应该切断充电以使电池系统免受充电电流超过指定电芯的最大充电电流产生的相关的危害。若系统的最大充电电流低于制造商指定的最大充电电流，本试验可以免除。为保护电池系统免受进一步的严重影响，BMU 监测过充电电流并控制最大充电电流。

（3）过热控制

国际标准 IEC 62619—2017 中过热控制试验要求，在（25±5）℃环境温度和冷却系统（如有）工作（主接触器被关闭，电池系统被 BMU 控制）的正常操作条件下，将每个测试电池系统以 $0.2I_t$ A 电流放电到制造商指定的截止放电电压；随后，样品电池以指定的充电电流进行充电至 50％SOC。电池系统的温度被置于比最高工作温度高 5℃的环境中。在高温环境中持续充电，直至 BMU 切断充电。试验终止后，持续采集/监测数据 1h，不起火、不爆炸。为保护电池系统免于受到进一步的严重影响，BMU 监测过热温度并切断充电过程。试验过程中，电池系统的所有功能应该按照设计的要求发挥作用，当电芯或电池的温度超过电池制造商指定的温度时，BMU 应该切断充电。

3.4.2.6 标准对比分析的总结

经过上述的对比分析后，可以发现，国家标准 GB/T 36276—2018 与国际标准 IEC 62619—2017 在适用范围和项目设置上有所差别，但都要求从电池单体（电芯）、电池模块和电池簇（电池组系统）分层级测试，同时，在常规电性能和安全性能测试项目外，根据储能产品的特点增加了热失控测试。这些都表明，储能用锂离子电池标准体系日臻完善。

国家标准 GB/T 36276—2018 同时包括电性能和安全性能测试，测试要求更多地结合了电力储能设备的使用环境（高温、高湿和高压）特点，测试项目覆盖面广，且根据产品使用特性，提供了有针对性的测试。其标准是我国首个电力储能领域的锂离子电池国家标准。该标准的发布，预示着我国储能用锂离子电池标准体系也会按照储能产品特性，根据行业需求逐步出台不同的产品标准，形成符合市场需求的标准体系。

国际标准 IEC 62619—2017 仅有安全性能测试，将测试范围拓展至电池管理系统的功能安全，测试项目少但有深度。当前使用锂离子电池的储能产品种类较多，但国际电工委员会（IEC）未就各产品的特性制定标准，只发布了 IEC 62619—2017 标准，国内外储能行业对 IEC 62619—2017 标准的采标率较高。

3.4.3 国际标准 IEC 62620—2014 与国际标准 IEC 61960-3—2017 的对比分析

在国际上，国际电工委员会（IEC）是主要的锂离子电池国际标准制、修订机构。在锂离子电池电性能方面，含碱性或非酸性电解液的蓄电池和蓄电池组分技术委员会（IEC/SC21A）于 2017 年发布了国际标准 IEC 61960-3—2017《含碱性或其他非酸性电解质的蓄电池和蓄电池组：便携式产品用锂蓄电池和电池组 第 3 部分：方形和圆柱形锂蓄电池及其制成的蓄电池组》，适用范围为便携式产品。为适应锂离子电池行业的发展，含碱性或非酸性电解液的蓄电池和蓄电池组分技术委员会（IEC/SC21A）于 2014 年发布了国际标准 IEC 62620—2014《含碱性或其他非酸性电解质的蓄电池和蓄电池组工业设备用锂蓄电池和电池组》，适用范围为固定式设备（如电力储能系统、不间断电源 UPS 等）和活动式设备（如轨道车辆、牵引运输车、高尔夫车等，但不包括道路车辆）。

3.4.3.1 标准中型号命名的对比分析

在国际标准 IEC 61960-3—2017 中，单体电池命名形式为：$A_1A_2A_3N_2/N_3/N_4$，电池组命名形式为：$N_1A_1A_2A_3N_2/N_3/N_4\text{-}N_5$。其中 A_1 为负极体系代码：I 代表锂离子，L 代表金属锂或锂合金；A_2 为正极体系代码：C 代表钴基（Co），N 代表镍基（Ni），M 代表锰基（Mn），V 代表钒基（V），T 代表钛基（Ti）；A_3 为电池形状代码：R 代表圆柱形，P 代表棱柱形；N_1 为电池组中串联的电池数量；N_2 为最大直径（R 电池）或最大厚度（P 电池）向上取整数的值；N_3 为最大宽度（P 电池）向上取整数的值，若为 R 电池，N_3 省略；N_4 为最大高度向上取整数的值；N_5 为电池组中并联的电池数量。

在国际标准 IEC 62620—2014 中，单体电池命名形式为：$A_1A_2A_3/N_2/N_3/N_4/A_4/T_LT_H/N_C$，电池组命名形式为：$A_1A_2A_3/N_2/N_3/N_4/[S_1]A_4/T_LT_H/N_C$，其中 A_1 为负极体系：I 代表碳基，T 代表钛基，X 代表其他；A_2 为正极体系代码：C 代表钴基（Co），F 代表铁基（Fe），Fp 代表磷酸铁基，N 代表镍基（Ni），M 代表锰基（Mn），Mp 代表磷酸锰基，V 代表钒基（V），X 代表其他；A_3 为电池形状代码：R 代表圆柱形，P 代表方形（包括铝塑膜封装的电池）；A_4 为电池的倍率特性：S 代表极低倍率放电型（只针对电池组），E 代表低倍率放电型，M 代表中等倍率放电型，H 代表高倍率放电型；N_2 为最大直径（R 电池）或最大厚度（P 电池）向上取整数的值；N_3 为最大宽度（P 电池）向上取整数的值，若为 R 电池，N_3 省略；N_4 为最大高度向上取整数的值；T_L、T_H 分别表示最低和最高放电温度等级；N_C 为 500 次循环后所测容量与额定容量的比值；$[S_1]$ 为电池组串并联构造形式。

对比国际标准 IEC 62620—2014 与国际标准 IEC 61960-3—2017 的型号命名规则，

可以看出，国际标准 IEC 61960-3—2017 利用锂离子、金属锂或锂合金表示负极材料体系，而国际标准 IEC 62620—2014 则利用更符合实际的负极材料体系（碳基、钛基及其他材料）。在正极方面，由于工业设备相对便携式产品用锂离子电池会出现更多的正极材料体系，国际标准 IEC 62620—2014 增加了铁基、磷酸铁基、磷酸锰基及其他材料，省略了钛基体系的表示方法（原因是钛基材料的电位较低，基本已被用于负极材料）；国际标准 IEC 62620—2014 还增加了电池及电池组的倍率放电特性、放电高低温温度等级、循环能力等在命名上的表现形式，以适应工业设备用锂离子电池的需要。在电池组串并联形式方面，国际标准 IEC 61960-3—2017 利用首尾数字代号表示，国际标准 IEC 62620—2014 则利用集中体现的构造形式。在形状、尺寸等方面两部标准的表示方法基本相同。

3.4.3.2 标准中主要测试项目的对比分析

国际标准 IEC 61960-3—2017 中有 10 个测试项目，主要包括：常温放电容量、低温放电容量、高倍率放电容量、容量保持及恢复能力、交流内阻、直流内阻、$0.2I_tA$ 循环耐久测试、$0.5I_tA$ 循环耐久测试、贮存后容量恢复能力、静电放电。

国际标准 IEC 62620—2014 中有 8 个测试项目，主要包括：常温放电性能、低温放电性能、可允许的高倍率电流、容量保持及恢复能力、交流内阻、直流内阻、循环耐久测试、长期容量寿命。

在测试项目上，国际标准 IEC 61960-3—2017 比国际标准 IEC 62620—2014 增加了一个静电放电测试项目；国际标准 IEC 61960-3—2017 的循环耐久测试分为 $0.2I_tA$、$0.5I_tA$ 循环耐久测试，而国际标准 IEC 62620—2014 的循环耐久测试，根据电池的倍率放电能力的差异化，规定不同的放电电流；其余 7 个测试项目两个国际标准的测试项目名称比较相似，但在试验方法上，根据适用领域的不同，存在一定差异。国际标准 IEC 62620—2014 主要适用于工业设备应用领域，为了增加电池容量，常出现电池单体并联后使用的情况，因此在测试对象上，国际标准 IEC 62620—2014 增加了电池块（cell block）。电池块的定义为电池单体并联而成的组合体，可以包括或者不包括保护装置和监测电路。

（1）额定容量

额定容量为在规定条件下测得，并由制造商进行标注电池或电池组的标称容量。国际标准 IEC 61960-3—2017 定义为 C_5，国际标准 IEC 62620—2014 定义为 C_n（n 为电池或电池组的放电小时数），对于 E、M、H 放电类型的电池，n 为 5；对于 S 放电类型的电池，n 为 8、10、20 或 240。由于国际标准 IEC 62620—2014 可应用于电力储能、UPS 及轨道车辆等储能及动力电池领域，放电率类型的可选择性，增强了标准适用面。用户在选择使用时可根据自身产品的应用环境进行放电率类型选取和标识。

（2）常温放电性能

国际标准 IEC 62620—2014 与国际标准 IEC 61960-3—2017 在常温放电性能的环境温度要求上不同。国际标准 IEC 61960-3—2017 各项测试的常温环境温度均为（20±5）℃，国际标准 IEC 62620—2014 则为（25±5）℃。在试验内容上，国际标准 IEC 62620—2014

将倍率放电能力也放入常温放电性能考核。此外，国际标准 IEC 61960-3—2017 可以进行 4 次循环，有一次达到 $100\% C_5$ 即可；而国际标准 IEC 62620—2014 则可以进行 5 次循环，有一次达到技术要求可停止试验，可适当增加产品合格的概率。

（3）低温放电性能

国际标准 IEC 62620—2014 与国际标准 IEC 61960-3—2017 相比，变化较大。国际标准 IEC 61960-3—2017 根据便携式产品的应用场景，明确定义低温放电性能在 $-20℃$ 下考核，电池或电池组在（-20 ± 2）℃条件下，以 $0.2I_tA$ 恒流放电至放电终止电压时，放电容量应不低于 $30\% C_5$。

国际标准 IEC 62620—2014 根据固定式设备及活动式设备应用场景的差异化，没有明确规定低温放电性能的考核温度，而是提出"目标"测试温度的概念。电池低温放电性能测试时，温度以 $10℃$ 为梯度变化，如 $10℃$、$0℃$、$-10℃$ 和 $-20℃$。制造商提出的温度，必须在"目标"测试温度基础上加 $10℃$ 的范围内，如测试温度为 $-27℃$，制造商给出的温度最好为 $-20℃$。具体放电率和技术要求参照标准中的参数表要求。

（4）高倍率放电性能

国际标准 IEC 62620—2014 与国际标准 IEC 61960-3—2017 对项目的试验目的不同。国际标准 IEC 61960-3—2017 仅评估电池或电池组在高倍率下（$1I_tA$ 倍率）的放电性能，对于电池而言，放电容量应不低于额定容量的 70%；对于电池组，放电容量应不低于额定容量的 60%。

国际标准 IEC 62620—2014 评估 M、H 型电池（块）、电池组可允许的高倍率电流，M 型最低恒电流倍率为 $6I_tA$，H 型最低恒电流倍率为 $20I_tA$。技术要求为无熔断、电池（块）或电池组壳体不应变形和漏液，电压在放电过程中应没有突变；在以可允许的高倍率电流放电后，$0.2I_t$ 放电容量应不低于额定容量的 95%。这一测试项目更注重电池使用的安全性，高倍率放电性能已纳入常温放电性能项目内考核。对于高倍率放电，试验环境温度也有所不同。

（5）容量保持及恢复能力

国际标准 IEC 62620—2014 与国际标准 IEC 61960-3—2017 在该项目上，除环境温度不同外，其余试验方法基本一致。在测试对象上，国际标准 IEC 61960-3—2017 针对电池和电池组，国际标准 IEC 62620—2014 只针对电池（块）。在技术要求上，国际标准 IEC 62620—2014 更加严格，容量保持容量应不低于额定容量的 85%，容量恢复容量不得低于额定容量的 90%；国际标准 IEC 61960-3—2017 的要求相对较低，对于电池容量保持容量应不低于额定容量的 70%，容量恢复容量不得低于额定容量的 85%；对于电池组，容量保持容量应不低于额定容量的 60%，容量恢复容量不得低于额定容量的 85%。

（6）交流内阻和直流内阻

内阻是评估锂离子电池性能的重要指标。目前，锂离子电池内阻测试的方法很多，主要有交流内阻、直流内阻和电化学阻抗谱（EIS）测试等方法。

国际标准 IEC 62620—2014 与国际标准 IEC 61960-3—2017 均采用了交流内阻法和直流内阻法。交流内阻反映了电池静态时的状态，能够保证电池性能完好，且测量过程快速，不用脱机就可在线检测内阻，但不能看出内阻在不同频率下的变化。直流内阻反映了电池工作时，电流在电池内部受到的阻力，可直接反映电池工作时的性能。

在交流内阻的项目上，国际标准 IEC 62620—2014 与国际标准 IEC 61960-3—2017 除了环境温度不同，其余试验方法基本一致。在试验对象上，国际标准 IEC 61960-3—2017 的交流内阻只针对电池组，而国际标准 IEC 62620—2014 的交流内阻的测试对象只能是电池（块）。

在直流内阻的项目上，国际标准 IEC 62620—2014 与国际标准 IEC 61960-3—2017 除了环境温度不同，试验方法的相关参数也存在差异。在测试对象上，国际标准 IEC 61960-3—2017 的直流内阻只针对电池组，而国际标准 IEC 62620—2014 的直流内阻的测试对象，既可以是电池（块），也可以是电池组。在试验参数上，国际标准 IEC 61960-3—2017 的适用范围为便携式产品，因此明确规定两次放电电流，$I_1 = 0.2I_t$A、$I_2 = 1.0I_t$A；而国际标准 IEC 62620—2014 适用范围为固定式设备或活动式设备，根据固定式设备及活动式设备倍率放电能力的差异化，规定不同的放电电流，具体电流值和技术要求参照标准中的参数表要求。

此外，一般电池容量越小，内阻越大。由于便携式产品用锂离子电池较固定式设备及活动式设备用的容量小，内阻较大。国际标准 IEC 61960-3—2017 规定的两次放电时间较国际标准 IEC 62620—2014 规定的时间短（分别为10s、1s），在较短的时间内，足以测试出电池的电压降；国际标准 IEC 62620—2014 的两次放电时间都有所延长，分别为（30±0.1）s、（5.0±0.1）s。固定式设备及活动式设备用锂离子电池容量大、内阻小，较长的放电时间能更准确地测出电池的电压降。

（7）循环耐久测试

国际标准 IEC 62620—2014 与国际标准 IEC 61960-3—2017 对环境温度的要求不同。在试验参数上，国际标准 IEC 61960-3—2017 的放电电流分为 $0.2I_t$A 和 $0.5I_t$A，$0.2I_t$A 循环耐久测试，确定电池在其可用容量明显耗尽之前可以承受的充放电循环次数，$0.5I_t$A 循环耐久测试，确定电芯/电池在指定循环次数后的剩余容量；国际标准 IEC 62620—2014 的放电电流为 $(1/n)I_t$A，若加速评估电池寿命，可根据电池的倍率放电能力的差异化，规定不同的放电电流。E 型电池用 $0.5I_t$A，M 型和 H 型电池可以用 $1.0I_t$。在技术要求上，国际标准 IEC 62620—2014 比国际标准 IEC 61960-3—2017 更严格。国际标准 IEC 62620—2014 要求电池（块）或电池组在进行 500 次循环后，所测得的容量应不低于额定容量的 60%；国际标准 IEC 61960-3—2017 的要求则相对较低，对于电池，要求在 400 次循环后容量不低于额定容量的 60%，对于电池组，要求在 300 次循环后容量不低于额定容量的 60%。

（8）贮存恒压耐久性

国际标准 IEC 62620—2014 与国际标准 IEC 61960-3—2017 在恒压耐久性的测试方法上大致相同，但试验具体参数上存在较多差异。第一，电池充电、恒压保持和放电的环境温度要求不同。国际标准 IEC 61960-3—2017 要求电池在（20±5）℃下充电，在（40±2）℃下恒压保存，在（20±5）℃下放电；国际标准 IEC 62620—2014 要求电池在目标测试温度下充电，在目标测试温度下电池恒压保存，在（25±5）℃下放电。第二，电池容量状态不同，国际标准 IEC 61960-3—2017 要求电池容量状态为 50％，国际标准 IEC 62620—2014 要求电池容量状态为 100％。第三，技术要求不同，两者相较而言，国际标准 IEC 62620—2014 标准更严谨、严格。国际标准 IEC 61960-3—2017 要求电池恒压耐久 90d 后，将电池按照企业要求充至满电状态，电池静置 1~4h，静置结束后，放电电流为 $0.2I_t$A，测试得到的放电容量与额定容量的比值不低于 50％，恒压耐久后的电池可重复做 5 次充电放电过程；国际标准 IEC 62620—2014 要求电池恒压耐久 90d 后，静置 8~16h，静置结束后，将电池放电，放电电流为 $(1/n)I_t$A（S 型电池，$n=$ 8、10、20 和 240；E、M 和 H 型电池，$n=5$），测试得到的电池放电容量与额定容量的比值不低于 85％。

（9）静电放电性能

静电放电（ESD）是一种常见的近场危害源，在放电过程中，有时会形成高电压和瞬时大电流，放电电流波形的上升时间可小于 1ns，形成静电放电电磁脉冲，并产生频谱很宽的电磁辐射场，会对半导体器件及电子设备（系统）造成直接和间接干扰或损伤。ESD 抗扰度试验和静电放电的防护研究，一直是工业发达国家十分重视的研究课题。

国际标准 IEC 62620—2014 与国际标准 IEC 61960-3—2017 在静电放电性能的测试项目有所不同。国际标准 IEC 61960-3—2017 有静电放电性能测试项目，包括 4kV 接触式放电和 8kV 空气放电，因为应用对象是便携式产品（便携式产品易接触到放电源）。国际标准 IEC 62620—2014 没有该项性能测试，因为应用对象主要是固定式设备，固定式设备相比便携式产品不易接触到静电放电源。

3.4.3.3 标准对比分析的总结

经过上述的对比分析后，可以看出，国际标准 IEC 62620—2014 与国际标准 IEC 61960-3—2017 在测试对象和项目设置上总体比较一致，但在具体项目的测试条件上存在不少差异。由于国际标准 IEC 61960-3—2017 的测试对象是便携式产品用锂离子电池，测试参数相对固定；国际标准 IEC 62620—2014 的测试对象是固定式和活动式设备用锂离子电池，该标准根据电池使用场景的实际情况，提出了不同的测试参数。在技术要求方面，国际标准 IEC 62620—2014 较国际标准 IEC 61960-3—2017 更为严苛，这也保证了固定式和活动式设备的锂离子电池使用寿命一般比便携式产品更长的要求。

国际标准 IEC 61960-3—2017 通过众多的测试项目来保障便携式产品用电池、电池组的产品品质和科学使用。国际标准 IEC 62620—2014 作为固定式设备用电池（块）、电池组和活动式设备用电池（块）、电池组测试标准，有利于与国际标准 IEC 61960-3—2017 更好地衔接与组合，覆盖更多领域的锂离子电池。

3.5 锂离子电池主要性能参数

锂离子电池具有能量密度高、转换效率高、循环寿命长、无记忆效应、无充放电延时、自放电率低、工作温度范围较宽等优点，因而成为电能的一个比较理想的载体，在各个领域得到广泛应用。一般而言，我们在使用锂离子电池的时候，会关注一些参数指标，作为衡量其性能"优劣"的主要因素。

（1）电压

锂离子电池的电压（V），有开路电压、额定电压、工作电压、充电截止电压、放电截止电压等一些参数。

① 开路电压。电池外部不接任何负载或电源，测量电池正负极之间的电位差，此即为电池的开路电压。

② 额定电压。电池在标准规定条件下工作时应达到的电压。

③ 工作电压（负载电压、放电电压）。在电池两端接上负载 R 后，在放电过程中显示出的电压，等于电池的电动势减去放电电流 i 在电池内阻 r 上的电压降，$U = E - ir$。一般来说，由于电池内阻的存在，放电状态时的工作电压低于开路电压，充电时的工作电压高于开路电压。

④ 充电截止电压。电池允许达到的最高工作电压。超过了这一限值，会对电池产生一些不可逆的损害，导致电池性能的降低，严重时甚至造成起火、爆炸等安全事故。

⑤ 放电截止电压。电池在一定标准所规定的放电条件下放电时，电池的电压将逐渐降低，当电池不宜再继续放电时，电池的最低工作电压称为终止电压。当电池的电压下降到终止电压后，再继续使用电池放电，化学"活性物质"会遭受破坏，减少电池寿命。

（2）电池容量

① 理论容量。根据蓄电池活性物质的特性，按法拉第定理计算出的理论值，一般用质量容量 Ah/kg 或体积容量 Ah/L 来表示。

② 实际容量。在一定的放电条件下所放出的实际电量，主要受放电倍率和温度的影响（故严格来讲，电池容量应指明充放电条件），等于放电电流与放电时间的乘积。实际容量一般都不等于额定容量，它与温度、湿度、充放电倍率等直接相关。一般情况下，实际容量比额定容量偏小一些，有时甚至比额定容量小很多，比如北方的冬季，如果在室外使用手机，电池容量会迅速下降。

③ 标称容量。用来鉴别电池的近似安时值，电池在环境温度为 20℃±5℃ 条件下，以 5h 率放电至终止电压时所应提供的电量，用 C_5 表示。

④ 额定容量。按一定标准所规定的放电条件下，电池应该放出的最低限度的容量。

⑤ 荷电状态（SOC）。电池在一定放电倍率下，剩余电量与相同条件下额定容量的比值，反映电池容量的变化。

荷电状态是大家比较关心的一个参数。智能手机早已普及，我们在使用智能手机的时候，最为担心的就是电量不足，需要频繁充电，有时还找不到地方充电。早期的功能机，正常使用情况下，满充的电池可以待机 3～5 天，一些产品甚至可以待机 7 天以上。可是到了智能机时代，待机时间就显得惨不忍睹了。这里面很重要的一个原因，就是手机的功耗越来越大，而电池的容量却没有同比例的增长。

（3）能量（Wh、kWh）

① 标称能量。按一定标准所规定的放电条件下，电池所输出的能量，电池的标称能量是电池额定容量与额定电压的乘积。

② 实际能量。在一定条件下电池所能输出的能量，电池的实际能量是电池的实际容量与平均电压的乘积。

③ 比能量（Wh/kg）。电池单位质量中所能输出的能量。

④ 能量密度（Wh/L）。电池单位体积中所能输出的能量。

能量密度，指的是单位体积或单位重量的电池，能够存储和释放的电量，其单位有两种：Wh/kg、Wh/L，分别代表质量比能量和体积比能量。这里的电量，是上面提到的容量（Ah）与工作电压（V）的积分。在应用的时候，能量密度这个指标比容量更具有指导性意义。

基于当前的锂离子电池技术，能够达到的能量密度水平大约在 $100\sim200Wh/kg$，这一数值还是比较低的，在许多场合都成为锂离子电池应用的瓶颈。这一问题同样出现在电动汽车领域，在体积和重量都受到严格限制的情况下，电池的能量密度决定了电动汽车的单次最大行驶里程，于是出现了"里程焦虑症"这一特有的名词。如果要使得电动汽车的单次行驶里程达到 500km（与传统燃油车相当），电池单体的能量密度必须达到 300Wh/kg 以上。

锂离子电池能量密度的提升，是一个缓慢的过程，远低于集成电路产业的摩尔定律，这就造成了电子产品的性能提升与电池的能量密度提升之间存在一个剪刀差，并且随着时间不断扩大。

（4）功率（W、kW）

在一定的放电制度下，电池在单位时间内所输出的能量。

比功率（W/kg）：电池单位质量中所具有的电能的功率。

功率密度（W/L）：电池单位体积中所能输出的能量。

（5）电池内阻

电流流过电池内部受到的阻力，使电池电压降低，此阻力称为电池内阻。由于电池内阻的作用，电池放电时端电压低于电动势和开路电压。充电时端电压高于电动势和开路电压。

锂离子电池的内阻包括欧姆内阻和极化内阻。欧姆内阻由电极材料、电解液、隔膜电阻以及各部分零件的接触电阻组成。极化电阻是指化学反应时由极化引起的电阻，包括电化学极化和浓差极化引起的电阻。电池内阻大，会引起大量焦耳热，引起电池温度升高，导致电池放电工作电压降低，放电时间缩短，对电池性能、寿命等造成严重的影响。电池内阻大小的精确计算相当复杂，而且在电池使用过程中会不断变化。内阻大小主要受电池的材料、制造工艺、电池结构等因素的影响。电池内阻是衡量电池性能的一个重要参数。

（6）寿命

电池以充放电的循环次数和使用年限来定义电池寿命。

循环次数：蓄电池的工作是一个不断充电、放电、充电、放电的循环过程。在每一个循环中，电池中的化学活性物质发生一次可逆的化学反应，充放电次数的增加，化学活性物质老化变质，使电池充放电效率降低，最终丧失功能，电池报废。电池的循环次数与很多因素有关：电池充放电形式、电池温度、放电深度、电池组均衡性、电池安装等等。循环寿命一般以次数为单位，表征电池可以循环充放电的次数。当然这里也是有条件的，一般是在理想的温湿度下，以额定的充放电电流进行深度的充放电（100% DOD 或者 80%DOD），计算电池容量衰减到额定容量的 80% 时，所经历的循环次数。循环次数是衡量电池寿命的指标。

使用年限：SOH（state of health）反映电池的预期寿命。$SOH = C_M/C_N$，其中，C_M 表示蓄电池预测容量，C_N 表示蓄电池标称容量。

锂离子电池的寿命会随着使用和存储而逐步衰减，并且会有较为明显的表现。仍然以智能手机为例，使用过一段时间的手机，可以很明显地感觉到手机电池"不耐用"了，刚开始可能一天只充一次，后面可能需要一天充电两次，这就是电池寿命不断衰减的体现。

（7）充放电倍率

充放电倍率是指电池在规定的时间内放出其额定容量时所需要的电流值，这个指标会影响锂离子电池工作时的连续电流和峰值电流，其单位一般为 C（C-rate 的简写），如 1/10C、1/5C、1C、5C、10C 等。举个例子来阐述倍率指标的具体含义，某电池的额定容量是 10Ah，如果其额定充放电倍率是 1C，那么就意味着这个型号的电池，可以以 10A 的电流，进行反复的充放电，一直到充电或放电的截止电压。如果其最大放电倍率是 10C/10s，最大充电倍率 5C/10s，那么该电池可以以 100A 的电流进行持续 10s 的放电，以 50A 的电流进行持续 10s 的充电。

充放电倍率对应的电流值乘以工作电压，就可以得出锂离子电池的连续功率和峰值功率指标。充放电倍率指标定义得越详细，对于使用时的指导意义越大。尤其是作为电动交通工具动力源的锂离子电池，需要规定不同温度条件下的连续和脉冲倍率指标，以确保锂离子电池在合理的范围之内使用。

（8）充放电效率

充电效率是指锂电池在充电过程中所消耗的电能转化成电池所能储存的化学能程度的量度。主要受电池工艺、配方及电池的工作环境温度影响，一般环境温度越高，充电效率越低。

放电效率是指在一定的放电条件下放电至终点电压所放出的实际电量与电池的额定容量之比，主要受放电倍率、环境温度、内阻等因素影响，一般情况下，放电倍率越高，放电效率越低。温度越低，放电效率越低。

（9）自放电率

自放电率是指锂电池在存放时间内，在没有负荷的条件下自身放电，使得电池的容量损失的速度。自放电率用单位时间（月/年）内电池容量下降的百分数来表示。

自放电率又称荷电保持能力，是指电池在开路状态下，电池所储存的电量在一定条件下的保持能力。主要受电池的制造工艺、材料、储存条件等因素的影响，是衡量电池性能的重要参数。

参考文献

[1] GB 31241—2014. 便携式电子产品用锂离子电池和电池组安全要求 [S].

[2] GB/T 18287—2013. 移动电话用锂离子蓄电池及蓄电池组总规范 [S].

[3] GB/T 31484—2015. 电动汽车用动力蓄电池循环寿命要求及试验方法 [S].

[4] GB 38031—2020. 电动汽车用动力蓄电池安全要求 [S].

[5] GB/T 31486—2015. 电动汽车用动力蓄电池电性能要求及试验方法 [S].

[6] GB/T 31467.1—2015. 电动汽车用锂离子动力蓄电池包和系统 第1部分：高功率应用测试规程 [S].

[7] GB/T 31467.2—2015，电动汽车用锂离子动力蓄电池包和系统 第2部分：高能量应用测试规程 [S].

[8] 蒋立琴、王记磊、邹兴华 . GB 38031—2020《电动汽车用动力蓄电池安全要求》 [J]. 电池，2020，50 （3）：4.

[9] GB/Z 18333.1—2001. 电动道路车辆用锂离子蓄电池 [S].

[10] QC/T 743—2006. 电动汽车用锂离子蓄电池 [S].

[11] GB/T 36672—2018. 电动摩托车和电动轻便摩托车用锂离子电池 [S].

[12] GB/T 36972—2018. 电动自行车用锂离子蓄电池 [S].

[13] QB/T 2947.3—2008. 电动自行车用蓄电池及充电器 第3部分：锂离子蓄电池及充电器 [S].

[14] QB/T 2502—2000. 锂离子蓄电池总规范 [S].

[15] GB/T 34131—2017. 电化学储能电站用锂离子电池管理系统技术规范 [S].

[16] GB/T 36276—2018. 电力储能用锂离子电池 [S].

[17] ISO 12405-1—2011. Electrically propelled road vehicles-Test specification for lithium-ion traction battery packs and systems-Part 1：High power applications [S].

[18] ISO 12405-2—2012. Electrically propelled road vehicles-Test specification for lithium-ion traction battery packs and systems-Part 2：High energy applications [S].

[19] ISO 12405-3—2014. Electrically propelled road vehicles-Test specification for Lithium-ion traction battery packs and systems-Part 3：Safety performance requirements [S].

[20] ISO 6469-1—2019. Electrically propelled road vehicles-Safety specifications Part 1：Rechargeable energy storage system [S].

[21] IEC 62133-2—2017. Secondary cells and batteries containing alkaline or other non-acid electrolytes-Safety requirements for portable sealed secondary cells，and for batteries made from them，for use in portable applications-Part 2：Lithium systems [S].

[22] IEC 61960-3—2017. Secondary cells and batteries containing alkaline or other non-acid electrolytes-Secondary lithium cells and batteries for portable applications-Part 3：Prismatic and cylindrical lithium secondary cells，and batteries made from them [S].

[23] IEC 62619—2017. Secondary cells and batteries containing alkaline or other non-acid electrolytes-Safety requirements for secondary lithium cells and batteries，for use in industrial applications [S].

[24] IEC 62620—2014. Secondary cells and batteries containing alkaline or other non-acid electrolytes-Secondary lithium cells and batteries for use in industrial applications [S].

[25] IEC 62660-1—2010. Secondary lithium-ion cells for the propulsion of electric road vehicles-Part 1：Performance testing [S].

[26] IEC 62660-2—2010. Secondary lithium-ion cells for the propulsion of electric road vehicles-Part 2：Reliability and abuse testing [S].

[27] IEC 62660-3—2016. Secondary lithium-ion cells for the propulsion of electric road vehicles-Part 3：Safety requirements [S].

[28] IEC 62281—2016. Safety of primary and secondary lithium cells and batteries during transport [S].

[29] IEC 62485-2—2018. Safety requirements for secondary batteries and battery installations-Part 3：Stationary batteries [S].

[30] IEC 62485-3—2014. Safety requirements for secondary batteries and battery installations-Part 3：Traction batteries [S].

[31] IEC 61959—2008. Secondary cells and batteries containing alkaline or other non-acid electrolytes－Mechanical tests for sealed portable secondary cells and batteries [S].

[32] UN 38. 3. Recommendations on the transport of dangerous goods：manual of tests and criteria Section 38. 3 [S].

[33] UL 1642—2020. Lithium batteries [S].

[34] UL 2054—2011. Household and commercial batteries [S].

[35] UL 2580—2013. Batteries for use in electric vehicles [S].

[36] UL 2575—2012. Lithium ion battery systems for use in electric power tool and motor operated，heated and lighting appliances [S].

[37] IEEE 1625—2009. Rechargeable batteries for multi-cell mobile computing devices [S].

[38] IEEE 1725—2011. Rechargeable batteries for cellular telephones [S].

[39] SAE J 240—2012. Life Test for Automotive Storage Batteries [S].

[40] SAE J 537—2016. Storage batteries [S].

[41] SAE J 2288—2008. Life cycle testing of electric vehicle battery modules [S].

[42] SAE J 2289—2008. Electric drive battery pack system：functional guidelines [S].

[43] SAE J 2380—2009. Vibration testing of electric vehicle batteries [S].

[44] SAE J 2464—2009. Electric and hybrid electric vehicle rechargeable energy storage system（RESS）safety and abuse testing [S].

[45] SAE J 2929—2013. Electric and hybrid vehicle propulsion battery system safety standard-lithium-based rechargeable cells [S].

[46] JIS C 8513—2015. Safety of primary lithium batteries [S].

[47] JIS C 8711—2019. Secondary cells and batteries containing alkaline or other non-acid electrolytes-Secondary lithium cells and batteries for portable applications [S].

[48] JIS C 8712—2015. Safety requirements for portable sealed secondary cells，and for batteries made from them，for use in portable applications [S].

[49] JIS C 8713—2006. Secondary cells and batteries containing alkaline or other non-acid electrolytes-Mechanical tests for sealed portable secondary cells and batteries [S].

[50] JIS C 8714—2007. Safety tests for portable lithium ion secondary cells and batteries for use in portable electronic applications [S].

[51] JIS C 8715-2：2019. Secondary lithium cells and batteries for use in industrial applications-Part 2：Tests and requirements of safety [S].

[52] 张思瑶，黄鲲，周伟健 . GB 31241—2014《便携式电子产品用锂离子电池和电池组安全要求》标准解读 [J]. 日用电器，2015：19-24.

[53] 李秦涛 . 锂离子电池检测标准 2013 版与 2000 版对比解析 [J]. 移动通信，2015，(7)：25-31.

[54] 杨杰，张凯庆，史瑞祥 . 锂离子动力电池安全性试验检测方法 [J]. 汽车工程师，2014：59-61.

[55] 王雪朕，何丽华，孙云东 . GB/T 36972—2018 电动自行车用锂离子蓄电池的解读与分析 [J]. 电池工业，2020，24（4）：206-210.

［56］ 王彩娟，宋杨，秦剑峰 . 国际储能电池标准 IEC 62619：2017 解析 ［J］. 电池，2018，48（3）：195-197.

［57］ 杨强，李茜 . 锂离子电池国家标准 GB 31241 与 UN 38.3 的比较 ［J］. 电池，2016，46（1）：46-48.

［58］ 文浩，谢达明，罗斌 . 动力锂电池安全国家标准 GB/T 31485 与 IEC 62660-3 的比较 ［J］. 标准科学，2016
　　　（11）：136-139.

［59］ 王彩娟，宋杨，秦剑峰 . 锂离子电池标准 IEC 62619：2017 和 GB/T 36276—2018 解析 ［J］. 电池，2020，50
　　　（5）：483-487.

［60］ 顾正建，严媛 . 锂离子电池标准 IEC 62620：2014 与 IEC 61960：2011 对比解析 ［J］. 电池，2017，47（6）：
　　　358-361.

［61］ 汪伟伟，姚丹，彭文 . 锂离子动力电池国内外安全检测标准研究 ［J］. 金属功能材料，2020，27（6）：
　　　34-39.

［62］ 谢乐琼，何向明 . 现有电动汽车用动力电池国家标准解读 ［J］. 新材料产业，2018（1）：35-42.

［63］ 杨军，解晶莹，王久林 . 《化学电源测试原理与技术》［M］. 北京：化学工业出版社，2006.

第4章 锂离子电池主要法律法规及政策

4.1 锂离子电池行业主管部门

4.1.1 行业主管部门

锂离子电池所属行业的主管部门是工业和信息化部、国家市场监督管理总局、海关总署、中国民航局等。

工业和信息化部的主要职责有：提出新型工业化发展战略和政策；制定并组织实施工业的行业规划、计划和产业政策，包括锂离子电池、动力电池行业规范等；监测分析工业运行态势，统计并发布相关信息；拟订并组织实施工业的能源节约和资源综合利用、清洁生产促进政策等。

国家市场监督管理总局的主要职责有：拟订并实施质量发展的制度措施，统筹国家质量基础设施建设与应用；建立并统一实施缺陷产品召回制度；管理产品质量安全风险监控、国家监督抽查工作；建立并组织实施质量分级制度、质量安全追溯制度；指导工业产品生产许可管理；负责统一管理标准化工作；负责统一管理检验检测工作；等等。

海关总署的主要职责有：负责全国海关工作；负责组织推动口岸"大通关"建设；负责海关监管工作，制定进出境运输工具、货物和物品的监管制度并组织实施；负责进出口关税及其他税费征收管理；负责出入境卫生检疫、出入境动植物及其产品检验检疫；负责进出口商品法定检验；负责海关风险管理；负责国家进出口货物贸易等海关统计；等等。

中国民航局的主要职责有：研究并提出民航事业发展的方针、政策和战略；编制民航行业中长期发展规划；制定保障民用航空安全的方针政策和规章制度，监督管理民航行业的飞行安全和地面安全；制定民用航空飞行标准及管理规章制度，对民用航空器运营人实施运行合格审定和持续监督检查，负责民用航空飞行人员、飞行签派人员的资格管理；制定民用航空器适航管理标准和规章制度；制定民用航空空中交通管理标准和规章制度；制定民用机场建设和安全运行标准及规章制度，监督管理机场建设和安全运行；制定民航安全保卫管理标准和规章，管理民航空防安全；制定航空运输、通用航空政策和规章制度，管理航空运输和通用航空市场；等等。2021 年 3 月 30 日，依据《中华人民共和国民用航空法》第一百零一条"危险品品名由国务院民用航空主管部门规定并公布"的规定，在以往发布的《航空运输危险品目录》基础上，按照国际民航组织的相关文件要求，中国民用航空局制定了《航空运输危险品目录》（2021 版）并予公布。该目录自 2021 年 3 月 22 日起施行，中国民用航空局 2019 年 1 月 3 日发布的《关于公布航空运输危险品目录 2019 版的公告》同时废止。

4.1.2　行业自律性组织

锂离子电池制造业的全国性行业自律组织主要有中国电池工业协会和中国化学与物理电源行业协会及其下属二级分会等。

（1）中国电池工业协会

中国电池工业协会（China Battery Industry Association，CBIA）成立于 1988 年，经国家民政部注册批准，具有法人资格，为跨地区、跨部门、跨所有制的国家一级协会。中国电池工业协会的主管部门是国有资产管理监督委员会，同时接受国家民政部和中国轻工业联合会的管理。主要职能有：对电池工业的政策提出建议，起草电池工业的发展规划和电池产品标准，组织有关科研项目和技术改造项目的鉴定，开展技术咨询、信息统计、信息交流、人才培训，为行业培育市场，组织国际国内电池展览会，协调企业生产、销售和出口工作中的问题。中国电池工业协会现有团体会员单位 500 余家，包括电池生产企业，原材料、电池设备和零配件生产企业，大专院校及科研院所等。协会下设 8 家分会：铅酸蓄电池分会，二次电池与新型电源分会，锂电池应用专业委员会，太阳能电池分会，技术服务委员会，新材料分会，机械及零配件专业委员会，清洁生产与回收利用专业委员会。

（2）中国电池工业协会锂电池应用专业委员会

中国电池工业协会锂电池应用专业委员会成立于 2010 年 1 月 20 日，英译名为 CBIA LiB Application Association（CLAA）。由锂电池材料、锂电池制造、锂电池应用等企业以及相关行业协会、检测机构、科研院所和知名专家学者组成，是经国有资产管理委员会同意批准并报民政部登记的跨行业、专业性、全国性、非营利性、自愿结成的社会团体组织。

中国电池工业协会锂电池应用专业委员会的宗旨是遵守国家宪法、法律、法规和国家政策，遵守社会道德风尚，以加快中国锂电池的应用和推广为目的，通过广泛联络业内优秀企业和人士，加强技术交流与协作，不断推动新材料、新技术、新工艺的研发和应用，规范并促进各成员的产品和服务提升，维护良性可持续发展的市场竞争环境，努力促进企业、行业、专业机构以及政府之间的交流互动，为锂电池在中国的普及和发展发挥积极的作用。

（3）中国化学与物理电源行业协会

中国化学与物理电源行业协会（China Industrial Association of Power Sources，CIAPS）成立于1989年12月，是由电池行业企（事）业单位资源组成的全国性、行业性、非营利性的社会组织，主管部门为工业和信息化部。协会的业务范围：①向政府反映会员单位的愿望和要求，向会员单位传达政府的有关政策、法律、法规并协助贯彻落实；②开展对电池行业国内外技术、经济和市场信息的采集、分析和交流工作，依法开展行业生产经营统计与分析工作，开展行业调查，向政府部门提出制定电池行业政策和法规等方面的建议；③组织订立行规行约，并监督执行，协助政府规范市场行为，为会员开拓市场并为建立公平、有序竞争的外部环境创造条件，维护会员的合法权益和行业整体利益；④组织制定、修订电池行业的协会标准，参与国家标准、行业标准的起草和修订工作，并推进标准的贯彻实施；推进电池行业环保和节能工作，加快废旧电池回收再利用工作；⑤协助政府组织编制电池行业发展规划和产业政策；⑥开展对电池行业产品的质量检测、科技成果的评价及推广工作，推荐新技术新产品，协助会员单位做好争创名牌工作；⑦编辑出版刊物，建设运营网站，为会员单位提供信息服务；⑧组织会员单位开展生产技术和经营管理经验交流，推广先进的科学技术成果和现代经营管理方式；⑨组织人才、技术、管理、法规等培训，指导、协助会员单位改善经营管理；⑩大力开展经济技术交流与学术交流活动，受政府委托承办或根据市场和行业发展需要，举办电池行业全国性和国际性展览会和学术会议。在平等互利的基础上，不断加强与国外相关组织和社团的交往与合作，组织会员单位出国参加国际性展览会和学术会议，为会员单位开拓国内外两个市场服务；⑪在协调电池产品销售价格及出口价格等方面发挥自律作用，促进公平竞争；⑫代表行业或协调会员单位积极应对国外非关税贸易壁垒，维护会员单位合法权益，保护电池产业安全；⑬受政府和有关部门委托，对行业内重大的投资、改造、开发项目进行前期论证，并参与项目的监督；⑭承办政府部门委托办理的事项，开展有益于本行业的其他活动。协会现有500多家会员单位，下设碱性蓄电池与新型化学电源分会、酸性蓄电池分会、锂电池分会、太阳能光伏分会、干电池工作委员会、电源配件分会、移动电源分会、储能应用分会、电池设备分会、动力电池应用分会等十个分支机构。

（4）中国化学与物理电源行业协会动力电池应用分会

中国化学与物理电源行业协会动力电池应用分会（Power Battery Application Branch of China Industrial Association of Power Sources，CIAPS-PBA），简称动力电池应用分会，是根据中国化学与物理电源协会章程和协会分支机构管理办法而设立的专业分会。作为中国化学与物理电源行业协会下属的国家二级分会，动力电池应用分会是我国动力电池产业唯一专注应用领域的非营利性社会团体。

动力电池应用分会成立于2017年3月，现有专家委员70位，团体会员单位157家。官方指定网站是电池中国网（www.cbea.com）。

动力电池应用分会立足于动力电池行业及其产业链企业，旨在为动力电池行业及上下游产业链企业搭建高端沟通交流平台，收集行业代表性意见，承接相关部委规划的课题研究工作，为动力电池及产业链相关政策的制定提供建议和参考，促进动力电池行业及其产业链在产、学、研、用等方面的合作，推进动力电池相关技术的提升，实现动力电池产业链良性发展，从而推动我国新能源产业的进步。

动力电池应用分会宗旨是致力于打造一个为政府、为行业、为会员提供信息咨询、沟通和合作服务的平台。

动力电池应用分会主要职责有以下六方面。①组织交流。动力电池应用分会将会针对行业政策或一些行业热点事件组织多种形式的研讨、交流，为企业提供沟通、交流的平台。此外，分会还将组织一些技术交流活动，增进产业链企业间、企业与科研机构间的交流与合作。②提供咨询。动力电池应用分会将适时邀请新能源汽车产业链上的专家、学者成立专家组，就相关政策，为动力电池企业提供有针对性的咨询、进行政策解读，为企业下一步发展提供必要的帮助与支持。③参与检查。动力电池应用分会将针对动力电池行业存在的普遍问题、相关标准规范的执行等开展内部自查，并由专家组给出相应的整改意见。同时将配合上级主管部门在行业内开展检查，并协助企业通过相应检查。④提出建议。动力电池应用分会的另一项职责就是针对企业在发展过程中遇到的一些难点问题组织相关专家、企业展开专题研讨，并给出相应的建议。⑤建议反馈。动力电池应用分会将会广泛收集、整理和分析动力电池行业的困难、意见、可行性建议、愿望和诉求，反馈给相关主管部门，维护和促进行业良性发展。⑥调查调解。一旦企业之间发生矛盾或误会，动力电池应用分会有为企业进行矛盾调解的职责，为营造良性的竞争环境，推动全行业发展积极努力。

4.2 锂离子电池相关的主要法律法规及政策

4.2.1 法律

国家在制定锂离子电池产业相关政策时的主要法律依据有以下几个。

（1）《中华人民共和国环境保护法》

《中华人民共和国环境保护法》是为保护和改善环境，防治污染和其他公害，保障公众健康，推进生态文明建设，促进经济社会可持续发展制定的法律。

《中华人民共和国环境保护法》由中华人民共和国第七届全国人民代表大会常务委员会第十一次会议于 1989 年 12 月 26 日修订通过，自公布之日起施行。

《中华人民共和国环境保护法》由中华人民共和国第十二届全国人民代表大会常务委员会第八次会议于 2014 年 4 月 24 日修订通过，自 2015 年 1 月 1 日起施行。

《中华人民共和国环境保护法》第四条指出，保护环境是国家的基本国策。国家采取有利于节约和循环利用资源、保护和改善环境、促进人与自然和谐的经济、技术政策和措施，使经济社会发展与环境保护相协调。第七条指出，国家支持环境保护科学技术研究、开发和应用，鼓励环境保护产业发展，促进环境保护信息化建设，提高环境保护科学技术水平。第三十六条指出，国家鼓励和引导公民、法人和其他组织使用有利于保护环境的产品和再生产品，减少废弃物的产生。第四十八条指出，生产、储存、运输、销售、使用、处置化学物品和含有放射性物质的物品，应当遵守国家有关规定，防止污染环境。

（2）《中华人民共和国固体废物污染环境防治法》

《中华人民共和国固体废物污染环境防治法》是为了保护和改善生态环境，防治固体废物污染环境，保障公众健康，维护生态安全，推进生态文明建设，促进经济社会可持续发展制定的法律。

《中华人民共和国固体废物污染环境防治法》1995年10月30日第八届全国人民代表大会常务委员会第十六次会议通过，1995年10月30日中华人民共和国主席令第五十八号公布，自1996年4月1日施行。

最新修订是2020年4月29日第十三届全国人民代表大会常务委员会第十七次会议第二次修订，自2020年9月1日起施行。

《中华人民共和国固体废物污染环境防治法》第三十二条指出，国务院生态环境主管部门应当会同国务院发展改革、工业和信息化等主管部门对工业固体废物对公众健康、生态环境的危害和影响程度等作出界定，制定防治工业固体废物污染环境的技术政策，组织推广先进的防治工业固体废物污染环境的生产工艺和设备。

（3）《中华人民共和国清洁生产促进法》

《中华人民共和国清洁生产促进法》为促进清洁生产，提高资源利用效率，减少和避免污染物的产生，保护和改善环境，保障人体健康，促进经济与社会可持续发展制定的法律。

《中华人民共和国清洁生产促进法》由中华人民共和国第九届全国人民代表大会常务委员会第二十八次会议于2002年6月29日通过，自2003年1月1日起施行。

最新修正是根据2012年2月29日第十一届全国人民代表大会常务委员会第二十五次会议《关于修改〈中华人民共和国清洁生产促进法〉的决定》修正，自2012年7月1日起施行。

《中华人民共和国清洁生产促进法》第八条指出，国务院清洁生产综合协调部门会同国务院环境保护、工业、科学技术部门和其他有关部门，根据国民经济和社会发展规划及国家节约资源、降低能源消耗、减少重点污染物排放的要求，编制国家清洁生产推行规划，报经国务院批准后及时公布。国家清洁生产推行规划应当包括：推行清洁生产的目标、主要任务和保障措施，按照资源能源消耗、污染物排放水平确定开展清洁生产的重点领域、重点行业和重点工程。国务院有关行业主管部门根据国家清洁生产推行规划确定本行业清洁生产的重点项目，制定行业专项清洁生产推行规划并组织实施。第九条指出，中央预算应当加强对清洁生产促进工作的资金投入，包括中央财政清洁生产专项资金和中央预算安排的其他清洁生产资金，用于支持国家清洁生产推行规划确定的重点领域、重点行业、重点工程实施清洁生产及其技术推广工作，以及生态脆弱地区实施清洁生产的项目。中央预算用于支持清洁生产促进工作的资金使用的具体办法，由国务院财政部门、清洁生产综合协调部门会同国务院有关部门制定。

(4)《中华人民共和国循环经济促进法》

《中华人民共和国循环经济促进法》由中华人民共和国第十一届全国人民代表大会常务委员会第四次会议于 2008 年 8 月 29 日通过，自 2009 年 1 月 1 日起施行。

最新修订是根据 2018 年 10 月 26 日第十三届全国人民代表大会常务委员会第六次会议《关于修改〈中华人民共和国野生动物保护法〉等十五部法律的决正》修正，自 2018 年 10 月 26 日起施行。

《中华人民共和国循环经济促进法》第三条指出，发展循环经济是国家经济社会发展的一项重大战略，应当遵循统筹规划、合理布局，因地制宜、注重实效，政府推动、市场引导，企业实施、公众参与的方针。第七条指出，国家鼓励和支持开展循环经济科学技术的研究、开发和推广，鼓励开展循环经济宣传、教育、科学知识普及和国际合作。

4.2.2　与锂离子电池相关的国家政策

(1)《产业结构调整指导目录》

2005 年 12 月 2 日，经国务院批准，国家发改委发布《产业结构调整指导目录（2005 年本）》（发改委 2005 年第 40 号令），将电动汽车列入鼓励类产业。

2011 年 3 月 27 日，国务发改委发布《产业结构调整指导目录（2011 年本）》（发改委 2011 年第 9 号令），将锂离子电池、锂离子电池用磷酸铁锂等正极材料，钛酸锂等负极材料，单层与三层复合锂离子电池隔膜、氟代碳酸乙烯酯（FEC）等电解质与添加剂、锂离子电池自动化生产成套装备制造等列入鼓励类产业。

(2)《中国制造 2025》

2015 年 5 月 8 日，国务院发布《中国制造 2025》（国发〔2015〕28 号），战略任务和重点包括全面推行绿色制造，大力促进新材料、新能源、高端装备、生物产业绿色低碳发展。大力推动重点领域突破发展，节能与新能源汽车作为重点领域，继续支持电动汽车、燃料电池汽车发展，掌握汽车低碳化、信息化、智能化核心技术，提升动力电池、驱动电机、高效内燃机、先进变速器、轻量化材料、智能控制等核心技术的工程化和产业化能力，形成从关键零部件到整车的完整工业体系和创新体系，推动自主品牌节能与新能源汽车同国际先进水平接轨。

(3)《产业关键共性技术发展指南》（2011 年）

2011 年 7 月 1 日，为引导市场主体行为，指导产业关键共性技术发展方向，促进产业技术进步，工业和信息化部发布《产业关键共性技术发展指南》（2011 年）（工信部科〔2011〕320 号），将低成本高比容量磷酸铁锂和富锂锰基正极材料产业化关键技术列入发展指南。

2017 年 10 月 18 日，工业和信息化部发布《产业关键共性技术发展指南》（2017 年）（工业和信息化部科〔2017〕251 号），将动力电池能量存储系统技术和废旧电池回收技术列入发展指南。动力电池能量存储系统技术主要内容有正负极、隔膜及电解液等关键材料技术，电池管理系统技术，集成及制造技术，性能测试和评估技术。废旧电池回收技术主要内容有镍、钴、锰等高价值化学材料的定向循环技术，铁、锂等偏离元素的无害化技术，自动化拆解技术等废旧锂离子动力电池回收技术。

（4）《中共中央关于制定国民经济和社会发展第十四个五年规划和2035年远景目标的建议》

2020年10月29日，中国共产党第十九届中央委员会第五次全体会议审议通过了《中共中央关于制定国民经济和社会发展第十四个五年规划和2035年远景目标的建议》。其中，第四部分"加快发展现代产业体系，推动经济体系优化升级"中第12条提出，发展战略性新兴产业。加快壮大新一代信息技术、生物技术、新能源、新材料、高端装备、新能源汽车、绿色环保以及航空航天、海洋装备等产业。推动互联网、大数据、人工智能等同各产业深度融合，推动先进制造业集群发展，构建一批各具特色、优势互补、结构合理的战略性新兴产业增长引擎，培育新技术、新产品、新业态、新模式。促进平台经济、共享经济健康发展。鼓励企业兼并重组，防止低水平重复建设。

（5）《轻工业发展规划（2016—2020年）》

2016年7月19日，为贯彻落实《中华人民共和国国民经济和社会发展第十三个五年规划纲要》和《中国制造2025》，指导未来五年轻工业创新发展，工业和信息化部印发《轻工业发展规划（2016—2020年）》（工信部规〔2016〕241号），推动新材料研发及应用工程，包括高性能动力锂离子电池正、负极材料，电池隔膜材料、电解液材料、添加剂等。提升重点装备制造水平，包括锂离子电池自动化生产工艺与装备。推动电池工业向绿色、安全、高性能、长寿命方向发展，加快锂离子电池高性能电极材料、电池隔膜、电解液、新型添加剂及先进系统集成技术。

（6）《"十三五"控制温室气体排放工作方案》

2016年10月27日，为加快推进绿色低碳发展，确保完成"十三五"规划纲要确定的低碳发展目标任务，国务院印发《"十三五"控制温室气体排放工作方案》（国发〔2016〕61号），方案提出建设低碳交通运输体系，鼓励使用节能、清洁能源和新能源运输工具，完善配套基础设施建设，到2020年，纯电动汽车和插电式混合动力汽车生产能力达到200万辆、累计产销量超过500万辆。

（7）《"十三五"国家战略性新兴产业发展规划》

2016年11月29日，国务院印发《"十三五"国家战略性新兴产业发展规划》（国发〔2016〕67号），建设具有全球竞争力的动力电池产业链。大力推进动力电池技术研发，着力突破电池成组和系统集成技术，超前布局研发下一代动力电池和新体系动力电池，实现电池材料技术突破性发展。加快推进高性能、高可靠性动力电池生产、控制和检测设备创新，提升动力电池工程化和产业化能力。培育发展一批具有持续创新能力的动力电池企业和关键材料龙头企业。推进动力电池梯次利用，建立上下游企业联动的动力电池回收利用体系。到2020年，动力电池技术水平与国际水平同步，产能规模保持全球领先。

（8）《重点新材料首批次应用示范指导目录》（2017年版）

2017年7月14日，工业和信息化部印发《重点新材料首批次应用示范指导目录》

（2017 年版），将高性能锂电池隔膜、镍钴锰酸锂三元材料、负极材料、高纯晶体六氟磷酸锂材料纳入目录。

2018 年 12 月 28 日，工业和信息化部印发《重点新材料首批次应用示范指导目录》（2018 年版），目录中新增了锂电池隔膜涂布超细氧化铝粉体材料、高电压钴酸锂（≥4.45V）、镍钴铝酸锂三元材料、氟磷酸钒锂电池正极材料、锂电池超薄型高性电解铜箔。

（9）《完善促进消费体制机制实施方案（2018—2020 年）》

2018 年 9 月 24 日，国务院办公厅发布《完善促进消费体制机制实施方案（2018—2020 年）》（国办发〔2018〕93 号）。方案提出继续实施新能源汽车车辆购置税优惠政策。完善新能源汽车充电设施标准规范，大力推动"互联网＋充电基础设施"，提高充电服务智能化水平。

4.2.3 与锂离子电池相关的行业政策

（1）《节能与新能源汽车产业发展规划（2012—2020）》

2012 年 6 月 28 日，为落实国务院关于发展战略性新兴产业和加强节能减排工作的决策部署，加快培育和发展节能与新能源汽车产业，国务院印发《节能与新能源汽车产业发展规划（2012—2020）》（国发〔2012〕22 号），大力推进动力电池技术创新，重点开展动力电池系统安全性、可靠性研究和轻量化设计，加快研制动力电池正负极、隔膜、电解质等关键材料及其生产、控制与检测等装备；在动力电池重大基础和前沿技术领域超前部署，重点开展高比能动力电池新材料、新体系以及新结构、新工艺等研究，集中力量突破一批支撑长远发展的关键共性技术。积极推进动力电池规模化生产，加快培育和发展一批具有持续创新能力的动力电池生产企业，力争形成 2～3 家产销规模超过百亿瓦时、具有关键材料研发生产能力的龙头企业，并在正负极、隔膜、电解质等关键材料领域分别形成 2～3 家骨干生产企业。

（2）《关于加快新能源汽车推广应用的指导意见》

2014 年 7 月 14 日，国务院办公厅发布《关于加快新能源汽车推广应用的指导意见》（国办发〔2014〕35 号）。意见中明确指出，要以纯电驱动为新能源汽车发展的主要战略取向，重点发展纯电动汽车、插电式混合动力汽车和燃料电池汽车，以市场主导和政府扶持相结合，建立长期稳定的新能源汽车发展政策体系，创造良好发展环境，加快培育市场，促进新能源汽车产业健康发展。要坚持创新驱动，产学研用结合；坚持政府引导，市场竞争拉动；坚持双管齐下，公共服务带动；坚持因地制宜，明确责任主体，确保完成各项目标任务。

（3）《关于免征新能源汽车车辆购置税的公告》

2014 年 8 月 1 日，为促进我国交通能源战略转型、推进生态文明建设、支持新能源汽车产业发展，经国务院批准，财政部、国家税务总局、工业和信息化部联合发布《关于免征新能源汽车车辆购置税的公告》（中华人民共和国财政部、国家税务总局、中华人民共和国工业和信息化部公告 2014 年第 53 号），自 2014 年 9 月 1 日至 2017 年 12

月 31 日，对购置的新能源汽车免征车辆购置税。对免征车辆购置税的新能源汽车，由工业和信息化部、国家税务总局通过发布《免征车辆购置税的新能源汽车车型目录》实施管理。提出申请的企业必须对新能源汽车动力电池、电机、电控等关键零部件提供不低于 5 年或 10 万公里（以先到者为准）质保。

（4）《关于 2016—2020 年新能源汽车推广应用财政支持政策的通知》

2015 年 4 月 22 日，为保持政策连续性，促进新能源汽车产业加快发展，财政部、科技部、工业和信息化部、国家发改委（以下简称四部委）联合发布《关于 2016—2020 年新能源汽车推广应用财政支持政策的通知》（财建〔2015〕134 号），在 2016—2020 年继续实施新能源汽车推广应用补助政策，并规定了 2016 年新能源汽车推广应用补助标准。

2019 年 3 月 26 日，为支持新能源汽车高质量发展，四部委联合发布《关于进一步完善新能源汽车推广应用财政补贴政策的通知》（财建〔2019〕138 号），按照技术上先进、质量上可靠、安全上有保障的原则，适当提高技术指标门槛，保持技术指标上限基本不变，重点支持技术水平高的优质产品，同时鼓励企业注重安全性、一致性。主要是：稳步提高新能源汽车动力电池系统能量密度门槛要求，适度提高新能源汽车整车能耗要求，提高纯电动乘用车续驶里程门槛要求。

2020 年 4 月 23 日，四部委联合发布《关于完善新能源汽车推广应用财政补贴政策的通知》，综合技术进步、规模效应等因素，将新能源汽车推广应用财政补贴政策实施期限延长至 2022 年底。保持动力电池系统能量密度等技术指标不做调整，适度提高新能源汽车整车能耗、纯电动乘用车纯电行驶里程门槛。

（5）《节能与新能源汽车技术路线图》

2016 年 10 月 26 日，受国家制造强国建设战略咨询委员会、工业和信息化部委托，中国汽车工程学会组织逾 500 位行业专家历时一年研究编制的《节能与新能源汽车技术路线图》发布会在上海召开，技术路线图描绘了我国汽车产业技术未来 15 年发展蓝图。至 2030 年，汽车产业碳排放总量先于国家提出的"2030 年达峰"的承诺和汽车产业规模达峰之前，在 2028 年提前达到峰值，新能源汽车逐渐成为主流产品、汽车产业初步实现电动化转型，至 2020 年，新能源汽车销量占汽车总体销量的比例达到 7% 以上，至 2025 年，新能源汽车销量占汽车总体销量的比例达到 20% 以上。在此基础上，路线图进一步提出了节能汽车、纯电动和插电式混合动力汽车、氢能燃料电池汽车、智能网联汽车、动力电池、汽车轻量化、汽车制造等七大领域，并分别形成了各自细分领域的技术路线图。在动力电池技术方面，加大新体系电池的研发，提升关键材料及关键装备水平，提高电池的安全性、寿命和一致性，加速动力电池标准体系建设和电池回收再利用技术研究。

2020 年 10 月 27 日，由工业和信息化部装备工业一司指导，中国汽车工程学会牵头组织编制的《节能与新能源汽车技术路线图 2.0》（简称"路线图 2.0"）正式发布。路线图 2.0 提出，至 2035 年，我国节能汽车与新能源汽车年销量将各占一半，汽车产业实现电动化转型。业内人士指出，路线图 2.0 是对我国汽车电动化路线的合理修正，将引导我国电动汽车产业走上健康和可持续发展的道路。

（6）《新能源汽车生产企业及产品准入管理规则》

2009 年 6 月 17 日，为促进汽车产品技术进步，保护环境，节约能源，实现可持续发展，鼓励企业研究开发和生产新能源汽车，根据《汽车产业发展政策》等有关规定，工业和信息化部发布《新能源汽车生产企业及产品准入管理规则》（工产业〔2009〕第44 号），规定了新能源汽车分类及管理方式以及新能源汽车企业准入条件。

2017 年 1 月 6 日，工业和信息化部公布《新能源汽车生产企业及产品准入管理规定》（工业和信息化部 2017 第 39 号令），完善了新能源汽车生产企业准入条件，同时废止工业和信息化部 2009 年 6 月 17 日公布的《新能源汽车生产企业及产品准入管理规则》（工产业〔2009〕第 44 号）。

为更好适应我国新能源汽车产业发展需要，进一步放宽准入门槛，激发市场活力，加强事中事后监管，促进我国新能源汽车产业高质量发展，2020 年 7 月 24 日，工业和信息化部公布《工业和信息化部关于修改〈新能源汽车生产企业及产品准入管理规定〉的决定》（工业和信息化部令 2020 第 54 号令），2020 年 9 月 3 日，工业和信息化部发布经修订的《新能源汽车生产企业及产品准入管理规定》（简称《规定》）。《规定》删除了申请新能源汽车生产企业准入有关"设计开发能力"的要求，以更好激发企业活力，降低企业准入门槛。

（7）《促进汽车动力电池产业发展行动方案》

2017 年 2 月 20 日，为加快提升我国汽车动力电池产业发展能力和水平，推动新能源汽车产业健康可持续发展，工业和信息化部、国家发改委、科技部、财政部联合发布《促进汽车动力电池产业发展行动方案》（工信部联装〔2017〕29 号），方案指出，动力电池是电动汽车的心脏，到 2020 年，新型锂离子动力电池产品性能大幅提升，单体比能量超过 300Wh/kg；系统比能量力争达到 260Wh/kg、成本降至 1 元/（Wh）以下，使用环境达−30℃～55℃，可具备 3C 充电能力。到 2025 年，新体系动力电池技术取得突破性进展，单体比能量达 500Wh/kg。动力电池产品安全性满足大规模使用需求。

（8）《完善汽车投资项目管理的意见》

2017 年 6 月 4 日，为完善汽车投资项目管理，促进汽车产业健康有序发展，国家发改委、工业和信息化部联合发布《完善汽车投资项目管理的意见》（发改产业〔2017〕1055 号），明确将严控新增传统燃油汽车产能，将促进新能源汽车健康有序发展。支持社会资本和具有较强技术能力的企业进入新能源汽车及关键零部件生产领域。引导现有传统燃油汽车企业加快转型发展新能源汽车，增强新能源汽车产业发展内生动力。结合产业发展水平，不断完善新能源汽车投资项目技术要求和生产准入规范条件，鼓励企业提高新能源汽车产业化能力和技术水平。

（9）《关于促进储能技术与产业发展的指导意见》

2017 年 9 月 22 日，国家发改委、财政部、科技部、工业和信息化部、国家能源局联合发布《关于促进储能技术与产业发展的指导意见》（发改能源〔2017〕1701 号），集中攻关一批具有关键核心意义的储能技术和材料。加强基础、共性技术攻关，围绕低成本、长寿命、高安全性、高能量密度的总体目标，开展储能原理和关键材料、单元、模块、系统和回收技术研究，发展储能材料与器件测试分析和模拟仿真。重点包括化学储电的各种新材料制备技术、100MW级锂离子电池储能系统；拓展电动汽车等分散电池资源的储能化应用；积极开展电动汽车智能充放电业务，探索电动汽车动力电池、通信基站电池、不间断电源（UPS）等分散电池资源的能源互联网管控和储能化应用；完善动力电池全生命周期监管，开展对淘汰动力电池进行储能梯次利用研究。

（10）《乘用车企业平均燃料消耗量与新能源汽车积分并行管理办法》

2017年9月27日，为缓解能源和环境压力，建立节能与新能源汽车管理长效机制，工业和信息化部、财政部、商务部、海关总署、国家质检总局联合发布《乘用车企业平均燃料消耗量与新能源汽车积分并行管理办法》，对乘用车企业平均燃料消耗量与新能源汽车实施积分管理；平均燃料消耗量负积分的，应使用本企业结转或受让的平均燃料消耗量正积分抵偿归零，或使用本企业产生或购买的新能源汽车正积分抵偿归零；新能源汽车负积分的，应当通过购买新能源汽车正积分的方式抵偿归零。

（11）《关于2016年度、2017年度乘用车企业平均燃料消耗量管理有关工作的通知》

2017年11月2日，为提升乘用车节能水平，加快发展新能源汽车，缓解能源和环境压力，建立节能与新能源汽车市场化发展长效机制，工业和信息化部、商务部、海关总署、国家质检总局联合发布《关于2016年度、2017年度乘用车企业平均燃料消耗量管理有关工作的通知》（工业和信息化部联装〔2017〕266号）。2016年度平均燃料消耗量负积分的企业，可以使用2017年度自身产生的平均燃料消耗量正积分、新能源汽车正积分，或参照《积分办法》规定的关联企业间转让、购买新能源汽车正积分等方式于2017年度积分考核时抵偿归零。2016年度、2017年度企业平均燃料消耗量负积分不能抵偿归零的，应当向工业和信息化部提交其乘用车生产或者进口调整计划，使预期产生的正积分能够抵偿其尚未抵偿的负积分；在其负积分抵偿归零前，对其燃料消耗量达不到《乘用车燃料消耗量评价方法及指标》车型燃料消耗量目标值的新产品，不予列入《道路机动车辆生产企业及产品公告》。

（12）《关于调整完善新能源汽车推广应用财政补贴政策的通知》

2018年2月12日，加快促进新能源汽车产业提质增效、增强核心竞争力、实现高质量发展，做好新能源汽车推广应用工作，财政部、工业和信息化部、科技部、国家发改委联合发布《关于调整完善新能源汽车推广应用财政补贴政策的通知》（财建〔2018〕18号），进一步提高纯电动乘用车能量密度门槛要求。根据成本变化等情况，调整优化新能源乘用车补贴标准，合理降低新能源客车和新能源专用车补贴标准。燃料电池汽车补贴力度保持不变，燃料电池乘用车按燃料电池系统的额定功率进行补贴，燃料电池客车和专用车采用定额补贴方式；从2018年起将新能源汽车地方购置补贴资金逐渐转为支持充电基础设施建设和运营、新能源汽车使用和运营等环节。新能源汽车产品纳入《新能源汽车推广应用推荐车型目录》后销售推广方可申请补贴。新能源汽车生产企业应按有关文件要求对消费者提供动力电池质量保证。建立新能源汽车安全事故统计和审查机制，对已销售产品存在安全隐患、发生安全事故的，企业应提交产品事故检测报告、后续改进措施等材料。

（13）《2018年能源工作指导意见》

2018年2月26日，国家能源局印发《2018年能源工作指导意见》（国能发规划〔2018〕22号）统一电动汽车充电设施标准，优化电动汽车充电设施建设布局，建设适度超前、车桩相随、智能高效的充电基础设施体系。2018年将积极推进充电桩建设，年内计划建成充电桩60万个，其中公共充电桩10万个，私人充电桩50万个。

（14）《汽车产业投资管理规定》

2018年12月10日，国家发改委发布《汽车产业投资管理规定》（发改委2018年第22号令）。严格控制新增传统燃油汽车产能，积极推动新能源汽车健康有序发展，聚焦汽车产业发展重点，加快推进新能源汽车、智能汽车、节能汽车及关键零部件，先进制造装备，动力电池回收利用技术、汽车零部件再制造技术及装备研发和产业化。包括动力电池回收利用领域重点发展动力电池高效回收利用技术和专用装备，推动梯次利用、再生利用与处置等能力建设。

（15）《推进运输结构调整三年行动计划（2018—2020年）》

2018年9月17日，为贯彻落实党中央、国务院关于推进运输结构调整的决策部署，打赢蓝天保卫战、打好污染防治攻坚战，提高综合运输效率、降低物流成本，国务院印发关于《推进运输结构调整三年行动计划（2018—2020年）》（国办发〔2018〕91号），加快新能源和清洁能源车辆推广应用，到2020年，城市建成区新增和更新轻型物流配送车辆中，新能源车辆和达到国六排放标准清洁能源车辆的比例超过50%，重点区域达到80%。各地将公共充电桩建设纳入城市基础设施规划建设范围，加大用地、资金等支持力度，在物流园区、工业园区、大型商业购物中心、农贸批发市场等货流密集区域，集中规划建设专用充电站和快速充电桩。到2020年，在全国建成100个左右的城市绿色货运配送示范项目。加大对示范项目新能源车辆推广应用的支持力度。在重点物流园区、铁路物流中心、机场、港口等推广使用电动化、清洁化作业车辆。

（16）《电动汽车充电基础设施发展指南（2015—2020年）》

2015年10月9日，为落实《国务院办公厅关于加快新能源汽车推广应用的指导意见》（国办发〔2014〕35号），科学引导电动汽车充电基础设施建设，促进电动汽车产业健康快速发展，国家发改委、国家能源局、工业和信息化部、住房城乡建设部联合发布《电动汽车充电基础设施发展指南（2015—2020年）》（发改能源〔2015〕1454号），总体目标是到2020年，新增集中式充换电站超过1.2万座，分散式充电桩超过480万个，以满足全国500万辆电动汽车充电需求。积极推进公务与私人乘用车用户结合居民区与单位停车位配建充电桩，新增超过430万个用户专用充电桩，以满足基本充电需求。

（17）《提升新能源汽车充电保障能力行动计划》

2018年11月9日，为加快推进充电基础设施规划建设，全面提升新能源汽车充电保障能力，推动落实《电动汽车充电基础设施发展指南（2015—2020年）》，国家发改委、国家能源局、工业和信息化部和财政部联合发布《提升新能源汽车充电保障能力行动计划》（发改能源〔2018〕1698号），计划目标是力争用3年时间大幅提升充电技术水平，提供充电设施产品质量，加快完善充电标准体系，全面优化充电设施布局，显著增强充电网络互联互通能力，快速升级充电运营服务品质，进一步优化充电基础设施发展环境和产业格局。重点任务包括：充分发挥整车、动力电池、充电设备生产、设施运营等企业主体作用，加快技术创新，加强品质管控，促进充电技术的创新开发应用，确保充电设备质量优良、环境友好、使用便捷、安全可靠。

（18）《新能源汽车产业发展规划（2021—2035年）》

2020年10月20日，国务院办公厅正式发布《新能源汽车产业发展规划（2021—2035年）》（国办发〔2020〕39号）。

《规划》指出，新能源汽车融汇新能源、新材料和互联网、大数据、人工智能等多种变革性技术，推动汽车从单纯交通工具向移动智能终端、储能单元和数字空间转变，带动能源、交通、信息通信基础设施改造升级，促进能源消费结构优化、交通体系和城市运行智能化水平提升，对建设清洁美丽世界、构建人类命运共同体具有重要意义。

经过多年持续努力，我国新能源汽车产业技术水平显著提升、产业体系日趋完善、企业竞争力大幅增强，2015年以来产销量、保有量连续五年居世界首位，产业进入叠加交汇、融合发展新阶段。必须抢抓战略机遇，巩固良好势头，充分发挥基础设施、信息通信等领域优势，不断提升产业核心竞争力，推动新能源汽车产业高质量可持续发展。

力争经过15年的持续努力，我国新能源汽车核心技术达到国际先进水平，质量品牌具备较强国际竞争力。纯电动汽车成为新销售车辆的主流，公共领域用车全面电动化，燃料电池汽车实现商业化应用，高度自动驾驶汽车实现规模化应用，充换电服务网络便捷高效，氢燃料供给体系建设稳步推进，有效促进节能减排水平和社会运行效率的提升。

《规划》愿景指出，到2025年，我国新能源汽车市场竞争力明显增强，动力电池、驱动电机、车用操作系统等关键技术取得重大突破，安全水平全面提升。纯电动乘用车新车平均电耗降至12.0千瓦时/百公里，新能源汽车新车销售量达到汽车新车销售总量的20%左右。

实施电池技术突破行动。开展正负极材料、电解液、隔膜、膜电极等关键核心技术研究，加强高强度、轻量化、高安全、低成本、长寿命的动力电池和燃料电池系统短板技术攻关，加快固态动力电池技术研发及产业化。

4.2.4 围绕电池及电池材料的终端应用相关政策措施

这方面的政策文件主要有《锂离子电池行业规范条件》和《锂离子电池行业规范公告管理暂行办法》。2015年8月31日，为加强锂离子电池行业管理，提高行业发展水平，引导产业转型升级和结构调整，推动锂离子电池产业持续健康发展，根据国家有关法律法规及产业政策，按照危险化学品安全生产监管部际联席会议要求，工业和信息化部经商有关部委，发布《锂离子电池行业规范条件》（工业和信息化部公告2015年第57号）。对企业生产规模和工艺技术提出了具体要求，在产品质量及性能方面，要求企业产品质量须满足相关国家标准或行业标准，应通过联合国《关于危险货物运输的建议

书 试验和标准手册》第Ⅲ部分38.3节要求的测试，鼓励企业制定高于国家或行业标准的企业标准。企业应建立质量管理体系并通过认证，建立相应的产品质量可追溯制度。配备质量检验部门和专职检验人员。锂离子电池制造企业须具备相关标准规定的电性能和安全性检测能力，鼓励企业配备环境适应性检测仪器及设备，具备电池环境适应性检测能力。《锂离子电池行业规范条件》还对资源综合利用和环境保护、安全管理等提出了具体要求。

2015年12月9日，为全面加强锂离子电池行业管理，深入落实《锂离子电池行业规范条件》（工业和信息化部公告2015年第57号），推动锂离子电池产业持续健康发展，工业和信息化部印发了《锂离子电池行业规范公告管理暂行办法》，请各省、自治区、直辖市及计划单列市、新疆生产建设兵团、工业和信息化主管部门认真组织实施。工业和信息化部负责全国锂离子电池行业规范公告管理工作，组织对企业申请材料进行复核、抽检、公示及公告，发布锂离子电池行业规范公告名单并实施动态管理。

为进一步加强锂离子电池行业管理，推动产业加快转型升级，工业和信息化部对《锂离子电池行业规范条件》和《锂离子电池行业规范公告管理暂行办法》进行了修订，形成《锂离子电池行业规范条件（2018年本）》和《锂离子电池行业规范公告管理暂行办法（2018年本）》。于2019年1月16日发布了《锂离子电池行业规范条件》（工业和信息化部公告2019年第5号）。

4.2.5 运输方面相关政策

（1）《废电池污染防治技术政策》

2003年10月9日，环保部组织制定的《废电池污染防治技术政策》（环发〔2003〕163号）正式实施，指出废电池要根据其种类，用符合国家标准的专门容器分类收集运输。储存、装运废电池的容器应根据废电池的特性而设计，不易破损、变形，其所用材料能有效地防止渗漏、扩散。装有废电池的容器必须贴有国家标准所要求的分类标识。在废电池的包装运输前和运输过程中应保证废电池的结构完整，不得将废电池破碎、粉碎，以防止电池中有害成分的泄漏污染。属于危险废物的废电池越境转移应遵从《控制危险废物越境转移及其处置的巴塞尔公约》的要求；批量废电池的国内转移应遵从《危险废物转移联单管理办法》及其它有关规定。各级环境保护行政主管部门应按照国家和地方制定的危险废物转移管理办法对批量废电池的流向进行有效控制，禁止在转移过程中将废电池丢弃至环境中，禁止将3.1中规定需要重点收集的废电池混入生活垃圾中。

为贯彻《中华人民共和国环境保护法》，完善环境技术管理体系，指导污染防治，保障人体健康和生态安全，引导行业绿色循环低碳发展，环境保护部组织修订了《废电池污染防治技术政策》，并于2016年12月26日正式发布，同时废止《废电池污染防治技术政策》（环发〔2003〕163号）。

（2）《锂离子电池行业规范条件》

2015年8月31日，为加强锂离子电池行业管理，提高行业发展水平，引导产业转型升级和结构调整，推动锂离子电池产业持续健康发展，根据国家有关法律法规及产业政策，按照危险化学品安全生产监管部际联席会议要求，经商有关部委，工业和信息化部发布《锂离子电池行业规范条件》（工业和信息化部公告 2015 年第 57 号）。第五条"安全管理"中规定：企业设计、生产、储存、运输和使用、回收电池应符合相关法规、安全要求和标准，积极采取相应各环节安全控制手段，通过锂离子电池相关安全认证。航空运输的锂离子电池，应符合国际民航组织《危险物品安全航空运输技术细则》和中国民用航空局《中国民用航空危险品运输管理规定》相关要求，符合《锂电池航空运输规范》（MH/T 1020）和《航空运输锂电池测试规范》（MH/T 1052）。

4.2.6　梯次利用及回收处理/资源化及无害处理方面相关政策

（1）《废电池污染防治技术政策》

2003 年 10 月 9 日，为引导废电池环境管理和处理处置、资源再生技术的发展，规范废电池处理处置和资源再生行为，防止环境污染，促进经济和社会的可持续发展，环保部组织制定的《废电池污染防治技术政策》正式实施，该技术政策适用于废电池的分类、收集、运输、综合利用、储存和处理处置等全过程污染防治的技术选择，并指导相应设施的规划、立项、选址、设计、施工、运营和管理，引导相关产业的发展。

第 7 条对废电池的处理处置条款规定，禁止对收集的各种废电池进行焚烧处理。对当时还没有经济有效手段进行再生回收的一次或混合废电池，可以参照危险废物的安全处置、储存要求对其进行安全填埋处置或储存。在没有建设危险废物安全填埋场的地区，可按照危险废物安全填埋的要求建设专用填埋单元，或者按照《危险废物储存污染控制标准》（GB 18597—2001）的要求建设专用废电池储存设施，将废电池装入塑料容器中在专用设施中填埋处置或储存。使用的塑料容器应该具有耐腐蚀、耐压、密封的特性，必须完好无损，填埋处置的还应满足填埋作业所需要的强度要求。为便于将来废电池再生利用，宜将已收集的废电池进行分区分类填埋处置或储存。在对废电池进行填埋处置前和处置过程中以及在储存作业过程中，不应将废电池进行拆解、碾压及其他破碎操作，保证废电池的外壳完整，减少并防止有害物质的渗出。

为贯彻《中华人民共和国环境保护法》，完善环境技术管理体系，指导污染防治，保障人体健康和生态安全，引导行业绿色循环低碳发展，环境保护部组织修订了《废电池污染防治技术政策》，并于 2016 年 12 月 26 日正式发布。

（2）《节能与新能源汽车产业发展规划（2012—2020 年）》

2012 年 6 月 28 日，国务院发布《节能与新能源汽车产业发展规划（2012—2020）》（国发〔2012〕22 号）。《规划》指出：加强动力电池梯次利用和回收管理。制定动力电池回收利用管理办法，建立动力电池梯次利用和回收管理体系，明确各相关方的责任、权利和义务。引导动力电池生产企业加强对废旧电池的回收利用，鼓励发展专业化的电池回收利用企业。严格设定动力电池回收利用企业的准入条件，明确动力电池收集、存储、运输、处理、再生利用及最终处置等各环节的技术标准和管理要求。加强监管，督促相关企业提高技术水平，严格落实各项环保规定，严防重金属污染。

（3）《电动汽车动力蓄电池回收利用技术政策（2015 年版）》

2016 年 1 月 5 日，为贯彻落实《循环经济促进法》，引导电动汽车动力蓄电池有序回收利用，保障人身安全，防止环境污染，促进资源循环利用，根据《节能与新能源汽车产业发展规划（2012—2020）》、《国务院办公厅关于加快新能源汽车推广应用的指导意见》（国办发〔2014〕35 号）的要求，国家发展改革委、工业和信息化部、环境保护部、商务部、质检总局联合发布《电动汽车动力蓄电池回收利用技术政策（2015 年版）》。《技术政策》包括动力电池的设计和生产、废旧动力电池回收、废旧动力电池利用、促进措施、监督管理等内容，主要目的就是加强对电动汽车动力电池回收利用工作的技术指导和规范，明确动力电池回收利用的责任主体，指导相关企业建立上下游企业联动的动力电池回收利用体系，防止行业无序发展。

（4）《生产者责任延伸制度推行方案》

2016 年 12 月 25 日，国务院办公厅发布《生产者责任延伸制度推行方案》（国办发〔2016〕99 号），将生产者对其产品承担的资源环境责任从生产环节延伸到产品设计、流通消费、回收利用、废物处置等全生命周期的制度。重点任务之一就是建立电动汽车动力电池回收利用体系。电动汽车及动力电池生产企业应负责建立废旧电池回收网络，利用售后服务网络回收废旧电池，统计并发布回收信息，确保废旧电池规范回收利用和安全处置。动力电池生产企业应实行产品编码，建立全生命周期追溯系统。率先在深圳等城市开展电动汽车动力电池回收利用体系建设，并在全国逐步推广。

（5）《关于加快推进再生资源产业发展的指导意见》

2016 年 12 月 21 日，工业和信息化部、商务部、科技部发布《关于加快推进再生资源产业发展的指导意见》（工业和信息化部联节〔2016〕440 号），重点领域包括废钢铁、废有色金属、废塑料、废纸、废旧轮胎、废弃电器电子产品、报废机动车、废旧纺织品等八大类。在报废机动车领域，开展新能源汽车动力电池回收利用试点，建立完善废旧动力电池资源化利用标准体系，推进废旧动力电池梯次利用。该意见还指出，在上述八个领域中开展重大试点示范工作，开展新能源动力电池回收利用示范，重点围绕京津冀、长三角、珠三角等新能源汽车发展集聚区域，选择若干城市开展新能源汽车动力蓄电池回收利用试点示范，通过物联网、大数据等信息化手段，建立可追溯管理系统，支持建立普适性强、经济性好的回收利用模式，开展梯次利用和再利用技术研究、产品开发及示范应用。

（6）《关于组织开展新能源汽车动力蓄电池回收利用试点工作的通知》

2018 年 2 月 22 日，为贯彻落实《新能源汽车动力蓄电池回收利用管理暂行办法》，探索技术经济性强、资源环境友好的多元化废旧动力蓄电池回收利用模式，推动回收利用体系建设，工业和信息化部、科技部、环境保护部、交通运输部、商务部、国家质检总局、能源局联合发布《关于组织开展新能源汽车动力蓄电池回收利用试点工作的通知》（工业和信息化部联节函〔2018〕68 号），组织开展新能源汽车动力蓄电池回收利用试点工作。

《新能源汽车动力蓄电池回收利用试点实施方案》中试点内容包括：①构建回收利用体系。充分落实生产者责任延伸制度，由汽车生产企业、电池生产企业、报废汽车回收拆解企业与综合利用企业等通过多种形式，合作共建、共用废旧动力蓄电池回收渠道。鼓励试点地区与周边区域合作开展废旧动力蓄电池的集中回收和规范化综合利用，提高回收利用效率。坚持产品全生命周期理念，建立动力蓄电池产品来源可查、去向可追、节点可控的溯源机制，对动力蓄电池实施全过程信息管理，实现动力蓄电池安全妥善回收、储存、移交和处置。②探索多样化商业模式。充分发挥市场化机制作用，鼓励产业链上下游企业进行有效的信息沟通和密切合作，以满足市场需求和资源利用价值最大化为目标，建立稳定的商业运营模式，推动形成动力蓄电池梯次利用规模化市场。加强大数据、物联网等信息化技术在动力蓄电池回收利用中的应用，建设商业化服务平台，构建第三方评估体系，探索线上线下动力蓄电池残值交易等新型商业模式。③推进先进技术创新与应用。鼓励新能源汽车、动力蓄电池生产企业在产品开发阶段优化产品回收和资源化利用的设计；开展废旧动力蓄电池余能检测、残值评估、快速分选和重组利用、安全管理等梯次利用关键共性技术研究，鼓励在余能检测、残值评估等阶段适当引入第三方评价机制；开展废旧动力蓄电池有价元素高效提取、材料性能修复、残余物质无害化处置等再生利用先进技术的研发攻关。同时，形成一系列动力蓄电池回收利用相关标准和技术规范，推动废旧动力蓄电池无害化、规范化、高值化利用。④建立完善政策激励机制。鼓励试点地区将动力蓄电池回收利用工作作为落实生态文明建设要求、推动绿色制造产业发展的重要内容及举措，研究支持新能源汽车动力蓄电池回收利用的政策措施，探索促进动力蓄电池回收利用的相关政策激励机制，充分调动各方积极性，促进动力蓄电池回收利用。

（7）《新能源汽车动力蓄电池回收利用管理暂行办法》

2018年1月26日，为加强新能源汽车动力蓄电池回收利用管理，规范行业发展，推进资源综合利用，保护环境和人体健康，保障安全，促进新能源汽车行业持续健康发展，工业和信息化部、科技部、环境保护部、交通运输部、商务部、质检总局、能源局联合制定了《新能源汽车动力蓄电池回收利用管理暂行办法》（工业和信息化部联节〔2018〕43号）。

《办法》规定：中华人民共和国境内生产、使用、利用、储存及运输过程中产生的废旧动力蓄电池应按照本办法要求回收处理。汽车生产企业承担动力蓄电池回收的主体责任，相关企业在动力蓄电池回收利用各环节履行相应责任，保障动力蓄电池的有效利用和环保处置。国家支持开展动力蓄电池回收利用的科学技术研究，引导产学研协作，鼓励开展梯次利用和再生利用，推动动力蓄电池回收利用模式创新。

（8）《新能源汽车动力蓄电池回收利用溯源管理暂行规定》

2018年7月2日，为贯彻落实《生产者责任延伸制度推行方案》（国办发〔2016〕99号）和《新能源汽车动力蓄电池回收利用管理暂行办法》（工业和信息化部联节〔2018〕43号）要求，推进动力蓄电池回收利用，工业和信息化部发布《新能源汽车动力蓄电池回收利用溯源管理暂行规定》（以下简称《规定》），自2018年8月1日起施行。《规定》指出，按照《新能源汽车动力蓄电池回收利用管理暂行办法》（工业和信息化部联节〔2018〕43号）要求，建立"新能源汽车国家监测与动力蓄电池回收利用溯源综合管理平台"，对动力蓄电池生产、销售、使用、报废、回收、利用等全过程进行信息采集，对各环节主体履行回收利用责任情况实施监测。自《规定》施行之日起，对新获得《道路机动车辆生产企业及产品公告》的新能源汽车产品和新取得强制性产品认证的进口新能源汽车实施溯源管理。对本规定施行之日前已获得《公告》的新能源汽车产品和取得强制性产品认证的进口新能源汽车，自《规定》施行之日起，延后 12 个月实施溯源管理。如逾期仍需在维修等过程中使用未按国家标准编码动力蓄电池的，应提交说明。汽车生产企业（含进口商）对已生产和已进口但未纳入溯源管理的新能源汽车产品，在《规定》施行 12 个月内将相关溯源信息补传至溯源管理平台。自《规定》施行之日起，对梯次利用电池产品实施溯源管理。电池生产、梯次利用企业应按照《关于开通汽车动力蓄电池编码备案系统的通知》（中机函〔2018〕73 号）要求，进行厂商代码申请和编码规则备案，对本企业生产的动力蓄电池或梯次利用电池产品进行编码标识。

（9）《新能源汽车废旧动力蓄电池综合利用行业规范条件（2019 年本）》和《新能源汽车废旧动力蓄电池综合利用行业规范公告管理暂行办法（2019 年本）》

2019 年 12 月 16 日，为加强新能源汽车废旧动力蓄电池综合利用行业管理，提高废旧动力蓄电池综合利用水平，工业和信息化部发布《新能源汽车废旧动力蓄电池综合利用行业规范条件（2019 年本）》和《新能源汽车废旧动力蓄电池综合利用行业规范公告管理暂行办法（2019 年本）》。《新能源汽车废旧动力蓄电池综合利用行业规范条件》和《新能源汽车废旧动力蓄电池综合利用行业规范公告管理暂行办法》（工业和信息化部公告 2016 年第 6 号）同时废止。

该规范条件中综合利用是指对新能源汽车废旧动力蓄电池进行多层次、多用途的合理利用过程，主要包括梯次利用和再生利用。

4.3 锂电池航空运输规范

（1）《锂电池航空运输规范》MH/T 1020—2018（中华人民共和国民用航空行业标准）

该标准代替并废除《锂电池航空运输规范》MH/T 1020—2013，由中国民航科学技术研究院负责起草，于 2007 年 4 月首次发布，2009 年 3 月第一次修订，2013 年 1 月第二次修订。该标准由 7 部分组成，分别为：范围、规范性引用文件、术语和定义、缩略语、空运限制要求、锂电池作为货物运输的要求、锂电池作为行李运输的要求。

（2）航空运输锂电池测试规范 MH/T 1052—2013（中华人民共和国民用航空行业标准）

该标准由 7 部分组成，分别为：范围、规范性引用文件、术语和定义、UN38.3 测试、包装件 1.2m 跌落测试、测试报告、锂电池货物航空运输条件鉴定书。

UN 38.3 是指联合国针对危险品运输专门制定的《关于危险货物运输的建议书——试验和标准手册》的第 3 部分 38.3 节，即要求锂电池运输前，必须要通过高度模拟试验、温度试验、振动试验、冲击试验、外短路试验、撞击挤压试验、过充电试验、强制放电试验，才能保证锂电池运输安全。如果锂电池与设备没有安装在一起，并且每个包装件内装有超过 24 个电池芯或 12 个电池，则还须通过 1.2m 自由跌落试验。

参考文献

[1] http：//zhengce. chinabaogao. com/dianxin/2019/0GJ333232019. html.

[2] https：//baike. so. com/doc/6500836-6714551. html.

[3] http：//www. samr. gov. cn/jg/#zjzz.

[4] https：//baike. so. com/doc/5399669-5637208. html.

[5] https：//baike. so. com/doc/6447580-6661261. html.

[6] http：//www. caac. gov. cn/XXGK/XXGK/TZTG/202103/t20210330_206966. html.

[7] https：//baike. so. com/doc/6720787-6934838. html.

[8] http：//zhengce. chinabaogao. com/dianzi/2019/0V43S962019. html.

[9] http：//www. gov. cn/zhengce/2014-04/25/content_2666434. htm.

[10] https：//baike. so. com/doc/4532411-4742620. html.

[11] https：//baike. so. com/doc/5411559-5649670. html.

[12] https：//baike. so. com/doc/6706218-6920211. html.

[13] https：//www. ndrc. gov. cn/xxgk/zcfb/fzggwl/200512/t20051222_960679. html.

[14] https：//www. ndrc. gov. cn/xxgk/zcfb/fzggwl/201104/t20110426_960731. html.

[15] http：//www. gov. cn/zhengce/content/2015-05/19/content_9784. htm.

[16] https：//www. miit. gov. cn/zwgk/zcwj/wjfb/zh/art/2020/art_2bd1df8e92de4f2a8f136990c8dc9e62. html.

[17] https：//www. miit. gov. cn/zwgk/zcwj/wjfb/zh/art/2020/art_ea0c261a60564111a11ecabecf60030a. html.

[18] https：//www. in-en. com/article/html/energy-2297504. shtml.

[19] https：//baike. so. com/doc/26230783-27457302. html.

[20] https：//www. miit. gov. cn/zwgk/zcwj/wjfb/zh/art/2020/art_40d5396835424d7583e4d143b5862bf2. html.

[21] http：//www. gov. cn/zhengce/content/2016-11/04/content_5128619. htm.

[22] http：//www. gov. cn/zhengce/content/2016-12/19/content_5150090. htm.

[23] https：//www. miit. gov. cn/jgsj/ycls/wjfb/art/2020/art_60fa11f142294b729a562e51f410c8c7. html.

[24] http：//www. gov. cn/zhengce/content/2018-10/11/content_5329516. htm.

[25] http：//www. gov. cn/zhengce/content/2012-07/09/content_3635. htm.

[26] http：//www. gov. cn/zhengce/content/2014-07/21/content_8936. htm.

[27] http：//szs. mof. gov. cn/zhengcefabu/201408/t20140806_1123100. htm.

[28] http：//www. gov. cn/xinwen/2015-04/29/content_2855040. htm.

[29] http：//auto. china. com. cn/view/qcq/20190326/695714. shtml.

[30] http：//www. gov. cn/zhengce/zhengceku/2020-04/23/content_5505502. htm.

[31] http：//auto. sohu. com/20161027/n471507134. shtml.

[32] https：//www. miit. gov. cn/zwgk/zcwj/wjfb/qt/art/2020/art_4a422e52991e4316b0b2c186e4c5552b. html.

[33] https：//www. miit. gov. cn/jgsj/zbys/wjfb/art/2020/art_278dcfeea5da4a74b42e51299928bd55. html.

[34] https：//ythxxfb. miit. gov. cn/zcwj/art/2020/art_67ceba5ee11a4858b22551679aaa6d5f. html.

[35] https：//www. miit. gov. cn/jgsj/zbys/wjfb/art/2020/art_e0149b13943140ab9b964616c5a52c5f. html.

［36］ https：//www. miit. gov. cn/jgsj/zbys/gzdt/art/2020/art _ 701ecc5c3ebc460aaa4e16270066c8ef. html.

［37］ http：//www. gov. cn/xinwen/2017-10/11/content _ 5231130. htm.

［38］ http：//www. gov. cn/xinwen/2017-09/28/content _ 5228217. htm.

［39］ https：//www. miit. gov. cn/jgsj/zbes/gzdt/art/2020/art _ 052a72bbb6004d7589523ccafecc784a. html.

［40］ https：//www. miit. gov. cn/zwgk/zcwj/wjfb/zbgy/art/2020/art _ 2d4ca29e16bc4fe08c5637641948cc38. html.

［41］ http：//zfxxgk. nea. gov. cn/auto82/201803/t20180307 _ 3125. htm.

［42］ https：//www. ndrc. gov. cn/xxgk/zcfb/fzggwl/201812/t20181218 _ 960868. html.

［43］ http：//www. gov. cn/zhengce/content/2018-10/09/content _ 5328817. htm.

［44］ http：//www. gov. cn/zhengce/2015-10/09/content _ 5076250. htm.

［45］ http：//www. gov. cn/xinwen/2018-12/10/content _ 5347391. htm.

［46］ http：//www. gov. cn/zhengce/content/2020-11/02/content _ 5556716. htm.

［47］ https：//www. miit. gov. cn/jgsj/dzs/wjfb/art/2020/art _ b6e8117aaf6b40cfafa945d42d3b3ac3. html.

［48］ https：//www. miit. gov. cn/jgsj/dzs/wjfb/art/2020/art _ aee0eec47fa44dac8d57c1f2e352597a. html.

［49］ https：//www. miit. gov. cn/zwgk/zcwj/wjfb/gg/art/2020/art _ 7dcce95937254fa593f35a88edbf2069. html.

［50］ http：//www. mee. gov. cn/ywgz/fgbz/bz/bzwb/wrfzjszc/200611/t20061120 _ 96225. shtml.

［51］ http：//www. mee. gov. cn/gkml/hbb/bgg/201612/t20161228 _ 378325. htm.

［52］ https：//www. miit. gov. cn/jgsj/dzs/wjfb/art/2020/art _ b6e8117aaf6b40cfafa945d42d3b3ac3. html.

［53］ http：//www. gov. cn/zwgk/2012-07/09/content _ 2179032. htm.

［54］ https：//www. ndrc. gov. cn/xxgk/zcfb/gg/201601/t20160128 _ 961147. html.

［55］ http：//www. gov. cn/zhengce/content/2017-01/03/content _ 5156043. htm.

［56］ https：//www. miit. gov. cn/zwgk/zcwj/wjfb/zh/art/2020/art _ c5099740636643a0b85d7fdc81d9fe13. html.

［57］ https：//www. miit. gov. cn/zwgk/zcwj/wjfb/zh/art/2020/art _ f2b827336c514c7abb77a55aec6b25e3. html.

［58］ https：//www. miit. gov. cn/zwgk/zcwj/wjfb/zh/art/2020/art _ 459b0eb972964f68930bb39be9e92688. html.

［59］ https：//www. miit. gov. cn/jgsj/jns/gzdt/art/2020/art _ c1a708247cc54b068ea60ceaff0b044d. html.

［60］ https：//www. miit. gov. cn/zwgk/zcwj/wjfb/gg/art/2020/art _ c1073817285c4b26a9fb34ed75a2e69d. html.

［61］ https：//baike. so. com/doc/6810143-7027097. html.

第5章 锂离子电池的检测

5.1 锂离子电池检测的人员能力

锂离子电池检测实验室所有人员及技术管理者都应具有锂电池检测基础理论和专业知识，并掌握相应的安全防护技能。

实验室应针对锂电池相关标准、技术法规、方法等实施人员培训，包括新进人员技术能力培训、在岗检测人员技术能力的持续培训等。实验室应对所有检测人员进行岗前技术培训和仪器操作授权，不达要求绝不能上岗操作，并定期对测试人员进行技术培训和考核，不断提高测试人员的技术水平。

实验室针对锂电池的安全知识制定并实施人员培训计划，从事锂电池检测的人员应了解必要的安全防护措施和锂电池检测安全知识，以防止检测中出现起火、爆炸、漏液、泄气、烟雾、机械损伤等危险。相应人员应通过安全防护培训后方可从事锂电池相关检测工作。

在锂离子电池的检测过程中，存在一定的安全风险，更要严防检测人员疏忽、误操作或处理不及时而导致发生安全事故。锂离子电池检测人员不仅需要具备过硬的技术水平，能够熟练掌握各项测试要求，了解测试中可能存在的风险，提前做好预防措施，还需要有严谨的工作态度、高度的责任心和良好的心理素质，认真对待每项测试，沉着冷静应对发生的各类风险。

5.2 锂离子电池检测的环境条件

在锂离子电池的检测过程中，锂离子电池样品一方面对于环境温度等指标特别敏感，另一方面锂离子电池样品自身也可能对环境产生影响，因此实验室应该特别注意锂电池检测环境的监控和防护。锂离子电池检测实验室应制定与检测项目相适应的设施环境安全的文件化程序，并配备相应的安全防护装备及设施。

5.2.1　环境温度

一般来说，在锂离子电池的正常使用温度范围（如 0～60℃）内，环境温度越高其放电性能越好，也就意味着能够放出更多的电能，因此一般高温下测得的放电容量偏高。能力验证、仲裁测试过程中，尤其注意要把测试环境温度控制在要求范围内（容许误差一般为±2℃）。

环境温度越高，锂离子电池的放电容量越高，但其安全性却随着温度的升高而降低。过高的环境温度将加严安全测试的要求，造成安全指标的误判。因此不论性能测试还是安全测试，都需要控制好环境温度。

5.2.2　排气系统

锂离子电池在短路、过充、针刺、挤压、热滥用等安全检测过程中，经常会产生电解液蒸气、烟尘等有害气体，仅从试验箱中将气体排至室内是远远不够的，实验室需要配置完善的排气系统以保证测试人员的健康。

5.2.3　防爆设施

锂离子电池安全测试中还经常发生起火、爆炸等，实验室应当为操作人员配置适当的防护用品，更重要的是要将样品放置在适当的防爆设施内部进行试验，不能在开放环境中进行安全测试。也可以将样品放置在单独的防护测试间内进行安全测试，测试时测试间内不应有人员、设备。

5.2.4　消防设施

普通实验室对于电气设施一般配置干粉灭火器、二氧化碳灭火器等，而对于锂离子电池，最有效的灭火方式是使锂离子电池迅速降温，一般采用专用灭火器来对锂离子电池进行灭火。灭火装置数量应充足，能覆盖所有试验区域，并保证易取用，避免多个实验间共用灭火器材。

5.2.5　环境安全隔离区域

为确保检测结果不受环境区域相互影响和保证人员不受意外伤害，建议实验室进行环境安全隔离并采取保护措施。

① 测试区域需要具备充足的安全缓冲空间。

② 测试过程中存在潜在危险的试验区域，建议采取有效的安全隔离措施或人员保护设施，并设置明确、醒目的警示标识。

③ 对于进行危险检测项目（指试验过程中可能发生起火、爆炸等现象的项目，如电池的短路试验、过充试验等）的测试区域，测试过程中建议人员远离测试区域，实验室需要采取可行的措施来保证安全的观察检测过程。措施包括但不限于：配置相应的视频监控系统，设置安全玻璃监控窗口，保持足够的安全距离，设置可抵御爆炸能量的设施等。

5.2.6 样品存放区

实验室需要对不同阶段的样品设置专门的存放区，样品的不同阶段分为：测试前、测试中、隔离观察阶段及测试后待处理阶段。实验室需要预先识别发生起火、爆炸等风险，并应配备必要的安全防护措施。

5.3 锂离子电池检测的仪器设备

在众多种类的锂离子电池检测领域中，各类电池标准涉及众多的检测项目，大体可分为电性能试验、电安全试验、机械安全试验和环境可靠性试验等四大类。不同类别的试验项目都要使用不同的检测仪器和设备。

5.3.1 锂离子电池的电性能试验设备

锂离子电池的电性能试验主要包括：锂离子电池的容量测试、各种倍率下的充放电性能、自放电特性、循环寿命试验和工况放电试验等测试项目。循环寿命和工况放电试验风险较大，试验后期容易出现电池内部析锂，从而导致电池出现内部短路的风险。

在锂离子电池的电性能试验中，充放电设备属于典型的电池领域专用设备，一般要求具有恒流/恒压充电功能和恒流放电功能。该设备除了可测量电池的电压、电流参数之外，还可以测量测试时间和电池容量（容量一般通过时间和电流计算得出，单位为毫安时或安时）。

在使用充放电设备进行试验时，时间或容量相关的指标有额定容量、高温放电、低温放电、倍率放电、循环寿命、荷电保持、储存等。某些锂离子电池标准（如 GB/T 18287—2013《移动电话用锂离子蓄电池及蓄电池组总规范》）中采用放电时间作为判定要求，而有些标准（如 GB 31241—2014《便携式电子产品用锂离子电池和电池组安全要求》）则采用容量作为测量值。放电时间、容量都是锂离子电池的典型参数，是锂离子电池检测中的重要要求。此外，容量往往不是直接测量参数，而是对整个放电过程中的电流值、时间进行积分计算得出。在此过程中，电流值往往不是理想化的恒定值，而是波动的，这就要求测试设备有合理的采样和计算模型，实验室应该对其有效性进行评估。

锂离子电池的电性能试验使用的充放电试验设备，主要有以下几种。

（1）单体电池性能测试仪

单体电池性能测试仪如图 5-1。

图 5-1　单体电池性能测试仪

（2）模块电池性能测试仪

模块电池性能测试仪如图 5-2。

图 5-2　模块电池性能测试仪

5.3.2 锂离子电池的电安全试验设备

锂离子电池的电安全试验主要包括：过充电试验、强制放电试验、外部短路试验、强制内部短路试验、热失控试验、热扩散试验和绝缘性能等测试项目。其中，过充、过放、短路、热失控及热扩散试验风险较大，有冒烟、起火和爆炸等剧烈安全风险。

锂离子电池电安全试验使用的检测仪器和设备，主要有以下几种。

（1）外部短路试验装置

外部短路试验是检验锂离子电池安全性的一个重要测试项目，使用短路试验设备进行（图5-3）。尽管不同标准对短路电阻的规定不尽一致，比如$100m\Omega$、$80m\Omega$、$30m\Omega$、$5m\Omega$等，但一般而言短路电阻值都比较低，这就要求短路试验设备的电阻值比较精确。对于短路电阻，实验室一般都会采用外部校准的方式。由于每一次使用短路设备，都可能造成接触点温度过高而导致接触点材料发生氧化，以致总回路电阻发生变化。因此，建议实验室通过期间核查的方式监测短路设备的阻抗，并尽量缩短校准周期。同时，每次使用短路设备前都要确认回路阻抗。鉴于实际试验过程中通过短路设备的电流比较大，期间核查时宜采用电流值相匹配或者量程尽量大（如几十安培电流）的低阻测量仪，不宜采用普通的小电流（一般为毫安级）电阻测量仪器。

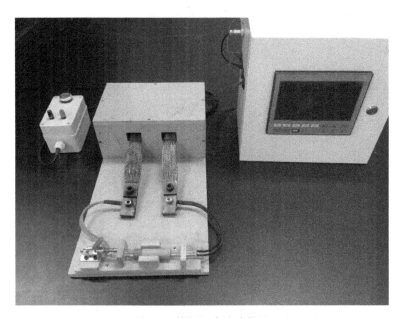

图5-3　外部短路试验装置

（2）电池绝缘性能测试仪

为了评价锂离子电池的绝缘安全问题，我国许多行业标准对锂离子电池的电回路设计和绝缘性能检测提出了明确的要求。测试锂离子电池的绝缘性能，常用的设备是电池绝缘性能测试仪（图5-4）。

图 5-4　电池绝缘性能测试仪

5.3.3　锂离子电池的机械安全试验设备

锂离子电池的机械安全试验主要包括：振动试验、加速度冲击试验、自由跌落试验、挤压试验、重物冲击试验和针刺试验等测试项目。其中，振动试验、加速度冲击试验和自由跌落试验等测试项目，有结构受损导致电池短路和漏液的风险；挤压试验、重物冲击试验和针刺试验的风险较大，有冒烟、起火和爆炸等剧烈安全风险。

锂离子电池的机械安全试验使用的检测仪器和设备，主要有以下几种。

（1）电池振动试验台

在锂离子电池的机械安全试验中，一般使用电池振动试验台（图 5-5）进行振动试验。振动试验一般模拟电池在运输途中受到的反复振动。

（2）电池加速度冲击试验台

在锂离子电池的机械安全试验中，一般使用电池加速度冲击试验台（图 5-6）进行加速度冲击试验。

图 5-5　电池振动试验台

图 5-6　电池加速度冲击试验台

图 5-7　电池防爆跌落试验箱

（3）电池防爆跌落试验箱

在锂离子电池的机械安全试验中，一般使用电池防爆跌落试验箱（图 5-7）进行跌落试验。跌落测试主要是模拟运输环境或正常使用中锂电池可能产生的跌落情况，可以比较好地评估锂电池外壳的焊接密封性能。

（4）电池挤压试验机

在锂离子电池的机械安全试验中，一般使用电池挤压试验机（图 5-8）进行挤压试验。挤压测试主要是模拟锂电池在使用、装卸、运输过程中遭受外部应力的持续挤压情况，以确定锂电池对外部压力的适应能力，评定其结构的抗挤压能力。

图 5-8　电池挤压试验机

（5）电池冲击碰撞试验台

在锂离子电池的机械安全试验中，一般使用电池冲击碰撞试验台（图 5-9）进行重物冲击试验。重物冲击测试主要是模拟锂电池在使用、装卸、运输过程中遭受重物的冲击情况，以确定锂电池对外部冲击力的适应能力，评定其结构的抗外力冲击能力。

（6）电池针刺试验仪

在锂离子电池的机械安全试验中，一般使用电池针刺试验仪（图 5-10）进行针刺试验。

图 5-9　电池冲击碰撞试验台

图 5-10　电池针刺试验仪

5.3.4　锂离子电池的环境可靠性试验设备

锂离子电池的环境可靠性试验主要包括：低气压试验、高低温循环试验、温湿度循环试验、热滥用试验、加速老化试验、盐雾试验、海水浸泡试验、外部燃烧喷射试验等测试项目。其中，热滥用试验、外部燃烧喷射试验的风险较大，有冒烟、起火和爆炸等剧烈安全风险。

锂离子电池的环境可靠性试验使用的检测仪器和设备，主要有以下几种。

（1）低气压试验箱

在锂离子电池的环境可靠性试验中，一般使用低气压试验箱（图 5-11）进行低气压试验。低气压测试主要是模拟高空低气压环境下锂电池的运输情况，通常高空环境，在大气层内温度和压强均会随着高度的增加而降低，相互绝缘的部件之间就容易产生静电放电现象，长时间放电会对锂电池的表面壳体材料造成氧化、腐蚀、破损等损伤，从而严重影响锂电池的安全性能。

（2）电池防爆高低温试验箱

在锂离子电池的环境可靠性试验中，一般使用电池防爆高低温试验箱（图 5-12）进行高低温循环试验。温度循环测试主要是利用不同材料热膨胀系数的差异，加强其因温度快速变化所产生的热应力对样品材料所造成的劣化影响。有时会导致外壳材料与塑封材料等接触界面产生裂纹和分层缺陷，甚至出现外壳破裂、电解液泄漏等现象，严重影响锂电池的性能。

（3）电池温湿度试验箱

在锂离子电池的环境可靠性试验中，一般使用电池温湿度试验箱（图 5-13）进行温湿度循环试验。

图 5-11　低气压试验箱

图 5-12　电池防爆高低温试验箱

（4）电池盐雾试验箱

在锂离子电池的环境可靠性试验中，一般使用电池盐雾试验箱（图 5-14）进行盐雾试验。盐雾测试就是一种人造气氛的加速抗腐蚀评估方法，主要模拟发生在大气环境中的金属材料腐蚀现象，大气中含有氧气、湿度、温度变化和污染物等腐蚀成分和腐蚀因素，盐雾腐蚀就是一种常见和最有破坏性的大气腐蚀。

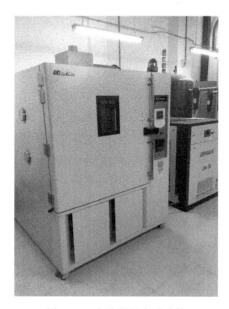

图 5-13　电池温湿度试验箱

图 5-14　电池盐雾试验箱

盐雾测试是将一定浓度的盐水雾化；然后喷在一个密闭的恒温箱内，通过观察被测样品在箱内放置一段时间后的变化来反映被测样品的抗腐蚀性。它是一种加速测试方法，其盐雾环境的氯化物的盐浓度，可以是一般天然环境盐雾含量的几倍或几十倍，使腐蚀速度大幅提高，从而大幅缩短得出盐雾腐蚀试验结果的时间。

上述四大类锂离子电池检测项目换一个角度看，也可分为正常使用试验、可预见的误用试验和各种滥用试验等三种类型试验。正常使用试验包括：各种充放电性能、低气压试验、温度循环试验和振动试验等测试项目；可预见的误用试验包括：过充电试验、强制放电试验、外部短路试验、自由跌落试验等测试项目；滥用试验包括：热滥用试验、挤压试验、重物冲击试验、针刺试验、外部燃烧喷射试验、海水浸泡试验等测试项目。

5.3.5　锂离子电池的主要检测分析设备

在锂离子电池的检测过程中，不同的试验项目要使用不同的检测设备，除了上述的电性能试验、电安全试验、机械安全试验和环境可靠性试验等四大类测试设备外，还有一些锂离子电池检测分析领域的专用设备，这些专用设备对于保证锂电池产品检测结果的准确性及有效性，也起到了至关重要的作用。

锂离子电池的主要检测分析设备，一般有以下几种。

（1）电池内阻测试仪

检测锂离子电池的交流内阻测试基本都参照 IEC 61960 的测试方法，该标准中对于内阻测试的电流信号的频率、峰值电压等都有具体的规定（1kHz、20mV）。选用和校准交流内阻仪时一定要确认是否满足该标准的要求。尽管交流内阻的测量值也是毫欧级，但是不能与上面提到的外部短路设备的回路阻抗确认混淆。二者的主要区别有两方面：直流与交流、大电流与小电流。电池内阻测试仪如图 5-15 所示。

（2）电化学工作站

电化学工作站（electrochemical worksta-tion）是电化学测量系统的简称，是电化学研究和教学常用的测量设备（图 5-16）。其主要有 2大类：单通道工作站和多通道工作站，多应用于生物技术、物质的定性定量分析等。

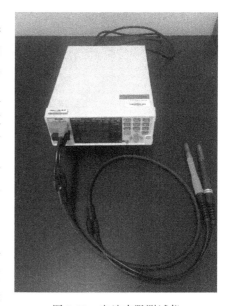

图 5-15　电池内阻测试仪

电化学是研究电和化学反应相互关系的科学。电和化学反应相互作用可通过电池来完成，也可利用高压静电放电来实现，二者统称电化学，后者为电化学的一个分支，称放电化学。因而电化学往往专指"电池的科学"。

（3）真空手套箱

真空手套箱是将高纯惰性气体充入箱体内，并循环过滤掉其中的活性物质的实验室设备（图 5-17），也称手套箱、惰性气体保护箱、干箱等。主要针对 O_2、H_2O、有机气

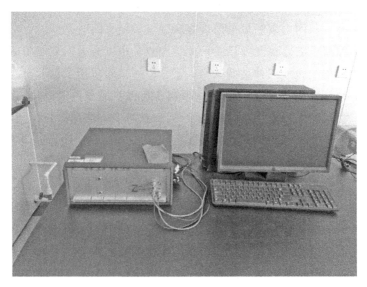

图 5-16　电化学工作站

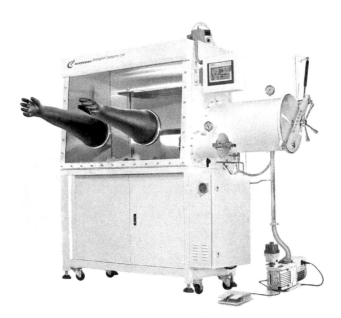

图 5-17　真空手套箱

体的清除。广泛应用于要求无水、无氧、无尘等超纯环境的情况，如锂离子电池及材料、半导体、超级电容、特种灯、激光焊接、钎焊等领域。

（4）热重分析仪

热重分析仪（thermal gravimetric analyzer）是一种利用热重法检测物质温度-质量变化关系的仪器（图 5-18）。热重法是在程序控温下，测量物质的质量随温度（或时间）的变化关系。

当被测物质在加热过程中有升华、汽化、分解出气体或失去结晶水时，被测的物质质量就会发生变化。这时热重曲线就不是直线而是有所下降。通过分析热重曲线，就可以知道被测物质在多少摄氏度时产生变化，并且根据失重量，可以计算失去了多少物质。热重分析仪是一种进行质量控制与失效分析的理想工具。

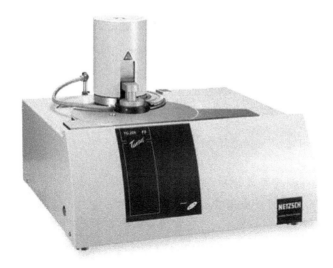

图 5-18　热重分析仪

（5）加速量热仪

加速量热仪（accelerating rate calorimeter，ARC）最初由美国 Dow 化学公司在 20 世纪 70 年代开发的新型绝热量热仪器（图 5-19），用于评价化学品的安全性，能够将试样保持在绝热的环境中，测得放热反应过程中的时间、温度、压力等数据，可以为化学物质的动力学研究提供重要的基础数据。是联合国推荐使用的测试化学危险品的最新型热分析仪器。

图 5-19　加速量热仪

加速量热仪基于绝热原理设计，可使用较大的样品量，灵敏度高，能精确测得样品热分解初始温度、绝热分解过程中温度和压力随时间的变化曲线，尤其是能给出物质在热分解初期的压力缓慢变化过程。与其他热分析仪器相比，加速量热仪可以测量克量级的固体或高闪点液体样品，具有测试样品量大、敏感度高等特点。

5.4 锂离子电池检测的主要检测项目

5.4.1 充电性能测试

化学电源充电性能测试的原理示意见图 5-20。将其正负极分别与外电源的正负极相连接，并通过一定的方式对其进行充电，使外电路中的电能转化为化学能储存在其中，同时记录充电过程中外电源电池的充电电压或充电电流随时间的变化规律。图 5-21（a）和图 5-21（b）分别为 MH-Ni 电池和锂离子电池的充电过程示意图。在此过程中，需要重点研究的参数包括充电电压的高低及变化、充电终点电压、充电效率（即充电接受能力）等，而这些参数同时又受到充电制度及充电条件等的影响。

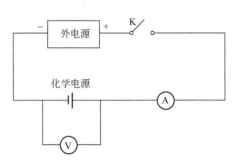

图 5-20 化学电源充电原理示意图

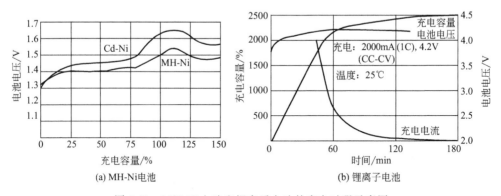

(a) MH-Ni电池

(b) 锂离子电池

图 5-21 MH-Ni 电池和锂离子电池的充电过程示意图

充电效率又称充电接受能力，是指电池充电过程中用于活性物质转化的电能占充电所消耗的总电能的百分数，其数值越高表示电池的充电接受能力越强。一般而言，化学电源的充电接受能力在充电初期是最高的，大约接近 100%。随着充电过程的不断进行及充电深度的增加，电极极化越来越大、副反应逐渐显现出来，化学电源的充电接受能力逐渐降低，充电效率也随之下降；充电过程中电池电压的高低及其变化速度、充电终点电压是衡量化学源充电性能的另一重要参数。充电电压越低（即平衡电压越近）、变化速度越慢，说明电池在充电过程中的极化越小、充电效率越高，从而可以推测该电池可能具有较长的使用寿命。反之，充电电压越高、变化速度越快，说明极化越大、充电效率越低，电池的性能越差。同时，充电终点电压的高低还可能直接反映电池性能的优劣或影响电池的性能。例如，对于 MH-Ni 电池或 Cd-Ni 电池而言，充电终点电压越高说明其内阻越大，充电过程中电池的内压和温度越高；而对于锂离子电池而言，充电终点电压太高则可能导致电解液的氧化分解或活性物质的不可逆相变，从而使电池性能急剧恶化；此外，充电过程的终点合理控制对化学电源而言是一个非常实际的问题，无论从其检测过程、还是配套充电器的开发都必须认真考虑，适当的充电控制对优化电池性能、保护电池安全可靠是十分必要的。

化学电源的充电方式主要有恒电流充电、恒电位充电两种。常见的化学电源中，MH-Ni 电池和 Cd-Ni 电池常采用恒电流的方式充电，而锂离子电池因考虑过高的充电电压可能导致电池性能下降等因素，通常采用先恒电流再恒电位的方式进行充电。一般情况是，先根据锂离子电池中所采用的正负极活性材料及电解液体系选定恒电流充电的截止电压，在恒电流充电使电池的电压达到该数值后再恒电压充电到预先设置好的某个极小的电流值或某个特定时间停止充电。对于采用恒电流方式充电的 MH-Ni 电池（或 Cd-Ni 电池），常采用如下几种控制充电终点的方法。

① 时间控制，即充电过程按预先设置进行一段时间后停止。该方式一般只用于小电流充电或作为其他控制技术的辅助手段。

② 电压降（ΔV）控制，即充电过程中密切监控电池电压的变化，直至检测到一个预定的电压降（一般选用 $\Delta V = 10\text{mV}$）时才终止充电。在这里，电压降是指在充电后期电池的电压不再升高，而是有所降低。需要注意的是，在小电流或高温条件下充电时，电压降并不明显，而在电池长时间储存后，其充电过程中的电压降常常会提前出现，在此情况下用该方法判断充电终点的到达误差较大。

③ 温度控制，即充电过程中密切监控电池温度的变化，当电池温度本身或其变化速度达到预定值时终止充电。

在实际工作中，往往不是单独使用上述三种方法中的任何一种来控制电池的充电终点，而是根据具体的使用或测试条件将几种方法结合起来综合使用，以达到既能对电池充足电又不损坏电池的目的。例如，在实验室测试中，经常使用时间控制和电压降控制相结合的方法。

如不特别说明，一般情况下所说的充电性能对 MH-Ni 电池而言指的是（20±5）℃条件下以 0.2C 充电到充电终点；对锂离子电池而言指的是（20±5）℃条件下以 0.2C 充电到充电截止电压，然后改为恒电压充电，直到充电电流小于或等于 0.01C。

5.4.2 放电性能测试

化学电源放电性能测试的基本原理如图 5-22 所示。将其正极和负极与负载相连接，使其中的化学能转化为电能供给负载工作，同时记录放电过程中电池的工作电压随时间的变化规律。图 5-23(a) 和图 5-23(b) 分别为 MH-Ni 电池和锂离子电池的放电过程示意图。关于化学电源的放电性能，最受研究者关注的是一定电流下的工作电压及放电时间。

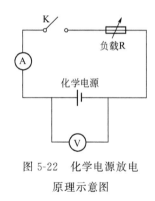

图 5-22 化学电源放电原理示意图

常见的化学电源放电方法主要有恒电流放电、恒电阻放电、恒电压放电、连续放电和间歇放电等。其中，恒电阻放电法常用于 Zn-MnO$_2$ 电池等干电池的性能检测。对于日常生活中常用到的 MH-Ni 电池、Cd-Ni 电池和锂离子电池等蓄电池，恒电流放电法是最常见的测试方法，而且还常常与连续放电或间歇放电结合使用。所谓恒电流放电法，就是使化学电源按恒定的电流放电，使用电器正常工作；所谓连续放电法，就是使化学电源按指定的电流连续放电，直到其电压降低到预先指定的放电截止电压；所谓间歇放电法，就是使化学电源按指定的电流放电一定的时间，间歇一定的时间后再次放电，如此反复直到化学电源的电压降低到其放电截止电压。实际工作中，要测量化学电源的放电性能，往往采用连续恒电流放电法或间歇恒电流放电法，同时记录放电过程中的电池电压随放电时间的变化。

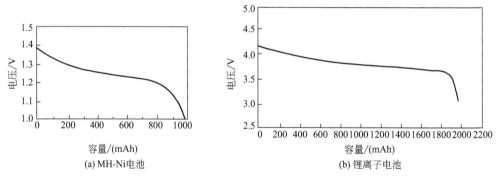

(a) MH-Ni电池

(b) 锂离子电池

图 5-23 MH-Ni 电池和锂离子电池放电过程示意图

关于化学电源的放电截止电压，对于不同的电池类型及不同的放电条件，其规定值也有所不同。通常，在低温或大电流放电时，因电极过程的极化较大，导致电池电压在放电过程中下降较快，所以放电截止电压通常定得较低，否则活性物质利用可能不充分；当在小电流下放电时，电极过程的极化较小，电池电压在放电过程中下降较慢，活性物质利用较充分，因而放电截止电压一般定得较高。例如，对于 MH-Ni 电池，室温下小电流 0.1~0.5C 放电时，截止电压一般定为 1.0V，当电池以 1C 倍率放电时，截止电压一般为 0.9~1.0V，若以更大的电流放电（如 3C 或 5C），截止电压为 0.7~0.8V。

电池的放电性能受放电电流、环境温度、放电截止电压等多方面的影响。因此，在标注或讨论电池的放电性能时，一定要说明放电电流（电放大倍率）及放电截止电压的大小，也只有相同条件下的测试结果才具有可比性。

化学电源的放电性能通常用其放电曲线，即放电电压（工作电压）对放电时间的关系曲线来表征。其中，工作电压是衡量化学电源放电性能的一个非常重要的参数。在放电过程中，电池的工作电压是一个不断变化的数值，很难简单地用一个数字加以表达。

因此，在实际工作中常用中点电压或中值电压来直观说明。中点电压即放电到额定放电时间的一半时所对应的化学电源的工作电压，有时也用放电到总放电时间的一半时所对应的工作电压来表示。例如，某化学电源以 1C 放电的实际放电时间为 56min，其中点电压即为放电至 30min 或 28min 时对应的电池工作电压。另一方面，电池的放电性能也常用放电至标称电压时的放电时间占总放电时间的比率来表示。例如，标称电压为 1.2V 的 CdNi 电池放电至 1.0V 的总放电时间为 60min，放电至 1.2V 的时间为 48min，则可以求得放电至 1.2V 的时间与总放电时间之间的比率为 80%，习惯上称之为化学电源的放电电压特性。一个性能良好的化学电源应该具备保持高的放电电压的能力，只有这样，才能够保证用电器长时间处于正常的工作电压范围内。

一般情况下，如不特别说明，放电性能指的是按充电性能测试中所述的方法充电并搁置 0.5～1h 后，在 (20±5)℃ 按 0.2C 放电到放电截止电压所测得的放电曲线。

5.4.3 放电容量及倍率性能测试

化学电源的放电容量是指在一定放电条件下可以从其中获得的总电量，即整个过程中电流对时间的积分，单位一般用 Ah 或 mAh 表示。通常提到的化学电源的容量可以分为理论容量和实际容量两种。理论容量，即容量控制电极的活性物质全部参加反应时所能给出的总电量，可由法拉第定律求得；实际容量则是指在一定的放电条件下电池实际放出的电量。实际放电过程中，由于欧姆内阻及电极极化的影响，化学电源的实际放电容量往往小于其理论容量。

化学电源的容量测定方法与其放电性能测试方法基本一致，最常用的测量方法同样是恒电流放电法，在测得放电曲线后通过放电电流对放电时间的积分即可计算出电池的实际容量。需要指出的是，采用恒电流放电法测得的化学电源的实际容量与充放电制度（包括充放电电流、环境温度、充放电时间间隔等）有很大的关系，任何一个因素的区别都会引起对同一化学电源实际放电容量测试结果的区别。例如在其他条件完全相同的情况下，不同的充电电流会引起不同的充电效率，从而导致化学电源不同的实际放电容量，不同的充放电时间间隔由于引起电池自放电的区别，从而导致不同的放电容量测量结果。如不特别说明，一般情况下所说的放电容量指的是对按上述充放电性能测试部分所述的方法测得的放电曲线积分所得的容量，即 (20±5)℃ 下按 2C 充放电所得的容量。

放电电流的大小直接影响化学电源的放电容量，尤其是对含嵌入式电极的化学电源，在大电流放电时不仅存在严重的电极/电解质界面极化，还有活性体（即嵌入离子）在电极中的浓差扩散极化。研究中常将化学电源在 (20±5)℃ 下 0.2C 充电后以不同电流放电所得的容量性能称为化学电源的倍率性能，常见的有 0.5C、1C、2C、3C、5C 和 10C 等。图 5-24 是 MH-Ni 电池和锂离子电池在不同倍率下放电曲线的示意图。可以看出，随着放电电流的增大，电池的工作电压降低、放电容量减小。

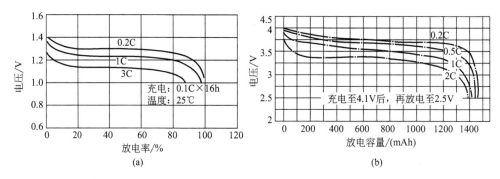

图 5-24   MH-Ni 电池和锂离子电池在不同倍率的放电曲线示意图

5.4.4   高低温性能测试

　　电器的工作环境和使用条件往往要求化学电源在较宽的温度范围内具有良好的性能，通常称之为化学电源的高低温性能。国家标准只对 MH-Ni 电池和锂离子电池在（－18±2）℃［对聚合物锂离子电池为（－10±2）℃］下的低温放电性能和 20℃下的常温放电性能提出了具体要求，对其高温性能并没有明确要求。但由于实用中的化学电源往往需要在较高的温度下工作，因而为了全面衡量化学电源的性能，目前人们也常常检测其在高于 20℃以上的高温区间，如 60℃、80℃等的放电特性。

　　高低温性能测试方法与充放电性能测试基本一致，只是有部分或全部的测试过程在特定温度的恒温箱进行。按照国标的规定，化学电源高低温性能的具体测试方法为：将化学电源在（20±5）℃下以 0.2C 充电后转移至低温箱或高温箱恒温一定的时间（低温下锂离子电池 16～24h、MH-Ni 电池 48h，高温下一般都为 1～2h），然后以 0.2C 放电到规定的截止电压。

　　实际工作中，为了更充分地了解化学电源的实际工作情况，也常常测量化学电源在高低温环境下以不同倍率充电和放电的性能。图 5-25 为温度对锂离子电池放电性能影响的示意图。可见，充放电环境温度对化学电源的充放电电压、充电效率及放电容量都有明显的影响。概括起来，对 MH-Ni 电池，充电温度越高，充电电压和充电效率都越

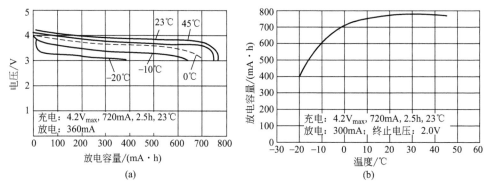

图 5-25   温度对锂离子电池放电性能影响的示意图

低；当放电温度低于室温时，温度升高使其工作电压升高，但在高于室温的环境中，升温反而使工作电压降低，MH-Ni 电池的放电容量随放电温度的升高先增大后减小；对于锂离子电池，温度升高有利于其放电电压和放电容量的增加。

5.4.5　能量和比能量测试

化学电源在一定的条件下对外做功所能输出的电能称为化学电源的能量，单位一般用 Wh 表示。化学电源的能量一般分为理论能量和实际能量两种。理论能量即在电极过程处于平衡状态，以及电池的工作电压保持电动势且活性物质的利用率为 100% 的理想条件下化学电源所能够输出的能量。从热力学的角度讲，理论能量是指可逆电池在恒温恒压下所做的最大非体积功，即电功，数值上等于化学电源的理论容量与电动势的乘积，即 $W_0 = C_0 E_0$；实际能量，即化学电源在放电过程中实际能够输出的能量，数值上等于化学电源的实际放电容量与电动势的乘积，即 $W = CE$。

化学电源的比能量又称为能量密度，即单位质量或单位体积的化学电源所能给出的能量，相应地称为质量能量密度（Wh/kg）和体积能量密度（Wh/cm³）。类似地，化学电源的比能量也可分为理论比能量和实际比能量，分别用 "W_0" 和 "W" 表示。

化学电源的理论能量和理论比能量通常由相关参数计算求出，实际工作中要测试的是其实际能量和实际比能量。由实际能量的计算公式 $W = CE$ 可知，只要测得化学电源的实际放电容量和其平均工作电压即可计算求得。实际放电容量可由前文所述的容量测试方法求得，平均工作电压常常由放电性能测试部分介绍的中点电压或中值电压来代替。比能量则由实际能量与化学电源质量或体积的比值求得。

5.4.6　功率和比功率测试

化学电源的功率指的是在一定的放电制度下，单位时间内输出的能量，单位为 W。比功率指的是单位质量或单位体积的化学电源输出的功率，单位为 W/kg 或 W/cm³。化学电源的功率和比功率常用来描述其承受工作电流的能力。类似于化学电源的能量与比能量，其功率和比功率也可以分为理论（比）功率和实际（比）功率。理论功率（P_0）和实际功率（P）的计算公式分别为

$$P_0 = \frac{W_0}{t_0} = \frac{C_0 E_0}{t_0} = \frac{I_0 t_0 E_0}{t_0} = I_0 E_0 \tag{5-1}$$

$$P = \frac{W}{t} = \frac{CE}{t} = \frac{ItE}{t} = IE \tag{5-2}$$

式中，I_0 为对应于 t_0 的理论放电电流；I 为对应于 t 的实际放电电流。比功率的计算则由功率与化学电源质量或体积的比值求得。在实际工作中，化学电源的理论功率和理论比功率通常由相关参数计算求出，真正需要测试的只是其实际功率和实际比功率。由实际功率的计算公式（5-2）可知，只要测得与化学电源的实际放电电流 I 相对应的平均工作电压 E（常常由放电性能测试部分介绍的中点电压或中值电压代替），然后

由两者的乘积便可求得其实际功率，实际比功率则由实际功率与化学电源的质量或体积的比值计算求得。

5.4.7　储存性能及自放电测试

化学电源的储存性能指的是开路状态在一定的温度、湿度等条件下搁置的过程中其电压、容量等性能参数的变化。一般情况下，随着储存时间的延长，化学电源的电压和容量逐渐减小。这种现象主要是由化学电源的自放电引起。另一方面，储存过程中活性物质的钝化、部分材料的分解变质等也都会引起化学电源储存性能的衰退。因此，可以说化学电源的储存性能与自放电是两个不同的概念，研究者在使用的过程中应严格区别。

化学电源的储存性能常用储存过程中的容量衰减速率或容量保持百分数，又称荷电保持能力来表示，自放电性能则用自放电率、有时也用荷电保持能力来表示。其计算公式可以分别表示如下：

$$容量衰退速率（自放电率）=\frac{储存前的放电容量-储存后的放电容量}{储存时间}\times100\% \quad (5-3)$$

$$\begin{matrix}容量保持百分数\\（荷电保持能力）\end{matrix}=\frac{储存前的放电容量-储存后的放电容量}{储存前的放电容量}\times100\% \quad (5-4)$$

式(5-3)中，储存时间常用天、月、季度、年等单位表示。化学电源的自放电性能与储存性能的测试原理同前文介绍过的充放电性能及容量测试方法基本一致，区别主要在于搁置时间间隔的不同。按国标的规定，化学电源自放电性能测试的具体方法为：在(20±5)℃下，首先以0.2C的倍率充放电测量其放电容量作为储存前的放电容量，然后同样以0.2C的倍率充电并搁置28天后以0.2C的放电电流测量储存后的放电容量，再按式(5-3)和式(5-4)计算出自放电率或容量保持率。储存性能的测试方法与之类似，只是将储存时间延长为18个月，而且储存中的化学电源可以是荷电态的、半荷电态的，也可以是放电态的。这里需要注意的是，储存前后化学电源的容量测试条件包括环境温度、充放电电流等应完全一致。但是，在实际的研究工作中，化学电源自放电性能或储存性能的测试往往并不局限于上述情况，而是可能在不同的环境温度下或以不同大小的充放电电流进行研究。图5-26为MH-Ni电池和锂离子电池自放电性能的示意图，图5-27和图5-28分别为放电温度、放电电流对锂离子电池储存性能的影响及锂离子电池典型的储存性能示意图。

可以看出，MH-Ni电池的自放电明显高于锂离子电池，而且储存温度放电电流和放电温度等都对化学电源的储存性能及自放电性能有显著影响。因此，在给出化学电源储存性能或自放电性能的数据时一定要同时说明相关的参数条件。

另外，实际工作还常常用一种更简便的方法，即化学电源的开路电位与时间的关系来表征其储存性能及自放电性能。

需要指出的是，由自放电引起的容量损失可以通过再充电得到恢复，但由于电极内部物质在长期储存中发生不可逆变化而引起的容量损失一般是不可逆的，很难通过常规

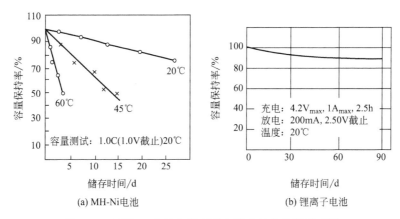

(a) MH-Ni电池

(b) 锂离子电池

图 5-26　MH-Ni 电池和锂离子电池自放电性能示意图

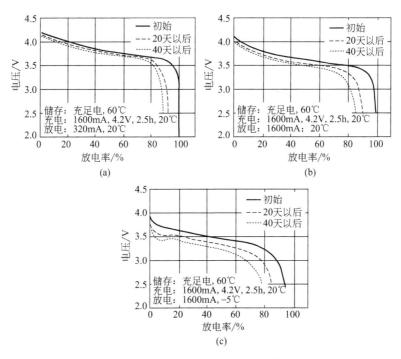

(a)

(b)

(c)

图 5-27　放电温度和放电电流对锂离子电池储存性能的影响

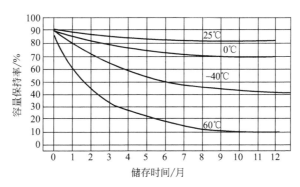

图 5-28　锂离子电池典型的储存性能示意图

的充电方法来恢复，也就是说化学电源长期储存后的性能衰减不可能完全通过常规的再充电方式得到完全恢复。

5.4.8 寿命测试

化学电源的寿命包括使用寿命（电源失效前在反复多次的充放电过程中累积可放电时间）、充放电寿命（电源失效前可反复充放电的总次数）和储存寿命（电池失效前在不工作的搁置状态下可储存的时间）三种，通常所说的化学电源的寿命指的是充放电寿命（或称为循环寿命），即在一定的充放电制度下，化学电源的容量下降到某一规定值（常以初始容量的某个百分数来表示）以前所能够承受的充放电循环次数。国标中规定的循环寿命为（20±5）℃环境下以特定电流充放电的寿命，而且具体的测试标准因电池种类而异，国际规定的锂电池的寿命测试方法不尽相同，具体的锂电池的寿命测试可参照相应的国家标准。但是，在实际的研究工作中，为了更全面地了解化学电源的实况工作性能，还常常会测量化学电源在不同环境或不同充放电制度下的循环寿命，在特定的环境条件下用某个特定的充电电流、放电电流和充放电时间间隔对被测电源进行反复的充放电，直到到达规定终点。图5-29为锂离子电池的循环寿命曲线示意图。

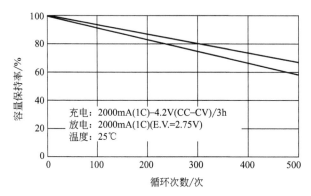

图 5-29　锂离子电池的循环寿命曲线示意图

化学电源循环寿命的测试方法同前面介绍的充放电性能及容量性能的测试方法基本一致，只是在寿命测试过程中要反复重复充放电测试过程，直到容量降低的规定值。对于不同种类或用途的化学电源，寿命终点的规定有一定的区别，一般为初始容量的60%左右。

事实上，在化学电源的寿命测试实验中，容量并不是研究者所关心的唯一参数，同时还应综合考虑其电压特性及内阻、内阻变化等。具有良好循环性能的化学电源在经过若干循环周期后，不仅要求其容量衰减不超过规定值，而且其电压特性也不应有大幅度的衰减。

5.4.9 内阻测试

化学电源的内阻指的是当电流通过时所受到的阻力，由欧姆电阻和极化电阻两部分组成。其中，欧姆电阻主要由电极、电解液等各部件电阻和相关的接触电阻构成，隔膜的存在或多或少增加了电极之间的欧姆电阻。但要注意的是电极和电解液之间的接触不属于欧姆接触。极化电阻主要是由电极反应过程的极化引起的，与电极和电解液界面的电化学反应速度及反应离子的迁移速度有关。内阻的高低直接决定了化学电源充电电压及工作电压等电压特性的高低。一般来说，对于同类型的化学电源，内阻越大，其电压特性越差，即充电电压越高而放电电压越低；相反，内阻越小，充电电压越低放电电压越高，总的电压特性越好。

化学电源的内阻与普通的电阻组件不同，是有源组件，因而不能用普通的万用表测量。常用的测量化学电源内阻的方法有方波电流法、交流电桥法、交流阻抗法、断电流法、脉冲电流法等。其测试前提均为假设可以用图 5-30 所示的等效电路来表示测量过程中化学电源所发生的电极过程，并进而结

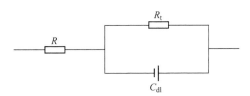

图 5-30　化学电源电极过程的等效电路

合各种方法的测试原理及测试数据求算出化学电源具体的内阻值。

图 5-30 中，R 为欧姆电阻，R_t 为极化电阻，C_{dl} 为界面电容。采用断电流等一些简单的暂态测试技术，利用通电瞬间电极过程时间响应的差异可以忽略界面电容而将电路进一步简化为纯电阻电路。这样，直接的测试结果就是化学电源内阻。

目前，市场上有各种专门的内阻仪可以供实际生产检测选用。这些仪器一般都采用交流法测量化学电源的内阻，它利用其等效于一个有源电阻的特点，给被测电源通以恒定大小和频率的交流电流（一般为 1000Hz，50mA），然后对其进行电压采样、整流滤波等一系列处理，从而测得化学电源的内阻值。

化学电源的内阻与其测试时所处的充放电状态是密切相关的，状态不同的化学电源有着不同的内阻。因此，在标注内阻时应同时说明测试电源的荷电状态。

5.4.10　内压测试

在化学电源的充放电过程中，由于电极过程副反应的发生或电解液的分解等可能会使化学电源内部的压力（简称内压）逐渐增大。在此过程中，如果内压过大而达不到控制，就会使化学电源的限压装置开启而引起泄气或漏液，从而导致电池失效，如果限压装置失效则可能会引起电池壳体开裂或爆炸。因此，内压是化学电源很重要的一个性能指标，使用过程中必须严密监控。

化学电源内压的测量方法通常有破坏性测量和非破坏性测量两种。破坏性测量是在电池中插入一个压力传感器来记录充放电过程中的压力变化，非破坏性测量则是用传感器测量充电过程中电池外壳的微小形变并据此计算内压的大小。因为破坏性测量方法会破坏被测电源从而造成浪费，而且不能对电源的正常使用过程进行监控，目前常用的化学电源内压测量方法多为非破坏性测量方法。其基本原理为：在一定范围内，化学电源的壳体因内部气体压力产生的应变与所受内压的高低存在确定的关系。因此，只要采用

精密的微小形变测量工具准确地测量出化学电源的壳体在充放电过程中由于内压作用下产生的微应变，再与标准曲线对照即可确定化学电源在使用过程中的内压变化情况。

图 5-31 为常用的化学电源内压测量基本装置图，其中的百分表用来感应池底部由于内压作用产生的形变。具体的测试方法为：用标准曲线测试装置测量标准的压力形变关系曲线，用内阻测试装置测量实际的壳体形变过程，然后将两者对照得出化学电源在使用过程中的内压变化情况。图 5-32 为用化学电源内压测量装置测得的电池壳体形变随内压变化的标准曲线及其在充电过程中内压随充电时间的变化关系。

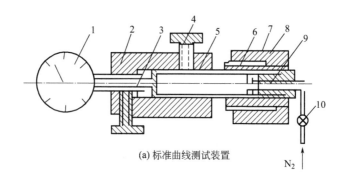

(a) 标准曲线测试装置

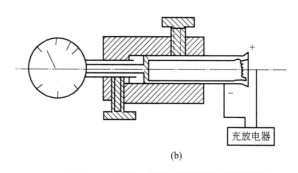

(b)

图 5-31　化学电源内压测量基本装置图

1—百分表；2—电池底夹具；3—百分表紧定螺钉；4—电池紧定螺钉；5—电池；

6—电池头夹具；7—电池头外夹具；8—橡胶垫片；9—顶头螺杆；10—调压阀

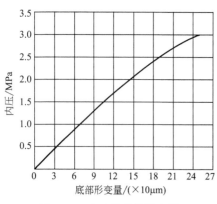

图 5-32　电池的壳体形变随
内压变化的标准曲线

一般来说，锂离子电池出现安全问题表现为燃烧甚至爆炸，出现这些问题的根源在于电池内部的热失控，除此之外，一些外部因素，如过充、火源、挤压、穿刺、短路等问题也会导致安全性问题，锂离子电池在充放电过程中会发热，如果产生的热量超过了电池热量的耗散能力，锂离子电池就会过热，电池材料就会发生 SEI 膜的分解、电解液分解、正极分解、负极与电解液的反应和负极与黏合剂的反应等破坏性的副反应。因此锂电池存在着如正负极材料、隔膜与电解液、制造工艺、使用过程中等的安全隐患。为了保证电池的安全性，降低安全隐患，需要对锂电池进行一系列的安全检测。

5.4.11 电学安全测试

（1）短路试验

短路试验即在电路中用电器两端直接由导线连接叫局部短路；另一种情况电源未经任何用电器而直接用导线相连通叫电源短路。由欧姆定律：$I=U/R$ 可知，当电源电压 V 一定，R 很小时，电路中电流将瞬间增幅很大，由焦耳定律可知，时间一定时，电流增大，导线将发热升温，乃至发生火灾。在电力系统中，短路试验包括变压器短路试验和发电机短路试验等，可校验相关设备的稳定性和获得重要设备参数。

（2）强制放电测试

随着现代化的不断发展，关于蓄电池的应用范围越来越广泛，伴随着蓄电池的使用随之而来的一些问题，也在影响着电力、通信等行业的发展，蓄电池容量检测如何有效地管理维护蓄电池使其安全稳定的运行。

直流操作电源系统是电力系统中的继电保护装置、信号装置、照明装置等重要负载的不停供电电源，其供电的可靠性会直接影响变电站的安全运行。直流操作电源的后备电源一般采用蓄电池组，平时运行时由充电机浮充充电，当交流电停电时，由蓄电池组给负载供电。因此，蓄电池的剩余容量对直流系统的安全运行有着极为重要的意义。

由于极板含有杂质，形成局部的小电池，而小电池的两极又形成短路回路，引起蓄电池自放电。由于蓄电池电解液上下的密度不同，致使极板上下的电动势不均等，这也会引起蓄电池的自放电。

定期充放电也叫核对性放电，就是对浮充电运行的蓄电池，经过一定时间要使其极板的物质进行一次较大的充放电反应，以检查蓄电池容量，并可以发现老化电池，及时维护处理，以保证电池的正常运行，定期充放电一般是一年不少于一次。

目前核对性放电试验是检测蓄电池剩余容量比较可靠的方法，但是由于费时费力，具有一定的危险性，需要专用的测试设备，费用较高，频繁的满容量放电会加速蓄电池的老化，缩短蓄电池的寿命；在放电期间以及放电后的再充电期间，蓄电池在紧急情况下不能为负载供电；放电实验仅能给出实验时的蓄电池容量和性能，不能预测将来的容量和性能。因此应该尽量避免频繁的容量放电实验，特别是满容量放电实验。

（3）强制过充测试

根据标准中的相关要求，试验应在 20℃±5℃ 的环境温度下进行。对于电芯来讲，测试要求：对电芯充满电，电池以恒流充电至企业技术条件中规定的充电终止电压 1.5 倍或充电时间达到 1h 后停止充电，观察 1h。对于模块来讲，测试要求：对模块充满电，电池以电流恒流充电至企业技术条件中规定的充电终止电压 1.5 倍或充电时间达到 1h 后停止充电，观察 1h。测试合格要求是：不爆炸、不起火。

5.4.12　机械安全测试

（1）振动测试

此项测试旨在模拟锂电池在交通运输时，可能遇到的各种频率（10～55Hz）振动情况，发生潜在安全问题的可能性。

目前国际上的测试要求，将电池固定在振动测试设备上，从 10Hz 开始，以每分钟 1Hz 的增幅，提升至 55Hz。沿 X、Y、Z 轴方向，每个方向持续振动各 90min 左右。

电池在振动测试下合格标准：不起火、不爆炸、不漏液、无明显损伤，电池容量损失小于 5%。

（2）冲击测试

测试条件：将电芯充满电，9.1kg 重物从 0.61m 高度自由落体到直径 15.8mm 的钢棒（钢棒在测试电池上）。合格标准：不起火、不爆炸。

（3）自由跌落测试

此项测试旨在模拟锂电池在用户使用或电池装配过程中，无意间将电池掉落在地面的情况。

目前国际和国内测试要求（JIS C8714、UL 1642、GB/T 18287），都是将电池从 1m 高度，重力自由下落到水泥地面上。用不同的方向重复若干次跌落。

电池在自由跌落测试下合格标准：无明显损伤、不爆炸、不冒烟、不漏液、放电时间不低于 51min。

（4）碰撞测试

此项测试旨在模拟锂电池在用户使用或电池运输过程中，可能遇到的强烈物理冲击的情况。

目前国际和国内测试要求，将电池固定在冲击测试设备上，开始 3ms 至少要达到 75g，直到 125～175g 的峰值加速度，进行半正弦冲击。

电池在碰撞测试下合格标准：无明显损伤、不爆炸、不冒烟、不漏液。

（5）挤压测试

此项测试旨在模拟锂电池在遭受机械挤压时的安全性能。

将充满电芯置于挤压装置的平面上，用钢板挤压电芯，直至压力达到（13±1）kN。

电池在挤压测试下合格标准：不起火、不爆炸。

（6）重物冲击测试

此项测试旨在模拟锂电池在遭受重物冲击时的安全性能。

将充满电芯水平放置于平面上，一根直径 15.8mm 的铁棒放在样品中心，让质量 9.1kg 的铁锤从（600±25)mm 高度自由落下，砸在电芯样品上。国标下落高度为 1m。

电池在重物冲击测试下合格标准：不起火、不爆炸。

（7）针刺测试

动力电池常见的安全测试主要包括过充、过放、挤压和针刺等，其中针刺又被称为最为严苛的安全测试。针刺测试的主要目的是模拟锂离子电池在内短路情况下的安全性。引起锂离子电池内短路的因素很多，例如生产过程金属颗粒、低温充电产生的锂枝晶，过放产生的铜枝晶等都可能会引起正负极短路。一旦发生内短路，整个电池会通过短路点进行放电，大量的能量短时间内通过短路点进行释放（最多会有70％的能量在60s内释放），引起温度快速升高，导致正负极活性物质分解和电解液燃烧，严重的情况下会导致电池起火和爆炸。

针刺实验正是为了模拟锂离子电池内部短路的情况而设计的安全测试。此外能够模拟锂离子电池内短路的方法还有挤压测试（通过挤压使隔膜失效，引起正负极短路）、内短路器（在电池内部制造缺陷，同时加入石蜡绝缘片，通过外部加热的方式引起石蜡融化，导致正负极短路）、外部加热（利用外部热源引起）等方式，其中针刺和挤压因为操作方便，虽然各自存在缺陷，但是在实际中得到了广泛的应用。

针刺实验的主要原理是通过刺穿隔膜，引起正负极短路，人为地在电池内部制造短路点，从而模拟电池内部导电多余物引起的短路现象，因此钢针的直径、针刺速度等因素都会对针刺测试的结果产生显著的影响，此外电池的容量、材料体系的选择也会对电池的针刺实验结果产生显著的影响。

（8）喷射测试

喷射测试一般指用于汽车用途动力锂原电池和其他原电池，锂离子电池，镍氢、镍镉以及磷酸铁锂电池或者动力锂电池模块的外壳材料颗粒燃烧或电池内部成分的阻燃试验。

将电池按照规定的试验方法充满电后，再将电池放置在试验工装的钢丝网上，如果试验过程中出现电池滑落的情况，可用单根金属丝把电池样品固定在钢丝网上；如果无此类情况发生，则不可以捆绑电池。用火焰加热电池，当出现以下三种情况时停止加热：

① 电池爆炸；

② 电池完全燃烧；

③ 持续加热30min，但电池未起火、未爆炸。

试验后，组成电池的部件（粉尘状产物除外）或电池整体不得穿透铝网。

5.4.13 环境安全测试

（1）低气压测试

此项测试旨在模拟锂电池在航空运输时，到达15000m高空，低气压状态下的安全性能。

电池在低气压测试下合格标准：不起火、不爆炸、不冒烟、不漏液。

（2）热冲测试

此项测试旨在模拟锂电池在高温环境中的安全性能。

将充满电的电芯搁置于烘箱中，温度以5℃/min的速度上升至130℃（国标此处为150℃，30min），持续保持10min。目前AEE参考的是国际标准，电芯达到130℃后，并保持 30min。

电池在热冲测试下合格标准：不起火、不爆炸。

（3）温度循环测试

此项测试旨在模拟锂电池在运输过程、用户使用过程中，可能遇到环境温度急剧变化的情况。目前国际上的测试要求（JIS、C8 714、UL 1642、EN 62133），先将电池在常温下（20℃±5℃）充满电，置于高低温测试柜中，进行温度循环。30min 内将温度提升至 70℃，保持温度存放 4h，然后转至 20℃存放 2h，再转至−20℃存放 4h。以上为一个周期，循环 10 次。

电池在温度循环测试下合格标准：不起火、不漏液、不冒烟。

（4）高温高湿测试

此项测试旨在模拟锂电池对高温高湿环境的耐受性能。

电池在高温高湿测试下合格标准：无明显变形、锈蚀、冒烟或爆炸。

（5）弹射测试

此项测试旨在模拟锂电池在极端失效时，发生无法避免的爆炸或燃烧，有固体物或者火焰抛射出本体的情况。

评估其起火或者爆炸时的威力和热量。

电池在弹射测试下合格标准：不能有任何固体物穿过按要求设置的八边形网罩，或者使得网罩被灼烧穿孔（网罩材质为 0.25mm 直径的铝丝）。

（6）高温储存测试

随着锂离子电池越来越广泛地深入到我们的日常生活和工作当中，这使得我们必须对其有充分的认知，对于电池，众所周知它的温度环境是至关重要的，而且相对来说，锂电池更容易在高温环境下产生安全问题，所以，对锂电池进行高温性能的测试，并与其常温测试数据相比较，是非常必要的。

5.5　锂离子电池检测的质量控制

在锂离子电池的检测过程中，检测质量的把控尤为重要，保证检测质量，进行检测质量的控制，是从事锂离子电池检测、质量评价的人员必须面对和思考的重要问题。

基于目前锂离子电池检测实验室结果质量控制的现状，提出关于锂离子电池检测质量控制的计划及实施方案，并对质量控制方面的问题进行简要的分析。

5.5.1　针对项目的特性制订质量控制计划

对于锂离子电池的额定容量、放电性能（容量）等可出具检测数据的项目，根据电池的特性，可进行实验室内部比对，如移动电话用锂离子电池，选择同一批次的电池样品，进行设备比对、人员比对等；进行实验室间比对。

对于锂离子电池安全检测项目，检测结果的判定需要观察检测过程中，电池是否发生着火、爆炸、泄漏、泄放、破裂、变形及过热等现象。这些检测项目属样品的破坏性检测，结果难以重复，发生此类现象不是检测人员可以控制的，是电池本身的性质和质量问题造成的。这些项目不适合进行人员比对、设备比对、留样再测、重复性检测及实验室间比对。

锂离子电池安全项目也需要进行质量控制，并应适当地列入检测结果质量的控制计划，但不是通过比对检测，而是通过检测环境、设备和人员操作等方面进行控制。

5.5.2　质量控制计划的实施方案

5.5.2.1　电池检测内部比对

制定详细的比对方案，如适用标准、具体比对项目、检测方法、环境温湿度条件和设备经过校准，对有关参数必要时要利用修正因子，对比对人员要进行培训，要制定合适的比对结果判定方法和判定依据。检测环境温度对电池放电容量有较大的影响，检测标准中只规定了一个温度范围，为确保检测条件的一致性，在比对方案中要明确规定环境温度应控制在一个较窄的波动范围内。

5.5.2.2　电池检测实验室间比对

按 CNAS-RL02《能力验证规则》实验室间比对：按照预先规定的条件，由两个或多个实验室对相同或类似的物品进行测量或检测的组织、实施和评价。

实验室在制定质量控制实施方案时，应注意以下几个方面：

① 认可的检测方法；

② 比对样品为相同的、质量稳定的电池样品；

③ 比对项目应能出具具体的检测数据；

④ 合适的比对实验室：2 家或 2 家以上的检测机构（如国家质检中心）、CNAS 认可的检测实验室，应注明认可认证资质编号；并且这些检测机构能对比对检测项目进行不确定度的评定；

⑤ 制定比对结果判定方法和判定依据；

⑥ 比对结果交由对方机构进行评定，并出具比对结果评定报告。

5.5.3　电池安全项目检测结果质量的控制方案

5.5.3.1　检测过程控制

需对检测环境、设备和人员操作等方面进行控制。环境条件要满足检测方法的要求；设备的状态需满足自身性能精度要求、满足检测方法的要求；人员要经过严格的检测方法和设备操作的培训，熟悉并严格按照操作流程和检测方法要求进行操作，经考核合格后上岗，安全检测项目需有 2 人（A/B 角）在场，其中 1 人操作，另 1 人确认。

5.5.3.2　检测记录控制

对检测过程中观察的现象，要详细记录。安全检测项目大多是破坏性试验，检测过程是无法重现的，特别是产生"起火、爆炸"等现象，最好能使用高速摄像记录检测过程。

5.6　锂离子电池检测的安全风险控制

在锂离子电池检测的过程中，由于锂离子电池的放电功率大、比能量高等特性，进行一些安全性试验（例如高温、短路、过充、过放、振动、挤压、撞击等）容易出现冒烟、着火甚至爆炸等情况，存在各类安全风险，如何做好锂离子电池检测实验室的风险识别、风险防护，保障试验人员的人身安全和仪器设备的财产安全，最大限度地控制各种风险隐患，值得深入研究。安全无小事，只有在硬件、人员技术水平和制度上做到安全风险的防范和控制，锂离子电池实验室才能顺利地开展检测工作。

5.6.1　锂离子电池和电池组可能导致的危险

5.6.1.1　漏液、废液污染

锂离子电池的电解液含有有机溶剂，同时具有一定的腐蚀性。在安全检测过程中若发生漏液、冒烟、起火和爆炸等情况，因进行消防处理产生大量废水和废液，可能飞溅到测试人员、设备或试验场地上，需关注人员、设备和环境防护。废液防范重点是：安装废液收集装置；及时清理废液；人员和设备做好防范，将废液的污染性侵害降至最低。

漏液、废液污染可能会直接对人体构成化学腐蚀危害，或导致电池供电的电子产品内部绝缘失效间接造成电击、着火等危险。漏液危险可能是由内部应力或外部应力的作用下壳体破损引起的。电池经过模拟高空低气压试验、温度循环试验、振动试验、加速度冲击试验或跌落试验后，原本完好的电池有可能会产生开裂，使内部的电解液流出，腐蚀试验仪器或试验人员的皮肤。因此，要关注试验人员的防护和试验过程中仪器的防腐蚀问题。

5.6.1.2　冒烟、起火和爆炸

在锂离子电池检测的过程中，针刺、挤压、过充电、高温和短路等外界因素会导致电池发生内部短路或外部短路，使电池温度急剧升高，内部储存的能量急剧释放，导致冒烟、起火或爆炸。试验过程中发生的冒烟、着火和爆炸的防范重点是：保证压力要有足够的释放空间；采用防爆房间或装置测试。加装必要的快速泄压装置；通过多传感器

融合技术（如摄像监控、温感和烟感）进行预警检测，及时化解风险扩散。

具体到不同程度伤害。起火，直接烧伤人体，或对电池供电的电子产品造成着火危险；爆炸，直接危害人体，或损毁设备；过热，直接对人体引起灼伤，或导致绝缘等级下降和安全元器件性能降低，或引燃可燃液体。造成起火和爆炸危险的原因可能是电池内部发生热失控，而热失控可能是由电池内部短路、电池材料的强烈氧化反应等引起的。当电池发生内部短路时，正负极材料或直接发生反应，使电池内部温度和压力剧烈上升。若电池散热性不好，会发生过热而引起燃烧；若内部压力不能及时排除，会发生爆炸。在试验过程中，应注意对起火、爆炸的防护措施，选取具有防爆功能的试验设备，预留足够的空间保证压力得以释放，配备消防器材以防范着火燃烧；试验人员应配备具有阻燃功能的防护装备，并且操作试验时尽量远离试验样品，选用具有远程操作功能的试验设备等。

5.6.1.3　有毒气体排放

在锂离子电池试验过程中如发生冒烟、着火和爆炸，电解液中的有机溶剂会挥发释放出有毒气体，或电解液中的有机成分燃烧，将会产生大量有毒气体，对人员的健康和设备产生损伤。有毒气体排放的防范重点是：加装有害气体检测传感器，监测有害气体含量；加装抽风装置和无害化处理装置，将有毒气体抽离实验室；对测试区域和控制区域进行隔离，避免操作人员与有害气体的接触。

5.6.1.4　噪声损害

在锂离子电池检测过程中的噪声主要来源于振动、碰撞、机械冲击、跌落和设备散热等，这种噪声会对试验人员的听力产生损害。其中，振动和设备散热是连续噪声，机械冲击、碰撞和跌落则是瞬间噪声。噪声超过 50dB，会影响人的正常生活；70dB 以上，会导致心烦意乱、精神不集中；长时间接触 85dB 以上的噪声，会造成听力减退。动力电池检测中，振动试验产生的噪声为 $80\sim115$dB，碰撞试验产生的噪声为 $60\sim80$dB，设备散热产生的噪声为 $70\sim90$dB。噪声防范重点是：对测试场地进行分隔；安装隔音装置，使噪声控制在独立的测试区间；通过人机隔离，避免人员长时间处于高噪声环境，减少噪声影响。

5.6.1.5　高压触电

锂离子电池和测试设备都属于高压产品，在测试时容易发生高压触电危险。此外，动力电池反接或短路有产生电弧的可能，将会导致危险。高压触电防范重点是：考虑加装异常自动报警、自动停机等装置；通过严格操作流程管理和规范，实行专机专人操作管理；设立测试禁区和安全警示牌；测试人员做好绝缘防护措施；安装实时监控和定期安全巡查；及时发现和处理突发事故。

5.6.1.6　高温烫伤和低温冻伤

当锂离子电池在极端温度环境中进行测试时，如温度循环的温度一般为－40～

85℃，加热试验的温度一般为 130℃。动力电池在短路、过充和高倍率充放电过程中，电池表面温度会急剧上升，如测试人员接触到测试样品或进入极端温度环境中，容易导致烫伤或冻伤。高温烫伤和低温冻伤的防范重点是：做好设备的隔热保护；对测试区域进行警戒隔离；测试人员操作时带好隔热手套；试验区域做好相应的警示标识；大型步入室环境设备或测试室内外都能打开门并装有报警装置，防止测试人员被困在里面发生危险。

5.6.2 锂电池检测实验室的防护措施

5.6.2.1 实验室功能划分

根据电池检测的试验项目，实验室可划分为三个区域：

① 电安全试验区，此区域主要进行充放电、短路、过载等试验项目，主要设备为充放电设备、温控短路试验机、电池试验防爆箱等，由于充放电的试验周期较长，长时间加载上电容易造成温度升高从而影响被测电量，因此需要严格控制环境温度。

② 环境试验区，此区域主要进行低气压、温度循环、热滥用等试验项目，均为长试验周期的试验项目。

③ 机械试验区，包括振动试验、冲击试验、跌落试验等试验项目，均有可能对试验样品造成机械破坏。

以上三个试验区域要求各自分隔开以保证各试验项目不会互相影响；试验设备间保持足够的间距，各设备配备独立的电源保护开关，并具有良好的接地。实验室内应配备专门的消防器材，如二氧化碳灭火器等。

5.6.2.2 对试验人员的防护

对试验人员的防护原则是尽量做到样品与人员隔离，并可进行远程控制。

对于温控短路试验机、电池过充防爆箱、热滥用试验箱等箱式设备，进行试验时要紧闭箱门，这样可避免燃烧爆炸等现象对试验人员造成伤害，箱体背面加装排气管道将试验中产生的有毒气体排出实验室外。试验人员可以通过箱门观察窗观察样品状态。

对于振动试验台、冲击试验台、跌落试验台等非箱式设备，试验样品暴露在外，此时需要多种措施，例如，可在样品与试验样品外加装防爆门或防爆玻璃罩，既可起到保护作用，又便于试验人员观察；或者将机械试验设备的控制仪放置在远离试验台体的位置，实行远程监控。

对于试验人员来说，可以穿戴防护服、防护手套、面罩等保护护具。机械试验中，可佩戴降噪耳罩进行隔音处理，减轻对试验人员的损害。

5.6.2.3 锂电池检测实验室的安全管理措施

（1）强化人员的安全意识和安全知识

人员因素是影响实验室安全的首要因素，人员既是安全工作的主题，也是被保护的主要对象。在各种安全事故中，由于人员的因素而引起的事故占有相当高的比例，所以在安全工作中，首要工作就是要强化提高人员的安全意识。通过培训、宣讲等宣传工作，加大安全教育力度，将"安全无小事"的理念深入人心，使大家意识到安全工作的重要性。同时，光有安全意识还远远不够，还要根据锂电池检测试验的特点，做好安全知识的普及工作，确保相关人员掌握科学、完整、合理的安全知识和安全技能。

（2）落实好实验室安全管理制度

有效运行实验室安全方面的体系文件，依据相关文件开展安全检查，检查频次可以分为日检、周检、月检及不定期巡检，在检查过程中要对安全风险进行全面的排查，及时发现实验室各方面的安全隐患，并做好记录工作，将发现的隐患点位、隐患数、整改措施落实情况等详实地记录在案，及时做好安全事故预防工作。查找日常工作中存在的不安全因素，进行危险源辨识、风险评价和风险控制措施，以及人员能力与健康状况、环境、设施和设备、物料、工作流程等安全检查，并识别和纠正不符合的情况，采取措施减少安全隐患产生的后果。使实验室安全工作以预防为主，通过全面系统的方法降低实验室运行的安全风险。

（3）关注试验样品的特点，样品分类管理

锂电池的种类繁多，根据材料成分可分为磷酸铁锂、锰酸锂、三元锂、钴酸锂等多种不同的种类，再加上电池产品的结构特点、用途等都不尽相同，所以每一种锂电池的产品特点都不同。因此在合同评审阶段，试验人员应该要求电池生产商提供完整的产品资料，充分了解每一个样品的背景、特点，这对电池检测过程中的安全工作有很大的帮助，可以提前制定相应的安全预防措施和实施方案。

锂离子电池样品的能量高、体积各异，在接收样品时需对样品状态进行安全评估（如样品是否完好、样品测试参数是否正常，电池管理系统软件功能验证等）。样品存放期间，要保持环境干燥，温度稳定且适中；要做好电极的绝缘保护，防止意外短路；要定期巡查，发现隐患立即排除；实验室可按照动力电池种类（磷酸铁锂、镍酸锂、锰酸锂、钴酸锂和三元材料等）和最终形式（电池材料、单体、模组和电池包）等进行分区存放。对于未测样品和已测不同项目的样品进行分类隔离，防止相互影响。已进行过破坏性测试的样品，需要单独存放在独立区域，并定期监控样品状态，直至度过危险观察期。

（4）建立实验室应急预案管理机制

应制定实验室安全应急预案，对人员定期进行应急预案培训和演练，不断提高人员安全意识和处理安全事故的能力和水平。动力电池实验室最大的危险是动力电池测试过程中冒烟、起火和爆炸，必须制定相关的应急预案措施，包含实验室强排风、电源和设备紧急切断、人员疏散和消防灭火等方面，对于高压电设备使用过程中可能出现的触电事故，要制定合理的应急预案。在运行前，还要对应急预案开展演练，确保预案的可行性、有效性。

参考文献

[1] 王黎雯，郭佩，何鹏林. 锂电池检测实验室认可关键要求 [J]. 安全与电磁兼容，2017 (6)：21-22.

[2] 汝坤林，华广胜，王黎雯. 电池检测实验室结果的质量控制和分析 [J]. 电池，2017，47 (3)：176-179.

[3] 尹振斌. 锂电池检测实验室的安全工作 [J]. 电子质量，2018 (12)：66-67.

[4] 莫梁君，张海娟，陆瑞强. 动力电池实验室检测安全风险控制 [J]. 电池，2020，50 (4)：380-382.

[5] 陈俊燕. 加速量热仪对锂离子蓄电池安全性能的评估 [J]. 电源技术，2007，31 (1)：19-22.

[6] 周波，钱新明. 加速量热仪在锂离子电池热安全性研究领域的应用 [J]. 化学时刊，2005，19 (3)：31-34.

[7] 杨军，解晶莹，王久林. 化学电源测试原理与技术 [M]. 北京：化学工业出版社，2006.

第6章 锂离子电池回收利用

6.1 回收锂离子电池的必要性

6.1.1 锂电池对环境的危害

目前锂离子电池的回收利用多集中在新能源汽车上，新能源汽车退役的锂离子电池主要以三元动力锂电池和磷酸铁锂为主，虽然锂电池相比镍镉电池和铅酸电池来讲属于绿色环保，但是处理不当也会对环境和人的身体健康造成危害。三元锂电池富含镍钴锰等重金属，如果将其随意丢弃在野外，重金属会渗透到土壤中，对环境以及水资源造成污染，严重危害人的身体健康。此外，电池中的电解质（主要为 $LiPF_6$）也会与空气中的水反应，形成有毒气体氟化氢（HF），对人的骨骼、皮肤以及呼吸道造成危害，影响人的身体健康。具体如表 6-1 所示。

表 6-1 退役电池对环境的危害

类别	潜在危害
正极材料	与水、酸、强氧化剂等物质发生反应，引起重金属污染，改变土壤的 pH
电解质和电解液	有强烈腐蚀性，同水反应产生剧毒物质
隔膜	遇火会燃烧生成醛类物质
负极材料	有粉尘污染，且遇明火容易引发爆炸

6.1.2 金属资源的短缺

随着新能源汽车的快速发展，动力锂电池在动力电池领域占据主导地位，动力锂电池对锂、镍、钴、锰等金属资源的消耗急剧上升，其中锂和钴金属我国对外依赖程度很高。

从锂资源的储量来看，我国拥有丰富的锂资源，然而由于开采技术水平低，开采成本高等问题，我国目前对锂的使用主要依赖的是进口。锂的提取目前主要是开采锂矿和盐湖提锂，尤其盐水提锂这种方式对环境有很大危害，这种开采活动消耗了地下水位。在智利主要的锂生产中心圣佩德罗-德阿塔卡马（Salar de Atacama），采矿活动消耗了该地区 65% 的水。这影响了该地区的农民，他们必须从其他地区进水。用这种方法生产的锂对水的需求是巨大的，1t 锂需要提取 1900t 水，这些水被蒸发消耗。此外，从退役电池中回收锂资源，可以降低电池的生产成本，使相关企业获得更多的利润。因此，从资源、环境和生产成本三个方面来看，退役电池中锂的回收是十分必要的。

相对于锂在我国的储量丰富，钴资源在我国非常紧缺（如图 6-1 所示）。世界上 60% 的钴资源分布在刚果金和澳大利亚这两个国家。我国储量很低，由于近些年三元锂电池的快速发展，我国对钴的需求量大幅上升，形成了供不应求的局面，钴的价格连续上升，动力锂电池企业成本上升，利润下滑，如果能有效回收三元材料中的钴金属，则可以进一步降低成本，提高经济效益。

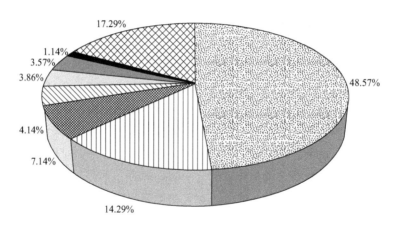

图 6-1　钴金属在全世界含量分布

6.1.3　政策的支持

面对已经到来的动力锂电池退役潮，国家各部门以及各级政府都出台了一系列相关政策去推动企业进行退役动力锂电池的回收。2017 年工信部、科技部等部门出台的《车用动力锂电池回收利用　余能检测》《电动汽车用动力蓄电池产品规格尺寸》《汽车动力蓄电池编码规则》和《车用动力电池回收利用拆解规范》这四项政策，基本确定了动力锂电池回收的各项标准，建立了比较完善的国家回收标准体系，有助于推动电池回收产业的健康可持续发展。

6.1.4 完善新能源汽车产业链

众所周知，新能源汽车采用电能驱动，在使用过程中几乎不产生对环境有危害的气体，因此在大众眼里是一个绿色环保的形象。面对已经到来的动力锂电池大规模退役，如果不能采用较为环保的方式妥善处置退役的动力锂电池，造成退役电池对环境的危害，将会对新能源汽车的发展造成消极影响。打造动力锂电池从"出生"到"死亡"整个生命周期的绿色、无污染是整个新能源汽车产业链的责任。因此，无论是上游企业电池材料商还是下游的整车厂商，都应尽自己的义务，推动退役动力锂电池产业链的不断完善，打造好新能源汽车产业可持续发展链的闭环产业链。

总之，从资源、环境和生产成本等方面出发，退役电池中锂、钴金属的回收也是十分必要的。

6.2 退役动力锂电池回收现状

受益于国家政策支持，电动汽车发展方兴未艾，新能源汽车对动力锂电池的报废标准是电池容量低于 80%，这也就意味 3～5 年就要更换一次电池，2020 年中国累计退役的动力锂电池有 20 万吨（约 25GWh），据推算，2025 年我国需要回收的废旧电池容量将达到 137.4GWh。2020 年中国累计退役的动力锂电池有 20 万吨（约 25GWh），据推算，2025 年我国需要回收的废旧电池容量将达到 137.4GWh。

2018 年 2 月 26 日工业和信息化部、科技部、环境保护部、交通运输部、商务部、质检总局、能源局联合印发《新能源汽车动力蓄电池回收利用管理暂行办法》，9 月 30 日，工信部新能源汽车动力蓄电池回收服务网点信息上线，这标志着我国新能源汽车动力电池回收利用真正进入了执行实施阶段。目前回收服务网点主要以主机厂的 4S 店、加盟的汽车经销商为主。截止到 2018 年 6 月，我国境内注册的动力电池回收企业接近 300 家。新能源汽车退役锂离子电池回收利用体系模式如图 6-2 所示。

退役车用锂电池的梯次利用面临空前的市场机遇。实现退役电池的梯次利用需要经过退役电池的性能检测、可用电池的分选成组、重组电池的均衡性设计及寿命评估等过程，其中电池分类、充电曲线设计、寿命预估及性能参数监控等是该过程的技术难点。由于锂电池模块的寿命具有短板效应，即取决于模块中性能最差的锂电池，所以实际配置时需将一致性较高的多节锂电池进行配组，以提高整体锂电池模块的寿命。然而，由于容量、自放电等参数和配组技术的不同都会影响电池的一致性，导致从各类电动汽车退役下来的锂电池存在明显的一致性差异，梯次利用的可靠性降低，相应的维护和利用成本增加。动力电池的梯次利用因为技术、逆向物流、成本、市场接受度等原因限制，并未发展起来，但各级政府、新能源车企、电池企业已经在制定相关研究计划。

现阶段梯次利用动力电池分选成组的流程，如图 6-3 所示。可见，电压、容量和内阻等性能参数是决定退役电池能否再次利用以及应用于何种装置的重要判定条件。

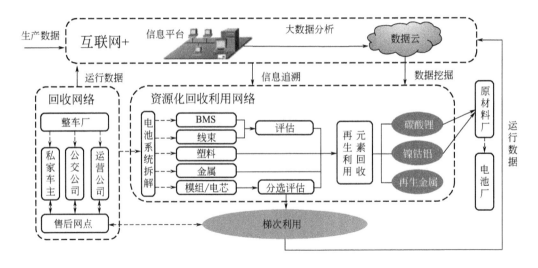

图 6-2　新能源汽车退役锂离子电池回收利用体系模式

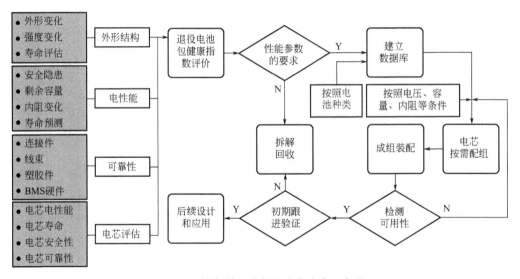

图 6-3　梯次利用动力电池分选成组流程

　　以退役车用动力电池梯次利用应用于储能系统为例，整体过程应包括建设投资、运营和报废等阶段。基于全生命周期成本理论及我国储能电站的实际情况，李娜等将该梯次利用模式的全生命周期成本分为了初始投资成本、运行维护成本、财务费用、充电费用和残值回收，其内涵如图 6-4 所示。

　　投资阶段需要退役电池的采购、运输、筛选重组、相关设备购置及建筑工程等费用；运营阶段主要需要充电和运行维护方面的费用；报废阶段主要为电池及设备的残值回收。张金国等认为系统容量规模直接影响初始投资成本，而运行维护成本与初始投资和电池循环寿命相关。刘坚则认为各个阶段所产生的成本构成了退役电池梯次利用的总成本，而退役电池模块容量、比能量、能量密度、电芯容量、电芯故障率等性能的好坏将直接影响其梯次利用成本的高低。综合考虑退役电池梯次利用过程的各项成本以及储

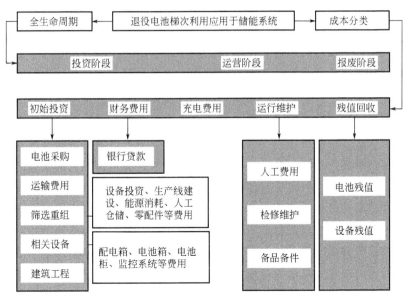

图 6-4　退役电池梯次利用于储能系统的全生命周期成本

能系统的运行收益，其总体经济效益为收益和成本的差值。

目前认为退役电池的梯次利用在以下两个领域很有发展前景：储能、低速电动车等领域。

储能：传统的基站一般采用铅酸电池作为电源，铅酸电池一般寿命为 3～5 年，工作温度范围窄（－15～45℃），自放电程度高，且工作时会放出氢气和酸雾，电池废旧后存在一定的污染性。相比铅酸电池，动力锂电池具有高能量密度，循环寿命长，无自放电，体积小，质量轻，有 BMS 电池监控系统，因此动力锂电池在基站储能有很大的发展前景。2018 年工信部的七部委联合发布《关于组织开展新能源汽车动力蓄电池回收利用试点工作的通知》，积极推动退役电池的再利用。中国铁塔公司作为我国通信基础设施建设的领头羊，在我国就有 190 余万个通信基站，备用电池需要 44GWh，随着 5G 网络的到来，对后备电源的需求进一步上升，因此在通信基站领域就为退役电池梯次利用提供了一个持续稳定的市场。

除此之外，退役动力锂电池还可以应用到电网的削峰填谷领域。随着生活水平的提高，人们对电力的需求越来越大，人们对用电的需求时段也是有规律的波动，凌晨时间段用电较少，下班回家后几个小时用电需求较为强烈，形成了用电低谷和高峰。

因此为了降低用电高峰时电网负荷，鼓励市民合理安排用电时段，提高电力使用效率，各省市采用峰谷电的电价策略。例如 2018 年广州市居民用电实施的峰谷电价具体为峰时段 0.96 元，谷时段为 0.30 元，相差 0.66 元，因此退役电池应用到电网的削峰填谷这一领域中，将会有非常大的商业前景。

低速电动车：随着我国城镇化速度的不断加快以及广大农村老百姓生活水平的不断提高和环保意识的不断增强，绿色出行已成为农村老百姓的强烈需求，相比新能源汽车的高昂价格，低速电动车具有环保，价格便宜，易于上手等优点。一经推出，在广大农村获得了强烈反响。

目前低速电动车广义上包括电动自行车、电动摩托车、电动三轮车、电动四轮车（也包含老年代步车）等，狭义上主要指低速电动汽车。由于低速电动汽车以上所说的种种优点，因此在欠发达地区低速电动车的销量连年递增，然而由于低速电动汽车的相关技术法规的缺位，低速电动汽车早期还是处于无证驾驶和法律管辖之外，同时驾驶人多数为老人，对响应的交通法规不了解，经常闯红灯、违规驾驶，造成一些交通事故，对低速电动车未来的发展增添了阴霾。2017年10月工信部公开回复"将四轮低速电动车纳入摩托车类别管理标准"给出了明确回复，提出了"升级一批、规范一批、淘汰一批"三个一批治理思路，同时还提倡未来的低速电动车使用性能更好、污染更低的新能源动力锂电池。2018年10月，《四轮低速电动车技术条件》国家标准正式立项，2019年国家工业和信息化部科技司出台的公开征集对《胶粘剂挥发性有机化合物限量》等9项强制性国家标准计划项目的意见。其中就包含《四轮低速电动汽车技术条件》，这一标准不仅规范了低速电动车的相关标准，还明确了逐渐将低速电动车的核心——铅酸电池逐渐替代为锂电池，这一政策导向将为锂电池带来广阔的市场，由于低速电动汽车对性能的要求远低于新能源汽车，通过一定的政策扶持以及相关配套设施的建立，退役的动力锂电池梯次利用到低速电动汽车上也将会成为现实。

目前退役动力锂电池梯次应用到低速电动车的知名企业主要是中天鸿锂，该公司采用以租代售的商业模式，将退役的电池模组拆解检测后，将综合性能较好的电池重新组成模组，仅需向客户收取少量的押金，然后按月出租给那些需要更换电池的用户，这种模式为退役动力锂电池的梯次利用提出了一个独特新颖的思路。

此外，退役动力锂电池未来梯次利用的方向也可以向共享电动自行车、快递员的电动三轮车以及外卖员的电动小摩托方向发展，退役动力锂电池未来应用的领域不仅仅只有储能这种大蛋糕，我们也可以采取降维打击，占领类似低速电动车这种入门门槛低的领域。

6.3　锂离子电池的回收方法

如前文所述锂离子电池由外壳和内部电芯组成，其中，电芯由正极、负极、隔膜、集流体和电解液构成，具体成分如表 6-2 所示。

表 6-2　锂离子电池主要结构及组成

主要结构		主要材料组成	含量/%
电池壳		铝壳（铝壳电池）、铝塑复合膜（软包及聚合物电池）、不锈钢（钢壳电池）	20~25
电芯	正极	钴酸锂、镍酸锂、镍钴二元材料、镍钴铝和镍钴锰三元材料、磷酸铁锂等	25~30
	负极	含碳石墨材料	14~19
	隔膜	PP/PE	约5
	集流体	铝箔（正极）、铜箔（负极）	10~16
	电解液	$LiPF_6$溶液、碳酸乙烯酯和碳酸甲乙酯（有机溶剂）	10~15

由表 6-2 可知，锂离子电池中金属材料主要分布在外壳、集流体及正极中。其中，外壳和集流体中的金属基本以单质形式存在，主要包括铜、铝、铁等。外壳和集流体中的金属回收较为简单，例如外壳被简单剥离处理，就可作为一种回收产品，这些金属的回收在整个流程的前期阶段即可完成。正极中的金属主要包括钴、镍、锂、锰、铝、铁等。当前，对废旧锂离子电池的回收，主要集中在对钴、锂、镍的回收，因为这些金属属于稀缺金属，具有较高的回收价值。但正极中的金属均以化合物的形态存在，回收较为困难，因此，对正极中金属材料的回收是废旧锂离子电池金属材料回收技术的核心部分，也是研究的重点。

废旧锂离子电池中金属材料回收的完整流程一般包括 4 个步骤：第一步是电池的预处理，第二步是电池材料的分选，第三步是正极中金属的富集，第四步是金属的分离提纯，每一步骤均包含多种处理方法。图 6-5 列出了废旧锂离子电池中金属材料回收的技术工艺流程。

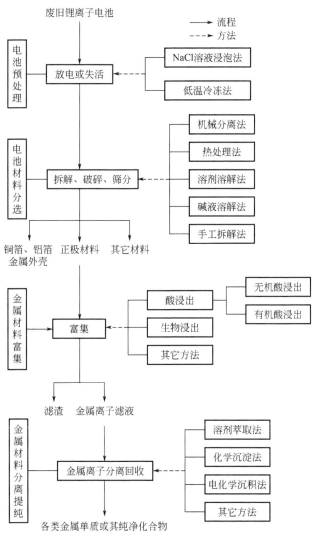

图 6-5　废旧锂离子电池中金属材料回收的技术工艺流程

由于以上方法各有优缺点，金属回收过程又兼具复杂性和困难性，因此，在每一步骤的实际操作中，研究者们通常会将几种方法结合起来以获得更好的处理效果。下面分别介绍各种方法。

6.3.1 电池预处理技术

废旧锂离子电池中通常含有部分残留电量，如果拆解不当，极易引发火灾、爆炸等事故。因此，在金属材料回收过程中，首先需对废旧电池进行放电或失活等预处理操作，为下一步的处理提供安全条件，主要方法有 NaCl 溶液浸泡法和低温冷冻法。

（1）NaCl 溶液浸泡法

将废旧电池在一定浓度的 NaCl 溶液中浸泡一段时间即可达到放电效果，原理是盐溶液不仅可将电池中剩余电量通过短路的方式释放出来，还可吸收短路所释放的热量。该方法放电效率高且稳定，成本低廉，适合小型废旧电池的放电处理。但若电池壳破裂，电解液泄漏，电解质 $LiPF_6$ 会与水反应生成 HF，有机溶剂也会挥发，均会给环境和操作人员带来危害，同时，内部金属接触溶液，易造成金属损失和污染。

（2）低温冷冻法

低温冷冻法是指将废旧电池冷冻至极低温度（如液氮冷冻），使其失活并安全破碎。该方法适合高容量电池的大批量工业化应用，如美国 Umicore 和 Toxco 公司均采用此方法，缺点是对设备有较高的要求，初期建设成本较高。

6.3.2 电池材料分选技术

将放电后的电池进行拆解破碎及筛选分离，初步分选出含有金属的材料，此过程中采用的方法包括机械分离法、热处理法、溶剂溶解法、碱液溶解法及手工拆解法。

（1）机械分离法

机械分离法是利用电池中不同组分密度、磁性等物理性质的差异，采用浮选、振动筛选、磁选等方式，将破碎后的电池材料筛选分类，实现塑料、金属外壳、铜箔、铝箔及电极材料的初步分离。为提高分离效果，可将得到的电极材料做进一步的精细粉碎和筛分，为后续深度提取目标金属提供优质的原料。机械破碎时会产生电解液挥发污染、粉尘、噪声和热污染给操作人员带来伤害，因此需加强对机械破碎过程中污染物的迁移转化规律和收集控制方法的研究。该方法易于进行大规模工业化处理，是目前普遍采用的分选技术。

（2）热处理法

热处理法主要有两种：第一种是高温热分解法；第二种是火法冶金。

高温热分解法是指利用高温去除电池中难溶的有机物和碳粉，并有效分离电极材料和集流体。在 150℃ 左右时，隔膜可分解，当加热到 380～400℃ 时，集流体和电极材料之间的黏合剂 PVDF 会发生分解，当温度达到 500～600℃ 时，碳可与空气中氧气发生燃烧反应。因此，通过设定加热温度，可实现隔膜和黏结剂的分解，正极材料从集流体上脱落。该方法操作简便，容易实现对大量锂离子电池的处理，但也存在缺陷：首先，整个过程能耗较高；其次，在高温下，电解液及各种添加剂会生成有毒有害物质，需配套烟气净化装置，增加了成本；另外，若温度稍过高，铝箔（熔点660℃）会熔化，和正极材料混为一体或产生包覆锂化合物的现象，对钴、锂等金属的浸出效果有一定影响。有研究采用真空热解技术以避免有机材料分解产生毒气，并可将其收集利用，变废为宝，但是操作条件要求较高，不利于工业化应用。

火法冶金是指通过高温焚烧（比第一种方式的温度高），隔膜、黏结剂等有机物被分解去除，电池中的金属材料被氧化或还原，其中，生成的低沸点金属及其化合物可用冷凝的方式收集，沉积在炉渣中的金属化合物和合金需采取其他措施分类处理。这种热处理方式简单易行，对原料的组分要求不高，易于实现工业化，日本的索尼/住友公司、德国慕尼黑 ACCUREC 公司和法国 SNAM 公司均开发了处理锂离子电池的火法冶金工艺，但高温对设备要求很高，且同样存在能耗高和环境污染等问题。

（3）溶剂溶解法

溶剂溶解法是根据"相似相溶"原理，采用较强极性的有机溶剂溶解黏结剂 PVDF等，从而实现电极材料与集流体的分离。选择合适的有机溶剂是溶解过程的关键，常用的溶剂有 N-甲基吡咯烷酮（NMP）、N,N-二甲基甲酰胺（DMF）、二甲基乙酰胺（DMAC）、二甲基亚砜（DMSO）等。另外，在此过程中添加超声波清洗等辅助措施可以显著提高电极的剥离效率。与热处理等方法相比，溶解法能耗低，简化了回收工艺，提高了回收效果，铜箔及铝箔经清洗后可直接回收，有机溶剂通过蒸馏的方式脱除黏结剂后可循环使用。但此方法也存在不足，NMP 等溶剂黏度较大，溶解后得到的活性物质颗粒细小，固液分离困难。此外，有机溶剂价格高且有一定毒性，不仅会提高成本，对工作人员的健康和环境也有潜在的危害，因此，寻找价格适中、来源广泛、适用性强的绿色环保溶剂是研究的重要方向。

（4）碱液溶解法

铝是两性金属，与酸碱都发生反应，而正负极材料和负极集流体铜箔均不与碱发生反应，基于此，采用 NaOH 溶液将废旧锂离子电池的正极集流体铝箔溶解，实现铝箔和正极的分离。该法简单，易操作，能够进行规模化生产，但后续沉铝过程较复杂，难以回收纯度较高的铝。在碱浸过程中有大量气体和废液生成，碱液也会挥发到环境中，因此要采取适当的防护措施。

（5）手工拆解法

手工拆解可将正极、负极、隔膜和外壳分开，相比其他方法，优点是更加智能，对于不同材料的识别率高，缺点则是处理量少、效率低，拆解过程中有机物的泄漏和挥发会对工作人员造成危害。

6.3.3　金属材料富集技术

为了更好地分离回收金属，还需要对电极材料进行选择性提取富集，主要采用酸浸出和生物浸出等方法。

（1）酸浸出

大部分的氧化物可溶于酸溶液中，酸浸出方法利用这个原理，将金属从电极材料中溶解浸出，得到金属离子浸出液。通常采用无机强酸，如盐酸、硫酸和硝酸。盐酸的浸出效果最佳，但易挥发，在反应过程中会生成氯气；硝酸不仅易挥发，还具有强氧化性，容易生成有毒的氮氧化物，且价格高于盐酸和硫酸；硫酸价廉易得，沸点较高，可采用较高的浸出温度以提高浸出速率和溶解率。但硫酸的浸出效率相对较低，因此，在实际操作过程中，常在硫酸溶液中添加还原剂过氧化氢，反应方程式如下：

$$2LiCoO_2 + 3H_2SO_4 + H_2O_2 \underline{\quad\quad} Li_2SO_4 + 2CoSO_4 + 4H_2O + O_2 \uparrow$$

还原剂可促进钴酸锂中的三价钴还原为易溶的 Co^{2+}，提高浸出率，酸-还原剂体系已成为应用最广泛的金属浸出剂。磷酸因其性质相对温和、腐蚀小，也被用于废旧锂离子电池回收的研究。采用磷酸回收金属还具有其他优点：磷酸既是浸出剂，也是沉淀剂，如钴在浸出液中可直接以 $Co_3(PO_4)_2$ 的形式沉淀出来，减少了处理步骤，提高了分离和回收效率。由于过氧化氢稳定性差、易分解，当前有很多研究致力于寻找高效稳定的过氧化氢替代物，例如亚硫酸氢钠、抗坏血酸、葡萄糖等，Qi 等发明了一种新的磷酸-葡萄糖浸出体系，对钴和锂的浸出效率分别达到 98% 和 100%。

近年来，许多研究者关注将环境友好的有机酸作为废旧电极材料的浸出剂，如柠檬酸、苹果酸、草酸、琥珀酸、天冬氨酸、甘氨酸等。相对于无机酸，有机酸在浸出金属时，不会有氮氧化物、氯化物等有毒气体产生，其废液没有强酸性，既便于处理，又对设备腐蚀小，但有机酸价格较高，且金属难以从浸出液中分离，限制了其应用范围的扩大。

（2）生物浸出

通过微生物也可以将电极材料中的金属浸出。氧化亚铁硫杆菌、氧化硫硫杆菌等具有特殊选择性菌类以单质硫及亚铁离子等为能量源时，会生成代谢物硫酸和铁离子，可促进金属的溶解，从而得到含金属离子的浸出液。黑曲霉菌以蔗糖为能量源时可代谢出多种有机酸如柠檬酸、苹果酸、葡萄糖酸、草酸等，对废旧电池中的金属具有优良的浸出效果。生物浸出法具有成本低、能耗低、无污染、工艺流程相对温和等优点，是极有发展前景的一种方法，已有研究者将生物法应用于多种动力电池中金属的回收，均取得了很好的效果。但该法存在浸取周期长，菌种易受污染、不易培养，浸出条件难控制等缺点，目前对废旧锂离子电池处理应用方面尚处于实验室研究阶段。

（3）其他方法

浮选法和机械研磨法是专门应用于钴酸锂电池中金属材料回收的方法。

浮选法首先将废旧电池破碎、分选，获得初步的电极材料粉末，然后通过热处理去除有机黏结剂，再根据钴酸锂和石墨表面亲水性差异的特点，即钴酸锂表面具有亲水性，石墨表面具有疏水性，将电极材料通过浮选分离，回收钴酸锂颗粒，浮选可采用有机溶剂、煤油或水为捕收剂。该方法对钴和锂的回收率较高，工艺简单，但由于各种物质全部被破碎，对铁、铜、铝及隔膜的分离回收造成了困难。

机械研磨法是指利用机械研磨产生的热能使电极材料与研磨料如乙二胺四乙酸

（EDTA）、聚氯乙烯等发生反应，从而使正极材料中的钴酸锂转化为可溶于水的其他盐类，然后用水溶解混合物，得到含产物的滤液，该操作过程绿色环保，但成本高，且易造成钴的损失及铝箔的回收困难。

6.3.4　金属材料分离提纯技术

经过前面的处理过程，金属外壳及大部分的铜、铝已被分离，重点回收的钴、锂、镍、锰等金属均以离子形式存在于浸出液中，需通过进一步的深度处理，进行彻底的分离、提纯并回收，一般采取溶剂萃取法、化学沉淀法、电化学沉积法等。

（1）溶剂萃取法

萃取法是指选择一种特定的萃取剂或几种萃取剂的混合物，与目标金属离子形成稳定的配合物，配合物在有机萃取剂中与浸出液分开，再利用相应的溶剂将配合物中的金属离子反萃取出来，实现金属离子的分离提纯。常用的萃取剂有2-羟基-5-壬基苯甲醛肟（N902，Acorga M5640）、二（2,4,4-三甲基戊基）次磷酸（Cyanex272）、2-乙基己基膦酸单-2-乙基己酯（P507，PC-88A）、二（2-乙基己基）磷酸酯（P204，D2EHPA）及三辛胺（TOA）等，实际操作时，根据不同的金属离子，选择合适的萃取剂和萃取条件。通常情况下，混合萃取剂具有很好的协同效应，萃取效果明显优于单一萃取剂。图6-6显示了不同萃取剂分步分离铜、铝、锂和钴的工艺。

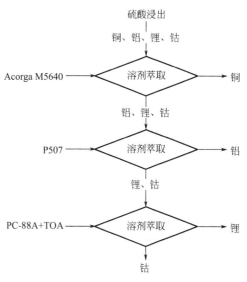

图 6-6　不同萃取剂分布分离铜、铝、锂、钴

萃取法的优点是选择性好，利用不同的萃取剂，可得到高浓度的目标金属离子溶液，同时还具有操作简单、能耗低、条件温和、回收率和纯度均很高等优点。但是化学试剂的大量使用会污染环境，溶剂在萃取过程中也会有一定的流失，而且萃取剂的价格较高，使得该方法在金属回收方面有一定的局限性。

（2）化学沉淀法

化学沉淀法是向金属浸出液中加入适当沉淀剂，使之发生反应并产生沉淀，从而实现金属离子分离的一种方法。该法的关键是选取合适的沉淀剂和沉淀条件，常用的沉淀剂有氢氧化钠、草酸铵、草酸、高锰酸钾、碳酸钠、磷酸钠、磷酸等。化学沉淀法的优势是操作简便，在实际应用时只需控制好溶液酸碱度和沉淀剂的量，就可将溶液中的钴、锂、铁、铝、铜等金属离子进行分步沉淀，得到各级分离的金属沉淀物，实现分离；同时具有回收率高、对设备要求低、成本低、经济效益高等优点，应用广泛。但同样也存在缺点，由于浸出液中含有多种金属离子，易出现同时沉淀的现象，难以分离。

所以，应先将杂质金属除去，再进行沉淀。为提高分离效率，简化操作程序，最新的研究尝试开发具有选择性的沉淀剂。

（3）电化学沉积法及其他方法

电化学沉积法是指在外电场作用下，浸出液中的目标金属离子在阴极发生电化学还原反应得到金属的方法。Freitas 等开发了废旧锂离子电池中钴、铜等金属的恒电位电沉积回收方法，研究了电沉积机理，考查了不同 pH 值对成核和生长机制的影响，并分析了不同条件下生成的金属在形貌和结构上的差异。该方法优点是简单易行、操作中不需添加化学试剂、引入杂质少，不仅使产品的纯度和回收率很高，也避免了后续处理工艺的复杂化。但缺点是需消耗较多的电能，另外，为了避免其他金属离子的共沉积，需要在前处理过程中纯化活性材料。

除上述方法，还可以采用离子交换法、盐析法、$\lambda\text{-}MnO_2$ 离子筛法等对金属离子进行分离提纯，实现金属回收的目的。

6.4 锂离子电池回收存在的问题

目前，锂离子电池的回收产业还存在着以下的问题。

（1）产业方面的问题

锂电池回收成本高、回收企业盈利困难是当前我国锂电池产业面临的主要问题。现有的锂电池回收企业主要集中在长三角、珠三角地区，这造成了锂电池回收的人工及运输成本较高；梯次利用前的电池测试筛选方法落后，造成测试时间及能耗成本较高；同时，供应链不完善及市场机制不健全等问题也是企业盈利困难的重要原因。

（2）技术方面的问题

对退役电池进行梯次利用，需要对电池进行退化状态辨识并确定各电池存储电能的容量。综合现有技术，电池退化状态识别及剩余寿命预测方法的特点如表 6-3 所示。

表 6-3　电池退化状态识别及剩余寿命预测方法的特点

类别	方法	特点
退化状态识别	电化学分析法	电池老化过程解释详尽，具有侵入性、破坏性
	安时积分法	方法简单、易实现，工况还原性差、耗时长
	阻抗法	测量过程复杂，测量时间长，要求精度高
剩余寿命预测	基于模型的方法	较好地反映电池特点，建模及模型参数识别困难
	数据驱动的方法	数据确定性及完整性差，鲁棒性自适应

由表 6-3 可知，现有方法都难以大规模应用于退役电池的精确辨识与筛选。另外，由于不同厂家设计生产锂电池的标准未能统一，导致电池拆解方法、工艺难以标准化，自动化拆解的难度大。

（3）环保意识问题

由于相关教育缺失，导致部分锂电池制造商、销售商和消费者未能正确认识到废旧锂电池的危害性。制造商、销售商缺乏主动承担回收利用锂电池的社会责任感；消费者的回收意识淡薄，不能积极参与、配合回收处理工作。

6.5 锂离子电池的梯次利用

6.5.1 退役锂电池梯次利用技术发展现状

为了应对能源结构缺陷和日益严峻的环境问题，我国在交通运输形式上进行了长远并附有战略眼光的布局，大力推广铁路电气化，发展新能源汽车取代传统化石能源汽车。自2012年起，我国电动汽车产业进入黄金发展期，随着电动汽车产量和销量的快速上升，按照乘用车五年的电池使用寿命和商用车三年电池寿命计算，自2018年起，我国动力电池将迎来"退役潮"，而按照国务院发布的《节能与新能源汽车技术路线图》中新能源汽车发展规划，预计在2020—2025年期间，退役动力电池年报废量将从25万吨快速增长到45万吨。庞大的数字背后是国内新能源汽车产业正面临的一个重大难题：车用动力电池大规模退役的关键时间点到了。如果缺乏有效的回收与梯次利用体系，退役的动力电池必将影响到我国电动汽车产业的健康发展，引发新一轮资源和环境之间的矛盾。动力电池能否得到有效的回收与梯次利用将直接影响着电动汽车产业的可持续发展和国家节能减排战略的实施。目前动力电池的退役阈值是标称容量的80%，如果此时直接报废拆解退役动力电池，不但会造成动力电池剩余容量的浪费，而且若不能经过有效处理，动力电池中大量的电极材料和电解质原料，易对环境产生巨大污染。所以针对退役动力电池而言，最理想的回收再利用方案是通过一定的评价标准筛选出还能继续使用的退役动力电池组，并将其应用在其他对电池性能要求较低的场合，例如低速的电动交通工具、分布式储能电站等，以提高利用率，降低电池使用成本，即进行动力锂离子电池梯次利用。

当动力锂电池容量衰减到标称容量的80%以下时，考虑到里程焦虑和充电频繁等因素，使得这批电池不再适用于电动车使用工况，但仍可应用于一些小型且对电池性能要求较低的储能场合，如便携式备用电源、电动叉车电源、电网调峰调频以及可再生能源储能等，进而实现动力锂电池的梯次利用。

退役动力电池梯次利用的技术难点首先在于评估电池当前的老化情况，其次在于对动力电池进行筛选分类。通常是将退役动力电池堆进行拆解，得到最小单元单电池，再利用电池电压曲线拟合的方法得到单电池健康状态（SOH），用来评估动力电池的老化状况；通过综合电池容量、内阻、自放电率等特征参数，给出单电池的筛选指标，再通过聚类算法将筛选后的单电池进行分类配组，重新构成新的电池模组。

综上所述，现有研究虽然对动力电池梯次利用的筛选指标、分类方法给出了可行性方案，但是所用方案方法都是基于对原退役动力电池堆拆解的前提下，拆解电池堆的过程不但费时费力，大大增加了退役动力电池梯次利用的成本，而且存在极大的安全隐患，不便于大规模工程应用。上海展枭新能源科技有限公司公开了一种锂离子电容器梯次利用的筛选方法。该方法通过拆解堆模组得到电池单体，以电池单体剩余容量与标称容量比值和实际电压与额定电压的差值等指标，对拆解下的电池单体进行筛选后将单电芯重组成电池模块。北京长城华冠汽车科技股份有限公司公开了一种用于梯次利用的电池筛选方法。该方法利用在多个充放电倍率，对电池进行充放电研究；根据计算所得多个充放电倍率下的表观电阻值来获取表观电阻判定系数；根据获取的表观电阻判定系数来判断单体电池合格与否。深圳市伟创源科技有限公司研究了一种废旧锂离子动力电池梯次利用筛选方法，该方法通过检测单体电池容量、内阻、开路电压以及自耗电测试的方法判断电池单体是否可用，根据外观、容量、内阻和开路电压将单体电池进行归类，并组合成新的电池组。

根据中国汽车技术研究中心预测数据退役电池总量如图 6-7 所示。受大环境与政策影响，退役电池梯次利用势不可挡，在退役电池总量大幅增长的同时，退役电池中可梯次利用容量的比重从 2018 年的不到 8%，增长至预计 2025 年的 70% 以上，可梯次利用电池容量预计将达 82GWh，梯次利用市场前景广阔。

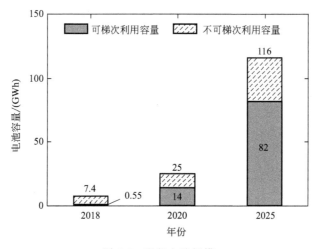

图 6-7 退役电池规模

目前，国内外关于退役锂离子电池梯次利用的研究尚且处于初始阶段，虽然已有部分示范工程，如表 6-4 所示，但大多聚焦于管理电池储能系统功率与能量、延长梯次电池循环寿命、电池储能系统配置优化等方面，在退役锂离子电池状态快速评估、电池品质合理分级以及电池一致性筛选方面尚没有阶段性成果和统一性标准，因此退役锂离子电池快速状态评估与一致性筛选方法成为当前亟待解决的关键问题之一。

表 6-4　国内外电池梯次利用项目/示范工程

应用领域	参与单位	特点
储能电站	国网江苏省电力有限公司	规模为 130MW/260MWh，涵盖梯次、状态检测及智能运维
储能电站	江苏常能新能源有限公司	利用合同能源管理方式运营电池梯次储能系统

应用领域	参与单位	特点
电池基站备电	中国铁塔公司	总规模达 1.5GWh，12 万个通信基站中布局梯次利用
家庭、商业储能	4R Energy	利用汽车二手电池于储能设备
家庭、商业储能	Tesla Energy	开发面向家庭储能的 powerwall 与面向商业储能 powerpack
储能电站	BOSCH、Vattenfall	2MW/(2MWh)的光伏储能电站

在储能系统中，与直接采用新生产的电池相比，对退役的动力电池进行梯次利用，主要增加了退役电池收集、运输、检测和筛选重组方面的成本，且梯次利用电池在运行维护及安全方面需要更多的关注及投入。就退役电池的拆解重组工艺而言，由于电池包的内部结构、模组链接方式、组装工艺等各不相同，对其拆解需要按各种类型细分，使工艺流程复杂化并增加了拆解成本；拆解后的电池重组之前需要进行性能检测和健康状态评估，如若尚未掌握退役电池的完整运行数据，测试成本将大幅提升。

结合当今锂电池评价的手段，废旧锂电池并非就一定意味着报废，部分锂电池虽不能满足大功率用电器的需要，却可以为小型用电器提供能源支持，这种将锂电池充分利用的技术即为锂电池的梯次利用。对于废旧锂电池梯次利用的研究具有代表性的有：通过评估电池二次使用对混合动力汽车电池初始成本的影响，Neubauer 和 Pesaran 探索了基于电网的储能应用作为混合动力汽车电池市场的潜力。Viswanathan 和 Kintner-Meyer 探索了替换下电池的最优选择，以便随后用于其他服务。基于动力电池回收企业模式，许弈飞和曹新雅提出了几种动力电池回收体系，给出了梯次利用电池的中小型开发模式以及大规模电网级储能经济模式。从经济、技术和环境的角度出发，Martinez-Laserna 等对锂电池二次寿命相关文献的结论进行研究，并给出了总体的结论和建议。以退役锂电池应用于固定式储能系统为研究对象，Mario 和 Francesco 认为梯次利用为锂电池再利用和循环提供了一个循环经济的视角。借助试验和仿真手段，Xu 等分析了退役锂电池的电化学性能，并根据模拟的工作条件，研究了其在不同应用场合的梯级特征。通过评估欧洲国家二手电池未来的供应情况，Nassar 等揭示了可再生、集成度高的电网与频率调节用电池需求之间的显著关系。参考电池一致性评价方法，基于电池组容量利用率，Ma 等分析了电池平衡准则，并针对蓄电池储能系统的负载转移应用，提出了一种在线均衡政策。为满足特定应用需求，Li 等提出了一种根据特性分析对电动汽车废旧动力电池进行分类的方法，从而确保电池的二次合理使用。

随着电动汽车保有量的持续增长，退役电池的后处理问题日益突出，梯次利用为退役锂电池的环保、高效利用提供了有效解决途径，退役锂电池的合理分类筛选、梯级划分问题成为国内外学者广泛关注的热点。

6.5.2 退役锂离子电池健康状态评估研究现状

退役电池的梯次利用是对回收的退役动力电池进行拆解、筛选、重组、系统集成再到应用的过程，其梯次利用流程如图 6-8 所示，其中小规模储能系统集成电池管理系统

（battery management system，BMS）即可投入应用，储能系统集成环节主要针对大规模储能系统。

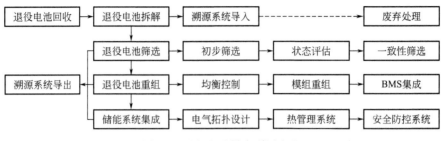

图 6-8　退役电池梯次利用流程

退役锂离子电池状态评估属于梯次利用中的筛选环节，是退役锂离子电池在初步筛选去除存在外观异常（如鼓包、破损、形变）、电压异常等问题电池后对电池进行进一步筛选的步骤。

目前退役锂离子电池状态评估主要是对电池健康状态（state of health，SOH）估计或对剩余循环寿命（remaining useful life，RUL）进行评估，评判电池的残余价值。其中电池 SOH 有多种定义方式。对电池 SOH 的估算有多种形式，主要可分为两大类：基于模型的评估方法与基于数据驱动的评估方法。基于模型的评估有：

① 经验模型。这种方法利用电池实验数据，总结电池参数变化规律，建立电池状态估算模型。有文献提出了用电池效率因子模型来考虑电池寿命与不同电流分布的关系，给定一个固定的电池输出电压，电池效率系数之和定义为电路可使用的实际容量与理论容量的比值；有文献采用威布尔 S 型函数表征在给定温度和恒定负载下的电池放电特性，并通过高斯-牛顿非线性拟合得到不同工况下的电池放电特性表达式，但该方法只对指定工况条件下有较好的估计精度。

② 电化学模型。这种方法对电池充放电过程中内部的物理化学过程进行建模，并在电化学模型的基础上设计观测器对电池的健康状态进行估计。这种方式准确性高但影响因素众多，建模难度大。有文献以电池（pseudo two dimensional，P2D）模型为研究方法，研究磷酸铁锂电池在低倍率工况与脉冲工况下的容量特征参数提取。有文献基于扫描电子显微镜和 X 射线光电子能谱分析技术，确认了阳极的体积分数、SEI 电阻、沉积层电阻和电解质扩散系数，并作为锂离子电池的降解参数将四个参数结合到电化学热模型中来评估电池的容量衰减。

③ 等效电路模型。该方式是采用电路模型来近似地描述电池的电化学过程和电池动力学。输入由电池管理系统中得到的负载电压、负载电流或输出功率至等效电路模型中，通过仿真或对空间状态方程求解得到可表征电池状态的参数或健康因子的值。有文献分别采用 PNGV 电路模型与二阶 RC 电路模型，以状态空间方程为对象，分别采用自适应无迹卡尔曼滤波算法与 SOC-SOH 联合估算方法，辨识在变电流工况与间歇恒定电流工况下电池系统的欧姆内阻，进一步估算电池的 SOH。

而基于数据驱动的评估根据激励和响应的关系构建数学模型，进而描述电池行为。通常利用电池管理系统中的信息，建立估计模型并通过大量数据优化模型，最后对电池状态进行快速估计。有文献构建电池电化学阻抗模型揭示了不同循环次数的电池其欧姆内阻与极化阻抗均有不同程度的差异；有文献在此基础上利用容量增量法（ICA）分析电池容量衰减机理，预测电池的剩余寿命与容量衰减率。有文献提出基于粒子群的径向基网络来预测电池的 SOH，并通过灰色关联与主成分分析优化健康因子。

电池 SOH 评估还可用直接充放电测试的方法，但评估时间过长不适于商用，因退役电池梯次利用的特殊性，需在不确定电池的历史数据的前提下快速评估电池的 SOH，而采用构建模型的评估方法因缺乏历史数据，模型的参数与实际误差较大不适于推广，基于数据驱动的评估用大量数据推断电池的一般性表现，进而通过电池的性能参数或健康因子评估电池的 SOH，具备评估的快速性与较好的精确性。

6.5.3 退役锂离子电池一致性筛选研究现状

退役锂离子电池一致性分选是在电池进行状态评估后对电池之间的性能相似度按指定的方法进行综合评估，分选出综合性能一致性程度高的电池进行匹配成组，为下一步电池重组做前期基础，梯次利用中若一致性不足，到实际生活中可能会存在安全隐患。

人类对于电池内部反应机理不够清晰且在外特性表现不够明确的情况下，基于不同电池指标的一致性分选方法种类繁多，电池的一致性分选及其评价标准则显得缺乏科学依据。目前电池一致性分选根据分选指标数目可分为单要素分选与多要素分选，根据分选指标的性质可分为静态分选与动态分选，单要素分选与静态分选特征少，速度快但准确度低，多要素分选与动态分选特征多，准确度高但工序复杂。

① 单要素分选。根据安时积分法计算电池静态容量，并以此为依据对电池进行分类；对锰酸锂电池进行电化学测试，得出退役电池容量与内阻参数符合正态分布；在此基础上提出了电池梯次利用的分选流程，对电池应用场景进行分级，并以直流等效电阻作为分选条件。

动态分选如指出电池端电压是内部化学参数的综合体现，将充放电电压曲线作为分选指标，实现电池的智能分选；在此基础上进行优化，提出基于罗曼诺夫斯基准则和放电容量与开路电压（CD-OCV）特性曲线的退役动力电池单体的分选方法，比以电池容量为根据分选的一致性更好。

② 多要素分选。认为退役电池的评估和分选需综合不同的参数进行判断，并通过容量、脉冲特性和阻抗谱评估退役电池的内外部特性。多要素静态分选：对容量最大化、容量区间分割、电池特征向量三种分类方法进行比较，得出了综合电池能量、热阻以及端电压离散度特征的分类一致性最佳。多要素动态分选：通过外观检查、容量测定进行初步分类，进一步以 SOH、脉冲放电电压、电荷转移电阻为指标进行综合评估并分选分组。

同样，电池的一致性可以通过串并联测试的方式分选，但分选时间过长，且效率低下，目前绝大多数分选方法聚焦于多参数分选，相较于单参数分选具备更高的一致性，但分选时间相对更长。另外目前的电池一致性分选方法主要关注电池的分类，而没有针对电池模组的规模进行筛选得到可直接匹配成组的电池组。

6.5.4 锂电池高效利用及回收建议

目前，国内使用的电池种类很多，对废旧锂离子电池的处理主要是填埋及焚烧，锂离子电池中的重金属会污染环境，而锂离子电池中的各类元素也会随之浪费。实现废旧锂离子电池高效利用及回收，需要政府、消费者（居民）、废旧电池回收处、生产商、经销商、电池循环再利用公司、进口商及回收公司共同合作完成。

政府部门是政策的缔造者，在宣传方面，需要积极宣传废旧电池循环利用的环保知识，让整个社会环境、民众意识都"浸染"在节能、环保的概念中，使居民了解废旧电池对居民今后生活的负面影响，意识到废旧电池循环利用的重要性，促使居民积极主动地参与并推进废旧电池高效利用及回收进程。

在规范方面，对废旧电池实施强制分类，并建立电池分类回收制度，形成完整的电池高效利用及回收的管理体系，规范电池厂家对单体电池尤其是动力电池包进行成分标识，逐步推进规范化的动力电池包电子标签的运用。

在扶持方面，指定废旧电池回收处（例如指定某小店铺等），给予回收处等参与回收的环节一定的政策补贴，加大投入在废旧电池回收体系的研发经费，鼓励科研单位对新型环保电池进行研发。

在政策导向下，消费者将废旧电池送达就近的废旧电池回收场所；废旧电池回收处可以提供简单的电池循环利用纽带；生产商负责将回收处的电池转运到回收公司和电池循环再利用公司；经销商将关联回收点的废旧电池收集交付给循环利用公司；循环再利用公司对退役锂离子电池进行测试，筛选出可直接梯次利用的电池，并将无法使用的电池送到回收公司；进口商进口国外退役动力电池进行回收利用，需缴纳相关动力电池税费；回收公司负责将经销商、生产商、进口商所收纳的废旧电池统一归纳并规整处理循环利用。总之，废旧电池的回收是利国利民的大事，涉及的部门和环节较多，需要所有环节部门鼎力配合，才能做到真正的循环利用和绿色制造。

参考文献

[1] 郭京龙. 锂离子电池石墨负极资源化及再生利用研究 [C]. 江汉大学，2020.

[2] Liu J，Wang H，Hu T，et al. Recovery of LiCoO$_2$ and graphite from spent lithium-ion batteries by cryogenic grinding and froth flotation [J]. Minerals Engineering，2020，148：106223.

[3] Di C，Yongming C，Yan X，et al. Selective recovery of lithium from ternary spent lithium-ion batteries using sulfate roasting-water leaching process [M] //Energy Technology 2020：Recycling, Carbon Dioxide Management，and Other Technologies. Springer，Cham，2020：387-395.

[4] Zhang Z，Qiu J，Yu M，etal. Performance of Al-doped LiNi$_1$/3Co$_1$/3Mn$_1$/3O$_2$ synthesizedfrom spent lithium ion batteries by sol-gel method [J]. Vacuum，2020，172：109105.

［5］ Sun Y，Zhu M，Yao Y，et al. A novel approach for the selective extraction of Li$^+$ from the leaching solution of spent lithium-ion batteries using benzo-15-crown-5 ether as extractant ［J］. Separation and Purification Technology，2020，237：116325.

［6］ Yan X，Yongming C，Di C，et al. Study on oxidation roasting process of cathode sheets from spentlithium ion batteries ［M］//Energy Technology 2020：Recycling，Carbon Dioxide Management，and Other Technologies. Springer，Cham，2020：413-425.

［7］ Zhang G，He Y，Wang H，et al. Removal of organics by pyrolysis for enhancing liberation andlotationbehavior of electrode materials derived from spent lithium-ion batteries ［J］. ACS Sustainable Chemistry & Engineering，2020.

［8］ Hu Y，Yu Y，Huang K，et al. Development tendency and future response about the recycling methods of spent lithium-ion batteries based on bibliometrics analysis ［J］. Journal of Energy Storage，2020，27：101111.

［9］ Choubey P K，Jha M K，Pathak D D. Recovery of manganese and cobalt from discarded batteries of toys ［M］//Rare Metal Technology 2020. Springer，Cham，2020：275-281.

［10］ Jie Y，Yang S，Hu F，et al. Gas evolution characterization and phase transformation during thermal treatment of cathode plates from spent LiFePO$_4$ batteries ［J］. ThermochimicaActa，2020，684：178483.

［11］ Zhang N，Guo G，He B，et al. Study on the performance of MnO$_2$-MoO$_3$ composite as lithium-ion battery anode using spent Zn-Mn batteries as manganese source ［J］. Journal of Solid State Electrochemistry，2020：1-9.

［12］ Gonçalves S L A，Garcia E M，Tarôco H A，et al. Obtaining Mn-Co alloys in AISI 430 steel from lithium-ion battery recycling：application in SOFC interconnectors ［J］. ChemEngineering，2020，4 (1)：10.

［13］ Meng F，Liu Q，Kim R，et al. Selective recovery of valuable metals from industrial waste lithium-ion batteries using citric acid under reductive conditions：Leaching optimization and kinetic analysis ［J］. Hydrometallurgy，2020，191：105160.

［14］ Aravindan V，Jayaraman S，Tedjar F，et al. From electrodes to electrodes：building high-performance Li-ion capacitors and batteries from spent lithium-ion battery carbonaceous materials ［J］. Chem Electro Chem，2019，6 (5)：1407-1412.

［15］ Yang Y，Song S，Lei S，et al. A process for combination of recycling lithium and regenerating graphite from spent lithium-ion battery ［J］. Waste management，2019，85：529-537.

［16］ Chiu K L，Shen Y H，Chen Y H，et al. Recovery of valuable metals from spent lithium ion batteries (LIBs) using physical pretreatment and a hydrometallurgy process ［J］. Advances in Materials，2019，8 (1)：12.

［17］ ［49］Chen X，Kang D，Cao L，et al. Separation and recovery of valuable metals from spent lithium ion batteries：Simultaneous recovery of Li and Co in a single step ［J］. Separation and Purification Technology，2019，210：690-697.

［18］ Dang H，Li N，Chang Z，et al. Lithium leaching via calcium chloride roasting from simulated pyrometallurgical slag of spent lithium ion battery ［J］. Separation and Purification Technology，2020，233：116025.

［19］ 杨阳. 退役锂电池梯级利用，容量衰减及回收流程研究 ［C］. 湖南大学，2019.

［20］ 陈虹. 建议规范新能源汽车动力电池回收和梯级利用 ［J］. 汽车纵横，2018，(4)：26.

［21］ 中国储能网新闻中心. 动力电池梯次利用：市场前景广阔，机遇与挑战共存. http：//www. escn. com. cn. 中国，2017-09-25.

［22］ 贾晓峰，冯乾隆，陶志军，等. 动力电池梯次利用场景与回收技术经济性研究 ［J］. 汽车工程师，2018，(6)：14-19.

［23］ 高工产研锂电研究所. 2017 年全国梯次利用和拆解报废锂电池 8.3 万吨. www. gg-lb. com. 中国，2018-03-15.

［24］ 陈欣，逯艳杰，张振. 梯次电池在通信基站削峰填谷的应用研究 ［J］. 广东通讯技术，2019，(3)：72-75.

［25］ 李维，刘生全，何兆麒. 动力电池多梯级利用的技术难点分析 ［J］. 汽车实用技术，2018，(22)：11-13.

[26] 伍发元，吴三毛，裴锋，等．梯次利用车用磷酸铁锂电池成组与管理技术研究［J］．电气应用，2016，35（2）：64-68.

[27] 王晨，江婷钰，江博新．废旧动力电池回收利用研究进展及展望［J］．再生资源与循环经济，2018，11（10）：32-35.

[28] 陈佰爽．磷酸铁锂电池梯次利用于储能领域的影响因素分析［J］．储能科学与技术，2014，3（4）：427-428.

[29] 李臻，董会超．退役锂离子动力电池梯次利用可行性研究［J］．电源技术，2016，40（8）：1582-1584

[30] 李娜，刘喜梅，白恺，等．梯次利用电池储能电站经济性评估方法研究［J］．可再生能源，2017，35（6）：926-932.

[31] 张金国，焦东升，王小君，等．基于梯级利用电池的储能系统经济运行分析［J］．电网技术，2014，38（9）：2551-2555.

[32] 刘坚．电动汽车退役电池储能应用潜力及成本分析［J］．储能科学与技术，2017，6（2）：243-249.

[33] 卫寿平，孙杰，周添，等．废旧锂离子电池中金属材料回收技术研究进展［J］．储能科学与技术，2017，6：1196-1208

[34] 王洪彩．含钴失效锂离子电池回收技术及中试工艺研究［D］．哈尔滨：哈尔滨工业大学，2013.

[35] Wang H C. Study on recycling of spent lithium ion batteriescontaining cobalt and pilot scale experiment［D］. Harbin：HarbinInstitute of Technology，2013.

[36] Yang Yue, Huang G Y, Xu S M, et al. Thermaltreatment process for the recovery of valuable metals from spentlithium-ion batteries［J］. Hydrometallurgy，2016，165：390-396.

[37] Sun L, Qiu K Q. Organic oxalate as leachant andprecipitant for the recovery of valuable metals from spent lithium-ionbatteries［J］. Waste Management，2012，32：1575-1582.

[38] 伍发元，贾蕗路，毛荣军，等．锂离子电池正负材料的回收利用［J］．电源技术，2014，38（1）：170-173.

[39] Nayaka G P, Pai K V, Santhosh G, et al. Dissolution of cathodeactive material of spent Li-ion batteries using tartaric acid andascorbic acid mixture to recover Co［J］. Hydrometallurgy，2016，161：54-57.

[40] Chen X P, Fan B L, Xu L P, et al. An atom-economicprocess for the recovery of high value-added metals from spentlithium-ion batteries［J］. Journal of Cleaner Production，2016，112：3562-3570.

[41] Qi M, Zhang Y J, Peng D. Use of glucose as reductantto recover Co from spent lithium ions batteries［J］. WasteManagement，2017，64：214-218.

[42] Li L, Dunn J B, Zhang X, et al. Recovery of metals from spentlithium-ion batteries with organic acids as leaching reagents andenvironmental assessment［J］. Journal of Power Sources，2013，233：180-189.

[43] Li L, Qu W J, Zhang X, et al. Succinic acid-basedleaching system：A sustainable process for recovery of valuablemetals from spent Li-ion batteries［J］. Journal of Power Sources，2015，282：544-551.

[44] Xin B P, Zhang D, Zhang X, et al. Bioleachingmechanism of Co and Li from spent lithium-ion battery by the mixedculture of acidophilic sulfur-oxidizing and iron-oxidizing bacteria［J］. Bioresource Technology，2009，24（100）：6163-6169.

[45] Zeng G S, Deng X R, Luo S L, et al. Acopper-catalyzed bioleaching process for enhancement of cobaltdissolution from spent lithium-ion batteries［J］. Journal of HazardousMaterials，2012（199/200）：164-169.

[46] Bahaloo-Horeh N, Mousavi S M. Enhanced recovery ofvaluable metals from spent lithium-ion batteries through optimization oforganic acids produced by Aspergillusniger［J］. Waste Management，2017，60：666-679.

[47] Xin Y Y, Guo X M, Chen S, et al. Bioleaching ofvaluable metals Li，Co，Ni and Mn from spent electric vehicle Li-ionbatteries for the purpose of recovery［J］. Journal of CleanerProduction，2016，116：249-258.

[48] Chen X P, Xu B, Zhou T, et al. Separation andrecovery of metal values from leaching liquor of mixed-type of spentlithium-ion batteries［J］. Separation and Purification Technology，2015，144：197-205.

[49] Kang J, Senanayake G, Sohn J, et al. Recovery of cobaltsulfate from spent lithium ion batteries by reductive leaching andsolvent extraction with Cyanex 272［J］. Hydrometallurgy，2010，100（3）：168-171.

[50] Chen L，Tang X，Zhang Y，et al. Process for the recovery ofcobalt oxalate from spent lithium-ion batteries [J]. Hydrometallurgy，2011，108（1）：80-86.

[51] 潘晓勇，彭玲，陈伟华，等．废旧锂离子电池中钴和锂的回收及综合利用 [J]. 中国有色金属学报，2013，23（7）：2047-2054.

[52] Pan X Y，Peng L，Chen W H，et al. Recovery of Co and Li from spent lithium-ion batteries and their comprehensive utilization [J]. Chiese Journal of Nonferrous Metal，2013，23（7）：2047-2054.

[53] Feng J，Zhang H，Shao L M，et al. Cobalt recovery fromlithium-ion battery by ion-exchange method [J]. EnvironmentalSanitation Engineering，2008，16（6）：1-3.

[54] 金玉健，梅光军，李树元．盐析法从锂离子电池正极浸出液中回收钴盐的研究 [J]. 环境科学学报，2006，26（7）：1122-1125.

[55] Jin Y J，Mei G G，Li S Y. Study on cobaltous recoveryfrom cathode leachate of lithium-ion battery by salting out [J]. ActaScientiae Circumstantiae，2006，26（7）：1122-1125.

[56] 雷家珩，郭丽萍，童辉，等．用离子筛从废旧锂离子电池中分离回收锂的方法：CN 1451771A [P]. 2003-10-29.

[57] Lei J H，Guo L P，Tong H，et al. The way of recyclinglithium from waste lithium-ion batteries with ion sieve：CN1451771A [P]. 2003-10-29.

[58] 张新乐，徐金球，张晓琳．酸浸-萃取-沉淀法回收废锂离子电池中的钴 [J]. 化工环保，2016，36（3）：326-331.

[59] Zhang X L，Xu J Q，Zhang X L. Recover of cobalt fromspent lithium ion batteries by acid leaching-extraction-precipitationprocess [J]. Environmental Protection of Chemical Industry，2016，36（3）：326-331.

[60] 卢娜丽，张邦胜，刘贵清，等．废旧磷酸铁锂电池回收技术综述 [J]. 中国资源综合利用，2020.2：105-109.

[61] 宗毅．废旧钴酸锂电池有价金属回收工艺研究 [C]. 江西理工大学，2020.

[62] 梁新成．电动车退役锂电池回收研究 [J]. 电源技术，2020，44（5）：771-773.

[63] 张悦，何丽杰，张守庆，等．废旧锂离子电池的回收技术现状及展望 [J]. 电源技术，2018，42（80）：1230-1232.

[64] Hu Y，Yu Y，Huang K，et al. Development tendency and future response about the recycling methods of spent lithium-ion batteries based on bibliometrics analysis [J]. Journal of Energy Storage，2020，27：101111.

[65] Gao R，Sun C，Xu L，et al. Recycling LiNi$_{0.5}$Co$_{0.2}$Mn$_{0.3}$O$_2$ material from spent lithium-ion batteries by oxalate co-precipitation [J]. Vacuum，2020：109181.

[66] Yao Z，Yu S，Su W，et al. Kinetic modeling study on the combustion treatment of cathode from spent lithium-ion batteries [J]. Waste Management & Research，2020，38（1）：100-106.

[67] Zante G，Masmoudi A，Barillon R，et al. Separation of lithium，cobalt and nickel from spent lithium-ion batteries using TBP and imidazolium-based ionic liquids [J]. Journal of Industrial and Engineering Chemistry，2020，82：269-277.

[68] Chan K H，Malik M，Anawati J，et al. Recycling of end-of-life lithium-ion battery of electric vehicles [M] // Rare Metal Technology 2020. Springer，Cham，2020：23-32.

[69] Mei W，Yang X，Li L，et al. Rational electrochemical recycling of spent LiFePO$_4$ and LiCoO$_2$ batteries to Fe$_2$O$_3$/CoPiPhotoanode for water oxidation [J]. ACS Sustainable Chemistry & Engineering，2020.

[70] Devi M M，Guchhait S K，GN S B，et al. Energy efficient electrodes for lithium-ion batteries：Recovered and processed from spent primary batteries [J]. Journal of Hazardous Materials，2020，384：121112.

[71] Zhou Y，Shan W，Wang S，et al. Recovery Li/Co from spent LiCoO$_2$ electrode based on an aqueous dual-ion lithium-air battery [J]. ElectrochimicaActa，2020，332：135529.

[72] Yang J，Gu F，Guo J. Environmental feasibility of secondary use of electric vehicle lithium-ionbatteries in com-

munication base stations [J]. Resources, Conservation and Recycling, 2020, 156: 104713.

［73］李扬. 退役锂电池梯次利用技术研究及热管理 [D]. 东南大学, 2020.

［74］黄健. 退役锂离子电池的状态评估及一致性筛选方法 [D]. 东南大学, 2021.

［75］杨阳. 退役锂电池梯级利用、容量衰减及回收流程研究 [D]. 湖南大学, 2019.

第7章

锂离子电池安全对策和建议

7.1　锂离子电池的安全问题

关于锂离子电池引发的火灾爆炸事故屡见报道，尤其近几年电动汽车动力电池出现的热自燃、起火爆炸等现象，使得锂离子电池的安全性成为人们关注的焦点。仅 2020 年 1—9 月，共报道新能源汽车动力电池产品质量安全事件 8 起，如表 7-1 所示。

表 7-1　报道的新能源汽车动力电池产品质量安全事件

序号	日期	事件标题	伤害事件描述
1	2020.8.17	底盘磕碰致电池起火，新能源电池安全任重道远	前段时间，广州有一辆小鹏 G3 发生冒烟起火，在起火过程中还伴有疑似爆炸的声响
2	2020.8.28	起火后爆炸刚下热搜北汽 EU5 又上演两连烧	8 月 27 日，在福建省厦门，一辆北汽 EU5 电动车，在充电站内起火燃烧
3	2020.9.21	新能源汽车起火概率不到油车一半，真的吗？	7 月 29 日，河南安阳一新能源汽车在充电中起火
4	2020.8.27	原因不明，长沙万家丽路一电动汽车起火	8 月 27 日 7 点 16 分，同升消防救援站接到指挥中心调度称：位于（长沙）万家丽路永济医院对面一辆电动汽车发生火灾，接到警情命令后，同升消防救援站迅速出动 2 台车 15 名指战员赶赴现场
5	2020.9.2	2020 年，这些电动汽车"火"了！	8 月 20 日，北汽 EX360 充电起火
6	2020.9.2	2020 年，这些电动汽车"火"了！	8 月 21 日上海，众泰 E200 行驶中自燃
7	2020.9.2	2020 年，这些电动汽车"火"了！	8 月 23 日，广汽新能源 Aion S 行驶中自燃

序号	日期	事件标题	伤害事件描述
8	2020.9.21	2020年9月1日至9月20日火灾事故认定信息公开	2020年9月9日03时40分位于南昌市经开区玉屏东大街真功夫一站式汽车服务中心，现场为电动车赣AD67586火灾

　　锂电池由于自身制造缺陷，或受外界温度、机械、充电异常等激励，电池内部会发生不可逆的副反应，如SEI膜分解、正极材料分解和电解液的分解，产生大量热，并释放出小分子气体。由于反应剧烈，产生的热量不能有效传递到电池外部，引起电池内部温度和压力的急剧上升，而温度的上升又会极大地加速副反应的进行，产生更大量的热和气体，此时电池进入无法控制的自加速状态，即所谓的热失控。

　　热失控是锂电池内部发生的剧烈不可逆的氧化还原反应，并伴随着温度和压力的急剧升高，宏观表现为喷射状火焰特征，反应速度快，火焰强度大。应急管理部上海消防研究所自2011年以来，开展了大量不同结构、不同容量、不同电化学体系锂电池的燃烧特性研究，阐明了磷酸铁锂电池和三元锂电池的火灾类型，宏观表现为"温升—鼓胀—破裂—烟气—主/被动着火"，揭示了锂电池火灾的特征，可归纳为以下几个方面。

　　① 锂电池燃烧速度快、温度高：锂电池火灾一般是由内部热失控引发的，SEI膜分解后，电池正极材料、负极材料、电解液发生剧烈的氧化还原反应。

　　② 锂电池火焰喷射距离远，伴随有内溶物飞出：锂电池单体一般设有泄压口，锂电池热失控内部产生高温高压气体的泄放时刻取决于泄放压力的大小，对于三元锂电池等主动泄放压力式锂电池，锂电池的着火过程也是压力泄放的过程，由于泄压面积较小，形成的火焰喷射距离较长，经试验测定，最长喷射距离可达3～5m。此外，锂电池着火时一般还伴随着铜箔等内溶物的飞出，形成新的着火点，经试验测定，最远飞出距离可达5～6m，因此，锂电池火灾的蔓延速度极快，这对锂电池火灾的初期处置带来极大困难。

　　③ 不同电化学体系的锂电池燃烧特征差异大：不同的锂电池电化学体系，热失控时内部发生的副反应不同，产生的温度和压力也不同，导致着火形式不同。对于磷酸铁锂电池而言，一般内部产生的温度较低，小于逸出可燃气体的点火能，需要有外部引火源才能着火；对于三元锂电池而言，一般内部温度较高，大于逸出可燃气体的点火能，锂电池破口时，可直接引燃逸出的可燃气体，形成喷射火。

　　④ 锂电池逸出气体成分复杂，毒性大：锂电池热失控会产生大量可燃、有毒气体，如Co、HF、H_2、CH_4等，这些可燃、有毒气体的蔓延速度很快，一旦蔓延到人员密集型场所，易形成群体性中毒事件。同时，在锂电池火灾的扑救过程中，消防员必须穿戴好各类防护装具，以保障人身安全。

　　总之，锂离子电池出现安全问题，是与电池的物质组成直接相关的。由于在滥用情况下，比如电池过热，过度充、放电，受到撞击、挤压，短路等，内部的电池材料之间发生热化学反应，产生大量的热和气体，会引起电池的热失控，最终诱发着火或者爆炸事故。所以，一方面要提高锂离子电池的安全性，一方面要正确处理锂离子电池的安全事故。

引起电池热失控的主要原因有以下几个。

（1）碰撞原因导致的热失控

电动汽车发生交通事故时会产生不同程度的碰撞，而强烈的外力因素也会同时作用到锂离子电池，使得锂离子电池外部壳体变形、破损，电池本身的配件被移位或损坏，电池的隔膜被撕裂导致电池内部短路，易燃的电解质泄漏出来。在所有的碰撞伤害对电池性能产生的破坏中，最为严重的当属穿刺伤害，严重的穿刺伤害会直接插入电池本体，造成电池的正负极直接短路并加剧热量集中生成爆发，引起发热失控，严重破坏电池的正常性。

（2）使用不当导致的热失控

使用不当也是引起锂离子电池热失控的主要原因，具体体现在充电过度、放电过度、外部短路等几大原因。相较于外部短路和充电过度，放电过度对锂离子电池的危害相对较小，放电过程中的锂枝晶增长会降低电池的安全性，间接增加热失控的概率。外部短路时，电池的热量不能有效散去，电池温度升高并引发热失控。充电过度是对锂离子电池危害最大也是引起电池热失控最主要的原因，充电过度会造成过量的锂嵌入，锂枝晶在阳极表面生长，锂的过度脱嵌导致阴极结构因发热和氧释放而崩溃，氧气的释放会加速电解质的分解，从而产生大量气体，随着内部压力的增加让排气阀打开，电池开始排气。此时，电芯中的活性物质与空气接触并发生剧烈反应，放出大量的热，从而导致电池燃烧起火。

（3）外部环境温度过高导致的热失控

外部环境温度过高也是导致锂离子电池发生热失控事故的原因之一。当外部环境过高时，锂离子自身的散热加剧并无法有效分散，内外的热压力聚集导致锂离子温度控制系统被破坏，无法起到应有的保护效果，从而造成短路引发热失控。外部环境温度过高的原因是多方面的，如电动汽车空调系统失灵、热管理系统失效、外部碰撞导致锂离子电池内部结构被挤压和损坏等，这些因素都可能导致外部环境温度过热，进而发生电池热失控。

7.2 锂离子电池安全研究动态

7.2.1 国内研究动态

作为一种化学产品，锂电池的安全性一直备受关注。无论安全领域专家、还是行业技术学者，都一致认为安全性是制约锂电池发展的瓶颈。既往对锂电池安全影响的研究，或从公共安全角度探讨应急管理、灭火介质、组织机构等领域；或集中锂电池技术层面通过升级原材料、技术迭代来进一步提高其安全性能；更多的是集中在较为专业的领域。

惠东、高飞等人对锂离子电池安全防护技术相关的国内外专利按照技术类别进行了区分整理，在对专利进行一级分类、二级分类的基础上，筛选出与电池安全状态监控、防爆、防火技术相关的专利进行了专项分析。在国内外专利检索结果及分析的基础上，提出了锂离子电池安全防护技术的未来可能的技术发展方向。

范维澄认为，我国总体安全保障形势严峻，面对突发公共事件反应能力较弱，公共安全的科研与技术实力也相对落后，尚未建立国家层面的突发应急管理体系。在公共安全领域，美国拥有较强的科技实力，在公共安全学科建设、教育、组织架构上面比较有优势。同时，他认为公共安全有着丰富的科学内涵，应效仿西方发达国家投入资源加强学科教育。

徐志胜等人针对城市公共安全的复杂性与动态性，引入可持续发展理论，揭示了城市公共安全可持续发展的特征，运用定量分析构建了城市公共安全管理可持续发展系统模型，分析了城市公共安全可持续发展的基本模式，为进一步研究公共安全的发展方向提供理论依据。

唐钧认为，各级政府应全面提升公共危机的应对能力，应对各种风险的挑战，提高处置各类突发事件的能力，全面减少各类安全事件的损失，确保公共安全，确保社会稳定以及经济社会的可持续发展。结合我国城市安全管理现状，借鉴国际上发达国家安全管理经验，应重视和加强多层次、多领域、多专业的合作，构建全方位的安全和应急体系，提升政府公共安全管理能力。

钟茂华等人认为重大危险源是导致重大事故发生的主要根源之一，对危险源的分级管理可以帮助人们采取科学、规范、有序的方法对危险源的风险进行控制。危险源分级应在同一类别中进行，便于管理和识别；与此同时，介绍了静态分级法和动态分级法各自在危险源分级管理上的应用领域，针对不同类别的危险源应采取不同的管理和分级方法。

寇丽平认为出于对维护国家政治稳定的需要，政府在维护公共安全中应承担主体责任。

刘茂认为公共安全事件所引发的人的心理不安全因素要大于外在表现，能长期影响人的生产生活行为，并从行为安全角度探讨了对安全事件的影响。

夏保成在分析美国的公共安全管理后认为美国的公共安全管理制度在各个方面"都是世界的"。

刘宁通过研究灾害应对管理和处置实践的经验，以及研究国际国内公共安全工程管理，在探讨公共安全理论的基础上，提出了公共安全工程常态与应急统合管理的概念及理论。

汪可兵通过分析个人与组织的关系，认为公共安全的责任主体应是多元性和层次性的。公共安全不是政府单方面的责任，而应是在政府主导下，媒体和教育积极引导，民间组织积极配合，社会大众主动参与的一个多维度、多层次的功能体系。

徐丰、安晖针对锂电池所引发的安全事故，从监管角度出发，认为锂电池相关国家标准执行缺失，并提出健全锂电池安全标准体系、加紧建立锂电池标准化实施办法实现锂电池产业健康发展，同时迅速采取安全监管补救措施，切实保障消费者生命财产安全和正当权益。

7.2.2 国外研究动态

通过对相关文献的查阅，国外的专家和学者对公共安全研究较为深入，但同样运用公共安全相关理论和方法对锂电池管理进行研究的相对较少。

戈尔茨认为，面对日益增多的公共安全事件，应从国家层面建立公共安全终身学习体系。与此同时，应在增加在居住社区领域的安全培训，并在社区建立公共安全培训学校，随着公共安全事件的变化及时对社区居民进行培训。

凯·H·吉尔伯恩和凯文·L·麦金利通过一列火车中的锂电池着火后，对车厢内空气所散发出物质进行分析研究，得出其中可能含有神经毒性化学物质，揭示锂电池安全事故对人们身体的严重伤害性。

特斯克在研究了芬兰、挪威、罗马尼亚和波兰国家公共安全系统后认为，一个安全体系完备的国家较之公共安全管理体系缺失国家（如比利时），公民更能规范、有序地应用生活中的危险品，同时公民的幸福感也更强烈。

多年以来，国内外的研究者，或针对公共安全领域进行分析研究，或针对电池自身技术角度进行研究和论述，或基于火灾救助方面进行探讨，并在各自领域提出了不少有价值的观点及应对措施。但这些理论成果绝大多数都是单方面的研究，很少有学者从公共安全视角对锂电池的监督管理进行研究。锂电池安全紧密关系到人民生命财产安全，政府部门、生产企业、街道社区、居民用户等都是锂电池安全管理领域的重要的一环，也是影响公共安全的重要风险因素，而维护公共安全是公共管理重要指标之一。

7.3 锂离子电池安全问题的改善措施

（1）提高电解液的安全性

如上所述，电解液与正、负极之间均存在很高的反应活性（尤其在高温下），为了提高电池的安全性，提高电解液的安全性是比较有效的方法之一。而目前关于提高电池安全性的研究，主要集中在以下几个方面：加入功能添加剂、使用新型锂盐以及使用新型溶剂等。

① 加入功能添加剂。根据添加剂功能的不同，主要可以分为以下几种：安全保护添加剂、成膜添加剂、保护正极添加剂、稳定锂盐添加剂、促锂沉淀添加剂、集流体防腐蚀添加剂、增强浸润性添加剂等。

② 使用新型锂盐。为了改善商用锂盐 $LiPF_6$ 的性能，研究者们对其进行了原子取代，得到了许多衍生物。

③ 使用新型溶剂。为了提高电解液的安全性等性能，很多研究者提出了一系列新型的有机溶剂，如羧酸酯、有机酸类有机溶剂。

④ 使用离子液体。离子液体应用于电池体系始于年，近十年来，作为电解液的一种，离子液体为诸多研究者关注。离子液体是在室温或附近温度下，由离子构成的液态物质。它的液态温度范围很宽、基本不挥发、热分解温度较高，这些特性有望提高电池的安全性。一般来说，离子液体应用于锂离子电池体系中时，并非以单一体系作为电解液，而是与其他锂盐、溶剂，或者电解液混合成为电解液。

⑤ 固体电解质。固态锂电池具有安全性好、功率密度高、能量密度大等特点，是

下一代动力电池的首选。日本、美国、德国等国家科研机构和众多企业加快了全固态锂电池的研发投入，多家世界著名汽车企业 2017 年相继宣布，2020—2025 年全固态锂电池将量产上车。

（2）提高电极材料的安全性

正极材料的类型繁多，而由于正极物质与电解液的热化学反应产热较大，也因为正极材料对于提高电池能量密度、循环寿命等各种性能有着至关重要的作用，因此研究者们提出了多种正极材料。

对于正极材料，提高其安全性的常见方法为包覆修饰，如用 MgO、Al_2O_3、SiO_2、TiO_2、ZnO、SnO_2、ZrO_2 等物质对正极材料进行表面包覆，可以阻止正极材料与电解液之间的直接接触，抑制正极物质发生相变，提高其结构稳定性，降低晶格中阳离子的无序性，以降低循环过程中的副反应产热。

对于负极材料，由于其表面的往往是锂离子电池中最容易发生热化学分解并放热的部分。因此提高的热稳定性是提高负极材料安全性的关键方法。通过微弱氧化、金属和金属氧化物沉积、聚合物或者碳包覆，膜层可以被修饰，主要修饰机制包括以下三种：去除负极表面的活性成分或缺陷，使得活性物质表面平滑；形成更致密的氧化层，保护活性物质；将活性物质结构直接覆盖。通过这些表面修饰，活性物质的特性可以被改善，活性物质与电解液的直接接触被抑制、随着锂离子的溶剂分子共迁入被阻止，电荷转移界面阻抗也被降低，负极物质的热稳定性有不同程度的提高。

除了碳类负极材料之外，为了提高负极的容量、安全性，降低成本，还有多种新型材料被相继提出，如石墨化碳纤维、过渡金属氧化物锂、过渡金属氮化物、锡合金、硅基材料等。其中的过渡金属氧化物具有锂离子三维扩散通道，在锂离子脱嵌时基本不会对结构造成影响，被誉为"零应变"物质，库仑效率接近。由于它放电电压平稳、嵌锂电位高于碳类物质、不易引起锂析出，因此安全性较高。同时，由于它成本低廉、环境友好，诸多优点使其具有广阔的应用前景。但是，由于它本身不导电，倍率性能不太理想，而且比容量较低、与正极电压差较低，因此电池的比能量不太理想。目前大多采用离子掺杂的方式改善其倍率性能。

（3）改善电池的安全保护设计

为解决安全问题，除了提高电池材料的安全性，商品锂离子电池采用了许多安全保护措施，如设置电池安全阀、热溶保险丝、串联具有正温度系数（PTC）的部件、采用热封闭隔膜、加载专用保护电路、专用电池管理系统等。

（4）提升热管理系统性能

热管理系统在整个锂电池的构造中主要起到控制温度的作用，即确保锂电池始终在合理的温度范围内运行。这其中最重要的手段就是利用空调系统对电池进行温度控制，温度过高时及时降温，温度过低时及时加热，以保证电池的安全及寿命。现阶段锂电池的散热方式主要有利用空气冷却的风冷模式、利用液体冷却的水冷模式、相变材料冷却、结合冷却等，通过技术研发提升热管理性能是保证电池安全性的重要举措之一。

（5）大力引进人才，加强技术攻关

高素质的人才是保证锂电池质量的关键所在，我国的动力电池行业更加要注重对人才的引进与培养，这是适应新时代经济行业发展的大趋势。要加大科技人才和专业管理人才的引进力度，突破科研瓶颈。要建立科技攻关激励机制，奖励鼓励在技术、管理等方面的创新举措和建言献策的人员。在技术上进行创新，研发关键零部件，对生产设备与工艺流程改造升级，延长动力电池的使用周期，在传统技术的基础上完成新工艺与新技术的研发、试制、测试、投入，为新能源汽车产业的发展夯实基础。

7.4 锂电池生产企业消防安全对策和建议

（1）健全并落实政府与企业消防安全责任制

消防工作是政府履行社会管理和公共服务职能的重要内容，政府落实消防工作领导责任制必须纳入法制化轨道。要切实将各级政府主要领导、分管领导及其他副职应履行的消防工作职责定性、定量分解，健全各部门依法监管的联动制约机制。消防工作不仅仅是消防部门的工作，其余各部门也应各负其责，齐抓共管，开展联合执法。对于动力电池企业这类火灾危险性较大的企业，更应该多部门联合执法，工商部门应该严把审批关，提高行业准入门槛；建设部门应严把建设质量关，提高建筑质量；消防部门应该加强监督管理，减少企业火灾隐患；动力电池企业自身也应全面落实消防安全责任制，全面提高企业消防安全性。

针对火灾危险性较大的动力电池企业，建议参照消防安全重点单位的要求进行监督管理，重点加强对隐患较多、安全管理责任不落实的电池生产企业的监督检查力度。对于存在重大火灾隐患的电池生产企业，严格采取临时查封、停产停业等强制措施；对于无牌无证非法经营的电池生产企业，联合相关部门坚决予以取缔。

（2）加强企业消防安全管理

企业是火灾防范的主体，建立和落实消防安全自我管理、自我检查、自我整改机制，是防范和减少火灾事故的根本措施。动力电池企业火灾危险性较一般企业大，内部多个生产、存储环节都有可能发生火灾事故，更应该加强管理，严格把控各个生产、存储环节，减少消防安全隐患。同时，完善各项消防安全管理制度，尤其是防火检查和巡查、隐患整改、消防设施维护保养等制度，全面贯彻落实，并做好相应的执行记录。

（3）制定动力电池行业相关技术标准规范

动力电池生产过程中多个环节容易发生火灾事故，行业内部对电池火灾的危害也认知不足，国内现有相关标准规范没有对动力电池企业提出特别要求。应该制定地方性的动力电池行业技术标准规范或管理规定，明确动力电池火灾危害性，提出具体的防火设计要求，便于实施操作。

（4）加强建筑防火措施

动力电池企业在生产、存储过程中涉及多个环节，各个环节的火灾危险性也各不相同。该类厂房的布置，不得设置在居民楼、写字楼等人员密集场所，且必须经过消防验收方可投入生产；对于危险的生产环节，应该加强建筑防火措施，增大防火间距，加强防火分隔，比如分容、化成、老化车间应尽量单独设置，用实体墙或甲级防火门进行分隔；对于电池成品和半成品仓库，应该严格控制存储数量，单独设置并加强防火分隔措施；对于危化品仓库，应该严格控制危化品的存储量，增加防火防爆措施；对于人员较多的生产厂房，应该加强安全疏散措施，简化疏散路线，缩短疏散时间。

（5）增配并完善各项消防设施

消防设施是消防安全的重要保障，若设施不完善，存在缺陷，在火灾发生时将不能正常工作，这将给人员疏散和灭火救援带来极大的阻碍，将直接影响到生命财产安全。因此，应该完善动力电池企业现有的各项消防设施，并做好维护保养工作，保障其完好性和有效性，对于缺失损坏的消防设施，尤其是消防给水、火灾自动报警和自动灭火系统应该及时增配，并纳入统一的维护保养管理当中。另外根据电池生产企业特点，在现有设计的基础上，适当地增加报警、灭火、防排烟、防爆和应急疏散标志等各种消防设施。

（6）加强消防宣传与培训工作

企业消防工作的好与差，关键在于企业领导对消防工作的重视程度，基础在于普通员工消防意识的高低，而这些都离不开消防宣传与培训工作。对于电池生产企业消防安全责任人、管理人，要组织开展集中培训，要求各企业领导者应熟识相应消防法律法规、定期接受消防安全知识学习与培训，提高对企业消防安全重视度，做到安全自查、隐患自改、责任自负。对于厂内普通员工，定期组织员工进行消防宣传工作；对于新进员工要专门进行消防知识培训；对于消防控制室的员工，要求持证上岗，并定期进行技能培训。

（7）完善消防预案体系，并定期演练

除了编制火灾事故应急预案外，还应专门编制人员紧急疏散预案、危化品仓库爆炸火灾应急预案、电池生产火灾事故应急预案、PACK生产火灾事故应急预案等专项预案，专项预案针对性较强，操作性较强，处置效率更高。对于专项预案，也应该进行定期演练，并做好相应的演练记录。同时，依据国家标准规范和企业特点，加强专职消防队伍建设，配置专门的灭火救援装备和器材，定期培训和开展针对性演练，保证其训练强度，提高其自防自救能力。

（8）定期开展电池生产企业消防安全评估

依据国家有关规定的要求，参照消防安全重点单位，建议政府委托有资质和实力的第三方中介机构每年对动力电池生产企业开展消防安全评估和设施检测工作。通过评估，找出企业中存在的隐患和问题，并提出整改措施和建议，提高企业抵御火灾的能力。

（9）加强对电池生产企业火灾的科学施救

动力电池生产企业火灾与其他类型火灾不同，施救不当，容易引起爆炸，造成救援人员的伤亡。因此，应加强对电池生产企业类火灾扑救的研究，制定专门的灭火救援处置预案，配备必要的灭火救援装备，加强对此类型火灾的处置。

（10）加强安全生产管理

加强生产过程当中的安全生产技术的管理是确保锂离子电池在生产当中安全性的一个重要的环节。在锂离子的生产当中应当及时地控制好生产的实际环境，做好电池生产厂房的密闭工作，及时进行防尘处理，对厂房的温度以及湿度进行控制，确保厂房当中通风系统的正常化运行。在生产的各个环节当中应当及时地做好条件的控制，对重点的环节做好安全把控，对文献的因素进行标示，在生产过程当中起到一定的警示作用，为电池的生产安全提供一定的信息知识。同时加强电池生产当中的安全生产建设，确保各项设施的生产安全，控制各项技术设备的顺利运行，保持设备的运行正常化。加强对于员工的安全生产知识培训和管理，提升员工工作的安全意识，明确在生产生活当中存在的各项技术隐患，对可能发生的爆炸、火灾等多种多样的隐形灾害及时做好技术控制，确保锂离子生产过程的安全性。锂电池生产安全性需要经过严格的监督和质量把关，将生产的每一个过程经过严格的制度审核和把关，通过监察人员进行审核和签字，落实生产安全责任，提升安全质量。

（11）加大对安全防护设备的引入

防护设备是安全生产过程中十分重要的设备，对于加强安全生产质量具有十分重要的意义。有关人员应当对生产当中可能存在的隐患进行充分的了解，分析生产当中的重点环节，对隐患的发生提前做好预警方案，安排好具体的工作人员做好责任控制工作，加强对人员的控制。积极引入多样化的安全技术防护设备，在电池生产的各个环节当中，进行全方面的把控，在电解液、电池外壳、隔膜等生产环节中采用安全性较高、性能较强的设备进行生产，选择优良的材料进行设计和生产。明确材料的配比，加强技术与设备之间的相互配合，形成一体化的高质量生产模式，以免在生产当中出现危险。生产公司应当严格把控生产过程的资金分配，加强对于安全防护设备的资金投入，根据实际生产环境，对先进的知识进行学习和了解，及时进行安全防护设备引入。安全防护设备在实际的生产当中具有重要的影响，积极加强对于安全防护设备的投入能加强整个生产过程的安全性，确保人员、设备、环境等多方面的安全，避免引起大范围的经济损失。

（12）加大对电池配料研发

在锂电池的生产当中电解液的材质大多为六氟磷酸锂，但是这种材质具有一定的毒性，为了能够有效地确保生产环境的安全性，研发形成新型的无毒、安全的锂离子电池电解液是当今生产当中的一个重要的课题。固体形态的电解质能够有效地改善原有的液体性电解质的缺点，但是在进行技术研发当中仍然具有一定的技术缺陷。聚合物电解质和无电解质是当今锂电池生产过程当中经常会使用的原材料。聚合物电解质通过将凝胶聚合物进行电解，在液态的电解环境条件下进行反应，在环境的不同状况下，结合环境的温度将干态的电解质进行电解。干态聚合物电解质生产的难度较大，但在实际的生活当中具有较为优良的应用效果。由于生产的难度较大，在采购原材料的过程中经常会消耗大量的资金，因此，为了提升锂电池的生产质量，应当加大研发力度，降低原材料的生产资金。无机电解质不容易进行燃烧，同时不会泄漏电解质溶液，耐热的温度较高，机械强度较高，这能够有效地扩大锂离子电池的工作范围。将无机的材料应用到薄膜的生产制作中能够进一步减少电池的大小，提升内部原子的转移效率，延长锂离子电池的寿命。

7.5　锂离子电池火灾扑救技术

7.5.1　通用锂电池火灾扑救技术

锂电池火灾具有燃烧速度快、火焰强度大且呈喷射状等特点，灭火药剂很难直接作用于火焰根部，且由于锂电池外包装材料的封闭效应，锂电池火灾的灭火难度很大。下面从灭火药剂、灭火原则、灭火策略等角度出发，阐述锂电池火灾的灭火方法，以提高锂电池火灾的抑制效能。

（1）灭火药剂

通过实际分析我国现阶段灭火剂使用种类可知，主要有氢氟碳类灭火剂（如七氟丙烷）、干粉灭火剂、热气溶胶灭火剂、惰性气体灭火剂、细水雾灭火剂等。另外，在一些较为特殊的场所还应用新型的灭火剂，但是新型灭火剂还处在研发过程中，难以保证灭火效果，因此没有进行大规模推广和使用，例如 Novec1230 等新型灭火剂。由于新能源汽车起步较晚，对于锂电池火灾的处理经验较少，并没有制定专门的灭火剂扑灭锂电池火灾效能的标准和规范。通常情况下，在出现锂电池起火问题后，会就近选择灭火器进行灭火。而在处理锂电池火灾问题时，要根据起火环境因素、喷射残留情况、灭火效果和药剂使用情况等选择合适的灭火剂。在实际应用中，还需要综合性地考虑锂电池起火的具体环境，如果起火环境为较为开放的区域，要尽可能避免使用气体灭火剂，以免对周边生态环境造成不可逆转的损伤。除此之外，在锂电池起火过程中，会随着时间的增加而增加燃烧强度，因此要检测锂电池灭火浓度，要根据监测数据来选择惰性较大的灭火剂，保证锂电池灭火效果。

（2）灭火原则

一般情况下，锂电池火灾主要出现的原因是电池内部突发性出现热量增加导致热失控问题。如果没有预防措施，热失控会一直向着正反应进行，并且其属于不可逆的氧化还原反应。当发生锂电池火灾情况后，将外部明火扑灭后，热失控反应还在持续的反应中，进而大大增加锂电池火灾复燃的概率，造成严重的后果。

针对这种情况，应当制定严格控制热失控反应的灭火原则，在实际灭火过程中，需要做好以下三种措施：

① 要将锂电池火灾周围的明火进行扑灭，以此来控制火灾蔓延速度；

② 要减缓热失控正反应速率，缓解锂电池内部资源的消耗，使其能够按照正常反应速率进行释放，避免积累大量的热量；

③ 要持续降低锂电池外部温度。在热失控反应过程中，高温是促进正反应速率增大的关键因素，因此需要向锂电池外部进行持续的喷水，降低热失控反应效率，从而起到灭火的效果。

（3）灭火策略

通过对大量锂电池起火情况分析可知，现阶段锂电池起火形式主要有主动式喷射火形式和被动式预混气体火形式。主动式喷射火形式主要是以三元锂电池为代表，而被动式预混气体火形式主要以磷酸铁锂电池为代表。虽然起火形式不相同，但是在实际灭火过程中，都需要遵循灭火策略。结合以上起火数据分析，能够得知在锂电池起火过程中，无论是哪种形式的起火形式，都是在刚出现火灾时，火焰强度属于最强状态，而起火位置发生在密闭空间内，长时间起火会增加空间内部气压，当其超过临界点后，会造成严重的爆炸问题。因此根据这种起火特点，制定"预先抑制—早期喷放"的灭火策略，在实际应用中，其能够先检测锂电池热失控初期情况，例如，出现异常气味、大量烟雾等，在这种情况下，应当对锂电池喷放灭火剂，使其周围形成惰性环境，避免出现明火情况。而对于在开放环境下出现的锂电池起火情况，应当持续性地使用降温性灭火剂对锂电池进行降温操作，并在有效的时间内，将未起火的锂电池与起火的电池进行分离，例如用大量的沙子进行覆盖等措施，以此来降低锂电池火灾影响范围。针对现阶段出现的多起锂电池火灾情况，我国制定了《电动汽车锂离子电池箱自动灭火装置性能要求和试验方法》。在该标准中明确规定锂电池电池箱火灾防控装置在外观与标志、故障报警、启动反馈、灭火性能等方面的防火措施，尤其是在灭火过程中，要重点考虑控制灭火时间、箱内温度、压力变化情况，并及时处理箱外出现明火的问题，从而提高锂电池灭火效果。

7.5.2 锂电池电动汽车灭火救援措施

（1）识别

根据北京市地方标准 DB11T 862—2012《电动汽车识别标志》，电动汽车识别标志由电池图形、电动汽车的英文缩写"EV"（electric vehicle）和"电动汽车"字样等元素组成，标志设置在车体两侧与车体后视面。混合动力汽车（HEV）是"hybrid electric vehicle"的缩写，插电式混合动力车型（PHEV）是"plug-in hybrid electric vehicle"的缩写。随车配备的汽车服务手册、《救援指南》及张贴的危险警告，也应作为标识辨别和制定灭火方案的重要参考。需要特别注意的是，纯电动汽车内的高压线束通常采用醒目的红色或橘色，处置时应着重加以区别。

（2）警戒

车辆熄火后，应通过填放防滑器（垫）等固定装置，使用车辆紧急制动器，将车辆档位置于 P 档等措施对事故车辆进行固定，防止作业过程中车辆移动对消防员造成碰撞或碾压等伤害。使用可燃气体检测仪对现场进行不间断侦测，使用测温仪或热成像仪实时监测事故车辆动力电池部位温度，适时调整警戒范围。对于无人员被困的起火车辆，消防员应在 $10 \sim 15 m$ 外灭火。

（3）防护

重点要做好呼吸保护和防触电保护。要佩戴正压式空气呼吸器，注意全面罩的密闭性与有效供气时间。普通的灭火手套或救援手套无绝缘性能，根据 GB/T 17622—2008《带电作业用绝缘手套》，直接接触事故车辆或破拆工具的消防员应佩戴不低于 1 级的绝缘手套。对于起火事故车辆内的被困人员，应采用护颈、消防过滤式综合防毒面具或空气呼吸器、灭火毯等，对其颈部、呼吸及可能受火威胁的身体部位进行保护。

（4）断电

当锂电池电动车辆出现火灾情况时，第一时间要将电动车辆进行断电操作，才能进行灭火救援。

① 注意防触电。当车辆出现熄火后，锂电池供电系统会自动将内部电压切断，但是会有特殊情况发生，导致其没有及时切断高压供电线路，因此在灭火或破拆过程中不要直接触碰锂电池高压组件，避免出现击穿情况。针对这种情况，需要及时测定电动车辆外表的电压情况，如果符合标准值，可以使用水源进行灭火。当锂电池接触到水源后，要采取相关的保护措施，在保证车内人员安全的情况下，再采取专业的灭火措施。

② 车体未变形时断电。这种情况下，需要将车内的电源控制线进行切断，并将锂电池控制系统中的保险丝进行拆除。当进行断电过程时，还需要将车辆钥匙进行屏蔽，并控制其与车辆保持 10m 以上的距离。

③ 变形车辆断电。通过分析以往实际案例，可知消防人员能够将车辆进行翻转并卸除掉锂电池，解决火灾隐患。在生产锂电池电动汽车时，其电源控制线放置到后备箱内，因此在出现紧急情况后，要做好相应的绝缘保护措施，并对车辆按照实际位置进行切割，将电源线进行准确的切断。

（5）灭火

① 防止人为造成电池短路。锂电池过充或过放造成电池支晶微短路，从而产生高温。燃烧前表现在物理形态的变化是电池外保护壳先鼓包，为电池内部温度升高产生易燃易爆气体。灭火过程应以阻止电池内部短路，终止反应进程为主，避免在破拆过程中盲目穿透护罩或穿刺、切割、撬开、拆卸电池外壳或隔膜造成短路。

② 灭火剂选择。中国汽车工程学会正在会同公安部消防研究机构做针对锂电池的灭火试验，通过前期初步试验观察，干粉、泡沫等常规灭火剂基本不能熄灭电池着火，有效的灭火剂正在筛选之中，需要试验验证。目前，应立足于现有灭火剂，火焰未蔓延到高压电池部分，用二氧化碳或 ABC 干粉灭火（但 ABC 干粉灭火器不会熄灭电池火焰）。电池电解液中的游离子在低温情况下活动速度变缓，在 0℃ 基本不活动，表现为电池无电。基于此，当锂电池在火灾中变形时，要用足够水进行持续冷却。电池系统、电池箱体受破坏的情况下，如果发生着火现象，尽量选用砂土、气溶胶或不含氯化钠的 D 类干粉灭火剂喷射火苗或电池箱。

（6）清理

用测温仪监测电池温度，持续冷却至 160℃ 以下，一般应保持电池不再冒烟至少 1h 后。对于无修复价值且电池火灾难以扑灭的事故车辆，可考虑设计并采用危险化学品应急处置转动箱，将事故车辆浸渍进行冷却降温，迅速恢复交通并防止造成污染。

综上所述，通过分析电动汽车锂电池火灾特性，应当重视火灾中出现的有毒气体、触电和爆炸等问题，并采取有效的灭火技术，进而解决电动汽车锂电池的火灾隐患，促进电动汽车的可持续发展。

7.6 锂电池使用注意事项

7.6.1 锂离子电池使用的常见问题

目前，网络上收集的锂离子电池使用常见问题及相关解答如下：

① 新买的锂离子电池是先充电还是先放电？

答：新买的电池先充电，正常使用即可。

② 新电池刚开始使用，电压不均衡，充电又放几次，又正常，怎么回事？

答：因为电池组中的电池配对是好的，但仍存在单体电池自放电不同的情况，新电池从厂到用户，通常有 3 个多月的时间，单体电池在这段时间因为自身放电电压、电池组的电压差存在不平衡，但配套的充电器有充电平衡的功能，所以一般的不平衡会通过充电器充电来纠正。

③ 锂离子电池应该储存在什么样的环境中？

答：储存在阴凉、干燥的环境中，室温 15～35℃，环境湿度 65％。

④ 影响锂电寿命的主要因素有哪些？

答：影响寿命的重要因素有：①温度，电池不能在过热环境（＞35℃）下使用或储存；②充电和放电，电池组的充放电不得过度；③选择适当功率的型号，防止电池组在过载情况下使用不合理。

⑤ 是否要激活新的锂离子电池？

答：锂离子电池不需要激活，新电池从厂到用户的手中，通常会有 3 个多月的时间，电池将会处于休眠状态，不适合立即高强度放电，否则会影响电池效率。

⑥ 锂离子电池长时间不用，会产生什么后果？

答：锂离子电池存放过长，会造成容量损失，内部钝化，内阻变大，但可以通过充放活化来解决。

⑦ 锂离子电池的 C 数代表什么？

C 用来表示电池充放电能力倍率，是指电池在规定的时间内放出其额定容量时所需要的电流值，充放电倍率＝充放电电流/额定容量。例如：标称为 2200mAh 的 18650 电池，以 1C 进行放电，则 1h 放电完成，放电电流为 2200mA；以 0.2C 进行放电，则 5h 放电完成，放电电流为 440mA。

⑧ 锂离子电池的最佳存储电压是多少？

答：单电压在 3.70～3.90V 之间，一般厂会取 30％～60％的电量。

⑨ 单个电池之间的正常压差是多少？

答：新电池的生产日期一个月内 30mV 约 0.03V 是正常的。

7.6.2　锂电池使用环境和保养方法

① 温度要适宜，锂电池充电温度为 0～45℃，锂电池放电温度为－20～60℃，锂电池可储存在环境温度为－5～35℃，相对湿度不大于 75％的清洁、干燥、通风的室内，应避免与腐蚀性物质接触，远离火源及热源。电池电量保持标称容量的 30％～50％。推荐储存的电池每 6 个月充电一次。

② 锂电请勿满电长时间存放，长时间存放后使用容易产生气胀现象，影响放电性能，最佳存放电压是单片 3.8V 左右，使用前充满再使用，可有效避免电池气胀现象。

③ 锂电池不同于镍铬、镍氢电池，因为它有一个非常不好的"老化"特性，就是在存储一段时间后，即使没有进行循环使用，其部分容量也会永久丧失，锂电池应充满后再存储，可降低容量损耗，不同温度和不同电量状态下"老化"的速度也不同。

④ 由于锂电池的使用特性，锂电池支持大电流充电和放电，充满电后存放时间不能超过 72h，建议用户在准备作业前一日把电充满。

⑤ 不用的电池应存放在原始包装中，远离金属物体。假如包装已打开，不要将电池混在一起。去掉包装的电池容易和金属物体混在一起，使电池发生短路，导致泄漏、泄放、爆炸、着火和人身伤害。防止这类情况发生的方法之一是将电池存放在原始包装中。

⑥ 锂电池包不存在记忆效应，可以随用随充，但要注意的是锂电池不能过度放电，过度放电会造成非常大的容量损失。

⑦ 不要将电池与金属物体混放，以免金属物体触碰到电池正负极，造成短路，损害电池甚至危险。

⑧ 避免频繁过度充电，过度充电会使电池内部的温度升到很高，对锂离子电池和充电器有害。

7.6.3　锂离子电池的选购方法

（1）看外观

看外观是指看锂离子电池的外观、做工、大小和工艺。看外壳接缝线宽不宽，是否有毛刺，有没有油渍，摸起来手感好不好，先进的工艺都是手感很舒畅的，通过打磨，橡胶油抛光材料不仅手感好，绝缘功能也很强。

（2）看是否清晰标明容量

无清晰标明容量的锂离子电池，很可能就是运用劣质电池芯或收回电池芯从头拼装的废物电池。市面上充满着许多廉价的锂离子电池，就是运用收回电池芯或拆机电池芯做的，价格虽然便宜，可是寿命短，品质不稳定，运用不慎可能会损坏设备，甚至发生爆破。

（3）看维护电路

锂离子电池的特性决定了锂离子电池一定要外加维护板，以防止锂离子电池过充、过放及短路等情况的发生，不加维护板的锂离子电池会有变形、漏液、爆破的风险。在剧烈的价格竞争下，各电池封装厂寻求更低价位的维护电路，或许底子省略了这个装置，使得市面上充满着有爆破风险的锂离子电池。当然，实际上消费者无法从外观分辨出来是否有维护电路板，因此最好选择有信誉的商家购买。

（4）看品牌

锂离子电池的品牌很多，质量却很难从外观看出。在这种情况下，大家在选择之前就要多做点功课，多去网上查询一下厂商材料。通常来说，专业厂商比小作坊更靠谱，从业时间长的厂商比刚进入该领域的厂商更值得信任。

7.6.4 便携式电子产品中锂离子电池使用注意事项

现在的很多携式电子产品（如手机、笔记本电脑、数码相机等）均采用了锂离子电池，现对便携式电子产品中锂电池的安全使用介绍如下：

① 在使用中不要将电池的正负极部分与金属物品接触，在放电时也要远离金属物品及温度高的地方，以免造成电池的短路。

② 锂离子电池最好是使用原装的充电器，否则会一定程度地损坏电池或影响其使用寿命，严重的甚至可能引起爆炸。

③ 经常使用是让锂离子电池更长寿的好方法，但是应避免让电池总是处于充电状态。

④ 锂离子电池无记忆效应，不必将电池的电放完再充电，因此尽量不要将电池电量用到零，特别是摄像机锂离子电池，一旦电池电量为零，那么电池内的保护电路就会启动，而部分厂商生产的电池，其内部的主回路切断后，是不能自行恢复的。

⑤ 当长期不使用时，电池应保存在低温、干燥的环境中，要远离热源或阳光直射的地方。通常认为，电池应该充入 40% 左右的电量或电池用到剩 40% 左右电量的时候，将其保存在 10～30℃ 的温度下，并在 3～6 个月的时间之后重新充电，用去 60% 左右电量后再保存，这样可以长期有效地保证锂电池不受损伤。

7.6.5 汽车锂离子电池使用注意事项和养护方法

① 启动汽车时每次启动时间不应超过 3～5s，再次启动间隔时间不少于 10s。

② 汽车经常短途驾驶，开开停停，会导致电池长期处于充电不足的状态，缩短使用寿命。在高速公路上以稳定的速度行车 20～30min，可以给电池充分的时间充电。

③ 日常驾驶时，在离开汽车之前，检查并确保所有车灯及其他电器（如收音机、CD）已经关闭。否则可能会耗尽你的电池。

④ 如果电池耗尽，需借火（jump-starting，也称搭线）才能启动，应立刻尽量以恒定的速度（如高速公路速度）开车至少 20～30min，给电池作充分的充电。

⑤ 在电池完全放电的情况下，借火有可能也无法帮你发动汽车。这时，你需要使用专门的电池充电器进行慢充电。

⑥ 如果汽车长期放置不用，应先对车进行充分的充电。同时每隔一个月将汽车发动起来，中等转速运行 20min 左右。否则，放置时间太长，将难以启动。

⑦ 了解电池的使用时间。使用超过 4 年，建议更换。

⑧ 日常行车时应经常检查电池盖上的小孔是否通气，倘若电池盖小孔被堵，产生的气体排不出去，电解液膨胀时，会把电池外壳撑破，影响电池寿命。

⑨ 检查电池的正、负极有无被氧化的迹象。

⑩ 检查电路各部分有无老化或短路的地方，防止电池因为过度放电而提前退役。

⑪ 不要随便给汽车更换比原来电池容量大的电池，因为汽车上的发电机发电量是固定的，如换了容量大的电池会使新电池充不足电，汽车不能顺利启动，电池长期亏电坏得更快。

参考文献

[1] Li S G，Zhong C G. Study on battery management system and lithium-ion battery [J]. Computer and Automation Engineering，2009：218-222.

[2] 张磊. 电动汽车锂电池火灾特性及灭火技术 [J]. 消防安全，2019：76-78.

[3] 平平. 锂离子电池热失控与火灾危险性分析及高安全性电池体系研究 [C]. 中国科学技术大学，2014.

[4] Chen Z，Qin Y，Ren Y，et al. Mufti-scale study of thermal stability of lithiated graphite [J]. Energy & Environmental Science，2011，4：4023-4030.

[5] Zhang S S. A review on electrolyte additives for lithium-ion batteries [J]. JPower Sources. 2006，162：1379-1394.

[6] Cho J，Kim T-J，Kim J，et al. J Electrochem Soc，2004，1 S 1：A 1899-A904.

[7] Cho J，Kim Y W，Kim B，et al. A breakthrough in the safety oflithium secondary batteries by coating the cathode material with A1P04 nanoparticles [J]. Angewandte Chemie International Edition，2003，42：1618-1621.

[8] Li C，Zhang H，Fu L，et al. Cathode materialsmodified by surface coating forlithium ion batteries [J]. Electrochim Acta，2006，51：3872-3883.

[9] Ting-Kuo Fey G，Lu C-Z，Prem Kumar T，et al. TiO_2 coating forlong-cycling $LiCoO_2$：A comparison of coating procedures [J]. Surface and Coatings Technology，2005，199：22-31.

[10] Vidu R，Stroeve P. Improvement of the thermal stability of Li-ion batteriesby polymer coating $OfLiMn_2O_4$ [J]. IndEngChem Res，2004，43：3314-3324.

[11] Yang Z，Yang W，Evans DG，et al. Enhanced overchargebehavior and thermal stability of commercial $LiCoO_2$ by coating with a novel material [J]. ElectrochemCommun，2008，10：1136-1139.

[12] Fu L，Liu H，Li C，et al. Surface modifications ofelectrode materials for lithium ion batteries [J]. Solid State Sci，2006，8：113-128.

[13] Lee H Y，Baek J K，Lee S M，et al. Effect ofcarbon coating on elevated temperature performance of graphite as lithium-ion batteryanode material [J]. J Power Sources，2004，128：61-66.

[14] Park Y S，Bang H J，Oh S M，et al. Effect of carbon coatingon thermal stability of natural graphite spheres used as anode materials in lithium-ionbatteries [J]. J Power Sources，2009，190：553-557.

[15] Sun X G，Dai S. Electrochemical and impedance investigation of the effectof lithium malonate on the performance of natural graphite electrodes in lithium-ionbatteries [J]. J Power Sources，2010，195：4266-4271.

［16］ Tsumura T，Katanosaka A，Souma I，et al. Surface modification of natural graphite particles for lithium ion batteries ［J］. Solid StateIonics，2000，135：209-212.

［17］ Zhao M，Xu M，Dewald HD，et al. Open-circuit voltage study ofgraphite-coatedcopper foil electrodes in lithium-ion battery electrolytes ［J］. J Electrochem Soc，2003，150：A117-A120.

［18］ 张永丰. 深圳市锂电池生产企业的消防安全问题及对策研究［J］. 2017 中国消防协会科学技术年会论文集，2017.

［19］《建筑设计防火规范》GB 50016—2014.

［20］《火灾自动报警系统设计规范》GB 50116—2013.

［21］《建筑内部装修设计防火规范》GB 50222—2017.

［22］《自动喷水灭火系统设计规范》GB 50084—2017.

［23］《国务院关于加强和改进消防工作的意见》国发［2011］46 号.

［24］《火灾高危单位消防安全评估导则（试行）》公消（2013）60 号.

［25］ 刘子华. 电动汽车锂电池火灾特性及灭火技术［J］. 电子技术与软件工程，2020：68-69.

［26］ 邢志祥，刘敏，吴洁，等. 锂离子电池火灾危险性的研究现状分析［J］. 消防科学与技术，2019，38（06）：880-884.

［27］ 刘敏，陈宾，张伟波，等. 电动汽车锂电池热失控发生诱因及抑制手段研究进展［J］. 时代汽车，2019（06）：87-88.

［28］ 黄昊，张磊，张永丰. 车用三元锂电池典型诱导火灾抑制技术试验研究［C］//2018 中国消防协会科学技术年会论文集. 中国消防协会：中国消防协会，2018.

［29］ 柯锦城. 锂电池电动汽车灭火救援技术探讨［J］. 消防科学与技术，2017：1725-1727.

［30］ 代旭日，何宁. 锂电池火灾特点及处置对策［J］. 消防科学与技术，2016，35（11）：1616-1619.

［31］ 曹丽英，何宁，黄昊，等. 电动汽车灭火和应急救援技术研究［C］//2015 中国消防协会科学技术年会论文集. 2015.

［32］ 吴忠华，李海宁. 电动汽车的火灾危险性探讨［J］. 消防科学与技术，2014，33（11）：1340-1343.

［33］ 黄可龙，王兆翔，刘素琴. 锂离子电池原理与关键技术［M］. 北京：化学工业出版社，2007.

［34］ 张得胜，张良，陈克，等. 电动汽车火灾原因调查研究［J］. 消防科学与技术，2014，33（9）：1091-1093.

［35］ 于昌波. 基于公共安全视角下的锂电池安全管理［C］. 北京工业大学，2020.

［36］《中国公路学报》编辑部. 中国汽车工程学术研究综述 2017［J］. 中国公路学报，2017，30（06）：1-197.

［37］ 范维澄. 公共安全科学多维技术思考［N］. 中国信息化周报，2017-01-02（007）.

［38］ 徐志胜，冯凯，白国强，等. 关于城市公共安全可持续发展理论的初步研究［J］. 中国安全科学学报，2001（01）：6-9.

［39］ 唐钧. 公共危机管理：国际趋势与前沿动态［J］. 理论与改革，2003（06）：124-126.

［40］ 钟茂华，温丽敏，刘铁民，等. 关于危险源分类与分级探讨［J］. 中国安全科学学报，2003（06）：21-23.

［41］ 寇丽平. 公共安全危机管理［M］. 中国人民大学出版社，2015.

［42］ 刘茂. 城市公共安全学［M］. 北京大学出版社，2013.

［43］ 夏保成. 美国公共安全管理导论［M］. 当代中国出版社，2006.

［44］ 刘宁. 公共安全工程常态与应急统合管理［M］. 科学出版社，2015.

［45］ 汪可兵. 以消防为例谈公共安全责任的多元性和层次性［J］. 法制与社会，2012（11）：248-249.

［46］ 徐丰. 锂电池安全监管亟待加强［N］. 通信产业报，2017-04-10（025）.

［47］ 惠东，高飞，杨凯，等. 锂离子电池安全防护技术专利分析［J］. 高电压技术，2018（01）：1-13.

［48］ Goltz. The School of Public Safety at Valencia College：vision in g an dimple mentation of a college-wide distributive and collaborative program model for the central Florid acommuity［J］. Community College Journal of Research and Practice，2016，40（5）.

［49］ Kayeh，Kilburn，Kevinl Mckinley. Persistent neurotoxicity from a battery fire：is cadmium the culprite［J］.

Southern Medical Journal，1996，89（7）.

［50］Agataz T. Leaders and followers in the effectiveness of public safety services in european states-a spatial frontier approach［J］. Comparative Economic Research，2015，17（4）.

［51］吴志平. 安全防控技术在动力锂电池产业中的应用［J］. 黑龙江科学，2020，9（11）：82-83.

［52］王景辉. 安全防控技术在动力锂电池产业中的应用［J］. 冶金与材料，2020，2（40）：85-86.

［53］黄海峰，罗贞礼. 聚焦锂电安全：超前引领 温故知新——2011（第六届）动力锂离子电池技术及产业发展国际论坛成功举办［J］. 新材料产业，2011（11）：76-78.

［54］李明，刘昊，邓龙征. 尖晶石钛酸锂及其在锂离子动力电池中的应用［J］. 中国电子商会，2010（08）：90-95.

［55］张向倩，高月，黄飞. 锂离子动力电池安全问题及防控技术分析［J］. 现代化工，2019（08）：7-10.

［56］王晓文，李雪，梁姣利. 新能源汽车锂动力电池安全性能及防护技术研究［J］. 明日风尚，2018（23）：369.

［57］肖军. 发展新能源汽车用动力锂电池的产业链［J］. 电力电子，2013（01）：30-33.

［58］http：//www. juda. cn/news/152002. html.

［59］http：//www. juda. cn/news/166312. html.

［60］http：//www. juda. cn/news/162752. html.

［61］胡玉霞，赵光金. 锂离子电池在储能中的应用及安全问题分析［J］. 电源技术，2021，45（1）：119-122.

［62］李敏，阮晓莉. 锂电池衰减机制与健康状态评估方法概述［J］. 东方电气评论，2020，34（4）：18-23.

［63］吴战宇，姜庆海，朱明海，等. 锂离子电池健康状态预测研究现状［J］. 新能源进展，2020，8（6）：486-492.